FRANÇOIS COTTET-EMARD

L1/L2
CAPES

MATHS

LES CLÉS POUR RÉSOUDRE 400 EXERCICES INCONTOURNABLES

de boeck
SUPÉRIEUR

*L'accès aux ressources numériques associées à cet ouvrage est **personnel et incessible**. Il est soumis aux conditions d'utilisation en vigueur accessible sur le site De Boeck Supérieur et peut être interrompu à tout moment, sans garantie de maintien ou de compensation.*

Pour toute information sur notre fonds et les nouveautés dans votre domaine de spécialisation, consultez notre site web : **www.deboecksuperieur.com**

Rue du Bosquet, 7 - B-1348 Louvain-la-Neuve

Dépôt légal :

Bibliothèque nationale, Paris : août 2025

Bibliothèque royale de Belgique, Bruxelles : 2025/13647/097

ISBN 978-2-8073-6706-7

Sommaire

Algèbre

Analyse

Probabilités

Présentation

Ce recueil d'exercices, qui est destiné à l'année L2 et à la préparation au Capes de mathématiques, se compose de 45 fiches (ou chapitres), réparties en Algèbre linéaire et générale (19 fiches), Analyse (16 fiches) et Probabilités (9 fiches). Parmi elles, 10 se trouvent entièrement dans les compléments en ligne qui accompagnent le livre papier. Par ailleurs, dans chaque fiche, un certain nombre d'exercices ont leur corrigé renvoyé aussi en ligne, pour que le lecteur ne soit pas toujours tenté de tourner la page et de lire trop vite le corrigé. Quelques compléments en ligne, en plus de corrigés d'exercices, contiennent des exemples concrets avec des dessins (convergence uniforme par exemple). L'accès aux compléments en ligne, regroupés dans trois fichiers PDF, est expliqué plus loin, il est très simple.

Les 10 fiches entièrement en ligne correspondent soit à des rappels supposés connus depuis le L1 (topologie de $\mathbb{R}$, polynômes, relations binaires par exemple), soit au contraire à des compléments à la limite des programmes de base (produit scalaire hermitien, tests d'hypothèse avec les lois de Student ou du χ^2 par exemple). La numérotation des fiches est logique mais peut surprendre : sachant que les fiches 13 et 14 sont entièrement en ligne, la fiche 12 du livre papier sera évidemment suivie directement de la fiche 15 dans le livre papier, c'est tout à fait normal.

L'originalité de l'ouvrage et de sa démarche pédagogique se trouve dans la conception de chaque fiche, qui commence par une « feuille de route », rédigée de façon très novatrice, suivie des énoncés des exercices puis de leurs corrigés. La feuille de route de chaque fiche n'est pas un simple rappel des définitions et des théorèmes, mais un cahier des charges de la bonne compréhension du sujet, et des façons de procéder. En particulier, et c'est volontaire dans l'esprit de l'ouvrage, certaines définitions *ne sont pas rappelées*, c'est au lecteur de les connaître a priori. Une ou deux fiches ont des « vrais rappels de cours », par exemple celle sur sur les intervalles de confiance et de fluctuation, lorsqu'il s'agit de notions délicates avec des risques de confusion. Chaque fiche est divisée en quatre rubriques.

Domaines concernés : cette rubrique décrit le contexte général de la fiche, elle fixe le cadre.

Résultats fondamentaux utilisables : cette rubrique remplace le traditionnel rappel de cours détaillé. Certaines définitions ou théorèmes ne sont pas explicitement rappelés, on a plutôt une liste exhaustive sous forme d'inventaire, de tous les résultats dont on a besoin pour résoudre les exercices. Elle est souvent divisée en plusieurs sous-rubriques, par clarté. L'analogue en chirurgie serait de sortir et laisser accessible l'ensemble des instruments dont on va avoir besoin pour l'opération (chose qui est systématiquement faite, heureusement).

Ce que l'on vous demandera de montrer : il s'agit d'une liste à peu près exhaustive de toutes les questions que l'énoncé va demander, sur le sujet concerné. Il n'y a jamais une infinité de questions possibles, et il est bon d'avoir la liste des plus courantes, pour voir où l'on va.

Les questions à se poser : c'est le point le plus original de l'ouvrage, dans chaque fiche. Quand on est devant l'énoncé, et avant de se lancer tête baissée sans réfléchir, on doit se poser un certain nombre de questions, faire le tour de ce que l'on connaît, des points où l'on est plus ou moins à l'aise. On doit avoir en tête la liste des techniques et résultats utilisables, mais aussi le rapport entre ces connaissances et le contexte actuel. Répondre dans sa tête aux questions indiquées permet de complètement cerner les possibilités de résolution : le chirurgien se demande lequel des instruments correspond le mieux à ce qu'il veut faire, sachant qu'il n'a pas d'autre choix que ce qui est accessible à portée de main.

Cette feuille de route est donc une approche plus performante que le simple rappel de cours traditionnel.

Abréviations courantes

Afin d'alléger le texte et de limiter le nombre de pages de l'ouvrage papier, un certain nombre d'abréviations vont éventuellement se rencontrer dans l'ouvrage, surtout dans le livre papier. Ce n'est pas très élégant au sens « Victor Hugo », mais cela permet de gagner des sauts de ligne inutiles, et au final des pages.

i.e.	:	à savoir (pour *id est* en latin)
ssi	:	si et seulement si
CNS	:	condition nécessaire et suffisante
EV	:	espace vectoriel
SEV	:	sous-espace vectoriel
PC	:	polynôme caractéristique
v.p.	:	valeur propre
SEP	:	sous-espace propre
DL	:	développement limité
IG	:	intégrale généralisée
IPP	:	intégration par parties
VAC	:	variation de la constante
VA ou v.a.	:	variable aléatoire

Il apparaît par endroits des développements limités ou asymptotiques faisant intervenir un reste noté $\varepsilon(x)$ ou $\eta(x)$ ou $\varepsilon(n)$: il est sous-entendu (même si ce n'est pas écrit pour des raisons typographiques) que ces quantités tendent vers 0, que ce soit quand x tend vers 0 ou vers un certain x_0 clair ou quand x ou n tend vers $+\infty$.

Accès en ligne

Les ouvrages papier et en ligne sont divisés en trois parties, Algèbre (fiches 1 à 19), Analyse (fiches 20 à 36) et Probabilités (fiches 37 à 45). L'ouvrage en ligne se compose de trois fichiers PDF, le premier comportant les compléments sur chaque fiche d'algèbre, le deuxième ceux sur chaque fiche d'analyse et le troisième ceux sur chaque fiche de probabilités. Ces fiches en ligne sont numérotées exactement comme dans la table des matières précédente.

Il y a 10 fiches complètes entièrement nouvelles en ligne : elles sont clairement indiquées dans le sommaire. Elles comportent la feuille de route, les sujets et les corrigés des exercices, exactement comme pour les fiches du volume papier, mais avec de la couleur.

Pour les 35 fiches faisant parties du volume papier, les compléments en ligne sont essentiellement le rappel des sujets des exercices marqués [Corrigé en ligne] dans l'ouvrage papier, et ensuite leurs corrigés. Il y a aussi quelques exemples et dessins, en analyse.

Par exemple, pour avoir les compléments de la fiche 11 d'algèbre sur les formes linéaires, on télécharge le PDF « algèbre », et on regarde dans sa table des matières à quelle page (dans ce PDF) commence la fiche 11 en ligne. Pour avoir accès à la fiche 20 entièrement en ligne « Topologie et gros théorèmes sur $\mathbb{R}$ », on télécharge le PDF « analyse », et on regarde dans sa table des matières quel est le numéro de page (dans ce PDF) où commence la fiche 20 en ligne.

Voici comment accéder aux trois fichiers en ligne

ALGEBRE : par l'URL lienmini.fr/67067-algebre ou par le QRCode

ANALYSE : par l'URL lienmini.fr/67067-analyse ou par le QRCode

PROBABILITÉS : par l'URL lienmini.fr/67067-probabilites ou par le QRCode

Attention, compte-tenu de cette simplicité d'accès aux trois PDF en ligne, les codes d'accès apparaissent une seule fois dans l'ouvrage papier, ici sur cette page.

Algèbre

Chapitre 3

Espaces vectoriels

Domaines concernés

— Montrer que E est un espace vectoriel ou un sous-espace vectoriel (SEV).
— Espace vectoriel $K_n[X]$ des polynômes de degré $\leq n$ sur le corps K.
— Tableaux rectangulaires de nombres : matrices.
— Famille de vecteurs : notion de famille génératrice, de famille libre, de base.
— Rang d'une famille de vecteurs.
— Dimension d'un espace vectoriel.
— Montrer qu'une famille est une base.
— Compléter une famille libre en une base.
— Trouver de façon élémentaire des bases de $K_n[X]$ permettant d'obtenir des résultats puissants en algèbre et en analyse.
— Opérations sur les SEV.
— Somme directe de SEV.
— Projection sur un SEV parallèlement à un autre.

Résultats fondamentaux utilisables

— La caractérisation d'un sous-espace vectoriel : $\alpha x + \beta y \in F$ pour tous scalaires α, β et tous $x, y \in F$.
— Pour montrer qu'une famille est libre, on part de $\sum_{i=1}^{k} \alpha_i u_i = 0$ et on montre que tous les α_i sont nuls.
— Si une famille de vecteurs est liée, alors au moins l'un des vecteurs est combinaison linéaire des autres.

- Le rang d'une famille de vecteurs est le nombre maximum de vecteurs linéairement indépendants dans cette famille. Son calcul rapide et systématique est exposé dans la fiche suivante.
- Une famille est une base si et seulement si elle est libre et génératrice.
- Toutes les bases ont le même nombre de vecteurs, entier qui est la dimension de l'espace.
- En dimension n, toute famille de au moins $n+1$ vecteurs est liée, et toute famille génératrice admet au moins n vecteurs.
- En dimension connue n, une famille de n vecteurs est une base ssi elle est libre ou elle est génératrice.
- $E = F \oplus G$ si et seulement si $F \cap G = \{0\}$ et dim $E =$ dim $F+$ dim G.
- La somme $F = F_1 + F_2 + \cdots + F_k$ est l'ensemble des vecteurs de la forme $x_1 + x_2 + \cdots + x_k$ où $x_i \in F_i$ pour tout i. Cette somme est directe si et seulement si l'une des deux conditions suivantes est vérifiée (ce qui implique que l'autre l'est aussi) :
  - (i) La relation $x_1 + x_2 + \cdots + x_k = 0$ implique que tous les x_i sont nuls.
  - (ii) La réunion d'une base de F_1, d'une base de F_2 ... et d'une base de F_k est une famille libre.
- Si la famille $\{u_1, \cdots, u_m\}$ est libre dans E de dimension $n > m$, on peut la compléter en une base de E avec des vecteurs $u_{m+1}, \cdots, u_n$ bien choisis.
- Une famille de polynômes dont les degrés sont distincts est libre dans $K[X]$.
- Si $E = F \oplus G$, tout $x \in E$ s'écrit de façon unique $x = y + z$ avec $y \in F$ et $z \in G$. Le vecteur y est la projection orthogonale de x sur F parallèlement à G et z est la projection de x sur G parallèlement à F.

Ce que l'on vous demandera de montrer

- Une partie F de E est un SEV de E.
- Trouver le rang d'une famille de vecteurs : cela se fait mieux avec la technique exposée en fiche suivante.
- Une famille est libre ou est génératrice ou est une base.
- Trouver les composantes d'un vecteur sur une certaine base.
- Trouver la dimension d'un espace vectoriel ou d'un SEV.
- Montrer que $E = F \oplus G$ ou $F = F_1 \oplus F_2 \cdots \oplus F_k$.

Les questions à se poser

— Pour montrer que E est un espace vectoriel, dois-je montrer les 8 propriétés de la définition ? Est-il réaliste qu'un exercice me demande de le faire ? A-t-on la possibilité de faire plus simple ?

— Quels sont les ensembles fondamentaux connus pour être des espaces vectoriels, et dont on connaît alors a priori la dimension ?

— Alors, en pratique, quelle est la bonne façon de montrer que E est un espace vectoriel ?

— Quelle est l'horreur à ne pas dire avec deux SEV F et G d'un espace vectoriel E ?

— Comment montrer qu'une famille est libre ? Comment calculer le rang d'une famille ? Comment montrer qu'une famille est génératrice ?

— Est-il plus facile de montrer qu'elle est libre ou génératrice ?

— Comment l'information sur la dimension a priori connue de E va-t-elle me permettre de montrer « rapidement » qu'une famille donnée est une base ?

— Avec les polynômes, n'ai-je pas un résultat puissant faisant intervenir les degrés ?

— Que signifie simplement que deux SEV sont en somme directe ?

— Est-ce que cette condition simple avec deux SEV se généralise simplement avec $k \geq 3$ SEV ?

— Il y a plusieurs CNS dans le cours pour montrer que $F_1, \cdots, F_k$ sont en somme directe, laquelle est la plus adaptée à mon problème ?

— Je sais que $F_1, \cdots, F_k$ sont en somme directe dans E : qu'est-ce-que je peux en déduire ?

— Je sais que $E = F_1 \oplus F_2 \cdots \oplus F_k$: que puis-je en déduire ? Comment fabriquer une base de E ?

Exercices

Quelques exercices se placent dans un espace vectoriel de dimension infinie, mais on travaille uniquement sur des SEV engendrés par des familles finies de polynômes ou de fonctions, et on sera tout de suite en dimension finie.

Exercice 1

Dans chacune des questions, on se donne une partie E de K^4 définie par une condition liant les composantes x, y, z, t du vecteur générique $X \in E$, et on demande si E est un espace vectoriel ou non.

$$\begin{array}{lcllcl} 1 : x + 2y - 3z + 7t & = & 0 & 2 : x + 2y - 3z + 7t & = & 1 \\ 3 : (x - y)(z - t) & = & 0 & 4 : (x - y)^2 + 3(z - 2t)^2 & = & 0 \end{array}$$

Exercice 2

Dans chaque question, on se donne une famille $\mathcal{F}$ de vecteurs de K^n, et on demande si cette famille est libre ou non, quel est son rang et quelle est la dimension du SEV de K^n qu'elle engendre. La valeur de n se déduit des données de $\mathcal{F}$. On se ramènera soit à un système d'équations linéaires, à discuter par le pivot de Gauß, soit en bricolant par *système D*, soit à des considérations générales avec peu de calcul.

1. $\mathcal{F} : u = (1, 1, 1), v = (2, 1, -1), w = (-1, 1, 5)$.
2. $\mathcal{F} : u = (1, 1, 1), v = (2, 1, -1), w = (-1, 1, 7)$.
3. $\mathcal{F} : u = (1, 1), v = (2, 1), w = (-1, 7)$.
4. $\mathcal{F} : u = (3, 0, 0, 0), v = (-5, 1, 0, 0), w = (7, 8, 0, 0), x = (-1, 2, 9, 0)$.

Exercice 3

On se place dans $K_n[X]$ avec $n \geq 2$, et B est un polynôme de degré $1 \leq b \leq n - 1$. Dire si les sous-ensembles $E_1, \cdots, E_{10}$ de $K_n[X]$ formés des polynômes P vérifiant la condition indiquée sont des SEV de $K_n[X]$ ou non.

$E_1 : P(1) = 0$	$E_2 : P(1) = 0$ et $P(2) = 0$
$E_3 : P(1) = 0$ ou $P(2) = 0$	$E_4 : P^2(-1) = 4$
$E_5 : P$ divisible par B	$E_6 : P$ non divisible par B
$E_7 : P(3) = 1$ et $P'(3) = 0$	$E_8 : P(2) = P'(2) = 0$
$E_9 : P(1) + P(2) = 0$	$E_{10} : P(1) + P'(3) = 0$

Exercice 4

On est a priori dans l'espace vectoriel $\mathcal{C}(\mathbb{R})$ des fonctions continues sur $\mathbb{R}$. Soit E l'ensemble des fonctions de la forme $x \mapsto a + b\cos^2 x + c\sin^2 x + d\cos 2x + e\sin 2x$, où a, b, c, d, e décrivent $\mathbb{R}$.

1. Montrer que E est un espace vectoriel sur $\mathbb{R}$, et en donner *sans aucun calcul* la dimension maximale.
2. Montrer que la famille $\mathcal{F} = \{1, \cos^2 x, \sin^2 x, \cos 2x, \sin 2x\}$ est en fait au maximum de rang 3, toujours sans grand calcul.
3. Montrer que E est effectivement de dimension 3.

Exercice 5

On se place dans $E = K_8[X]$, et soit B un polynôme de degré 5.

1. Montrer que l'ensemble G des éléments de E divisibles par B est un SEV de E.
2. Montrer que $E = F \oplus G$ où $F = K_4[X]$.
3. En déduire une base de E issue de cette somme directe.

Exercice 6 [Corrigé en ligne]

Dans $E = \mathbb{R}_3[X]$, on appelle F l'ensemble des polynômes divisibles par $X^2 + 1$ et G celui des polynômes divisibles par $X^2 + X + 7$.

1. Montrer que F et G sont des SEV de E et donner leurs dimensions.
2. Montrer que $E = F \oplus G$.
3. En déduire une base de E issue de cette somme directe.

Exercice 7

Soit $\mathcal{B} = \{e_1, \cdots, e_8\}$ une base d'un espace vectoriel E sur K. Fabriquer de façon simple une décomposition de E en somme directe telle que (il n'y a pas unicité en général, ce n'est pas la question) :

1. Il y ait 8 SEV composant cette somme directe.
2. Il y ait 4 SEV dans cette somme directe.
3. Il y ait 3 SEV dans cette somme directe.
4. Il y ait 2 SEV de dimensions différentes dans cette somme directe.

Exercice 8

Les deux questions sont indépendantes.

1. Dans $\mathbb{R}_8[X]$, on se donne les SEV F_1, F_2, F_3 de bases respectives
   $F_1 : \{5,\ X(X-2)(X+3),\ X^7\}$, $F_2 : \{3X,\ X^5+X^2+3,\ X^8-X^4\}$
   $F_3 : \{X^2-6X+2,\ 5X^4-X^3+6,\ -X^6+X^5+3\}$
   Montrer sans aucun calcul que $\mathbb{R}_8[X] = F_1 \oplus F_2 \oplus F_3$.
2. Vrai ou Faux ? Dans un espace vectoriel E, si les SEV $F_1, F_2, \cdots F_k$ sont en somme directe, alors la réunion des bases des F_i forme une base de E.

Exercice 9 [Corrigé en ligne]

On se place dans l'espace vectoriel E des fonctions réelles de la variable réelle, qui est de dimension infinie, chose que l'on va montrer en question 1, puis on en regardera quelques SEV élémentaires. Toutes les fonctions sont à valeurs réelles.

1. Sachant que E contient $\mathbb{R}_n[X]$ pour tout n, justifier que E ne peut pas être de dimension finie.
2. Montrer que l'ensemble $\mathcal{C}(\mathbb{R})$ des fonctions continues sur $\mathbb{R}$, à valeurs réelles, est un SEV de E.
3. a) Idem pour l'ensemble $\mathcal{C}^1(\mathbb{R})$ des fonctions dérivables et à dérivée continue.
   b) Idem pour l'ensemble $\mathcal{C}^n(\mathbb{R})$ des fonctions n fois dérivables et à dérivée $n$ème continue.
   c) Identifier $F = \bigcap_{n=1}^{+\infty} \mathcal{C}^n(\mathbb{R})$. Est-ce un SEV de E ?
4. Comment mieux rédiger la question « l'ensemble des fonctions f vérifiant $f''+9f=0$ est un espace vectoriel » ? Vérifier que c'est bien vrai.

Exercice 10 [Corrigé en ligne]

Dans cet exercice, on se place dans l'espace vectoriel E des suites $(u_n)_{n\geq 0}$ à valeurs complexes, qui est de dimension infinie sur $\mathbb{C}$, chose qui n'intervient pas ici. On se donne un complexe a différent de 0 et de 1 et soit la partie G de E formée des suites (u_n) géométriques de raison a, à savoir vérifiant $u_n = au_{n-1}$ pour tout $n \geq 1$.

1. Montrer que G est un espace vectoriel sur $\mathbb{C}$.
2. Donner l'expression du terme général d'une suite (u_n) appartenant à G.
3. En déduire une base de G et sa dimension.
4. On suppose dans cette question que $|a| < 1$ et on considère une suite (v_n) vérifiant $v_n = av_{n-1} + b$ où $b \neq 0$ est donné.
5. a) Former l'équation très simple vérifiée par la limite éventuelle ℓ de la suite.
   b) En introduisant la suite (u_n) définie par $u_n = v_n - \ell$, donner l'expression générale de v_n et montrer qu'elle converge bien vers le nombre ℓ supposé.
   c) L'ensemble H formé des suites arithmético-géométriques vérifiant pour ce a et ce b donnés la relation $v_n = av_{n-1} + b$ pour $n \geq 1$, est-il un espace vectoriel ?

Corrigés

Exercice 1

1. Oui. Si $X(x,y,z,t)$ et $X'(x',y',z',t')$ sont dans E, alors les composantes $(ax + a'x', ay + a'y', az + a'z', at + a't')$ de $aX + a'X'$ vérifient bien la relation d'appartenance à E. On peut aussi dire que la relation liant x, y, z, t pour être dans E est « linéaire » avec 0 au second membre.
2. Non : $X(1,0,0,0)$ est dans E, mais $2X$ ne l'est pas. La relation liant x, y, z, t pour être dans E est « linéaire au premier membre », mais « avec 1 au second membre », ce n'est plus linéaire.
3. Non : la relation équivaut à $x = y$ (on est dans un plan F) OU $z = t$ (on est dans un autre plan G). La réunion de deux SEV est encore un espace vectoriel uniquement lorsque l'un des deux est inclus dans l'autre. Ce n'est pas le cas ici. De façon plus concrète, $X = (1,1,3,4)$ et $Y = (2,5,0,0)$ sont dans E, mais $X + Y = (3,6,3,4)$ ne l'est pas, ce qui empêche E d'être un espace vectoriel.
4. Oui. Il s'agit de l'intersection des l'hyperplans $x = y$ et $z = 2t$, ce qui est bien un SEV de E.

Exercice 2

1. On est dans K^3 avec une famille de 3 vecteurs. Elle est libre (et est donc une base de K^3) si et seulement si la relation $au + bv + cw = 0$ implique $a = b = c = 0$. On regarde le système linéaire $\begin{cases} a & +2b & -c & = & 0 \\ a & +b & +c & = & 0 \\ a & -b & +5c & = & 0 \end{cases}$. En soustrayant la 1ère équation aux deux autres, on arrive à $\begin{cases} a & +2b & -c & = & 0 \\ & -b & +2c & = & 0 \\ & -3b & +6c & = & 0 \end{cases}$ où la 3ème équation ne sert à rien, puisque c'est la même que la 2ème. Le système équivaut donc à $\begin{cases} a & +2b & -c & = & 0 \\ & -b & +2c & = & 0 \end{cases}$. On peut prendre $c = 1, b = 2, a = -3$, ce qui donne la relation $-3u + 2v + w = 0$: la famille est liée, et de rang < 3. Il est clair que $\{u, v\}$ est une famille libre, et $\mathcal{F}$ est donc de rang 2, et engendre un plan dans K^3.
2. On applique le même principe, mais on arrive à un système de 3 équations qui donne $c = 0$, puis $b = 0, a = 0$. La famille $\mathcal{F}$ libre, et forme une base de K^3.
3. On est dans K^2 avec une famille de 3 vecteurs : elle est obligatoirement liée, puisque l'on a plus de vecteurs que la dimension de l'espace vectoriel. Les vecteurs u et v sont indépendants, et $\mathcal{F}$ est de rang 2 et donc une base de K^2.
4. L'étude de la relation $au + bv + cw + dx = 0$ (pour étudier si la famille est libre ou non) se traduit par le système évident (aucun calcul, juste une recopie des données)

$\{3a - 5b + 7c - d = 0, b + 8c + 2d = 0, 9d = 0\}$ qui admet de façon évidente, après $d = 0$, des solutions non identiquement nulles en a, b, c. La famille $\mathcal{F}$ est donc liée, et est au maximum de rang 3. La répartition des 0 en bas des vecteurs u, v, x montre qu'ils forment une famille libre. Il en résulte que w est une combinaison linéaire de u, v, x. *C'est même mieux, puisque u, v, w vivent dans le même plan $z = t = 0$: on vérifie que $w = 47/3u + 8v$.* On a finalement un SEV de dimension 3 de K^4. *On pouvait aussi remarquer dès le début que les 4 vecteurs vivent dans l'hyperplan $t = 0$ de dimension 3, et que le rang de $\mathcal{F}$ est obligatoirement ≤ 3.*

Exercice 3

Pour chaque E_i, l'idée est de montrer que pour tous $P, Q \in E_i$ et tous scalaires λ, μ, alors $\lambda P + \mu Q$ est encore dans E_i (CNS la plus générale pour être un SEV).

1. On a $(\lambda P + \mu Q)(1) = \lambda P(1) + \mu Q(1)$ par définition de la structure d'espace vectoriel des polynômes, et donc $(\lambda P + \mu Q)(1) = 0$ dès que $P(1) = Q(1) = 0$. E_1 est bien un SEV de $K_n[X]$, et donc un espace vectoriel.
2. E_2 est l'intersection du SEV des polynômes vérifiant $P(1) = 0$ et de celui des polynômes vérifiant $P(2) = 0$: on sait que l'intersection de deux SEV est encore un SEV, et E_2 est bien un espace vectoriel.
3. E_3 est la réunion du SEV des polynômes vérifiant $P(1) = 0$ et de celui des polynômes vérifiant $P(2) = 0$: on n'a aucun résultat sur la réunion de deux SEV, sauf dans les cas particuliers d'inclusion. $P = X - 1$ et $Q = X - 2$ sont bien dans E_3, mais $P + Q = 2X - 3 \notin E_3$: E_3 n'est pas un espace vectoriel.
4. Si P vérifie $P^2(-1) = 4$, alors $Q = 3P$ ne vérifie pas cette condition, puisque $Q^2(-1) = 36$. E_4 n'est pas un espace vectoriel, sinon $3P$ serait dans E_4.
5. P est dans E_5 si et seulement si $P = B \times P_1$, où P_1 est un polynôme de degré $\leq n - b$. Pour $P, Q \in E_5$, on peut écrire $\lambda P + \mu Q = B \times (\lambda P_1 + \mu Q_1)$, et $\lambda P + \mu Q$ est bien divisible par B, et reste dans $K_n[X]$: E_5 est bien un SEV de $K_n[X]$.
6. Un espace vectoriel contient l'élément neutre 0, qui est ici le polynôme nul, à savoir un polynôme divisible par tout polynôme, en particulier par B : E_6 ne contient pas le polynôme nul, et n'est donc pas un espace vectoriel.
7. E_7 ne contient pas le polynôme nul, et n'est donc pas un espace vectoriel.
8. On a $(\lambda P + \mu Q)(2) = \lambda P(2) + \mu Q(2)$ et $(\lambda P + \mu Q)'(2) = \lambda P'(2) + \mu Q'(2)$. Si P, P', Q, Q' sont nuls en $x = 2$, il en va de même de $\lambda P + \mu Q$, et E_8 est un espace vectoriel. On peut aussi dire que P et Q sont divisibles par $(X - 2)^2$, et qu'il en va de même pour tout $\lambda P + \mu Q$.
9. On a $(\lambda P + \mu Q)(1) + (\lambda P + \mu Q)(2) = \lambda[P(1) + P(2)] + \mu[Q(1) + Q(2)] = 0$ lorsque $P, Q \in E_9$: on a un espace vectoriel.
10. On a bien un SEV de $K_n[X]$ puisque $(\lambda P + \mu Q)(1) + (\lambda P + \mu Q)'(3) = \lambda[P(1) + P'(3)] + \mu[Q(1) + Q'(3)] = 0$ pour tous $P, Q \in E_{10}$ et tous scalaires λ, μ.

Exercice 4

1. L'idée est de montrer que E est un SEV de $\mathcal{C}(\mathbb{R})$, chose qui est claire puisqu'il s'agit de l'ensemble des combinaisons linéaires des vecteurs de la famille $\mathcal{F}$. La famille $\mathcal{F}$ est donc un générateur à 5 éléments de E : la dimension de E est obligatoirement ≤ 5, suivant que la famille $\mathcal{F}$ est libre (dimension égale à 5) ou liée (dimension ≤ 4).
2. La trigonométrie élémentaire nous dit que $\cos^2 x + \sin^2 x = 1$, ce qui montre que les trois fonctions $\{1, \cos^2 x, \sin^2 x\}$ sont liées. Pour définir E, on peut sans souci éliminer (par exemple) la fonction $\sin^2 x$ qui est combinaison linéaire des deux autres. La dimension de E est donc déjà au maximum égale à 4, et $\{1, \cos^2 x,\ \cos 2x, \sin 2x\}$ est un générateur de E.

   Mais on a aussi $\cos 2x = 2\cos^2 x - 1$, ce qui montre que les trois fonctions 1, $\cos^2 x$, $\cos 2x$ sont liées, et on peut éliminer (par exemple) $\cos^2 x$ et dire que E est engendré par $\{1, \cos 2x, \sin 2x\}$, et est donc de dimension ≤ 3.
3. Ça se complique un peu. Pour regarder si $\mathcal{B} = \{1, \cos 2x, \sin 2x\}$ forme une famille libre ou non, on part de la relation $a + b\cos 2x + c\sin 2x = 0$, (fonction nulle, à savoir égalité à 0 pour tout x), et on étudie si les constantes réelles a, b, c sont nulles ou non. Le plus simple est de donner à x quelques valeurs astucieuses :

   — • Pour $x = 0$, il vient $a + b = 0$. Pour $x = \pi/2$, il vient $a - b = 0$, et on en déduit $a = b = 0$.

   — • Il reste $c\sin 2x = 0$ pour tout x, à savoir évidemment $c = 0$.
4. La famille $\mathcal{B}$ est donc libre, et elle engendre E : c'est une base de E, lequel est de dimension 3.

Exercice 5

1. Un polynôme $P \in E$ est divisible par B quand il s'écrit $P(X) = B(X)Q(X)$ où Q est un polynôme tel que degré(B)+degré(Q) ≤ 8, à savoir de degré ≤ 3. Pour tous $P_1 = Q_1 B, P_2 = Q_2 B$ dans G et tous scalaires α, β, on a $\alpha P_1 + \beta P_2 = B \times (\alpha Q_1 + \beta Q_2)$ où le degré de $\alpha Q_1 + \beta Q_2$ reste bien ≤ 3. On a donc $\alpha P_1 + \beta Q_2 \in G$, et G est un SEV de E.
2. a) Première démonstration : la division euclidienne par B permet d'écrire de façon unique tout polynôme A sous la forme $A = BQ + R$ où degré(R) ≤ 4, puisque le diviseur B est de degré 5. Pour $A \in E$, on a $BQ \in G$ et $R \in F$. L'existence et l'unicité de la décomposition est la définition de la somme directe $E = F \oplus G$.

   b) Seconde démonstration : une base de F est $\{1, X, X^2, X^3, X^4\}$ et F est de dimension 5. Un élément de G s'écrit $B(X)(a+bX+cX^2+dX^3)$ et $\{B, XB, X^2B, X^3B\}$ en est donc une base : G est de dimension 4. On a donc dim F+dim G=9=dim E. Par ailleurs, on a clairement $F \cap G = \{0\}$: en effet, un polynôme non nul appartenant à F est de degré ≤ 4 et s'il est divisible par B, il est au moins de degré 5. C'est impossible. Les deux conditions $F \cap G = \{0\}$ et dim E=dim F+dim G caractérisent la somme directe.

3. On a une base de $E = F \oplus G$ en prenant la réunion d'une base de F et d'une base de G, à savoir $\{1, X, X^2, X^3, X^4, B, XB, X^2B, X^3B\}$.

Exercice 7

1. En appelant D_i la droite engendrée par e_i, on a $E = D_1 \oplus D_2 \oplus \cdots \oplus D_8$.
2. En appelant P_1 le plan de base $\{e_1, e_2\}$ et ainsi de suite jusqu'à P_4 le plan de base $\{e_7, e_8\}$, on a $E = P_1 \oplus P_2 \oplus P_3 \oplus P_4$.
3. Par exemple E_1 de base $\{e_1, e_2, e_3\}$, E_2 de base $\{e_4, e_5, e_6\}$ et E_3 de base $\{e_7, e_8\}$.
4. Par exemple F_1 de base $\{e_1, \cdots, e_5\}$ et F_2 de base $\{e_6, e_7, e_8\}$.

   À chaque fois, le principe fondamental est le suivant : la réunion des bases des SEV formant la somme directe doit être une base de E.

Exercice 8

1. Les 9 polynômes donnés sont tous de degré distincts, et forment donc une famille libre (et donc une base) de $\mathbb{R}_8[X]$, lequel est de dimension 9. Ceci prouve (a) que l'énoncé a un sens, à chaque fois on a bien une base de F_i (b) que F_1, F_2, F_3 sont en somme directe puisque la réunion de leurs bases est une famille libre (c) que $F_1 \oplus F_2 \oplus F_3 = \mathbb{R}_8[X]$ puisque la réunion de leurs trois bases est une base de $\mathbb{R}_8[X]$. L'affirmation (b) est vraie, mais en fait peu utile pour conclure.
2. C'est faux ! La somme directe signifie que la réunion des bases des $F_1, F_2, \cdots, F_k$ est une famille libre dans E. Mais rien ne dit qu'il « y a assez de vecteurs dans cette réunion » pour former une base de E.

Chapitre 4

Matrices, systèmes linéaires, équations de SEV

L'entier n désigne le nombre de lignes d'une matrice A ou bien le nombre d'équations d'un système linéaire $AX = B$ et p désigne le nombre de colonnes de A ou le nombre d'inconnues du système, et B est un vecteur colonne de dimension n.

Domaines concernés

— Opérations simples sur les matrices, calcul de l'inverse par résolution d'un système linéaire. Matrice carrée, triangulaire, diagonale.

— Anneau des matrices carrées de dimension n.

— Rang d'une matrice, échelonnement : dans une matrice échelonnée, le nombre de 0 en tête de ligne augmente strictement quand on descend dans la matrice.

— Matrices équivalentes, semblables, matrice symétrique, transposée ${}^tA$ de A, matrice nilpotente, matrice orthogonale, matrices congruentes.

— Composantes d'un vecteur sur une base, matrice de changement de base.

— Méthode de Gauss (avec combinaison linéaire de lignes, c'est très visuel) pour ramener un système linéaire $AX = B$ à un système échelonné, résolution, nombre de solutions, inconnues paramètres.

— Rang d'une famille de vecteurs, en extraire une famille libre maximale.

— Rang d'un système linéaire.

— Equations *indépendantes* d'un sous-espace vectoriel. Sous-espace vectoriel défini par un système linéaire $AX = 0$. Relation entre la dimension d'un SEV et le nombre d'équations *indépendantes* le définissant.

— Interprétation géométrique des solutions du système $AX = B$ où B est un vecteur non nul : on est alors en géométrie dite affine, celle « où une droite ou un plan ou autre ne passe pas toujours par l'origine ».

Résultats fondamentaux utilisables

— Le produit de matrices n'est en général pas commutatif : si AB et BA existent, il n'y a aucune raison que $AB = BA$. Le produit AB de deux matrices non nulles peut très bien être la matrice nulle. On a ${}^t(AB) = {}^tB\,{}^tA$ et $(AB)^{-1} = B^{-1}A^{-1}$.

— B est l'inverse de la matrice carrée A lorsque $AB = BA = I_d$. Il suffit de vérifier l'une des deux conditions $AB = I_d$ ou $BA = I_d$, inutile de vérifier les deux.

— Le rang de A, à savoir le nombre maximal de colonnes indépendantes de A, est aussi égal au nombre maximal de lignes indépendantes de A, à savoir $\text{rang}(A) = \text{rang}\,({}^tA)$. Le rang est évidemment inférieur ou égal à n et à p.

— Echelonner une matrice A, ce qui se fait par la méthode du pivot de Gauss, permet d'obtenir une matrice où le nombre de 0 en tête de ligne augmente strictement quand on descend, et ayant le même rang que A. Ce rang se lit instantanément : il est égal au nombre de lignes non identiquement nulles de la forme échelonnée.

— On calcule l'inverse A^{-1} d'une matrice carrée A (on a $n = p$) en résolvant le système $A\begin{pmatrix} x_1 \\ \vdots \\ x_n \end{pmatrix} = \begin{pmatrix} x'_1 \\ \vdots \\ x'_n \end{pmatrix}$ où les $x'_1, \cdots, x'_n$ sont « formelles » et où les inconnues sont $x_1, \cdots, x_n$.

— La relation $V = PV'$ liant les composantes V d'un vecteur sur une ancienne base $\mathcal{B}$ et celles V' sur une nouvelle base $\mathcal{B}'$, avec P matrice de passage de $\mathcal{B}$ à $\mathcal{B}'$. Quand on ne fait pas de bêtise dans la vie, on n'a jamais de « PV ».

— Pour calculer le rang d'une famille $V_1, \cdots, V_p$ en dimension n, il est pratique de partir du système $\alpha_1 V_1 + \cdots + \alpha_p V_p = 0$ (choisir une base et on a n équations et p inconnues) et d'étudier ce qui se passe quand on l'échelonne. Le rang est égal au nombre d'équations restantes autres que « $0 = 0$ ». La famille est libre lorsque le rang est égal à p (le nombre de vecteurs).

— Dans un système linéaire à n équations et p inconnues, la seule chose que l'on peut *a priori dire* avant calculs est : « si $n < p$ (plus d'inconnues que d'équations) le système est soit impossible soit admet une infinité de solutions ».

— Le rang r du système linéaire $AX = B$ est le rang de la matrice A, attention le second membre B n'intervient pas dans cette définition. Les deux entiers *importants* dans le système sont ce rang r et le nombre p d'inconnues.

— Le pivot de Gauss ramène le système a une forme $TX = B'$ où T est échelonnée (presque triangulaire...) de rang r. Le système admet des solutions si et seulement si ce nouveau système ne contient pas d'équations de la forme « $0 = 1$ ». On le voit donc à l'oeil nu.

— Si le rang r est strictement inférieur au nombre d'équations n, cela signifie qu'il y a $n-r$ équations qui sont soit inutiles (combinaison linéaires des r autres) soit qui rendent le système impossible.

— Un système admettant des solution possède une solution unique si et seulement si $r=p$ (la matrice T est carrée et inversible).

— Un système admettant des solutions possède une infinité de solutions ssi $p>r$ (plus d'inconnues que le rang, T est plus large que haute). En faisant passer $p-r$ inconnues bien choisies au second membre (inconnues paramètres), on peut résoudre le système en exprimant les r inconnues restantes en fonction des inconnues paramètres.

— L'ensemble des solutions du système $AX=0$ de rang r est un sous-espace vectoriel de K^p de dimension r. Réciproquement, tout SEV de K^p de dimension r est l'ensemble des solutions d'un système $AX=0$ de rang r. C'est donc l'intersection de r hyperplans de K^p, un hyperplan de K^p étant un SEV de dimension $p-1$, défini par une unique équation de la forme $\alpha_1 x_1+\cdots+\alpha_p x_p=0$.

— La relation liant la dimension de l'espace E, celle d'un SEV F et le nombre d'équations indépendantes caractérisant F est

$$\dim E = \dim F + \text{ nombre d'équations indépendantes de } F$$

— C'est logique : le nombre de degrés de liberté de F (sa dimension) est égal au nombre total de degrés de liberté (la dimension de E) diminué du nombres de contraintes pour être dans F (le nombre d'équations indépendantes décrivant F). Attention aux mots équations indépendantes : une droite de $\mathbb{R}^2$ admet une unique « équation indépendante », mais on peut aussi la représenter par le système linéaire formé de trois fois de suite cette équation !

— En dimension n, pour trouver un système d'équations cartésiennes du SEV engendré par une famille $\{V_1,\cdots,V_p\}$ libre ou non, on cherche les CNS liant $x_1,\cdots,x_n$ pour que le système $\alpha_1 V_1+\cdots+\alpha_p V_p = \begin{pmatrix} x_1 \\ \vdots \\ x_n \end{pmatrix}$ admette des solutions $\alpha_1,\cdots,\alpha_p$: on échelonne ce système par Gauß. Ces CNS sont de la forme « $0=$ expression en $x_1,\cdots,x_n$ » et elles forment les équations cartésiennes (indépendantes) du SEV.

Ce que l'on vous demandera de montrer

— Calculer des sommes, produits, transposées de matrices, on doit connaître les définitions de ces opérations.

— Calculer l'inverse d'une matrice carrée : il faut se ramener à un système linéaire et appliquer le pivot de Gauss pour le résoudre.

— Calculer le rang d'une matrice, ce qui se fait par échelonnement.

- Calculer le rang d'une famille de vecteurs : on se ramène à celui de la matrice obtenue en stockant ces vecteurs en ligne ou en colonne dans une matrice, et en échelonnant.
- Résoudre un système linéaire, discuter s'il admet des solutions ou non. Regarder en particulier le cas où les données contiennent des paramètres.
- Identifier la nature du SEV ensemble des solutions du système $AX = 0$, donner sa dimension.
- Étant donné un SEV F de E, trouver un système d'équations indépendantes de F ou en trouver une base.
- Questions analogues sur le système $AX = B$, avec $B \neq 0$, en « géométrie affine » où les droites/plans ... ne passent pas par l'origine comme dans les espaces vectoriels, mais où le concept géométrique traditionnel parle « de la même façon ».

Les questions à se poser

- Les dimensions des matrices A et B permettent-elles de calculer le produit AB ou le produit BA ou les deux ou aucun ?
- Je ne sais *a priori* pas si la matrice carrée A est inversible. Comment vais-je m'en apercevoir dans la tentative de résolution du système $AX = X'$?
- La matrice est-elle symétrique, triangulaire, diagonale, orthogonale ($A^tA = I_d$) ?
- Dois-je, pour trouver le rang d'une famille de vecteurs, les stocker en lignes ou en colonnes dans une matrice ? Réponse : sachant que le pivot de Gauss le plus visuel se fait en combinant les lignes, le mieux est de stocker les vecteurs en lignes car les lignes non indentiquement nulles de la matrice échelonnée nous donnent visuellement les numéros d'une sous-famille libre maximale de la famille initiale de vecteurs. Mais si on veut simplement le rang (et pas une base du SEV engendré), peu importe qu'on stocke les vecteurs en ligne ou en colonne.
- Quand j'ai fait le pivot de Gauss et constaté que le système va admettre une infinité de solutions, comment choisir les inconnues « paramètres » à faire passer « au second membre » ?
- Quand le système a été échelonné par Gauss, comment puis-je le résoudre ?
- Quand j'ai résolu avec des inconnues paramètres le système $AX = 0$ définissant un SEV F de E comment ai-je sans nouveau calcul une base de F ?
- Essayer de bien comprendre (par exemple en dimension concrète 3 avec des plans) ce que signifie « solution unique », « infinité de solutions », « aucune solution », et être capable de généraliser en dimension supérieure, à la fois dans les espaces vectoriels « où tout passe par l'origine » et en géométrie affine.

Exercices

Exercice 1

1. Echelonner les matrices suivantes et donner leur rang. On rappelle que l'on peut toujours permuter deux lignes, pour calculer le rang.

$$A = \begin{pmatrix} 1 & 2 & 1 & -1 & 3 \\ 2 & 3 & -2 & 0 & 4 \\ 3 & 2 & 2 & 1 & -1 \\ -1 & 5 & 2 & 1 & 1 \end{pmatrix} \quad B = \begin{pmatrix} 1 & 2 & 0 & -1 & 1 \\ 2 & 4 & 1 & 1 & 0 \\ 3 & 2 & 1 & 0 & 1 \\ 4 & -1 & 3 & 5 & -2 \end{pmatrix}$$

2. Interpréter les résultats en terme de « rang de famille de vecteurs » (deux familles de vecteurs par matrice, celle des lignes et celle des colonnes.)

Exercice 2

On se place dans K^4 avec les familles de vecteurs :

$$\mathcal{F}_1 : (1,-1,2,3), (2,1,3,1), (1,2,-1,1) \;;\; \mathcal{F}_2 : (1,-1,2,3), (2,1,3,1), (1,-4,3,8)$$

1. Pour chaque famille, étudier si elle est libre ou liée et donner son rang.
2. Si elle est liée, trouver une relation linéaire liant les vecteurs de la famille.

Exercice 3

Pour chaque réel θ on pose $A(\theta) = \begin{pmatrix} 1 & 0 & 0 \\ 0 & \cos\theta & -\sin\theta \\ 0 & \sin\theta & \cos\theta \end{pmatrix}$.

1. Calculer le produit $A(\theta)A(\theta')$.
2. a) Sans nouveau calcul, montrer que les matrices $A(\theta)$ et $A(\theta')$ commutent.
   b) Sans nouveau calcul, montrer que $A(\theta)$ est inversible et donner son inverse.
3. a) Indentifier θ' tel que ${}^tA(\theta) = A(\theta')$.
   b) À quelle condition sur θ la matrice $A(\theta)$ est-elle symétrique ? Donner les matrices correspondantes.
4. Que vaut le produit $A(\theta)\ {}^tA(\theta)$? Quel est l'adjectif qualifiant la matrice $A(\theta)$? *L'interprétation géométrique est donnée dans le corrigé.*

Exercice 4

1. Montrer que $A = \begin{pmatrix} 0 & 2 & 0 & 0 \\ 0 & 0 & 2 & 0 \\ 0 & 0 & 0 & 2 \\ 0 & 0 & 0 & 0 \end{pmatrix}$ est nilpotente, i.e. qu'il existe k entier tel que $A^k = 0$. On calculera $A^2, A^3, A^4 \cdots$.
2. Que vaut formellement $(I_3 - A)(I_3 + A + A^2 + A^3)$? En déduire l'inverse de $B = \begin{pmatrix} 1 & -2 & 0 & 0 \\ 0 & 1 & -2 & 0 \\ 0 & 0 & 1 & -2 \\ 0 & 0 & 0 & 1 \end{pmatrix}$.

Exercice 5

1. Trouver un vecteur directeur de la droite de $\mathbb{R}^3$ d'équations cartésiennes $\{x + 2y + z = 0, 2x - 5y + 3z = 0\}$.
2. Trouver une base du SEV de $\mathbb{R}^4$: $\{x+2y+z-t = 0, 2x-5y+3z+2t = 0\}$. Quelle est sa dimension ? Etait-ce prévisible avant calcul ?

Exercice 6 [Corrigé des 2 derniers sytèmes en ligne]

Discuter et résoudre les systèmes suivants. On donnera à chaque fois le rang du système et une justification, en fonction du rang, du résultat obtenu (unicité, impossibilité, infinité de solutions) :

$$\left\{\begin{array}{rrrcr} x & +2y & -3z & = & 4 \\ 2x & +y & +z & = & 9 \\ -3x & +2y & -z & = & -6 \end{array}\right. \qquad \left\{\begin{array}{rrrcr} x & +2y & -3z & = & 4 \\ 2x & +y & +z & = & 9 \\ x & -4y & +11z & = & 6 \end{array}\right.$$

$$\left\{\begin{array}{rrrcr} x & +2y & -3z & = & 4 \\ 2x & +y & +z & = & 9 \\ x & -4y & +11z & = & 14 \end{array}\right. \qquad \left\{\begin{array}{rrrcr} x & +2y & -3z & = & 4 \\ 2x & +y & +z & = & 9 \\ x & -4y & +11z & = & 6 \\ 10x & +11y & -9z & = & 43 \end{array}\right.$$

Exercice 7 [Corrigé en ligne]

Soit le système S_1 : $\left\{\begin{array}{rrrrcr} x & +y & +2z & -t & = & 8 \\ 2x & +y & +3z & +t & = & 10 \\ -3x & +4y & -z & -2t & = & 0 \end{array}\right.$.

1. Justifier qu'il ne peut pas admettre une solution unique.
2. Appliquer la méthode du pivot et donner les solutions. Quel est le rang du système ?

3. a) Suite à l'échelonnement, donner une sous-matrice carrée inversible de rang maximal extraite de la matrice 3×4 formée des coefficients du premier membre.
   b) Que se passe-t-il si l'on change les valeurs $(8, 10, 0)$ du second membre ?

Exercice 8 [Corrigé en ligne]

Dans $\mathbb{R}^3$, on considère le plan P de base $u(1, -1, 3)$ et $v(2, 1, 2)$. On cherche une équation cartésienne de ce plan.

1. Former le système linéaire à 3 équations aux 2 inconnues α, β exprimant que le vecteur $X(x, y, z)$ appartient à P.
2. a) En échelonnant ce système, trouver la CNS liant x, y, z pour qu'il admette une solution α, β et conclure.
   b) Le calcul explicite de α, β est-il utile, au vu du but cherché ? Pourquoi a-t-on unicité de α, β ?
3. On se place maintenant dans l'espace affine de dimension 3 (on travaille avec des points), et on appelle Q le plan de base u, v et passant par le point $A(-2, 7, 1)$. Sans nouveaux calculs, expliquer comment trouver son équation à partir de celle de P.

Exercice 9 [Corrigé en ligne]

On se place dans $\mathbb{R}^5$ et E est le SEV engendré par $U_1 = (1, -1, 3, 2, 1), U_2 = (2, 1, 2, 0, -3)$, $U_3 = (0, -3, 4, 4, 5)$. On cherche un système d'équations cartésiennes de E, et on en déduira sa dimension, sans s'occuper de regarder a priori si les vecteurs sont indépendants ou non.

1. Former le système de 5 équations aux 3 inconnues α, β, γ traduisant que le vecteur $X = (x, y, z, t, u)$ est dans E.
2. Echelonner ce système.
3. En déduire un système d'équations cartésiennes de E et sa dimension.

Exercice 10 [Corrigé en ligne]

E est le SEV de $\mathbb{R}^5$ défini par : le vecteur $V(x, y, z, t, u)$ appartient à E si et seulement si on a $\begin{cases} x & -y & +3z & +2t & +u & = & 0 \\ 2x & +y & +2z & & -3u & = & 0 \\ -x & -3y & +4z & +4t & +7u & = & 0 \end{cases}$.

1. À ce stade, peut-on donner la dimension de E ?
2. Echelonner le système et exprimer ses solutions en fonction d'un certain nombre d'inconnues paramètres.
3. En déduire une base de E et sa dimension.
4. Reprendre l'exercice en remplaçant la 3ème équation par $x + 5y - 5z - 6t - 9u = 0$.

Corrigés

Exercice 1

1. a) Remplacer L_2 par $L_2 - 2L_1$, L_3 par $L_3 - 3L_1$, L_4 par $L_4 + L_1$ donne A_1 ci dessous. Dans A_1, remplacer L_3 par $L_3 - 4L_2$ et L_4 par $L_4 + 7L_2$ donne A_2 :

$$A_1 = \begin{pmatrix} 1 & 2 & 1 & -1 & 3 \\ 0 & -1 & -4 & 2 & -2 \\ 0 & -4 & -1 & 4 & -10 \\ 0 & 7 & 3 & 0 & 4 \end{pmatrix}, A_2 = \begin{pmatrix} 1 & 2 & 1 & -1 & 3 \\ 0 & -1 & -4 & 2 & -2 \\ 0 & 0 & 15 & -4 & -2 \\ 0 & 0 & -25 & 14 & -10 \end{pmatrix}$$

On termine en remplaçant dans A_2 la ligne L_4 par $L_4 + 25/15L_3$ et on obtient $A_3 = \begin{pmatrix} 1 & 2 & 1 & -1 & 3 \\ 0 & -1 & -4 & 2 & -2 \\ 0 & 0 & 15 & -4 & -2 \\ 0 & 0 & 0 & 22/3 & -40/3 \end{pmatrix}$, qui est bien échelonnée, le nombre de 0 en tête de ligne allant en croissant strictement. La matrice initiale est de rang 4, puisqu'il n'y a aucune ligne nulle dans A_4.

b) La premières étape conduit à $B_2 = \begin{pmatrix} 1 & 2 & 0 & -1 & 1 \\ 0 & 0 & 1 & 3 & -2 \\ 0 & -4 & 1 & 3 & -2 \\ 0 & -9 & 3 & 9 & -6 \end{pmatrix}$.

La ligne L_2, qui a déjà deux 0 en tête, ne peut pas servir pour faire apparaître des 0 en deuxième colonne dans L_3 et L_4.

On permute L_3 et L_2 : $B_2 = \begin{pmatrix} 1 & 2 & 0 & -1 & 1 \\ 0 & -4 & 1 & 3 & -2 \\ 0 & 0 & 1 & 3 & -2 \\ 0 & -9 & 3 & 9 & -6 \end{pmatrix}$.

On fait apparaître un 0 en deuxième colonne de L_4 en remplaçant L_4 par $L_4 - 9/4L_2$: $B_3 = \begin{pmatrix} 1 & 2 & 0 & -1 & 1 \\ 0 & -4 & 1 & 3 & -2 \\ 0 & 0 & 1 & 3 & -2 \\ 0 & 0 & 3/4 & 9/4 & -3/2 \end{pmatrix}$.

On met un 0 en 3ème colonne de L_4 en remplaçant L_4 par $L_4 - 3/4L_3$, et il vient $B_4 = \begin{pmatrix} 1 & 2 & 0 & -1 & 1 \\ 0 & -4 & 1 & 3 & -2 \\ 0 & 0 & 1 & 3 & -2 \\ 0 & 0 & 0 & 0 & 0 \end{pmatrix}$. Il y a seulement trois lignes non nulles, et le rang de B vaut 3.

2. La matrice A s'interprête comme la famille de ses 5 vecteurs colonnes dans K^4 ou aussi comme la famille de ses 4 vecteurs lignes dans K^5. Dans les deux cas, ces familles sont de rang 4, le rang de la matrice, puisque le rang de A est égal à celui de sa transposée. Même principe pour B, sauf que les deux familles sont uniquement de rang 3 maintenant.

Exercice 2

1. a) On étudie, pour la famille $\mathcal{F}_1$, la relation $\alpha V_1 + \beta V_2 + \gamma V_3 = 0$ et on regarde si $\alpha = \beta = \gamma = 0$ (famille libre) ou non (famille liée). Cela se traduit par le système à 4 équations et 3 inconnues $\begin{cases} \alpha & +2\beta & +\gamma & = & 0 \\ -\alpha & +\beta & +2\gamma & = & 0 \\ 2\alpha & +3\beta & -\gamma & = & 0 \\ 3\alpha & +\beta & +\gamma & = & 0 \end{cases}$.
Remplacer E_2 par $E_2 + E_1$ (elle devient $3\beta + 3\gamma = 0$), E_3 par $E_3 - 2E_1$ (elle devient $-\beta - 3\gamma = 0$) et E_4 par $E_4 - 3E_1$ (elle devient $-5\beta - 2\gamma = 0$) nous conduit à un système où les nouvelles équations E_2, E_3, E_4 donnent de façon évident $\beta = \gamma = 0$. On en déduit $\alpha = 0$. La famille $\mathcal{F}_1$ est libre et donc de rang 3, elle engendre un SEV de dimension 3.

   b) On étudie, pour la famille $\mathcal{F}_2$, la relation $\alpha V_1 + \beta V_2 + \gamma V_3 = 0$ et on regarde si $\alpha = \beta = \gamma = 0$ (famille libre) ou non (famille liée). Cela se traduit par le système à 4 équations et 3 inconnues $\begin{cases} \alpha & +2\beta & +\gamma & = & 0 \\ -\alpha & +\beta & -4\gamma & = & 0 \\ 2\alpha & +3\beta & +3\gamma & = & 0 \\ 3\alpha & +\beta & +8\gamma & = & 0 \end{cases}$. Remplacer E_2 par $E_2 + E_1$ (elle devient $3\beta - 3\gamma = 0$), E_3 par $E_3 - 2E_1$ (elle devient $-\beta + \gamma = 0$) et E_4 par $E_4 - 3E_1$ (elle devient $-5\beta + 5\gamma = 0$) nous conduit au système élémentaire $\{\alpha + 2\beta + \gamma = 0, \beta = \gamma\}$ (puisque E_2, E_3, E_4 sont identiques), et qui maintenant admet une infinité de solutions avec $\alpha = -3\gamma, \beta = \gamma$.
Le système est de rang 2 (deux équations indépendantes) et la famille $\mathcal{F}_2$ est liée. En prenant $\gamma = 1$, on a $\beta = 1$, $\alpha = -3$, ce qui signifie que $-3V_1 + V_2 + V_3 = 0$.

Exercice 3

1. Les formules d'addition trigonométriques donnent $A(\theta)A(\theta') = A(\theta + \theta')$.
2. a) On a ainsi $A(\theta)A(\theta') = A(\theta')A(\theta)$, et les deux matrices commutent toujours.
   b) On a clairement $A(0) = I_3$. On a donc $A(\theta)A(\theta') = I_3$ dès que $\theta + \theta' = 0$ modulo 2π, à savoir tout simplement $\theta' = -\theta[2\pi]$. On a $A(\theta)^{-1} = A(-\theta)$.
3. a) La transposée de $A(\theta)$ s'obtient en changeant le sinus en son opposé, à savoir en changeant θ en $-\theta$: ${}^tA(\theta) = A(-\theta)$.
   b) La matrice est symétrique si et seulement si $\sin\theta = \sin(-\theta) = -\sin\theta$, à savoir $\sin\theta = 0$ et donc $\theta = 0$ ou $\theta = \pi$.
Cela donne $\begin{pmatrix} 1 & 0 & 0 \\ 0 & -1 & 0 \\ 0 & 0 & -1 \end{pmatrix}$ pour $\theta = \pi$ ou bien la matrice identité I_3 pour $\theta = 0$.
4. Les deux questions précédentes montrent que $A(\theta)^{-1}$ est la transposée de $A(\theta)$: on a la définition d'une matrice dite orthogonale (à savoir représentant une isométrie de $\mathbb{R}^3$ sur une base orthonormée) : dans le cas présent, il s'agit de la rotation d'angle θ dans le plan $\{\overrightarrow{j}, \overrightarrow{k}\}$, l'axe de rotation étant $\overrightarrow{i}$ et orientant l'espace.

Exercice 4

1. On a $A^2 = \begin{pmatrix} 0 & 0 & 4 & 0 \\ 0 & 0 & 0 & 4 \\ 0 & 0 & 0 & 0 \\ 0 & 0 & 0 & 0 \end{pmatrix}$ $A^3 = \begin{pmatrix} 0 & 0 & 0 & 8 \\ 0 & 0 & 0 & 0 \\ 0 & 0 & 0 & 0 \\ 0 & 0 & 0 & 0 \end{pmatrix}$ $A^4 = 0$.
2. C'est une identité remarquable qui se retrouve en effectuant les produits : on obtient $I_3 - A^4$, à savoir I_3. Sachant que $I_3 - A = B$, elle s'écrit $B \times (I_3 + A + A^2 + A^3) = I_3$, à savoir $B^{-1} = I_3 + A + A^2 + A^3 = \begin{pmatrix} 1 & 2 & 4 & 8 \\ 0 & 1 & 2 & 4 \\ 0 & 0 & 1 & 2 \\ 0 & 0 & 0 & 1 \end{pmatrix}$.

Exercice 5

1. Remplacer E_2 par $E_2 - 2E_1$ échelonne le système en $\{x + 2y + z = 0, -9y + z = 0\}$, d'où l'on tire $z = 9y$ puis $x = -11y$. Le vecteur générique de D s'écrit $(-11y, y, 9y)$: un vecteur directeur est $(-11, 1, 9)$.
2. Remplacer E_2 par $E_2 - 2E_1$ échelonne le système en $\{x + 2y + z - t = 0, -9y + z + 4t = 0\}$, système de rang 2 et on est en dimension 4 : le SEV considéré est de dimension $4 - 2 = 2$. On tire de la seconde équation $z = 9y - 4t$ et le report dans la première équation donne $x = -11y + 5t$. On écrit ceci sous forme vectorielle

$$\begin{pmatrix} x \\ y \\ z \\ t \end{pmatrix} = y \begin{pmatrix} -11 \\ 1 \\ 9 \\ 0 \end{pmatrix} + t \begin{pmatrix} 5 \\ 0 \\ -4 \\ 1 \end{pmatrix}$$

   Les deux vecteurs de droite forment une base du SEV.

Exercice 6

1. On remplace E_2 par $E_2 - 2E_1$ et E_3 par $E_3 + 3E_1$ pour enlever x des deux dernières équations, ce qui donne $\begin{cases} x & +2y & -3z & = & 5 \\ & -3y & +7z & = & 1 \\ & 8y & -10z & = & 6 \end{cases}$. Puis on remplace E_3 par $E_3 + 8/3E_2$ ce qui donne $\begin{cases} x & +2y & -3z & = & 5 \\ & -5y & +7z & = & -4 \\ & & 26/3z & = & 26/3 \end{cases}$. La dernière équation donne $z = 1$, le report dans la deuxième donne $y = 2$ et le report dans la première donne $x = 3$.
2. On remplace E_2 par $E_2 - 2E_1$ et E_3 par $E_3 - E_1$ pour enlever x des deux dernières équations, ce qui donne (S_2) : $\begin{cases} x & +2y & -3z & = & 5 \\ & -3y & +7z & = & 1 \\ & -6y & +14z & = & 2 \end{cases}$. Avant de se lancer dans

une nouvelle étape de pivot, on peut constater à l'œil nu que la dernière équation est la même que la deuxième, à une multiplication par 2 près. Le système est équivalent à celui des deux premières équations de (S_2). Le système est de rang 2 avec 3 inconnues, et il admet donc une infinité de solutions. La troisième équation du système initial est une combinaison linéaire des deux premières, et ne sert à rien. L'ensemble des solutions dépend d'un paramètre, par exemple z : la seconde équation de S_2 donne $y = 7/3z - 1/3$ et le report dans la première équation donne $x = -5/3z + 14/3$. L'ensemble des solutions est la droite de l'espace affine passant par le point $(14/3, -1/3, 0)$ et de vecteur directeur (par exemple) $(-5, 7, 3)$.

Chapitre 5

Applications linéaires, matrices

E est un espace vectoriel de dimension p sur K, F un E.V. de dimension n sur K, et f une application de E dans F. Le grand cas particulier est évidemment $E = F$ avec $p = n$. La notation A désignera une matrice à n lignes et p colonnes, destinée à être la matrice de f sur une base donnée de E et une base donnée de F.

Domaines concernés

— Caractérisation d'une application linéaire, noyau, image, injectivité, surjectivité, isomorphisme, automorphisme. Application linéaire réciproque (inverse) le cas échéant. Composition d'applications linéaires. Sous-espace vectoriel stable.

— Rang d'une application linéaire, théorème de la dimension.

— Anneau $\mathcal{L}(E)$ des endomorphismes de E (applications linéaires de E dans lui-même).

— Matrice d'une application linéaire sur des bases données de E et de F. Changement de bases, dont la fondamentale $A' = P^{-1}AP$.

— Formes linéaires, qui auront quand même droit à une fiche spéciale avec la dualité, notion considérée comme compliquée (sans vraiment l'être).

— Le [à peu près] seul cas de dimension infinie concernera l'espace $K[X]$ des polynômes sur K ; mais on peut normalement se ramener à un certain $K_n[X]$ de dimension finie $n + 1$.

— On pourra aussi travailler, en dimension infinie, dans l'espace [par exemple] des fonctions continues sur $[0, 1]$, où il faudra évidemment travailler directement sur l'expression de f, une base de l'espace étant totalement inaccessible et ingérable. Autre possibilité : certaines équations différentielles simples, mais la démarche sera très bien détaillée.

— Projection et symétrie.

Résultats fondamentaux utilisables

- $f(\alpha x + \beta y) = \alpha f(x) + \beta f(y)$ pour montrer que f est linéaire.
- f est injective si et seulement si son noyau Ker f, à savoir le SEV de E formé des vecteurs x tels que $f(x) = 0$, est réduit au vecteur nul. Avoir f injective nécessite dim $F \geq$ dim E, pour qu'il y ait « suffisamment de place » dans F pour contenir « une copie conforme » de E.
- Plus généralement, la relation $f(x_1) = f(x_2)$ équivaut à $x_1 = x_2 + z$ où $z \in$ Ker f.
- f est surjective si et seulement si Im$f = F$. Avoir f surjective nécessite dim $F \leq$ dim E, pour que « F soit plus petit que E ».
- Théorème de la dimension : dim E = dim (Kerf f) + dim (Im f).
- Lorsque $n = p$ (E et F de même dimension, ce qui est en particulier vrai lorsque f est un endomorphisme de E), f est bijective (isomorphisme) si et seulement si elle est injective **ou bien** surjective, il suffit de montrer l'une des deux conditions seulement, et en général c'est Ker $f = \{0\}$ qui est de loin la plus simple.
- Étant données une base $\mathcal{U} = \{u_1, \cdots, u_p\}$ de E et une base $\mathcal{V} = \{v_1, \cdots, v_n\}$ de F, la matrice A de f sur ces deux bases possède n lignes et p colonnes, sa première colonne contenant les composantes de $f(u_1)$ sur la base $\mathcal{V}$, et ainsi de suite. Comme E est de dimension p et F de dimension n, on a bien une matrice $n \times p$.
- On a ainsi aisément une base de l'image Imf, sachant que les colonnes de A forment un système générateur de Imf (mais pas nécessairement une base!)
- La formule de changement de base $A' = P^{-1}AP$ pour un endomorphisme (ou $A' = Q^{-1}AP$ pour $f : E \to F$, P étant la matrice de passage au départ et Q celle à l'arrivée).
- Le rang de f est le rang de la matrice A, matrice écrite sur deux bases quelconques de E et de F.
- Avec des polynômes, penser à la relation « famille libre » et « degrés distincts ».
- La projection sur F parallèlement à G (avec $E = F \oplus G$) est un endomorphisme p_F de E vérifiant $p_F^2 = p_F$. Son noyau est G et son image est F. La symétrie par rapport à F et parallèlement à G est $s = p_F - p_G$ et elle vérifie $s^2 = I_d$.
- La relation $p^2 = p$ caractérise une projection et $s^2 = I_d$ caractérise une symétrie.

Ce que l'on vous demandera de montrer

- Que f est une application linéaire.

— Trouver le noyau de f (résoudre le système $AX = 0$) et/ou l'image de f (extirper une famille libre de la famille des colonnes de A) et le rang de f. Etre conscient que connaître le noyau ou l'image donne immédiatement le rang de f, et donc la dimension de l'image ou du noyau.

— Montrer que f est un isomorphisme de E sur F, soit pour en déduire la dimension de F (égale alors à celle de E), soit pour simplement pouvoir résoudre des équations $y = f(x)$ où $y \in F$ est donné.

— Faire des changements de base dans E et/ou F et écrire la matrice de f sur ces nouvelles bases.

— En utilisant un isomorphisme entre $K_n[X]$ et K^{n+1}, montrer rapidement l'existence et l'unicité d'un polynôme de degré $\leq n$ vérifiant des conditions sur ses valeurs ou celles de sa dérivée en certains points.

Les questions à se poser

— Est-il pertinent de se ramener à la matrice de f sur deux bases, ou bien est-ce que je peux travailler directement sur l'expression de f, en particulier dans le cas où l'on travaille avec des polynômes.

— Ai-je bien compris que parler du « noyau de la matrice carrée A » est un abus de langage, et qu'on devrait parler « du noyau de l'endomorphisme de K^n dont A est la matrice », par exemple sur la base canonique de K^n. Mais que cet abus de langage est admissible.

— Application linéaire de rang 1 : toutes les colonnes (ou lignes) de la matrice sont proportionnelles. Application linéaire de rang ≥ 2 : il y a au moins deux colonnes (ou lignes) non proportionnelles. En dimension 3 ou 4, comment se simplifier le travail avec ces deux remarques ?

— Penser que si f est injective (Ker$f$ réduit au vecteur nul), alors f réalise un isomorphisme de E sur l'image Imf.

— Avec une composée $f \circ g$, quelles conditions sur f et/ou g impliquent que la composée est injective ou surjective ?

Exercices

Exercice 1

Soit $n \geq 2$ donné et F l'application associant à un polynôme $P \in K_n[X]$ le polynôme $F(P)$ défini par $F(P)(X) = P(X+1)$.

1. Dans quel espace vectoriel arrive-t-on ? Montrer que F est linéaire et trouver son noyau.
2. En déduire que F est un automorphisme de $K_n[X]$ (endomorphisme bijectif) et donner son inverse F^{-1}.
3. On prend $n = 3$: écrire la matrice A de F sur la base $\{1, X, X^2, X^3\}$. Donner la valeur de A^{-1} sans calcul d'inversion de matrice.

Exercice 2

On se place dans $E = K_n[X]$ avec $n \geq 2$. Pour tout $P \in E$, on note $T(P)$ le polynôme défini par

$$T(P)(X) = P(X) + \frac{1}{1!}P'(X) + \frac{1}{2!}P''(X) + \cdots + \frac{1}{n!}P^{(n)}(X)$$

1. Quel est le degré de $T(P)$ par rapport à celui de P ? Montrer rapidement que T est un endomorphisme de E.
2. a) Calculer $T(1), T(X), T(X^2)$ et subodorer la valeur de $T(X^k)$ pour $1 \leq k \leq n$. Le démontrer ensuite directement (à savoir sans récurrence).

   b) Finalement, qui est le polynôme $T(P)$, en fonction de P ? Quelle formule celavous rappelle-t-il ?

Exercice 3

Soit $A = \begin{pmatrix} 1 & -1 & 3 & 2 & 1 \\ 2 & 1 & 2 & 0 & -3 \\ 1 & 5 & -5 & -6 & -9 \end{pmatrix}$, qui peut être considérée comme la matrice d'une application linéaire f de K^p dans K^n.

1. Question sans aucun calcul : que valent n et p ? L'application f peut-elle être injective ? Surjective ? Quelles sont les valeurs possibles de son rang ?
2. a) Trouver $\operatorname{Ker} f$: on donnera la dimension et une base.

   b) Trouver $\operatorname{Im} f$: on donnera la dimension et une base.

Exercice 4

Soit $E = K_3[X]$, et soient a, b, c, d quatre scalaires distincts. On pose

$$P_1 = \frac{(X-b)(X-c)(X-d)}{(a-b)(a-c)(a-d)}, \quad P_2 = \frac{(X-a)(X-c)(X-d)}{(b-a)(b-c)(b-d)}$$

$$P_3 = \frac{(X-a)(X-b)(X-d)}{(c-a)(c-b)(c-d)}, \quad P_4 = \frac{(X-a)(X-b)(X-c)}{(d-a)(d-b)(d-c)}$$

1. Soit $Q = \alpha P_1 + \beta P_2 + \gamma P_3 + \delta P_4$. Calculer $\alpha, \beta, \gamma, \delta$ en fonction des valeurs de Q en certains points de K.
2. Que peut-on dire de la famille $\{P_1, P_2, P_3, P_4\}$ pour E ?
3. a) Que peut-on dire de l'application $Q \in E \mapsto U(Q) = (Q(a), Q(b), Q(c), Q(d)) \in K^4$?
   b) En déduire que pour tous scalaires, y_1, y_2, y_3, y_4, il existe un unique polynôme Q de degré ≤ 3 tel que $Q(a) = y_1, Q(b) = y_2, Q(c) = y_3, Q(d) = y_4$.
   c) Quelle est l'image réciproque de la base canonique de K^4 par U ? Retrouver ainsi, d'une autre façon, le résultat de la question 2.
4. Quelle est la matrice de Q sur la base précédente de E (au départ) et la base canonique de K^4 (à l'arrivée).

Exercice 5

On se place dans $E = K_n[X]$ avec $n \geq 2$. Pour $P \in E$, on note

$$U(P) = P(X+1) + P(X-1) - 2P(X)$$

1. Calculer $U(1), U(X), U(X^2)$. À l'aide du début du binôme de Newton, montrer que $U(X^p)$ est de degré $p-2$ pour $p \geq 2$.
2. Vérifier que U est un endomorphisme de E et exprimer le degré de $U(P)$ en fonction du degré de P.
3. Trouver le noyau de U et en déduire son rang. Comparer $\operatorname{Im} U$ et $K_{n-2}[X]$.
4. Montrer que U est nilpotent, i.e. qu'il existe un entier m tel que $U^m = 0$. *On pourra éventuellement distinguer les cas n pair et n impair, mais ce n'est pas vraiment indispensable.*
5. On prend $n = 4$. Ecrire la matrice A de U sur la base $\{1, X, X^2, X^3, X^4\}$ et calculer A^2, A^3.

Exercice 6 [Corrigé en ligne]

On se place dans $E = K_n[X]$, pour $n \geq 2$.

1. L'application $P \mapsto U(P) = X^2 P''(X) - 3XP'(X) + 2P(X)$ est-elle un endomorphisme de E ?

2. a) D'où vient le terme de plus haut degré de $U(P)$?
   b) L'application précédente est-elle injective ?
3. Pour chaque $Q \in K_n[X]$, existe-t-il $P \in K_n[X]$ tel que $Q = X^2P''(X) - 3XP'(X) + 2P(X)$?
4. On prend $n = 3$. Ecrire la matrice de U sur la base canonique de $K_3[X]$ et vérifier qu'elle est bien inversible.
5. Reprendre *le plus rapidement possible* le problème avec $V(P) = X^2P'' - 2XP' + 2P$: V est-il un automorphisme ? Quel est son rang et son noyau ?

Exercice 7

On se place dans $\mathbb{R}^3$, et on considère la projection p sur le plan $F : x + 2y + z = 0$ parallèlement à la droite G de vecteur directeur $u(1, 2, 1)$. Il s'agit d'une application linéaire (à peu près clair géométriquement), et on va trouver sa matrice sur la base canonique de $\mathbb{R}^3$. Pour un vecteur $X(x, y, z)$ on notera x', y', z' les composantes de $X' = p(X)$.

1. Ecrire les deux relations liant X et X' et caractérisant cette projection.
2. En déduire les relations liant x, y, z et x', y', z' et donner la matrice A (sur la base canonique de $\mathbb{R}^3$) de cette projection. Comparer A^2 et A.
3. Trouver « un peu au pif » une base $\{v, w\}$ de F, et donner (sans calcul, juste par des considérations géométriques) la matrice de p sur la base $\{u, v, w\}$.
4. Vérifier la relation « $A' = P^{-1}AP$ » liant les deux matrices de p sur nos deux bases différentes (lesquelles ?) : on commencera par bien écrire P.

Exercice 8

On se place dans $\mathbb{R}^3$, et on considère la symétrie s par rapport au plan $F : x+2y+z = 0$ et parallèlement à la droite G de vecteur directeur $u(1, -2, 1)$. Il s'agit d'une application linéaire (à peu près clair géométriquement), et on va trouver sa matrice sur la base canonique de $\mathbb{R}^3$. Pour un vecteur $X(x, y, z)$ on notera x', y', z' les composantes de $X' = s(X)$.

1. Ecrire les deux relations liant X et X' et caractérisant cette symétrie.
2. En déduire les relations liant x, y, z et x', y', z' et donner la matrice A (sur la base canonique de $\mathbb{R}^3$) de cette projection. Calculer A^2.

Exercice 9

Dans un E.V. E de dimension 3 sur K rapporté à une base $\{e_1, e_2, e_3\}$, on se donne l'endomorphisme f dont la matrice sur cette base est $B = \begin{pmatrix} -4 & -5 & 10 \\ -2 & -4 & 7 \\ -2 & -3 & 6 \end{pmatrix}$.

1. Ecrire la matrice B' de f sur la base $\{u_1, u_2, u_3\}$ définie par
$$u_1 = e_1 + e_2 + e_3 \ , \ u_2 = 2e_1 + e_2 + e_3 \ , \ u_3 = e_1 - e_2.$$
2. En déduire rapidement le rang de f, son noyau et son image.

Exercice 10 [Corrigé en ligne]

Soit u un endomorphisme non nul d'un espace vectoriel de dimension $n \geq 2$ sur K. On note $u^2 = u \circ u$ et ensuite $u^{k+1} = u^k \circ u = u \circ u^k$.

0. Soit $k \geq 1$: montrer que $\text{Ker}(u^k)$ est inclus dans $\text{Ker}(u^{k+1})$. On note d_p la dimension de $\text{Ker}(u^p)$.
1. On suppose que $\text{Ker}(u^k) = \text{Ker}(u^{k+1})$, pour un certain k.
   a) Montrer que $\text{Ker}(u^{k+1}) = \text{Ker}(u^{k+2})$.
   b) Que peut on en déduire pour les $\text{Ker}(u^m)$ pour tout $m \geq k$?
2. a) Quelles sont les deux propriétés simples de la suite d'entiers $\{d_p\}$?
   b) En déduire qu'elle est convergente.
   c) Cette suite peut-elle être strictement croissante ? Que se passe-t-il tôt ou tard pour une suite croissante d'entiers, mais non strictement croissante, et convergente ?
3. a) En déduire qu'il existe un unique entier $r \geq 1$ possédant la propriété suivante
$$d_1 < d_2 < \cdots < d_r \text{ et } d_p = d_r \text{ pour tout } p \geq r.$$
   b) Comparer les entiers n et r.
   c) Interpréter ces résultat sur la suite $\text{Ker}(u)$, $\text{Ker}(u^2)$, $\text{Ker}(u^3), \ldots$, $\text{Ker}(u^k), \ldots$ des noyaux, en terme d'inclusions strictes et d'égalités.
4. On suppose maintenant que u est **nilpotent**, i.e. qu'il existe un entier m tel que $u^m = 0$.
   a) Que vaut $\text{Ker}(u^m)$ et donc $\text{Ker}(u^r)$? En déduire que l'entier r précédent est le plus petit entier m vérifiant $u^m = 0$ (appelé indice de nilpotence).
   b) Soit u l'endomophisme de K^4 de matrice $A = \begin{pmatrix} 0 & 1 & 1 & 1 \\ 0 & 0 & 2 & 3 \\ 0 & 0 & 0 & 3 \\ 0 & 0 & 0 & 0 \end{pmatrix}$ sur la base canonique. Trouver les noyaux de u, u^2, u^3, u^4 ..., vérifier les inclusions, et donner la valeur de r.

Exercice 11 [Corrigé en ligne]

1. Montrer que la donnée d'une application linéaire U de E de dimension p dans F de dimension n (sur $\mathbb{R}$) équivaut à celle de n applications linéaires de E dans $\mathbb{R}$. On pourra introduire une base de F.

2. Rappeler la CNS pour que deux espaces vectoriels sur un même corps et de dimensions finies soient isomorphes : on construira un isomorphisme très simple entre E et F.

   On va maintenant démontrer, via un isomorphisme, le résultat suivant : « étant donnés n points $A_1, \cdots, A_n$ du plan dont les abscisses sont toutes distinctes et n droites non verticales $D_1, \cdots, D_n$ où D_i passe par A_i, alors il existe un unique polynôme P de degré $2n-1$ dont le graphe passe par chaque A_i, en y étant tangent à D_i ». Dans la suite, les abscisses $a_1, a_2 \cdots, a_n$ des points sont imposées et ne sont donc pas des « variables » potentielles.

3. a) Quelles sont, pour chaque a_i, les deux paramètres réels qui permettent de décrire la donnée des A_i et D_i ?

   b) Établir la relation, pour chaque i, entre ces paramètres et des valeurs du polynôme (ou un polynôme associé) en $x = a_i$.

4. Trouver « un bon candidat » pour un isomorphisme entre $\mathbb{R}_{2n-1}[X]$ et $\mathbb{R}^{2n}$, au vu du cadre précédent.

5. Montrer que l'on a bien un isomorphisme et conclure à l'existence et l'unicité de P. *Indication : que signifie pour un polynôme la relation $P(a) = P'(a) = 0$, au niveau de la divisibilité ?*

Exercice 12 [Corrigé en ligne]

Soient a, b deux réels. On se place dans l'ensemble E des suites (u_n) à valeurs réelles vérifiant la relation de récurrence $u_{n+2} = au_{n+1} + bu_n$ pour tout $n \geq 0$.

1. Montrer, via un sous-espace vectoriel, que E est un espace vectoriel sur $\mathbb{R}$.

   On appelle f l'application de E dans $\mathbb{R}^2$ associant à une suite (u_n) le couple (u_0, u_1) de ses deux premiers termes.

2. Montrer que f est une application linéaire.

3. Montrer que c'est un isomorphisme et en déduire la dimension de E.

4. a) On suppose $a^2 + 4b > 0$. Montrer qu'il existe deux réels r_1, r_2 tels que les suites géométriques (r_1^n) et (r_2^n) soient dans E.

   b) En déduire une base de E et l'expression général d'une suite $(u_n) \in E$.

Corrigés

Exercice 1

1. X^k et $(X+1)^k$ sont toujours de même degré k. Plus généralement, $P(X)$ et $P(X+1)$ sont de même degré et F arrive dans $K_n[X]$ lui-même. La linéarité est claire : $F(\alpha P+\beta Q)(X) = (\alpha P+\beta Q)(X+1) = \alpha P(X+1)+\beta Q(X+1) = [\alpha F(P)+\beta F(Q)](X)$, i.e. $F(\alpha P+\beta Q) = \alpha F(P)+\beta F(Q)$. Il est clair que le polynôme $P(X+1)$ est le polynôme nul si et seulement si $P(X)$ est le polynôme nul, étant tous deux de même degré. Ker F est réduit au polynôme nul et F est injective.

   Attention au raisonnement suivant : le polynôme $F(P)$ est le polynôme nul si et seulement si $P(x+1)=0$ pour tout scalaire x, i.e. lorsque $P(z)=0$ pour tout scalaire z, i.e. lorsque $P=0$ (polynôme nul). Il marche effectivement si K contient une infinité d'éléments, et donc avec $\mathbb{R}$ ou $\mathbb{C}$.

2. F est un endomorphisme injectif en dimension finie, et est donc bijectif : c'est un isomorphisme de $K_n[X]$ sur lui-même, à savoir un automorphisme de $K_n[X]$. La relation $Q(X)=P(X+1)$ équivaut à $P(X)=Q(X-1)$: $F(P)=Q$ équivaut à $P(X)=F[P(X-1)]$. L'endomorphisme F^{-1} est défini par $P\mapsto P(X-1)$.

3. Il s'agit de la matrice contenant (en colonnes) les composantes de $1, X+1, (X+1)^2, (X+1)^3$ sur la base $\{1,X,X^2,X^3\}$, soit $A=\begin{pmatrix}1&1&1&1\\0&1&2&3\\0&0&1&3\\0&0&0&1\end{pmatrix}$, matrice triangulaire supérieure avec des coefficients non nuls sur la diagonale, et donc inversible. A^{-1} contient les composantes de $1, -1+X, (-1+X)^2, (-1+X)^3$ sur la base $\{1,X,X^2,X^3\}$, à savoir $A^{-1}=\begin{pmatrix}1&-1&1&-1\\0&1&-2&3\\0&0&1&-3\\0&0&0&1\end{pmatrix}$.

Exercice 2

1. Si $P=0$, il en va de même pour $T(P)$. Dans le cas général où P est de degré k, P' est de degré $k-1$ (ou est nul), P'' est de degré $k-2$ (ou est nul) ... et $P^{(n)}$ est de degré $k-n$ (ou est nul). Le degré de la somme est donc celui du terme de plus haut degré, à savoir P, et $T(P)$ a le même degré que P : il appartient encore à E et T est une application de E dans E. La dérivation est un endomorphisme de $K_n[X]$, et de même pour les dérivées successives. T est donc une combinaison linéaire d'endomorphismes de $K_n[X]$, et est un endomorphisme de $K_n[X]$.

2. a) On a clairement $T(1)=1$, $T(X)=X+1$ et $T(X^2)=1+2X+X^2=(X+1)^2$. On peut imaginer que $T(X^k)=(X+1)^k$. On utilise $(X^k)'=kX^{k-1}$,

$(X^k)'' = k(k-1)X^{k-2}$, $(X^k)^{(p)} = k(k-1)\cdots(k-p+1)X^{k-p}$ puis $(X^k)^{(k)} = k!$ constante. Ensuite, de $k+1$ à n, on a $(X^k)^{(p)} = 0$. Il vient finalement

$$T(X^k) = X^k + \frac{k}{1!}X^{k-1} + \frac{k(k-1)}{2!}X^{k-2} + \cdots + \frac{k(k-1)\cdots(k-p+1)}{p!}X^{k-p} + \cdots + \frac{k!}{k!}$$

Sachant que $\begin{pmatrix} k \\ p \end{pmatrix} = \dfrac{k(k-1)\cdots(k-p+1)}{p!}$, on reconnait la formule du binôme de Newton développant $(X+1)^k$: on a $T(X^k) = (X+1)^k$ pour tout $k \geq 0$. C'est la formule de Taylor $P(b) = P(a) + \dfrac{(b-a)}{1!}P'(a) + \cdots + \dfrac{(b-a)^k}{k!}P^{(k)}(a)$ avec $a = X$ et $b = X+1$ pour un polynôme de degré k.

Exercice 3

1. Une matrice d'application linéaire à 3 lignes et 5 colonnes contient en colonnes les composantes (sur la base de F) des images des vecteurs de base de E : on a donc 5 vecteurs de base dans E et 3 composantes à l'arrivée dans F, à savoir $E = K^5$ et $F = K^3$, soit $n = 3, p = 5$. Comme la dimension d'arrivée est inférieure à celle de départ, f ne peut pas être injective (pas assez de place dans K^3 pour coller une copie conforme de K^5). Comme le rang de A, à savoir la dimension de Im f est ≤ 3 (la plus petite des dimensions de A), Im f est au maximum de dimension 3, et f ne peut donc pas être surjective. Le rang de f, à savoir celui de A, est le nombre maximum de colonnes linéairement indépendantes dans A : comme C_1 et C_2 sont clairement indépendantes, le rang est au moins égal à 2 ; comme il est ≤ 3, il vaut 2 ou 3 seulement.

2. a) En général, le plus simple est de commencer par chercher le noyau de f, i.e. résoudre $AX = 0$ avec $X \in K^5$ (espace de départ). Il s'agit d'un système de 3 équations à 5 inconnues dont le système échelonné par Gauß (calcul simple non détaillé ici) est équivalent aux deux seules équations

$$\{x - y + 3z + 2t + u = 0, 3y - 4z - 4t - 5u = 0\}$$

Ce système ne comporte plus que 2 équations (indépendantes), son rang est égal à 2, et le rang de f vaut 2, comme la dimension de Im f : il en résulte que la dimension du noyau vaut $5 - 2 = 3$, ce que confirme la résolution. Le système se résout sous la forme (on tire d'abord y en fonction de z, t, u puis x) :

$$\begin{pmatrix} x \\ y \\ z \\ t \\ u \end{pmatrix} = z\begin{pmatrix} -5/3 \\ 4/3 \\ 1 \\ 0 \\ 0 \end{pmatrix} + t\begin{pmatrix} -2/3 \\ 4/3 \\ 0 \\ 1 \\ 0 \end{pmatrix} + u\begin{pmatrix} 2/3 \\ 5/3 \\ 0 \\ 0 \\ 1 \end{pmatrix}.$$

Une base de Ker f est donc $\{-5, 4, 3, 0, 0), (-2, 4, 0, 3, 0), (2, 5, 0, 0, 3)\}$.

b) Comme f est de rang 2, l'image Im f est de dimension 2 : elle est engendrée par la famille des colonnes de la matrice A (il y en a 5 a priori, mais on ne peut en trouver que deux qui soient indépendantes). Comme C_1 et C_2 sont clairement indépendantes, Im f est le SEV de K^3 de base $\{(1,2,1),(-1,1,5)\}$, par exemple. Mais on peut prendre deux colonnes quelconques de A, manifestement.

Exercice 4

1. On a clairement $P_1(a) = 1$ et $P_1(b) = P_1(c) = P_1(d) = 0$, et les résultats analogues pour P_2, P_3, P_4. On en déduit $\alpha = Q(a), \beta = Q(b), \gamma = Q(c), \delta = Q(d)$.
2. L'idée est de regarder si la famille est libre ou non, et dans ce cas ce sera une base de E. On part donc de $\alpha P_1 + \beta P_2 + \gamma P_3 + \delta P_4 = 0$, i.e. on prend $Q = 0$ dans la question 1. Il vient $\alpha = \beta = \gamma = \delta = 0$: on a bien une famille libre, et donc une base de E, qui est de dimension 4.
3. a) U est linéaire, par définition des structures d'espace vectoriel au départ et à l'arrivée. L'idée est de chercher le noyau. On cherche donc Q tel que $Q(a) = Q(b) = Q(b) = Q(c) = 0$. Le polynôme nul est le seul de degré ≤ 3 qui s'annule en quatre points distincts : on a $Q = 0$, et Ker U est réduit à $\{0\}$: U est injective.
   b) Comme E et K^4 sont de mêmes dimensions, et que U est injective, alors elle est nécessairement bijective (isomorphisme de E sur K^4). Pour chaque élément $(y_1, y_2, y_3, y_4) \in K^4$, il existe un et un seul polynôme $Q \in E$ tel que $U(Q) = (y_1, y_2, y_3, y_4)$, i.e. $Q(a) = y_1, Q(b) = y_2, Q(c) = y_3, Q(d) = y_4$.
   c) $Q_1 = U^{-1}(1,0,0,0))$ (image réciproque du premier vecteur de la base canonique de K^4) est l'unique polynôme de degré ≤ 3 tel que $Q_1(a) = 1$, $Q_1(b) = Q_1(c) = Q_1(d) = 0$. On a vu au départ que P_1 vérifie cela, et donc $Q_1 = P_1$. Il en va de même pour les autres vecteurs de la base canonique de K^4 : la famille $\{P_1, P_2, P_3, P_4\}$ est donc l'image réciproque de la base canonique de K^4. On sait que **l'image réciproque d'une famille libre** par une application linéaire est une famille libre.
4. On a $U(P_1) = (1,0,0,0), U(P_2) = (0,1,0,0), U(P_3) = (0,0,1,0), U(P_4) = (0,0,0,1)$: U envoie le $k$ème vecteur de la base départ sur le $k$ème de la base arrivée : la matrice est « l'identité ».

Exercice 5

1. $U(P)$ est un polynôme, pas de souci. On a clairement $U(1) = 0$, $U(X) = (X+1) + (X-1) - 2X = 0$, puis $U(X^2) = (X+1)^2 + (X-1)^2 - 2X = 2$. Plus généralement, pour $p \geq 2$, $U(X^p)$ commence (Newton) par

$$X^p + pX^{p-1} + \frac{p(p-1)}{2}X^{p-2} + X^p - pX^{p-1} + \frac{p(p-1)}{2}X^{p-2} - 2X^p + \cdots$$

à savoir commence par $p(p-1)X^{p-2} + \cdots$: $U(X^p)$ est un polynôme de degré $p-2$ pour $p \geq 2$.

2. U est clairement une application linéaire de $K_n[X]$ dans *a priori* $K[X]$. Mais comme $U(P)$ est soit le polynôme nul, soit de degré 2 de moins que P, $U(P)$ reste dans $K_n[X]$. U est donc une application linéaire de $K_n[X]$ dans lui-même.

   Notons (pour $p \geq 2$) $P(X) = a_pX^p + a_{p-1}X^{p-1} + \cdots + a_2X^2 + a_1X + a_0$: on a $U(P)(X) = a_pU(X^p) + a_{p-1}U(X^{p-1}) + \cdots + 2a_2$, d'après la question précédente. C'est la somme d'un polynôme de degré $p-2$ et de polynômes dont les degrés sont strictement inférieurs à $p-2$: cette somme est de degré exactement égal à $p-2$. En résumé, $U(P) = 0$ si P est de degré ≤ 1 et est de degré $p-2$ sinon, en notant p le degré de P.

3. La question précédente montre que $U(P) = 0$ si et seulement si P est de degré ≤ 1 : $\text{Ker } U = K_1[X]$ (qui est bien un SEV de $K_n[X]$), et est de dimension 2. Comme $K_n[X]$ est de dimension $n+1$, le théorème de la dimension dit que U est de rang $n+1-2 = n-1$. Mais on vient aussi de montrer que $U(P)$ est dans $K_{n-2}[X]$, puisque le degré $p-2$ de $U(P)$ est $\leq n-2$. Comme $K_{n-2}[X]$ est de dimension $n-1$, il en résulte que **l'image Im U est exactement** $K_{n-2}[X]$, SEV de $K_n[X]$.

4. U envoie $K_n[X]$ dans $K_{n-2}[X]$. Le même principe implique que U^2 va diminuer le degré de P de 4 unités, et envoie donc $K_n[X]$ dans $K_{n-4}[X]$ et ainsi de suite : chaque application de U diminue le degré de 2 unités.

   - Pour $n = 2m$ pair : au bout de m itérations de U, on arrive dans $K_{n-2m}[X]$ (les constantes), ce qui signifie $U^{m+1}(P)$ est le polynôme nul. On a $U^{m+1}=0$.
   - Pour $n = 2m+1$ impair : au bout de m itérations de U, on arrive dans $K_{n-2m}[X] = K_1[X]$. On a vu que U envoie alors P sur 0 : on a de nouveau $U^{m+1} = 0$.
   - U est donc nilpotent, et le plus petit entier r tel que $U^r = 0$ est $r = m+1$ où m est défini par $n = 2m$ ou $n = 2m+1$.

5. On a $U(1) = U(X) = 0, U(X^2) = 2$, $U(X^3) = 6X, U(X^4) = 2 + 12X^2$ et
$$A = \begin{pmatrix} 0 & 0 & 2 & 0 & 2 \\ 0 & 0 & 0 & 6 & 0 \\ 0 & 0 & 0 & 0 & 12 \\ 0 & 0 & 0 & 0 & 0 \\ 0 & 0 & 0 & 0 & 0 \end{pmatrix}, \; A^2 = \begin{pmatrix} 0 & 0 & 0 & 0 & 24 \\ 0 & 0 & 0 & 0 & 0 \\ 0 & 0 & 0 & 0 & 0 \\ 0 & 0 & 0 & 0 & 0 \\ 0 & 0 & 0 & 0 & 0 \end{pmatrix} \text{ et } A^3 = 0 \text{ comme prévu.}$$

Exercice 7

1. Le vecteur projeté X' est dans F, et la différence $X' - X$ est dans G. Cela se traduit par l'existence d'un réel λ et les deux conditions « géométriques élémentaires » :
$$x' + 2y' + z' = 0, \quad \frac{x'-x}{1} = \frac{y'-y}{2} = \frac{z'-z}{1} = \lambda$$

2. La 2ème relation donne $\lambda = -\dfrac{x+2y+z}{6}$ et le report donne
$$x' = \frac{5x-2y-z}{6}, \; y' = \frac{-2x+2y-2z}{6}, \; z' = \frac{-x-2y+5z}{6}$$

d'où $A = \dfrac{1}{6}\begin{pmatrix} 5 & -2 & -1 \\ -2 & 2 & -2 \\ -1 & -2 & 5 \end{pmatrix}$. Un produit donne $A^2 = A$, ce qui est la caractérisation, évidente géométriquement, de toute projection sur toute base.

3. Par exemple $v = (1, 0, -1)$ et $w = (2, -1, 0)$. Le calcul matriciel donne (heureusement) $Av = v$ et $Aw = w$, puique v et w sont géométriquement invariant par p ; on a évidemment $Au = 0$.
4. Les relations $p(u) = 0, p(v) = v, p(w) = w$ impliquent que la matrice de p sur la base $\{u, v, w\}$ est la matrice diagonale $A' = \begin{pmatrix} 0 & 0 & 0 \\ 0 & 1 & 0 \\ 0 & 0 & 1 \end{pmatrix}$, chose qu'un calcul plus douloureux $A' = P^{-1}AP$ avec $P = \begin{pmatrix} 1 & 1 & 2 \\ 2 & 0 & -1 \\ 1 & -1 & 0 \end{pmatrix}$ (matrice de passage de la base canonique à le nouvelle base $\{u, v, w\}$) confirme aisément.

Exercice 8

1. On a (*géométrie élémentaire*) $\dfrac{X + X'}{2} \in F$ et $X' - X \in G$, ce qui se simplifie en $X' + X \in F$ et $X' - X = \lambda u$. Il s'agit finalement de

$$(x' + x) + 2(y' + y) + (z' + z) = 0 \ , \ \frac{x' - x}{1} = \frac{y' - y}{-2} = \frac{z' - z}{1} = \lambda.$$

2. Il vient $(2x + \lambda) + 2(2y - 2\lambda) + (2z + \lambda) = 0$, et donc $\lambda = x + 2y + z$ soit

$$x' = 2x + 2y + z \ , \ y' = -2x - 3y - 2z \ , \ z' = x + 2y + 2z.$$

La matrice de s sur la base canonique est $A = \begin{pmatrix} 2 & 2 & 1 \\ -2 & -3 & -2 \\ 1 & 2 & 2 \end{pmatrix}$. On vérifie que $A^2 = I_3$, relation $A^2 = I_n$ qui caractérise une symétrie en dimension n.

Exercice 9

1. L'énoncé affirme sans preuve que la famille $\{u_1, u_2, u_3\}$ est libre, et forme donc une base de E. Ceci dit, l'idée est d'appliquer la formule $B' = P^{-1}BP$ où $P = \begin{pmatrix} 1 & 2 & 1 \\ 1 & 1 & -1 \\ 1 & 1 & 0 \end{pmatrix}$ est « la matrice de passage » de l'ancienne base de E à la nouvelle base (P contient les composantes des nouveaux vecteurs de base en colonne). On va donc vérifier que P est inversible, ce qui se fait en résolvant le système $X' = PX$, et on pourra continuer l'exercice, une fois vérifié que P est inversible, à savoir que $\{u_1, u_2, u_3\}$ est bien une base de E.

La résolution du système $\{x' = x + 2y + z, y' = x + y - z, z' = x + y\}$ se fait par l'échelonnement de Gauß (méthode du pivot), et conduit à

$$x = -x' - y' + 3z' \ , \ y = x' + y' - 2z' \ , \ z = -y' + z'$$

solution unique prouvant que P est inversible, soit $P^{-1} = \begin{pmatrix} -1 & -1 & 3 \\ 1 & 1 & -2 \\ 0 & -1 & 1 \end{pmatrix}$.

La famille $\{u_1, u_2, u_3\}$ est libre et bien une base de E. Le calcul de $P^{-1}BP$ donne $B' = \begin{pmatrix} 1 & 1 & 0 \\ 0 & -2 & 1 \\ 0 & 0 & -1 \end{pmatrix}$.

2. La matrice de f sur la nouvelle base est triangulaire supérieure sans 0 sur la diagonale : elle est de rang 3, inversible. L'endomorphisme f est bijectif (automorphisme), son noyau est réduit à $\{0\}$, et son image est E tout entier.

Chapitre 6

Déterminants

Voici les grandes règles de calcul du déterminant d'une matrice carrée de dimension n sur un corps K quelconque. Le déterminant d'un endomorphisme est celui de sa matrice sur une base quelconque, il ne dépend pas de la base choisie. La définition du déterminant choisie ici est celle par récurrence sur n, et qui donne la façon de le calculer. On fera attention que le calcul d'un déterminant est une grosse source d'erreurs de signes et de calculs !

Pour $A \in \mathcal{M}_n(K)$ et pour i, j de 1 à n, on note classiquement $A_{i,j}$ la matrice de dimension $n-1$ obtenue en supprimant la $i$ème ligne et la $j$ème colonne de A.

Domaines concernés

- Une façon de montrer qu'une matrice carrée est inversible.
- Calcul du rang d'une matrice quelconque, d'une famille de vecteurs.
- Discussion d'un système linéaire dépendant de paramètre(s).
- Diagonalisation et trigonalisation d'une matrice carrée, développées dans les fiches suivantes.
- Equation d'un hyperplan (SEV de dimension $n-1$) dont on connaît une base.
- *D'une façon générale, quand on a le choix entre un calcul de déterminant et la résolution d'un système linéaire par la méthode du pivot de Gauß, préférer Gauß !*

Résultats fondamentaux utilisables

- Le déterminant $\det(A)$ d'une matrice $A \in \mathcal{M}_n(K)$ est défini par récurrence. Pour $n = 1$ et $A = (a)$, on a $\det(A) = a$, et pour $n > 1$ on a la formule de récurrence suivante, appelée « développement par rapport à la première ligne » :

$$\boxed{\det(A) = a_{1,1}\det(A_{1,1}) - a_{1,2}\det(A_{1,2}) + \cdots + (-1)^{n+1}a_{1,n}\det(A_{1,n}).}$$

— Retenir aussi que $\begin{vmatrix} a & b \\ c & d \end{vmatrix} = ad - bc.$

— Dans le calcul d'un déterminant, on peut ajouter à toute colonne une combinaison linéaire des **autres** colonnes.

— Dans le calcul d'un déterminant, on peut ajouter à toute ligne une combinaison linéaire des **autres** lignes.

— Si λ est en facteur dans une ligne (ou une colonne), on peut le sortir du déterminant.

— Si l'on permute deux lignes ou deux colonnes, il faut changer le signe du déterminant.

— On peut développer un déterminant par rapport à **toute ligne** $1 \leq i \leq n$ suivant la formule $\det(A) = \sum_{j=1}^{n}(-1)^{i+j} a_{i,j} \det(A_{i,j})$.

— On peut développer un déterminant par rapport à **toute colonne** $1 \leq j \leq n$ suivant la formule $\det(A) = \sum_{i=1}^{n}(-1)^{i+j} a_{i,j} \det(A_{i,j})$.

— Quand une ligne (ou une colonne) est composée uniquement de 0, le déterminant est nul.

— Quand deux lignes sont égales ou proportionnelles, le déterminant est nul. Plus généralement, quand une ligne est une combinaison linéaire d'autres lignes, le déterminant est nul. Même chose en remplaçant « lignes » par « colonnes ».

— Le déterminant d'une matrice triangulaire ou diagonale est égal au produit des éléments diagonaux.

— Le déterminant d'une matrice est égal à celui de sa transposée.

— Le déterminant d'un produit de matrices est égal au produit des déterminants.

— L'idée de base pour calculer un déterminant est de faire apparaître un maximum de 0 dans une **même ligne** ou dans une **même colonne**, par des combinaisons linéaires comme indiqué ci-dessus, et ensuite de **développer** par rapport à cette ligne ou colonne.

— Une matrice carrée est inversible si et seulement si son déterminant est non nul.

— Le rang d'une matrice (carrée ou non) est la taille maximale d'un déterminant non nul que l'on peut extraire de cette matrice.

Ce que l'on vous demandera de montrer

— Trouver le rang d'une matrice (carrée ou non) ou le rang d'une famille de vecteurs dépendant d'un paramètre.

— Discuter le nombre de solutions d'un système linéaire dépendant d'un paramètre, sans nécessairement calculer explicitement les solutions.
— Trouver l'équation d'un hyperplan dont on connaît une base.
— Calculer le polynôme caractéristique d'un endomorphisme ou d'une matrice (voir fiche suivante).

Les questions à se poser

— Dois-je chercher un rang avec un déterminant ou bien avec une résolution de système linéaire (en revenant à la définition et au calcul du rang par échelonnement).
— En l'absence de paramètre, est-ce que je n'aurais pas intérêt à chercher le rang directement par échelonnement.
— Dans une matrice non carrée $n \times p$ dépendant d'un paramètre m, je viens de trouver un déterminant de taille n ou de taille p qui est une fonction du paramètre m : pour les m où ce déterminant est non nul, est-ce que je peux conclure ? Quand ce déterminant s'annule pour une valeur m_0 du paramètre, est-ce que je peux conclure pour $m = m_0$?
— Si ma matrice est le produit de deux matrices carrées, comment puis-je accélérer le calcul de son déterminant ?

Exercices

Dans les corrigés, on verra les notations L_i ou C_j : elles représentent la ligne i ou la colonne j de la matrice (ou déterminant) où l'on travaille.

Exercice 1

Calculer $A = \begin{vmatrix} 2 & 6 & 1 \\ 3 & 4 & -4 \\ 5 & 2 & 1 \end{vmatrix}$ et $B = \begin{vmatrix} 5 & 4 & 2 & 1 \\ 2 & 3 & 1 & -2 \\ -5 & -7 & -3 & 9 \\ 1 & -2 & -1 & 4 \end{vmatrix}$.

Exercice 2

Calculer les déterminants suivants : on les donnera sous forme factorisée. Pour D, on donnera les valeurs de m pour lesquelles la matrice est inversible.

$$C = \begin{vmatrix} 1 & 1 & 1 \\ a & b & c \\ a^2 & b^2 & c^2 \end{vmatrix} \quad , \quad D = \begin{vmatrix} 1 & -2 & -6 & 6+m^2 \\ 1 & 0 & m+1 & 3 \\ -3 & 3 & 6 & m^2-16 \\ 2 & 1 & 8 & 4 \end{vmatrix}$$

Exercice 3

On rappelle que $a^k - b^k = (a-b)(a^{k-1} + a^{k-2}b + \cdots + ab^{k-2} + b^{k-1})$.

On pose $D_n = \begin{vmatrix} a+b & ab & 0 & 0 & \cdots & 0 & 0 \\ 1 & a+b & ab & 0 & \cdots & 0 & 0 \\ 0 & 1 & a+b & ab & \cdots & 0 & 0 \\ 0 & 0 & 1 & a+b & \cdots & 0 & 0 \\ \vdots & \vdots & \vdots & \vdots & \ddots & a+b & ab \\ 0 & 0 & 0 & 0 & \cdots & 1 & a+b \end{vmatrix}$.

1. a) Calculer D_1, D_2 et D_3.
   b) En utilisant l'identité rappelée, mettre D_1, D_2, D_3 sous forme de quotient avec $b-a$ au dénominateur.
2. Exprimer D_n en fonction de D_{n-1} et D_{n-2} et en déduire la valeur de D_n.

Exercice 4

1. Écrire un système d'équations cartésiennes de la droite $\mathcal{D}$ de $\mathbb{R}^3$ engendrée par le vecteur $u = (1, 2, 5)$. On donnera une solution élémentaire et une solution utilisant les déterminants (rang d'une matrice).

2. Écrire l'équation du plan $\mathcal{P}$ engendré par les vecteurs $u = (1, 2, 5)$ et $v = (1, 7, 3)$.
3. Ce plan $\mathcal{P}$ a-t-il un rapport avec la droite $\mathcal{D}$?

Exercice 5

Soit f_t l'endomorphisme de K^3 de matrice $N_t = \begin{pmatrix} 1 & 2t-1 & 1 \\ t & 1 & 1 \\ 1 & 1 & t \end{pmatrix}$ sur la base canonique. On travaillera avec les déterminants, sans échelonner.

1. Quelles sont les valeurs de t pour lesquelles N_t n'est pas de rang 3 ?
2. Pour chacune de ces valeurs, donner un système d'équations cartésiennes de l'image $\text{Im } f_t$ et une base de $\text{Ker } f_t$.

Exercice 6 [Corrigé en ligne]

En utilisant les déterminants, discuter suivant la valeur du paramètre réel m le rang de la matrice

$$A(m) = \begin{pmatrix} m-1 & 0 & -1 & 1 & m \\ 0 & 1 & -1 & 1 & 2 \\ -1 & m+1 & -2 & 2 & 2 \\ 1 & 1 & -1 & -1 & 1 \end{pmatrix}$$

Corrigés

Exercice 1

1. On fait apparaître des 0 dans C_3 en remplaçant L_2 par L_2+4L_1, puis L_3 par L_3-L_1. On développe ensuite par rapport à la dernière colonne :

$$A = \begin{vmatrix} 2 & 6 & 1 \\ 11 & 28 & 0 \\ 5 & 2 & 1 \end{vmatrix} = \begin{vmatrix} 2 & 6 & 1 \\ 11 & 28 & 0 \\ 3 & -4 & 0 \end{vmatrix} = \begin{vmatrix} 11 & 28 \\ 3 & -4 \end{vmatrix} = -128$$

2. On met des 0 sur la dernière ligne en ajoutant $2C_2$ à C_4, en ajoutant C_1 à C_3, et en ajoutant $2C_1$ à C_2, et en développant par rapport à la dernière ligne : $B = \begin{vmatrix} 5 & 14 & 7 & 9 \\ 2 & 7 & 3 & 4 \\ -5 & -17 & -8 & -5 \\ 1 & 0 & 0 & 0 \end{vmatrix} = -\begin{vmatrix} 14 & 7 & 9 \\ 7 & 3 & 4 \\ -17 & -8 & -5 \end{vmatrix}$. On fait apparaître un 0 sur la 2ème ligne de C_1 en remplaçant C_1 par $C_1 - C_2 - C_3$: $B = -\begin{vmatrix} -2 & 7 & 9 \\ 0 & 3 & 4 \\ -4 & -8 & -5 \end{vmatrix}$. On fait entrer le signe $-$ extérieur dans la 3ème ligne : $B = \begin{vmatrix} -2 & 7 & 9 \\ 0 & 3 & 4 \\ 4 & 8 & 5 \end{vmatrix}$. On fait apparaître un 0 en bas de C_1 en remplaçant L_3 par $L_3 + 2L_1$: $B = \begin{vmatrix} -2 & 7 & 9 \\ 0 & 3 & 4 \\ 0 & 22 & 23 \end{vmatrix}$ et on développe par rapport à C_1 pour obtenir $B = -2\begin{vmatrix} 3 & 4 \\ 22 & 23 \end{vmatrix} = 38$.

Exercice 2

1. On met des 0 en première ligne en soustrayant la première colonne aux deux autres. On voit alors que l'on peut mettre $b-a$ en facteur dans la nouvelle deuxième colonne, et $c-a$ dans la troisième : $C = \begin{vmatrix} 1 & 0 & 0 \\ a & b-a & c-a \\ a^2 & b^2-a^2 & c^2-a^2 \end{vmatrix} = (b-a)(c-a)\begin{vmatrix} 1 & 0 & 0 \\ a & 1 & 1 \\ a^2 & b+a & c+a \end{vmatrix}$. On développe ensuite par rapport à L_1 : il vient $C = (b-a)(c-a)(c-b)$.

2. On fait apparaître trois 0 en dernière ligne en remplaçant C_1 par $C_1 - 2C_2$, C_3 par $C_3 - 8C_2$ et C_4 par $C_4 - 4C_2$:
$D = \begin{vmatrix} 5 & -2 & 10 & 14+m^2 \\ 1 & 0 & m+1 & 3 \\ -9 & 3 & -18 & m^2-28 \\ 0 & 1 & 0 & 0 \end{vmatrix} = \begin{vmatrix} 5 & 10 & 14+m^2 \\ 1 & m+1 & 3 \\ -9 & -18 & m^2-28 \end{vmatrix}$. On fait apparaître un zéro en troisième colonne en remplaçant C_3 par $C_3 - 3C_1$, ce qui permet de mettre en facteurs $m^2 - 1$. Finalement, on remplace L_3 par $L_3 - L_1$:
$D = (m^2-1)\begin{vmatrix} 5 & 10 & 1 \\ 1 & m+1 & 0 \\ -9 & -18 & 1 \end{vmatrix} = (m^2-1)\begin{vmatrix} 5 & 10 & 1 \\ 1 & m+1 & 0 \\ -14 & -28 & 0 \end{vmatrix} = 14(m-1)^2(m+1).$
La matrice est inversible si et seulement si m est différent de ± 1.

Exercice 3

1. a) Un calcul évident donne $D_1 = a + b$ et $D_2 = (a+b)^2 - ab = a^2 + ab + b^2$. On calcule D_3 en développant par rapport à la première ligne, ce qui donne $D_3 = (a+b)D_2 - abD_1 = a^3 + a^2b + ab^2 + b^3$.
   b) On voit apparaître $D_1 = \dfrac{b^2 - a^2}{b - a}$, $D_2 = \dfrac{b^3 - a^3}{b - a}$, $D_3 = \dfrac{b^4 - a^4}{b - a}$.
2. On calcule D_n en le développant par rapport à la première ligne. On a la formule de récurrence immédiate $D_n = (a+b)D_{n-1} - abD_{n-2}$. En partant de l'hypothèse de récurrence $D_k = \dfrac{b^{k+1} - a^{k+1}}{b - a}$ supposée vraie jusqu'à l'ordre $n - 1$, on obtient $D_n = (a+b)\dfrac{b^n - a^n}{b - a} - ab\dfrac{b^{n-1} - a^{n-1}}{b - a} = \dfrac{b^{n+1} - a^{n+1}}{b - a}$. L'hypothèse de récurrence est bien vraie pour tout entier n.

Exercice 4

1. Le plus simple est de dire que deux vecteurs proportionnels ont des composantes proportionnelles : $x/1 = y/2 = z/5$ ce qui équivaut à $\{2x - y = 0,\ 5x - z = 0\}$.
On peut aussi dire que la matrice $\begin{pmatrix} x & 1 \\ y & 2 \\ z & 5 \end{pmatrix}$ est de rang 1, i.e. que tous ses déterminants extraits d'ordre deux sont nuls. En pratique, il en suffit de deux sur les trois possibles, puisque la droite est décrite pas un système de 2 équations indépendantes seulement : $\begin{vmatrix} x & 1 \\ y & 2 \end{vmatrix} = 0, \begin{vmatrix} x & 1 \\ z & 5 \end{vmatrix} = 0$, ce qui donne le même résultat. En prenant le troisième déterminant, on obtient $5y - 2z = 0$, combinaison linéaire des deux premières équations.
2. Les deux vecteurs u et v forment une famille libre, et ils engendrent bien un plan. Le vecteur $X = (x, y, z)$ appartient au plan $\mathcal{P}$ si et seulement si la famille $\{X, u, v\}$

est liée, i.e. si et seulement si son déterminant (sur une base quelconque) est nul.

L'équation du plan est donc $\begin{vmatrix} x & 1 & 1 \\ y & 2 & 7 \\ z & 5 & 3 \end{vmatrix} = 0$, à savoir $29x - 2y - 5z = 0$.

3. Oui, le plan contient la droite. On pourrait prendre comme équations cartésiennes de la droite le système $\{29x - 2y - 5z = 0, 2x - y = 0\}$, équations de deux plans contenant $\mathcal{D}$.

Exercice 5

1. L'endomorphisme f_t est un automorphisme de K^3 si et seulement si la matrice N_t est inversible, i.e. lorsque son déterminant est non nul. Le calcul de ce déterminant se fait en remplaçant C_1 par $C_1 - C_4$ et C_2 par $C_2 - C_4$, ce qui met $(t-1)^2$ en facteur. On additionne ensuite L_2 à L_3, et l'on obtient $\det(N_t) = -(2t+3)(t-1)^2$. La matrice est inversible lorsque t est différent de $-3/2$ et 1.

2. Pour $t = 1$, N_1 est de rang 1, puisque ses colonnes sont égales. Le noyau de f_1 est le plan $x + y + z = 0$, et son image est la droite de base $u = (1, 1, 1)$, d'équations $x = y = z$. Pour $t = -3/2$, la matrice $N_{-3/2} = \begin{pmatrix} 1 & -4 & 1 \\ -3/2 & 1 & 1 \\ 1 & 1 & -3/2 \end{pmatrix}$ n'est pas de rang 3 (son déterminant est nul) et elle n'est pas de rang 1 (C_1 et C_2 ne sont pas proportionnelles). Elle est donc nécessairement de rang 2. L'image de $f_{-3/2}$ est le plan dont les deux premiers vecteurs colonnes forment une base. Son équation cartésienne est donnée par $\begin{vmatrix} 1 & -4 & x \\ -3/2 & 1 & y \\ 1 & 1 & z \end{vmatrix} = 0$, soit $2x + y + z = 0$. Le noyau de $f_{-3/2}$ est une droite. La résolution du système $N_{-3/2}X = 0$ est simple et donne la droite engendrée par $(2, 1, 2)$.

Chapitre 7

Valeurs et vecteurs propres, diagonalisation

E est un espace vectoriel de dimension n sur K. Les résultats dépendent de la nature de K, ici égal à $\mathbb{R}$ où $\mathbb{C}$, mais où les choses sont différentes. A désigne une matrice carrée de dimension n, et on parlera indifféremment des valeurs propres d'un endomorphisme f de E ou d'une matrice $A \in \mathcal{M}_n(K)$.

Une bonne maîtrise des déterminants est indispensable. L'aspect « trigonalisation d'une matrice non diagonalisable » est développé dans une fiche suivante.

Domaines concernés

- Les valeurs propres de f, à savoir les scalaires λ pour lesquels il existe des vecteurs x non nuls tels que $f(x) = \lambda x$. Dans ce cas, le SEV $\text{Ker}(f - \lambda I_d)$ n'est pas réduit au vecteur nul, et s'appelle sous-espace propre de f pour la valeur propre λ.
- Trouver si possible une base de E sur laquelle la matrice de f est la plus élémentaire possible, à savoir diagonale. Il s'agit d'une base $\{u_1, u_2 \cdots, u_n\}$ et de scalaires λ_1, λ_2, ..., λ_n vérifiant $f(u_i) = \lambda_i u_i$. C'est une base formée de vecteurs propres de f.
- De façon équivalente, étant donné $A \in \mathcal{M}_n(K)$, trouver une matrice P inversible de dimension n, telle que $P^{-1}AP$ soit une matrice diagonale.
- Comment calculer les valeurs propres de f (ou A) : polynôme caractéristique d'un endomorphisme ou d'une matrice. Comment trouver les vecteurs propres associés à une valeur propre λ.
- Sous-espaces propres, ordre de multiplicité d'une valeur propre. CNS théorique de diagonalisation, condition suffisante élémentaire.
- Sur une base de vecteurs propres, interpréter beaucoup plus facilement la nature géométrique de f (ou de A) ; calculer f^m ou A^m de façon aisée.
- Le théorème de Cayley-Hamilton sera abordé dans la fiche suivante.
- Caractérisation des projections et des symétries via les valeurs propres.

Résultats fondamentaux utilisables

— Les valeurs propres d'une matrice triangulaire (inférieure, supérieure, diagonale) sont simplement les éléments de la diagonale de la matrice.

— Si A est inversible de valeurs propres $\lambda_1, \cdots, \lambda_n$, les valeurs propres de A^{-1} sont les $1/\lambda_i$, puisque les valeurs propres de A sont non nulles.

— Le polynôme caractéristique de f (ou de A), à savoir $P(f) = \det(f - \lambda I_d)$ (ou $P(A) = \det(A - \lambda I_d)$) est de degré n, à coefficients réels si $K = \mathbb{R}$ ou à coefficients complexes si $K = \mathbb{C}$. On le calcule très souvent en se fixant une base de E et en prenant la matrice A de f sur cette base : le polynôme caractéristique de f est celui de sa matrice A sur une base quelconque de E.

— Le polynôme caratéristique de ${}^tA$ (matrice transposée) est égal à celui de A.

— Pour $K = \mathbb{C}$, il possède n racines distinctes ou non.

— Pour $K = \mathbb{R}$, il admet au maximum n racines réelles. Mais on peut toujours le considérer comme élément de $\mathbb{C}[X]$ auquel cas il possède exactement n racines réelles/complexes, distinctes ou non.

— Les racines de P dans K s'appellent valeurs propres de f. Ce sont les scalaires λ pour lesquelles $f - \lambda I_d$ n'est pas inversible (déterminant nul) ; le noyau de $f - \lambda I_d$ n'est pas réduit au vecteur nul, et il s'appelle sous-espace propre de f pour la valeur propre λ. On le note souvent $E_\lambda = \{x \in E \mid f(x) = \lambda x\}$. Les éléments de E_λ, à l'exception du vecteur nul qui n'apporte rien, sont appelés vecteurs propres de f pour la valeur propre λ.

— Les valeurs propres de A (ou f) sont les racines du polynôme caractéristique qui sont dans K, à savoir uniquement les racines réelles si $K = \mathbb{R}$. Un abus de langage tolérable consiste à dire que les racines complexes s'appelent valeurs propres complexes de f.

— La somme de toutes les valeurs propres **réelles et/ou complexes** est égale à la trace de A (somme des éléments diagonaux) et le produit est égal au déterminant de A.

— Dire que $\lambda = 0$ est valeur propre de f signifie que f n'est pas inversible, et le sous-espace propre E_0 est le noyau de f.

— La dimension du SEP E_λ est inférieure ou égale à l'ordre de multiplicité de λ en tant que racine du polynôme caractéristique de f (ou A).

— Les sous-espaces propres $E_{\lambda_1}, \cdots, E_{\lambda_k}$ associés à des valeurs propres $\lambda_1, \cdots, \lambda_k$ distinctes sont en somme directe.

— [Théorique] L'endomorphisme f est diagonalisable si et seulement si E est égal à la somme directe des sous-espaces propres de f. On obtient alors une base de E sur laquelle la matrice de f est diagonale en prenant la réunion des bases des sous-espaces propres.

— [Pratique] L'endomorphisme f est diagonalisable sur K si et seulement si les deux conditions suivantes sont vérifiées :

(i) Toutes les racines du polynôme caractéristique sont dans K.

(ii) La dimension de chaque SEP E_λ est égale à l'ordre de multiplicité de λ comme racine du polynôme caractéristique.

La première condition est automatiquement vérifiée avec $K = \mathbb{C}$, mais ne l'est pas toujours dans les réels.

— Quitte à considérer une matrice réelle comme une matrice complexe, on s'affranchit de la première condition ci-dessus. Le vrai blocage vient de la seconde condition sur la dimension de chaque E_λ, qui est rédhibitoire.
— [Parlons clair] Dire que f n'est pas diagonalisable signifie qu'il existe une valeur propre λ pour laquelle « il n'y a pas assez de vecteurs propres par rapport à l'ordre de multiplicité de λ ». Cet état de fait est structurel, on n'y peut rien.
— Si toutes les valeurs propres sont distinctes et dans K, (toutes les racines du polynôme caractéristique sont dans K et sont simples), alors la condition sur la dimension est réalisée, et f est automatiquement diagonalisable. On a une très belle condition suffisante de diagonalisation.
— Si A est de rang 1 (colonnes proportionnelles), alors 0 est valeur propre de multiplicité $n-1$ et $\lambda = \text{Trace}(A)$ est valeur propre simple.
— Attention : les sous-espaces propres d'une matrice et de sa transposée n'ont rien à voir les uns avec les autres. Il est possible que A soit diagonalisable mais que ${}^tA$ ne le soit pas ! *Malgré tout A et ${}^tA$ ont les mêmes valeurs propres, puisqu'elles ont le même polynôme caractéristique.*
— Toute matrice réelle symétrique est diagonalisable dans les réels.
— Une relation $A = PDP^{-1}$ s'étend à $A^m = PD^mP^{-1}$ et permet de calculer les puissances de A puisque celles d'une matrice diagonale sont évidentes.
— L'endomorphisme f est une projection si et seulement s'il est diagonalisable de valeurs propres 0 et 1. La projection se fait sur E_1 parallèlement à E_0.
— L'endomorphisme f est une symétrie si et seulement s'il est diagonalisable de valeurs propres 1 et -1. La symétrie se fait par rapport à E_1 et parallèlement à E_{-1}.

Ce que l'on vous demandera de montrer

— Calculer le polynôme caractéristique et trouver les valeurs propres.
— Trouver les sous-espaces propres (soit directement par $f(x) = \lambda x$ soit par la résolution de systèmes linéaires). En déduire une matrice de passage de la base initiale à une base où la matrice de f est diagonale, lorsque ceci est possible.
— Etudier plus simplement f en se plaçant sur une base de vecteurs propres quand il en existe.
— Calculer A^m (éventuellement sa limite quand m tend vers $+\infty$).
— Identifier un endomorphisme à partir de ses valeurs propres (projection, symétrie, isométrie. . .)

Les questions à se poser

- Est-ce que je connais la somme et le produit des valeurs propres, ce qui me permettrait d'éviter de calculer un déterminant (le polynôme caractéristique) en faible dimension.
- Une fois que je connais les valeurs propres et les sous-espaces propres, ai-je ou non la condition sur les dimensions et les ordres de multiplicité me permettant de dire que f est diagonalisable ?
- J'ai intérêt à commencer par regarder les valeurs propres multiples, puisque les valeurs propres simples ne posent jamais de problème.
- Si f est diagonalisable, comment construire « dans le bon ordre » une forme diagonale D et la matrice de passage P de la base initiale à une base de vecteurs propres (pour avoir la relation $D = P^{-1}AP$).
- Ai-je besoin de calculer la matrice inverse P^{-1} de la matrice de passage de la base initiale à la base de vecteurs propres ?
- Si λ est valeur propre de f, qui est obligatoirement valeur propre de f^m ? La réciproque est-elle vraie ?

Exercices

Exercice 1

Soit $A \in \mathcal{M}_n(K)$. Interpréter, sur les coefficients de la matrice, le fait que $u = (1, 1, \cdots, 1)$ est vecteur propre de A et donner la valeur propre associée.

Exercice 2

Indiquer si les matrices suivantes sont diagonalisables ou non. On réfléchira et on ne fera pas de calcul de polynôme caractéristique ni de matrice de passage.

$$A = \begin{pmatrix} 1 & 2 \\ 0 & 5 \end{pmatrix} \qquad B = \begin{pmatrix} 2 & 6 \\ 0 & 2 \end{pmatrix} \qquad C = \begin{pmatrix} 1 & 2 & 3 \\ 0 & 2 & 3 \\ 0 & 0 & -5 \end{pmatrix}$$

$$D = \begin{pmatrix} 1 & 0 & 0 \\ 1 & 2 & 0 \\ 1 & 0 & 2 \end{pmatrix} \qquad E = \begin{pmatrix} 0 & 1 & 1 \\ 0 & 0 & 0 \\ 0 & 0 & 0 \end{pmatrix} \qquad F = \begin{pmatrix} 2 & 0 & 0 \\ 1 & 2 & 0 \\ 0 & 3 & 2 \end{pmatrix}$$

Exercice 3

On admettra que sur $]1, +\infty[$ les fonctions continument dérivables vérifiant l'équation différentielle $\dfrac{f'(x)}{f(x)} = \dfrac{a}{x-1} + \dfrac{b}{x+1}$ où a, b sont deux réels donnés, sont de la forme $f(x) = K(x-1)^a(x+1)^b$ où K est une constante.

1. Donner la condition nécessaire et suffisante sur a, b pour que f soit alors un polynôme de degré $2n$, avec $n \geq 1$.

   On se place maintenant dans $E = \mathbb{R}_{2n}[x]$.

2. Montrer que l'application $P \in E \mapsto U(P) = (x^2-1)P'(x) - 2nxP$ est un endomorphisme de E.

3. Trouver, en revenant à la définition, les valeurs propres λ de U : on décomposera la fraction $\dfrac{2nx+\lambda}{x^2-1}$ en somme de deux éléments simples.

4. U est-il diagonalisable ? Si oui, donner une base de $\mathbb{R}_{2n}[x]$ formée de vecteurs propres de U.

5. Sans aucun calcul matriciel, donner le polynôme caractéristique de U.

Exercice 4

Diagonaliser, si cela est possible, les matrices suivantes : on donnera une forme diagonale et une matrice de passage. Pour s'entraîner à l'inversion des matrices, on calculera l'inverse de la matrice de passage.

$$A = \begin{pmatrix} 13 & -15 \\ 10 & -12 \end{pmatrix} \quad B = \begin{pmatrix} -4 & 9 \\ -4 & 8 \end{pmatrix} \quad C = \begin{pmatrix} 5 & 2 & -6 \\ 2 & 5 & -6 \\ 2 & 2 & -3 \end{pmatrix}$$

Exercice 5

Soit $n \geq 2$, et A la matrice carrée de dimension n dont tous les éléments sont égaux à 1.

1. a) Quel est le rang de A ? Quel est son noyau ?
   b) La question précédente nous donne une valeur propre λ_1 de A et son ordre de multiplicité minimal. De qui s'agit-il ?
2. Quel résultat théorique nous donne immédiatement une autre valeur propre λ_2 ? Laquelle, quelle est sa multiplicité ?
3. Montrer, sans aucun calcul, que A est diagonalisable et donner son polynôme caractéristique.
4. Trouver, si possible à vue de nez sans calcul, un vecteur propre associé à λ_2.

Exercice 6 [Corrigé en ligne]

Soit $p \neq 0$ un réel, et $A = \begin{pmatrix} 1-2p & p & p \\ p & 1-2p & p \\ p & p & 1-2p \end{pmatrix}$. Si besoin, on introduira l'endomorphisme de $\mathbb{R}^3$ de matrice A sur la base canonique.

1. Un résultat de cours affirme que A est toujours diagonalisable : lequel ?
2. Calculer, sous forme factorisée, le polynôme caractéristique. Quelles sont les valeurs propres de f et leurs multiplicités ?
3. Trouver une forme diagonale D et une matrice de passage associée P. Que constate-t-on sur P ?
4. a) Quelle est la condition sur p pour que le module de la valeur propre dépendant de p soit strictement inférieur à 1 ?
5. Quelle relation lie A^n, D^n et P ? Que fait D^n quand n tend vers l'infini ? En déduire la limite A^∞ de A^n en $+\infty$.
6. A-t-on besoin de nouveaux calculs pour montrer que A^∞ est diagonalisable ?

Exercice 7 [Corrigé en ligne]

Soit $A = \begin{pmatrix} 2m-2 & -m & m \\ m-1 & -1 & m \\ m-1 & -m^2 & m^2+m-1 \end{pmatrix}$ où m est un paramètre réel.

1. Calculer le polynôme caractéristique de A sous forme factorisée, et en déduire les valeurs propres de A.
2. Quelles sont les valeurs de m pour lesquelles, sans faire de calcul supplémentaire, on est assuré que A est diagonalisable ?
3. Etudier le cas particulier.
4. Dans le cas général, effectuer la diagonalisation complète, i.e. trouver les sous-espaces propres de A et donc une forme diagonale D et une matrice de passage P réalisant $A = PDP^{-1}$ (calculer P^{-1} est assez aisé, mais la vérification $A = PDP^{-1}$ est trop lourde à faire à la main !)

Corrigés

Exercice 1

La relation $Au = \lambda u$ se traduit, sur chacune des lignes de A par $a_{i,1}+a_{i,2}+\cdots+a_{i,n} = \lambda$ (pour tout $1 \leq i \leq n$). Ceci caractérise le fait que toutes les sommes des éléments de chaque ligne ont la même valeur, laquelle est la valeur propre associée à u.

Exercice 2

1. A possède deux VP distinctes $\lambda = 1$ et $\lambda = 5$. Elle est diagonalisable.
2. B possède une seule valeur propre double $\lambda = 2$. Une matrice de dimension n ayant une unique valeur propre λ de multiplicité n et qui est diagonalisable est nécessairement égale à λI_d. Ce n'est pas le cas, B n'est pas diagonalisable.
3. C est de dimension 3 et possède trois v.p. distinctes : elle est diagonalisable.
4. $\lambda = 2$ est valeur propre double de D. Les colonnes 2 et 3 de D montrent que $f(e_2) = 2e_2$ et $f(e_3) = 2e_3$. Le sous-espace propre E_2 est le plan de base $\{e_1, e_2\}$. D admet aussi $\lambda = 1$ comme valeur propre simple. Elle est diagonalisable.
5. La seule matrice diagonalisable de dimension 3 ayant $\lambda = 0$ comme valeur propre triple est la matrice nulle. Ce n'est pas le cas, et E n'est pas diagonalisable.
6. Même principe que la question 5 avec $\lambda = 2$. F n'est pas diagonalisable.

Exercice 3

1. Les nombres a et b doivent être des entiers vérifiant $a + b = 2n$, soit $b = 2n - a$ avec $a \in [0..2n]$, ce qui donne $2n + 1$ couples (a, b) possibles.
2. La quantité $U(P) = (x^2 - 1)P'(x) - 2nxP$ est un polynôme, mais il faut voir s'il est bien de degré $\leq 2n$.
   - Si P est de degré $\leq 2n - 1$, la dérivée P' est de degré $\leq 2n - 2$ et $(x^2 - 1)P'$ est bien dans E ; il en va de même de $2nxP$, et de $U(P)$ par addition.
   - Si P est de degré $2n$ (il suffit en fait de prendre $P = x^{2n}$ puisque les termes de degré inférieur à $2n$ ne posent pas de souci), on voit apparaître un terme en x^{2n+1} à la fois dans $(x^2 - 1)P'$ et dans $2nxP$. Mais la dérivée de $P = x^{2n}$ est $2nx^{2n-1}$ et le terme en x^{2n+1} présent dans $(x^2 - 1)P'$ est $2nxP$, qui disparaît ensuite. Même pour P de degré $2n$, $U(P)$ est encore de degré $\leq 2n$. Finalement, U est bien une application de E dans E. La linéarité est évidente, la dérivation étant linéaire.
3. On revient à la définition : λ est valeur propre quand il existe un polynôme $P \neq 0$ tel que $U(P) = \lambda P$, soit $(x^2 - 1)P' = (2nx + \lambda)P$ ou encore $\dfrac{P'(x)}{P(x)} = \dfrac{2nx + \lambda}{x^2 - 1}$.

On cherche a et b tels que $\dfrac{2nx+\lambda}{x^2-1} = \dfrac{a}{x-1} + \dfrac{b}{x+1}$, et une technique ou une autre donne $a = n + \lambda/2, b = n - \lambda/2$.

- On a déjà $a + b = 2n$, mais il nous faut a et b entiers entre 0 et $2n$, puisque l'on cherche un polynôme.
- La question 1 nous dit que $n + \lambda/2$ doit être (CNS) un entier k entre 0 et $2n$: cela demande $\lambda/2 = k - n$ avec k entier de 0 à $2n$. Par exemple pour $n = 3$, on a $\lambda/2 = -3,-2,-1,0,1,2,3$ et $\lambda = -6,-4,-2,0,2,4,6$, avec $a = 0,1,2,3,4,5,6$ et $b = 6 - a$.

D'une façon générale, λ a pour valeurs possibles les entiers pairs de $-2n$ à $2n$.

4. U admet $2n+1$ v.p. distinctes, et on est en dimension $2n+1$. Toutes les v.p. sont simples, et U est diagonalisable, chaque SEP étant une droite. Les vecteurs propres sont les polynômes $Q_a = (x-1)^a(x+1)^{2n-a}$ où a prend toutes les valeurs entières de 0 à $2n$ inclus, Q_a étant vecteur propre pour la valeur propre $2(a-n)$.
5. On connaît toutes les racines du polynôme caractéristique χ de U, et elles sont simples. On a donc $\chi(X) = \prod_{a=0}^{2n}(X - 2(a-n))$.

Exercice 4

1. On a $P(X) = X^2 - X - 6$ et les valeurs propres de A sont -2 et 3, distinctes. On sait a priori que A est diagonalisable. E_3 est la droite définie par $(A - 3I_2)X = 0$, i.e. $10x - 15y = 0$: on peut prendre $u_1 = (3,2)$ comme vecteur propre pour $\lambda = 3$. E_{-2} est la droite définie par $(A + 2I_2)X = 0$, i.e. $15x - 15y = 0$ et on prend $u_2 = (1,1)$. Une matrice de passage est $P = \begin{pmatrix} 3 & 1 \\ 2 & 1 \end{pmatrix}$ pour $D = \begin{pmatrix} 3 & 0 \\ 0 & -2 \end{pmatrix}$ et $A = PDP^{-1}$. La résolution du système $PX = X'$ donne $P^{-1} = \begin{pmatrix} 1 & -1 \\ -2 & 3 \end{pmatrix}$.
2. On a $P(X) = X^2 - 4X + 4 = (X-2)^2$. B a une valeur propre double égale à 2 : comme $B \neq 2I_2$, elle n'est pas diagonalisable, que ce soit sur $\mathbb{R}$ ou $\mathbb{C}$. Le sous-espace propre E_2 est la droite définie par $(B - 2I_2)X = 0$, soit $-2x + 3y = 0$: il est bien de dimension 1 et pas 2, d'où cette impossibilité de diagonaliser.
3. On calcule le PC en remplaçant C_1 par $C_1 + C_2 + C_3$, ce qui met $1 - \lambda$ en facteur, et en soustrayant ensuite L_1 aux deux autres : on a $P(\lambda) = (1-\lambda)(\lambda-3)^2$. Le SEP $E_3 = \text{Ker}(f - 3I_3)$ est le plan $x + y - 3z = 0$, dont la dimension est égale à l'ordre de multiplicité de la VP 3, ce qui assure que f est diagonalisable. On en prend $(2,1,1)$ et $(1,-1,0)$ comme base (par exemple). Ensuite (vérifiez-le) E_1 est la droite engendrée par $u_1 = (1,1,1)$. On peut donc prendre $P = \begin{pmatrix} 1 & 2 & 1 \\ 1 & 1 & -1 \\ 1 & 1 & 0 \end{pmatrix}$ avec

$D = \begin{pmatrix} 1 & 0 & 0 \\ 0 & 3 & 0 \\ 0 & 0 & 3 \end{pmatrix}$, pour avoir $C = PDP^{-1}$. La résolution du système $CX = X'$ aux inconnues en X donne $P^{-1} = \begin{pmatrix} -1 & -1 & 3 \\ 1 & 1 & -2 \\ 0 & -1 & 1 \end{pmatrix}$.

Exercice 5

1. a) Comme toutes les colonnes sont égales, le rang de A vaut 1. Le théorème de la dimension dit alors que le noyau est de dimension $n-1$. La résolution de $AX = 0$ donne l'hyperplan $x_1 + x_2 + \cdots + x_n = 0$.

   b) Le noyau de A, défini par $AX = 0$, s'écrit aussi $AX = \lambda_1 X$ avec $\lambda_1 = 0$. Le noyau est donc le SEP associé à $\lambda_1 = 0$, et ce sous-espace propre est de dimension $n-1$. On sait que cette dimension est inférieure ou égale à l'ordre de multiplicité de λ_1 : 0 est valeur propre de A avec au moins $n-1$ comme ordre de multiplicité. En d'autres termes, soit 0 est valeur propre d'ordre n, soit 0 est valeur propre d'ordre $n-1$ et il reste une et une unique autre valeur propre simple λ_2.

2. La somme des v.p. (ou plus précisément des racines du PC) est égale à la trace de la matrice, à savoir la somme des termes diagonaux. La trace de A est égale à n et elle est aussi égale à (i) « la somme de $n-1$ fois 0 et d'une autre valeur propre λ_2, somme qui vaut λ_2 » ou (ii) « la somme de n fois 0, à savoir 0 ». Comme la somme vaut n, on a $\lambda_2 = n$ valeur propre simple et $\lambda_1 = 0$ valeur propre d'ordre $n-1$.

3. Comme 0 est valeur propre d'ordre $n-1$ et que son sous espace-propre (le noyau) est de dimension $n-1$ aussi, et que λ_2 est simple, la condition théorique de diagonalisation est réalisée, et A est diagonalisable.

4. La recherche de E_n par $AX = nX$ conduit à $x_1 + \cdots + x_n = nx_1, x_1 + \cdots + x_n = nx_2$ et ainsi de suite. On a donc $x_1 = x_2 = \cdots = x_n$, et $(1, 1, \cdots, 1)$ est vecteur propre pour $\lambda_2 = n$. La somme directe $K^n = E_0 \oplus E_n$ signifie que K^n est la somme directe de l'hyperplan $\{x_1 + \cdots + x_n = 0\}$ et de la droite engendrée par $(1, 1, \cdots, 1)$.

Chapitre 8

Polynômes d'endomorphisme ou de matrice

E est un espace vectoriel de dimension n sur un K qui sera $\mathbb{R}$ ou $\mathbb{C}$. A est une matrice carrée de dimension n, et f un endomorphisme de E. Tout ce qui est écrit est valable pour un endomorphisme ou une matrice. La lettre P désignera systématiquement le polynôme caractéristique de f ou de A, et on supposera toujours que toutes ses racines sont dans K, i.e. $P(X) = (-1)^n \prod_{i=1}^{k} (X - \lambda_i)^{m_i}$ (avec $\lambda_1, \cdots, \lambda_k$ distinctes et où tous les $m_i \geq 1$ et $m_1 + \cdots + m_k = n$).

Tout ce qui touche au polynôme minimal a la mauvaise réputation d'être délicat et difficile et de faire peur, on essaye ici de dédramatiser un peu la situation.

Domaines concernés

- Polynôme d'endomorphisme ou de matrice. Polynôme annulateur de f ou A.
- Théorème de Cayley-Hamilton.
- Théorème des noyaux : soient $Q_1, \cdots, Q_k$ des polynômes 2 à 2 premiers entre eux et $Q = Q_1 \cdots Q_k$ leur produit, alors $\text{Ker } Q(f) = \text{Ker } Q_1(f) \oplus \cdots \oplus \text{Ker } Q_k(f)$.
- Polynôme minimal, CNS de diagonalisation.
- Prendre conscience du danger suivant : parmi deux endomorphismes ayant le même polynôme caractéristique, il peut y en avoir un qui est diagonalisable mais pas l'autre : la simple donnée des valeurs propres est insuffisante pour conclure. Seul le calcul explicite des sous-espaces propres (fiche précédente) ou la connaissance du polynôme minimal permet de conclure.
- En particulier, A et ${}^tA$ ont le même polynôme caractéristique, mais il est fréquent que l'une soit diagonalisable mais pas l'autre.

Résultats fondamentaux utilisables

— Pour tout endomorphisme g on a Ker $g \subseteq$ Ker $g^2 \subseteq$ Ker $g^3 \subseteq \cdots \subseteq$ (Si l'on a $g^a(x) = 0$, alors on a évidemment $g^b(x) = 0$ lorsque $b \geq a$). *A partir d'un certain moment, les inclusions deviennent des égalités et ne présentent plus aucun intérêt.*

— En notant $P(X) = a_n X^n + a_{n-1} X^{n-1} + \cdots + a_1 X + a_0$ alors $P(A) = 0$, à savoir $a_n A^n + a_{n-1} A^{n-1} + \cdots + a_1 A + a_0 I_d = 0$ (matrice nulle), c'est le théorème de Cayley-Hamilton. La matrice A est inversible si et seulement si $a_0 \neq 0$.

— Si $P(X) = (-1)^n \prod_{i=1}^{k} (X - \lambda_i)^{m_i}$ (où toutes les $\lambda_1, \cdots, \lambda_k$ sont distinctes et où tous les m_i sont ≥ 1), alors on a la somme directe

$$E = \text{Ker } (f - \lambda_1 I_d)^{m_1} \oplus \cdots \oplus \text{Ker } (f - \lambda_k I_d)^{m_k}$$

que f soit diagonalisable ou non.

— Parmi tous les polynômes Q vérifiant $Q(A) = 0$ (matrice nulle), il y en a un de plus faible degré (on le prend unitaire, et on le note souvent Π) : on l'appelle polynôme minimal de A, et tout polynôme Q vérifiant $Q(A) = 0$ est divisible par Π. En particulier, le polynôme caractéristique est divisible par le polynôme minimal.

— Si $P(X) = (-1)^n \prod_{i=1}^{k} (X - \lambda_i)^{m_i}$ (où toutes les $\lambda_1, \cdots, \lambda_k$ sont distinctes et où tous les m_i sont ≥ 1), alors $\Pi(X) = \prod_{i=1}^{k} (X - \lambda_i)^{\alpha_i}$ avec $1 \leq \alpha_i \leq m_i$: les racines de Π sont les mêmes que celles de P, à savoir les valeurs propres, mais avec des multiplicités qui peuvent être plus faibles.

— Si toutes les racines du polynôme caractéristique sont simples, alors le polynôme minimal est égal au polynôme caractéristique.

— A est diagonalisable si et seulement si son polynôme minimal a toutes ses racines dans K et ne possède que des racines simples. C'est un résultat théorique, car en général il est quasiment impossible de calculer le polynôme minimal.

— f est une projection si et seulement si son polynôme minimal est $\Pi(X) = X^2 - X$ et f est une symétrie si et seulement si son polynôme minimal est $\Pi(X) = X^2 - 1$, ce qui montre bien que ces endomorphismes sont diagonalisables.

Ce que l'on vous demandera de montrer

- À partir de la donnée d'un polynôme annulateur de f, trouver les valeurs propres de f, et étudier si f est diagonalisable ou non en utilisant les résultats classiques de la fiche précédente sur la diagonalisation.
- À partir de la donnée d'un polynôme annulateur de f, trouver les différentes expressions possibles de son polynôme minimal et en déduire si f est diagonalisable ou non.
- Le polynôme minimal est en général difficile à calculer, on ne vous le demandera que très rarement.
- Après avoir montré avec les méthodes de la fiche précédente que f est diagonalisable, en déduire son polynôme minimal, ça c'est immédiat. Et en déduire alors l'expression général d'un polynôme annulateur de f.

Les questions à se poser

- Je fais quoi quand les racines du polynôme caractéristique ne sont pas dans K (dans $\mathbb{R}$ en pratique ?)
- Ai-je compris (en dimension n) que toute puissance A^m (même avec m grand) est une combinaison linéaire de $I_n, A, \cdots, A^{n-1}$, et ce en conséquence de Cayley-Hamilton.
- Ai-je compris que si Q est un polynôme annulateur de A, alors les valeurs propres de A sont racines de Q, mais que Q peut avoir des racines en plus (qui ne sont donc pas des valeurs propres).
- Ai-je compris qu'un polynôme annulateur n'a aucune raison d'être divisible par le polynôme caractéristique ? (Mais il est bien divisible par le polynôme minimal).
- Si toutes les racines du polynôme caractéristique sont simples, alors tout est quasiment évident, on est avec la condition suffisante où f est diagonalisable.
- La relation $E = \text{Ker } (f - \lambda_1 I_d)^{m_1} \oplus \cdots \oplus \text{Ker } (f - \lambda_k I_d)^{m_k}$ implique que la somme des dimensions des Ker $(f - \lambda_i)^{m_i}$ est égale à n : cela va-t-il m'aider pour montrer que f est diagonalisable ou non ? Comment comparer avec la relation

  $$E = \text{Ker } (f - \lambda_1 I_d) \oplus \cdots \oplus \text{Ker } (f - \lambda_k I_d)$$

  qui est la CNS pour que f soit diagonalisable ?

Exercices

Exercice 1

1. Donner sans calcul les valeurs propres de $A = \begin{pmatrix} 1 & 0 & 2 \\ 0 & 0 & 1 \\ 0 & 0 & 0 \end{pmatrix} \in \mathcal{M}_3(\mathbb{R})$.
2. A est-elle diagonalisable ?
3. Quelle est son polynôme caractéristique ? En utilisant la question précédente, trouver son polynôme minimal.
4. Donner une matrice simple ayant le même polynôme caractéristique que A mais qui est diagonalisable. Quel est son polynôme minimal ?

Exercice 2

Soit $A \in \mathcal{M}_n(\mathbb{R})$ de polynôme caractéristique $P(X) = -(X-1)^2(X+2)$.

1. Que vaut n ? Quelles sont les valeurs propres de A ?
2. Quels sont les expressions possibles de son polynôme minimal Π ?
3. Pour chaque possibilité de Π, dire sans calcul si A est diagonalisable ou non.

Exercice 3

Soit $A \in \mathcal{M}_n(\mathbb{R})$ de polynôme caractéristique $P(X) = -(X-1)^3(X+2)^2$.

1. Que vaut n ? Quelles sont les valeurs propres de A, avec quelle multiplicité ?
2. Quels sont les différentes expressions possibles de son polynôme minimal Π ?
3. Pour chaque Π possible, dire sans calcul si A est diagonalisable ou non.

Exercice 4

Soit E de dimension $n \geq 3$ sur $\mathbb{R}$, et $f \in \mathcal{L}(E)$ vérifiant $f^2 \circ (f^2 - I_d) = 0$ (soit donc $A^2(A^2 - I_d) = 0$ en terme de matrice.)

1. a) Donner un polynôme annulateur de f.
   b) Quelles sont les seules valeurs propres possibles de f ?
   c) Donner la liste complète de tous les polynômes minimaux possibles pour f : on commencera par montrer qu'il y en a $12 - 1 = 11$.
   d) Montrer que parmi ces 11 cas, il y en a 7 où f est diagonalisable.

e) Donner un polynôme annulateur de $g = f^2$ et montrer sans calcul que g (à savoir A^2) est diagonalisable dans tous les cas possibles de f.

2. a) En raisonnant par nombre de valeurs propres distinctes, donner (à l'ordre près des v.p. dans la forme diagonale) une liste des 10 matrices diagonalisables vérifiant $A^2(A^2 - I_d) = 0$, aucune n'étant semblable à une autre.

   b) Y a-t-il une contradiction entre ce « 10 » et les « 7 » polynômes minimaux donnant f diagonalisable ?

Exercice 5

Soit f un endomorphisme d'un espace vectoriel complexe de dimension n et dont le polynôme caractéristique est $P(X) = X^3 - 3X^2 + 4X - 2$.

1. Que vaut obligatoirement n ? Trouver une racine évidente de P, puis ses trois racines. L'endomorphisme f peut-il être diagonalisable sur les réels ?
2. Dire sans aucun calcul pourquoi f est diagonalisable sur $\mathbb{C}$.
3. En déduire le polynôme minimal de f.

Exercice 6

Soit A une matrice de dimension n, inversible, et vérifiant $2A^{-1} = A + I_d$.

1. Trouver un polynôme annulateur Q de A.
2. Quels sont les diviseurs non constants de Q ?
3. Ecrire les trois polynômes minimaux possibles pour A. Pour chacun d'eux, dire si A est diagonalisable ou non.
4. Deux des cas possibles donnent une « valeur évidente » pour A, comme le montre la question précédente. Dans le 3ème cas, donner l'expression du PC de A en fonction de deux entiers a et b, et donner la relation liant a, b, n.

Exercice 7 [Corrigé en ligne]

Soit E de dimension n sur $\mathbb{R}$, et f vérifiant $(f - 3I_d) \circ (f - 4I_d) = 0$.

1. Identifier les deux cas particuliers élémentaires et visibles à l'œil nu. Ces deux cas sont exclus dans la suite.
2. a) Quel est le polynôme minmal de f et quelles sont les valeurs propres de f ?

   b) Trouver deux constantes α, β telles que $I_d = \alpha(f - 3I_d) + \beta(f - 4I_d)$ et en déduire que $E = E_3 \oplus E_4$.

   c) Retrouver ce résultat à l'aide du polynôme minimal de f.
3. En utilisant deux projections, expliquer comment construire géométriquement l'image $f(x)$ d'un vecteur quelconque (on s'aidera du cas élémentaire $n = 2$).

Corrigés

Pour des raisons typographiques, la matrice diagonale avec u, v, w sur la diagonale sera notée $[u, v, w]$.

Exercice 1

1. On a une matrice triangulaire, et ses valeurs propres sont exactement ses éléments diagonaux. On trouve 2 fois « 0 », ce qui signifie que 0 est valeur propre double et on trouve une fois « 1 », ce qui signifie que 1 est valeur propre simple.
2. Il y a deux façons de répondre à la question.
   - Le SEP E_0 est le noyau de A (ou, pour être plus corrrect, le noyau de l'endomorphisme f de matrice A sur une base quelconque fixée a priori). Les colonnes 1 et 3 de A sont indépendantes, ce qui montre que A est au moins de rang 2. Avec une deuxième colonne nulle, A ne peut pas être de rang 3, et elle est finalement de rang 2 seulement. Le théorème de la dimension nous dit que E_0 est de dimension 1 alors que 0 est valeur propre double : la matrice ne peut pas être diagonalisable.
   - La résolution du système $AX = 0$ nous dit que le noyau de A est la droite d'équations $\{x + 2z = 0, z = 0\}$, sous-espace propre de dimension 1 pour une valeur propre double, ce qui implique que A n'est pas diagonalisable.
3. Un calcul évident donne $P(\lambda) = -\lambda^2(\lambda - 1)$. Le polynôme minimal divise le polynôme caractéristique $P(X) = -X^2(X - 1)$ et admet au moins une racine multiple, puisque A n'est pas diagonalisable. Cette racine multiple est obligatoirement $x = 0$, et donc $\Pi(X) = X^2(X - 1)$ est égal au polynôme caractéristique.
4. Prendre $B = \begin{pmatrix} 1 & 0 & 0 \\ 0 & 0 & 0 \\ 0 & 0 & 0 \end{pmatrix}$, déjà diagonale et dont $\Pi(X) = X(X - 1)$ puisque ses racines sont simples (matrice diagonalisable) et valent obligatoirement les valeurs propres 0 et 1. On a bien sûr $P(X) = -X^2(X - 1)$.

Exercice 2

1. Le polynôme caractéristique étant de degré 3, on est en dimension $n = 3$. Les valeurs propres sont 1 (double) et -2 (simple).
2. Le polynôme minimal a pour racines les valeurs propres de A, à savoir 1 et -2 et est un diviseur du polynôme caractéristique. Il est donc de la forme $\Pi(X) = (X - 1)^a(X + 2)^b$ avec obligatoirement $b = 1$ et a égal à 1 ou 2, le tout pour pouvoir diviser P. Les deux expressions possibles sont $\Pi_1(X) = (X - 1)^2(X + 2)$ et $\Pi_2(X) = (X - 1)(X + 2)$.

3. La matrice est diagonalisable si et seulement le polynôme minimal n'a que des racines simples, à savoir pour la valeur Π_2 : c'est le cas si et seulement si A est de la forme $A_2 = Q \begin{pmatrix} 1 & 0 & 0 \\ 0 & 1 & 0 \\ 0 & 0 & -2 \end{pmatrix} Q^{-1}$, à savoir lorsque le sous-espace-propre E_1 est un plan (dimension 2). Lorsque E_1 est seulement une droite (dimension 1), A n'est pas diagonalisable : c'est par exemple le cas de $A_1 = \begin{pmatrix} 1 & 45 & 0 \\ 0 & 1 & 0 \\ 0 & 0 & -2 \end{pmatrix}$.

Exercice 3

1. Le polynôme caractéristique étant de degré 5, on est en dimension $n = 5$. Les valeurs propres sont 1 (triple) et -2 (double). Attention, ces ordres de multiplicité ne donnent aucune information vraiment conclusive sur les dimensions des sous-espaces propres E_1 et E_{-2}, hormis que $\dim E_1 \leq 3$ et $\dim E_{-2} \leq 2$.
2. Le polynôme minimal a pour racines les valeurs propres de A, à savoir 1 et -2 et est un diviseur du polynôme caractéristique. Il est donc de la forme $\Pi(X) = (X-1)^a(X+2)^b$ avec obligatoirement $1 \leq a \leq 3$ et $1 \leq b \leq 2$, le tout pour pouvoir diviser P. On a ainsi $3 \times 2 = 6$ possibilités pour le polynôme minimal de A, l'expression exacte du polynôme minimal ne pouvant en aucun cas se déduire de l'expression du polynôme caractéristique.
3. La matrice est diagonalisable ssi $\Pi(X)$ admet uniquement des racines simples, à savoir pour $a = b = 1$. Cela donne donc un cas sur six seulement, avec $\Pi(X) = (X-1)(X+2)$. Dans tous les autres cas, A n'est pas diagonalisable, et en dimension 5, il devient difficile de donner des exemples précis sans avoir des informations sur la trigonalisation de A.

Exercice 4

1. a) Avec $Q(X) = X^2(X^2-1)$, on a $Q(f) = 0$ (ou $Q(A) = 0$).

   b) On ne sait rien sur le polynôme caractéristique de f, mais on a des informations sur son polynôme minimal Π : c'est un diviseur de Q et ses racines sont exactement les valeurs propres de f. Les valeurs propres de f se trouvent donc parmi les racines de Q, puisque toute racine de Π est une racine de Q. Les seules valeurs propres **possibles** de f sont 0, 1 et -1. *Attention, à ce stade, rien ne prouve que ces trois nombres sont effectivement valeurs propres de f.*

   c) Comme Π divise $X^2(X-1)(X+1)$, il est de la forme $X^a(X-1)^b(X+1)^c$ avec $a = 0$ ou 1 ou 2, et $b = 0$ ou 1, et $c = 0$ ou 1, mais attention $a = b = c = 0$ donnerait $\Pi(X) = 1$, ce qui n'a pas de sens puisque $1(A) = I_d$ n'est pas la matrice nulle ! On a donc $3 \times 2 \times 2 - 1 = 11$ cas possibles.

Voici la liste des 11 polynômes minimaux possibles, classés suivant la valeur a de la puissance de X, ils sont numérotés de 1 à 11.

[1] : $X^2(X-1)(X+1)$	[2] : $X^2(X-1)$	[3] : $X^2(X+1)$	[4] : X^2
[5] : $X(X-1)(X+1)$	[6] : $X(X-1)$	[7] : $X(X+1)$	[8] : X
[9] : $(X-1)(X+1)$	[10] : $X-1$	[11] : $X+1$	

d) Les cas « digonalisable » correspondent à un polynôme minimal ayant uniquement des racines simples, à savoir aux deux dernières lignes du tableau, numéros de 5 à 11. Dans la première ligne, le polynôme minimal a une racine double $x=0$, et l'endomorphisme f n'est pas diagonalisable.

e) On a $g \circ (g - I_d) = 0$ (ou bien $B(B - I_d) = 0$ en posant $B = A^2$) : le polynôme minimal de g est donc $X(X-1)$, qui n'a que des racines simples, et g est diagonalisable de valeurs propres 0 et 1 ; et ceci quelque soit le cas de figure de 1 à 11. On sait que g est la projection sur son sous-espace propre E_1 parallèlement à son sous-espace propre E_0, mais cela ne nous donne pas de grosse information sur f lui-même.

2. a) Il y a trois cas possibles de valeurs propres, celles-ci valant 0 ou 1 ou -1. À l'ordre près, voici les 10 possibilités :

   - Une valeur propre triple λ : f est diagonalisable si et seulement si $f = \lambda I_d$, à savoir les trois matrices $[0,0,0]$, $[1,1,1])$ et $[-1,-1,-1]$.

   - Deux valeurs propres distinctes : il s'agit donc d'une valeur propre double et d'une simple. f est diagonalisable ssi le sous-espace propre associé à la valeur propre double est de dimension 2, à savoir ssi cette valeur double apparaît deux fois dans la forme diagonale. Cela donne donc les six matrices diagonales suivantes :

$$[0,0,1], \quad [0,0,-1], \quad [1,1,0], \quad [1,1,-1], \quad [-1,-1,0], \quad [-1,-1,1]$$

   - Trois valeurs propres distinctes : il y a une unique possibilité $[0,1,-1]$.

   À l'ordre près sur la diagonale, cela nous donne 10 cas possibles pour f.

   b) Il n'y a aucune contradiction entre « 7 polynômes minimaux possibles » et « 10 cas possibles pour f ». Par exemple, pour $\Pi(X) = X(X-1)$ et $n=3$, on a le cas où 0 est valeur propre double et 1 est valeur propre simple et le cas opposé où 0 est simple et 1 est double. La différence se lit sur les polynômes caractéristiques qui sont soit $P(X) = X^2(X-1)$ soit $P(X) = X(X-1)^2$, mais le polynôme minimal étant le même $X(X-1)$ à racines simples puisque f est diagonalisable.

Exercice 5

1. Le polynôme caractéristique étant de degré 3, on a $n=3$. P admet 1 comme racine évidente, et une factorisation donne $P(X) = (X-1)(X^2-2X+2)$, dont les deux autres racines sont $1-i$ et $1+i$. f ne peut donc pas être diagonalisable dans les réels, puisque ses valeurs propres ne sont pas toutes réelles.

2. f n'admet que des valeurs propres simples dans $\mathbb{C}$: il y est diagonalisable.
3. Comme il est diagonalisable de valeurs propres $1, 1-i, 1+i$ son polynôme minimal est $\Pi(X) = (X-1)(X-1+i)(X-1-i) = P(X)$.

Exercice 6

1. On a le droit de multiplier l'égalité par A, pour obtenir $A^2 + A - 2I_d = 0$, et $Q(X) = X^2 + X - 2$ est un polynôme annulateur de A.
2. On a $Q(X) = (X-1)(X+2)$ dont les trois diviseurs non constants sont $X-1, X+2$ et Q lui-même.
3. Le polynôme minimal Π est un diviseur de Q, et il y a donc trois cas possibles.
   - $\Pi_1(X) = X - 1$, ce qui signifie que $\Pi_1(A) = 0$, à savoir $A - I_d = 0$: A est la matrice identité, quelle que soit la dimension n.
   - $\Pi_2(X) = X + 2$, ce qui correspond à $A = -2I_d$ pour tout n.
   - $\Pi_3(X) = (X-1)(X+2)$, polynôme n'ayant que des racines simples. On sait qu'alors A est diagonalisable de valeurs propres 1 et -2, et ce quel que soit n. Dans les deux premiers cas, on sait que I_d et $-2I_d$ sont déjà diagonales !
4. Il s'agit du cas Π_3, et le polynôme caractéristique P a pour racines 1 d'une certaine multiplicité a et -2 de multiplicité b, avec $a + b = n$ puisque A est diagonalisable : on a $P(X) = (X-1)^a(X+2)^b$.

   Remarque : la donnée initiale ne permet pas de calculer la dimension n de la matrice.

Chapitre 9

Trigonalisation élémentaire des matrices

Soit f un endomorphisme non diagonalisable d'un espace vectoriel de dimension n sur $\mathbb{R}$ ou $\mathbb{C}$: on cherche une base $\{u_1, u_2 \cdots, u_n\}$ où la matrice de f est triangulaire supérieure. Cela équivaut à se donner une matrice carrée A non diagonalisable et à la mettre sous la forme $A = PTP^{-1}$ où T est triangulaire supérieure. La théorie générale de Jordan n'est pas décrite, on se place en dimension 2 et 3, où la mise en pratique de cette théorie se ramène à des recettes de cuisine simples, et qui - en principe du moins - marchent bien. Le caractère « non diagonalisable » signifie que f (ou A) n'est diagonalisable ni sur $\mathbb{R}$, ni sur $\mathbb{C}$.

Domaines concernés

— On doit déjà avoir montré que f n'est pas diagonalisable, à savoir qu'il possède une valeur propre (réelle ou complexe) pour laquelle la dimension du sous-espace propre est strictement inférieure à l'ordre de multiplicité.

— On connaît donc le polynôme caractéristique, ses racines (valeurs propres), et les sous-espaces propres associés. Les problèmes ne peuvent venir que des valeurs propres multiples.

— On regarde uniquement les cas $n = 2$ et $n = 3$ pour les principes généraux. La base cherchée sera plutôt notée $\{u, v\}$ ou $\{u, v, w\}$ par clarté.

Résultats fondamentaux utilisables

— Les seules matrices non diagonalisables de dimension 2 sont celles qui ont une valeur propre λ double, mais qui sont différentes de λI_2 : E_λ est une droite et non un plan. On cherche une base $\{u, v\}$ où la matrice de f est $T = \begin{pmatrix} \lambda & 1 \\ 0 & \lambda \end{pmatrix}$. On a donc $f(u) = \lambda u$ (u est vecteur propre) et ensuite on résout $f(v) = u + \lambda v$ pour calculer v (interprétation des colonnes de T).

Voici les trois cas « non diagonalisable » en dimension 3. Le calcul de u, v, w se ramène à la résolution de systèmes linéaires dont certains ont déjà été traités lors de la recherche des sous-espaces propres.

— Une valeur propre λ triple, mais E_λ est seulement une droite : On cherche une base $\{u, v, w\}$ où la matrice de f est $T = \begin{pmatrix} \lambda & 1 & 0 \\ 0 & \lambda & 1 \\ 0 & 0 & \lambda \end{pmatrix}$. On a donc $f(u) = \lambda u$ (u est vecteur propre), puis $f(v) = \lambda v + u$ puis $f(w) = \lambda w + v$. *On a un choix unique de u à une constante multiplicative près, puis une infinité de choix de v puis une infinité de choix de w.*

— Une valeur propre λ triple, mais E_λ est seulement un plan : On cherche une base $\{u, v, w\}$ où la matrice de f est $T = \begin{pmatrix} \lambda & 1 & 0 \\ 0 & \lambda & 0 \\ 0 & 0 & \lambda \end{pmatrix}$. On a donc $f(u) = \lambda u$ et $f(v) = \lambda v + u$, puis $f(w) = \lambda w$ (u et w sont vecteurs propres). On peut aussi chercher $T = \begin{pmatrix} \lambda & 0 & 0 \\ 0 & \lambda & 1 \\ 0 & 0 & \lambda \end{pmatrix}$ avec u, v propres et $f(w) = v + \lambda w$.

— Une valeur propre λ double, mais E_λ est seulement une droite et une valeur propre simple μ : On cherche une base $\{u, v, w\}$ où la matrice de f est $T = \begin{pmatrix} \lambda & 1 & 0 \\ 0 & \lambda & 0 \\ 0 & 0 & \mu \end{pmatrix}$. On a donc $f(u) = \lambda u$, puis $f(v) = \lambda v + u$ puis $f(w) = \lambda w$.

— Le nombre total de « 1 » est égal au « nombre de vecteurs propres manquant pour que f soit diagonalisable ». Ils se trouvent obligatoirement sur « la petite diagonale au-dessus de la diagonale principale ».

— Dans le cas où l'on a une infinité de choix possibles pour l'un des vecteurs, il arrive qu'un mauvais choix entraîne une impossibilité pour le calcul du vecteur suivant, il faut recommencer ! Les recettes données évitent le calcul de $(A - \lambda I_3)^2$, petit avantage, et la connaissance de la théorie de Jordan plus tordue, et difficile voir impossible à retenir par cœur.

— On verra plus loin comment calculer A^m quand A est uniquement trigonalisable, c'est plus lourd que dans le cas diagonalisable.

Ce que l'on vous demandera de montrer

— S'apercevoir que A n'est pas diagonalisable, et trouver T triangulaire et P inversible avec $T = P^{-1}AP$.

— Calculer A^m en vue de certaines application : voir fiche suivante, avec l'utilisation du binôme de Newton.

— Montrer de façon théorique que les valeurs propres de A^m sont exactement les $\lambda_1^m, \cdots, \lambda_n^m$.

— L'objectif final pourra être la résolution de certains systèmes différentiels ou certaines suites récurrentes.

Les questions à se poser

— Dois-je chercher tous les sous-espaces propres de f ?

— Par lequel (éventuellement lesquels en dimension ≥ 4) dois-je commencer en priorité ? Quels sont ceux qui ne poseront de toute façon aucun problème ?

— Dois-je vérifier que les vecteurs u, v, w trouvés forment bien une base (famille libre) ?

— Ai-je systématiquement besoin de calculer P^{-1} ?

— Si, quand je suis en train de calculer v en fonction de u, j'ai envie de multiplier v par 7 pour simplifier son expression, que dois-je faire sur u pour que la forme triangulaire T finale soit bien celle avec des « 1 » et pas avec d'autres nombres ? Idem bien sûr si je veux simplifier w mais ne pas modifier T et ses « 1 » ? *Attention, cette question ne se pose pas quand on diagonalise, mais se pose maintenant quand on trigonalise, vu que T est plus délicate qu'une vulgaire matrice diagonale.*

Exercices

Exercice 1

Trouver une forme triangulaire et une matrice de passage pour les matrices suivantes. On respectera bien la forme triangulaire décrite dans les rappels, et on calculera l'inverse de la matrice de passage P effectuant la trigonalisation.

$$A = \begin{pmatrix} -4 & 9 \\ -4 & 8 \end{pmatrix} \quad B = \begin{pmatrix} 4 & 3 & -4 \\ 1 & 2 & 0 \\ 1 & 1 & 1 \end{pmatrix} \quad C = \begin{pmatrix} 7 & 5 & -13 \\ -3 & -1 & 9 \\ 1 & 1 & 0 \end{pmatrix}$$

Exercice 2

Soit $A = \begin{pmatrix} -m & -m-2 & -2m-1 \\ m & m+2 & 2m-1 \\ 1 & 1 & 3 \end{pmatrix}$ avec m paramètre réel.

1. Calculer ses valeurs propres. Peut-on dire a priori si A est diagonalisable ou non ?
2. Discuter suivant m la nature du SEP « pouvant empêcher de diagonaliser ».
3. Quand A est diagonalisable, effectuer la diagonalisation de A.
4. Dans le cas général, effectuer la trigonalisation de A.
5. Il est probable que la matrice de passage P obtenue comporte $m-1$ à certains dénominateurs, histoire de montrer que pour $m = 1$ la méthode ne convient pas. Comment faire pour éliminer ce dénominateur, probablement obtenu dans le calcul du 3ème vecteur de base lors de la trigonalisation ?

Exercice 3 [énoncé long mais calculs et solution élémentaires]

On se donne les matrices

$D = \begin{pmatrix} -1 & -3 & -3 \\ 1 & 3 & 1 \\ 1 & 1 & 3 \end{pmatrix}$, $N = \begin{pmatrix} -1 & -1 & -2 \\ 1 & 1 & 2 \\ 0 & 0 & 0 \end{pmatrix}$ et $A = D + N$.

1. Montrer que $DN = ND$ et que N est nilpotente (il existe $k \leq 3$ avec $N^k = 0$).
2. Montrer que D est diagonalisable (inutile de donner une matrice de passage P telle que $\Delta = P^{-1}DP$ est diagonale).
3. Montrer que N est seulement trigonalisable, et donner une forme triangulaire suivant « Jordan » (inutile de donner une matrice de passage).

4. a) Montrer que $P = \begin{pmatrix} 3 & -1 & -1 \\ -1 & 1 & 0 \\ -1 & 0 & 1 \end{pmatrix}$ est une matrice de passage commune pour D et N, à savoir que $\Delta = P^{-1}DP$ est diagonale et $T = P^{-1}NP$ est triangulaire suivant la forme de Jordan adaptée à l'exemple.
   b) En déduire la trigonalisation de A.
5. Un théorème dit (dans une telle écriture $A = N + D$) que D et N sont des polynômes en A. On va le vérifier ici. On donne $A^2 = \begin{pmatrix} -9 & -13 & -17 \\ 7 & 11 & 11 \\ 3 & 3 & 7 \end{pmatrix}$.
6. a) Justifier qu'il suffit de montrer que N est un polynôme en A.
   b) Justifier, avec Cayley-Hamilton, qu'il suffit de montrer que N est de la forme $N = xI_3 + yA + zA^2$.
   c) Ecrire la matrice $H(x, y, z) = xI_3 + yA + zA^2 - N$. En regardant « au pif » ses 9 coefficients, en extraire un système de 3 équations à 3 inconnues dont on espère qu'il peut donner x_0, y_0, z_0 tel que $H(x_0, y_0, z_0) = 0$.
   d) Si ce système 3×3 admet une solution x_0, y_0, z_0, vérifier en remplaçant, que $N = x_0I_3 + y_0A + z_0A^2$. Exprimer alors D comme un polynôme en A.

Exercice 4 [Corrigé en ligne]

On reprend l'idée de l'exercice 3, mais on en est totalement indépendant. Soit $A \in \mathcal{M}_3(\mathbb{C})$ dont on sait qu'elle peut s'écrire $A = D + N$ où D est diagonalisable, N nilpotente (il existe $k \leq 3$ tel que $N^k = 0$), avec N et D polynômes en A. On va montrer qu'une telle écriture est unique, en supposant donc $A = D_1 + N_1 = D_2 + N_2$ avec toutes ces hypothèses. On admettra que si D_1 et D_2 sont diagonalisables et commutent, alors elles sont diagonalisables via une même matrice de passage.

0. Expliciter mathématiquement le résultat final admis de l'énoncé.
1. Montrer que $N_1N_2 = N_2N_1$ et $D_1D_2 = D_2D_1$.
2. Montrer que $N_1 - N_2$ est nilpotente : *que dire de* $(N_1 - N_2)^6$?
3. Montrer que $D_1 - D_2$ est diagonalisable.
4. Donner la CNS évidente pour qu'une matrice diagonalisable soit nilpotente.
5. En déduire $D_1 = D_2$ et $N_1 = N_2$ et l'unicité de l'écriture $A = D + N$.
6. a) Peut-on remplacer la dimension 3 par un $n \geq 2$ quelconque ?
   b) Comment se passer de l'hypothèse « être dans les complexes » ?

Corrigés

Exercice 1

1. On a $P(X) = X^2 - 4X + 4 = (X-2)^2$: A a une valeur propre double égale à 2. Le sous-espace propre E_2 est défini par $(A - 2I_2)X = 0$, soit $-2x + 3y = 0$: il est de dimension 1 et pas 2, d'où l'impossibilité de diagonaliser, que ce soit dans $\mathbb{R}$ ou $\mathbb{C}$. On cherche une forme triangulaire $T = \begin{pmatrix} 2 & 1 \\ 0 & 2 \end{pmatrix}$. Une base $\{u_1, u_2\}$ sur laquelle f admet cette matrice T est définie par $f(u_1) = 2u_1$ et $f(u_2) = u_1 + 2u_2$. On peut prendre $u_1 = (3,2)$ et la seconde relation s'écrit $(A - 2I_2)\begin{pmatrix} x \\ y \end{pmatrix} = \begin{pmatrix} 3 \\ 2 \end{pmatrix}$, soit $\{-6x + 9y = 3\ ,\ -4x + 6y = 2\}$ ou plus simplement $-2x + 3y = 1$. On prend par exemple $u_2 = (1,1)$, qui est bien indépendant de u_1. On a donc $P = \begin{pmatrix} 3 & 1 \\ 2 & 1 \end{pmatrix}$, et une inversion donne $P^{-1} = \begin{pmatrix} 1 & -1 \\ -2 & 3 \end{pmatrix}$.

2. Le polynôme caractéristique se calcule en remplaçant C_1 par $C_1 + C_2 + C_3$, ce qui met $3 - \lambda$ en facteur. On soustrait ensuite L_1 aux deux autres lignes, et il vient $P(\lambda) = (3-\lambda)^2(1-\lambda)$, avec donc une valeur propre double, que l'on regarde en premier pour voir si B est diagonalisable ou non.

   - $E_3 = \text{Ker }(B - 3I_3)$ est la droite $\{x + 3y - 4a = 0, x - y = 0\}$, de base $u = (1,1,1)$ et C n'est donc pas diagonalisable, mais simplement trigonalisable.
   - On cherche P et $T = \begin{pmatrix} 3 & 1 & 0 \\ 0 & 3 & 0 \\ 0 & 0 & 1 \end{pmatrix}$ telle que $B = PTP^{-1}$. En notant f l'endomorphisme de $\mathbb{R}^3$ de matrice B sur la base canonique, on cherche une base $\{u, v, w\}$ telle que $f(u) = 3u$, $f(v) = u + 3v$ et $f(w) = w$.
   - Le vecteur u vient d'être calculé ci-dessus. La résolution de $f(v) = u + 3v$ conduit à $\{x + 3y - 4z = 1, x - y = 1\}$, et on peut prendre $v = (2,1,1)$. Le sous-espace $E_1 = \text{Ker }(f - I_3)$ est la droite de base $w = (1,-1,0)$.

   Il vient donc, après calcul de P^{-1} (résolution du système $PX = X'$) :

$$\begin{aligned} B &= \begin{pmatrix} 1 & 2 & 1 \\ 1 & 1 & -1 \\ 1 & 1 & 0 \end{pmatrix} \begin{pmatrix} 3 & 1 & 0 \\ 0 & 3 & 0 \\ 0 & 0 & 1 \end{pmatrix} \begin{pmatrix} 1 & 2 & 1 \\ 1 & 1 & -1 \\ 1 & 1 & 0 \end{pmatrix}^{-1} \\ &= \begin{pmatrix} 1 & 2 & 1 \\ 1 & 1 & -1 \\ 1 & 1 & 0 \end{pmatrix} \begin{pmatrix} 3 & 1 & 0 \\ 0 & 3 & 0 \\ 0 & 0 & 1 \end{pmatrix} \begin{pmatrix} -1 & -1 & 3 \\ 1 & 1 & -2 \\ 0 & -1 & 1 \end{pmatrix} \end{aligned}$$

3. Remplacer C_1 par $C_1 - C_2$ permet de mettre $2 - \lambda$ en facteur. Ensuite, on remplace L_2 par $L_2 + L_1$ et on trouve $P(\lambda) = (2-\lambda)^3$, avec une valeur propre triple. Comme $C \neq 2I_d$, on sait déjà que C n'est pas diagonalisable.

   - Après échelonnement, E_2 est défini par $\{-x - y + 3z = 0, x + y - 2z = 0\}$ ce qui donne la droite de base $u_1 = (1, -1, 0)$.
   - Comme « il manque $3 - 1 = 2$ vecteurs de base », on cherche une base $\{u_1, u_2, u_3\}$ sur laquelle la matrice de f est $\begin{pmatrix} 2 & 1 & 0 \\ 0 & 2 & 1 \\ 0 & 0 & 2 \end{pmatrix}$ avec deux coefficients égaux à **1**. Les vecteurs manquants u_2 et u_3 vérifient $f(u_2) = u_1 + 2u_2$ et $f(u_3) = u_2 + 2u_3$, d'après l'interprétation des colonnes de la matrice d'un endomorphisme.
   - $f(u_2) = u_1 + 2u_2$ s'écrit $\{5x + 5y - 13z = 1, -3x - 3y + 9z = -1, x + y - 2z = 0\}$, soit $\{-3x - 3y = 2, -3z = 1\}$ où l'on peut prendre $u_2 = (-2/3, 0, -1/3)$.
   - $f(u_3) = u_2 + 2u_3$ conduit à $\{-3x - 3y = 3, -3z = 1\}$ où l'on peut prendre $u_3 = (0, -1, -1/3)$.
     On prend $P = \begin{pmatrix} 1 & -2/3 & 0 \\ -1 & 0 & -1 \\ 0 & -1/3 & -1/3 \end{pmatrix}$ et $T = \begin{pmatrix} 2 & 1 & 0 \\ 0 & 2 & 1 \\ 0 & 0 & 2 \end{pmatrix}$. On n'oubliera pas de vérifier que P est inversible, i.e. que l'on a bien construit une base $\{u_1, u_2, u_3\}$. Il vient $P^{-1} = \begin{pmatrix} 3 & 2 & -6 \\ 3 & 3 & -9 \\ -3 & -3 & 6 \end{pmatrix}$.

Exercice 2

1. Dans le déterminant définissant $P(\lambda)$ on soustrait C_2 à C_1, ce qui met $2 - \lambda$ en facteur, et fait apparaître un 0 en bas de C_1. En remplaçant ensuite L_2 par $L_2 + L_1$, on arrive vite à $P(\lambda) = (1-\lambda)(2-\lambda)^2$, indépendant de m. Comme on a une valeur propre double, on ne peut pas conclure immédiatement : A sera diagonalisable si et seulement si le sous-espace propre E_2 est de dimension 2 (un plan).

2. E_2 est le « noyau » de $A - 2I_3 = \begin{pmatrix} -m-2 & -m-2 & -2m-1 \\ m & m & 2m-1 \\ 1 & 1 & 1 \end{pmatrix}$.

   - A est diagonalisable si et seulement si le noyau de $A - 2I_3$ est de dimension 2, à savoir lorsque $A - 2I_3$ est de rang 1, à savoir encore quand ses 3 lignes (ou colonnes) sont proportionnelles. Compte-tenu des « 1 » de la 3ème ligne, ceci a lieu si seulement si $2m - 1 = m$ et $-2m - 1 = -m - 2$, à savoir $m = 1$.
   - Pour $m = 1$, A est diagonalisable ; sinon elle est seulement trigonalisable.

3. Pour $m = 1$, le noyau de $A_2 - 2I_3$ est évidemment le plan $x + y + z = 0$, dont une base est $u_2 = (1, -1, 0), u_3 = (1, 0, -1)$. On cherche ensuite le sous-espace propre

E_1, noyau de $A_2 - I_3$. Il s'agit de la droite engendrée par $u_1 = (-3, 1, 1)$. On peut donc prendre $D = \begin{pmatrix} 1 & 0 & 0 \\ 0 & 2 & 0 \\ 0 & 0 & 2 \end{pmatrix}$ et $P = \begin{pmatrix} -3 & 1 & 1 \\ 1 & -1 & 0 \\ 1 & 0 & -1 \end{pmatrix}$.

4. On cherche (pour $m \neq 1$) une forme triangulaire $T = \begin{pmatrix} 1 & 0 & 0 \\ 0 & 2 & 1 \\ 0 & 0 & 2 \end{pmatrix}$, correspondant au cas d'une valeur propre double 2 dont le sous-espace propre est une droite.

   - E_1 est la droite de base $u_1 = (-3, 1, 1)$. E_2 est une droite, et les deux dernières équations issues de $A - 2I_3$ donnent $u_2 = (1, -1, 0)$ comme vecteur de base.
   - Le vecteur u_3 final cherché vérifie $f(u_3) = u_2 + 2u_3$, à savoir $(A - 2I_3)u_3 = u_2$. Avec notre choix de u_2, le vecteur u_3 (on a une infinité de choix possibles), vérifie les deux équations $\{x + y + z = 0, mx + my + (2m - 1)z = -1\}$, et on peut prendre (entre-autre) $z = 1/(1 - m)$, $y = 0$, $x = 1/m - 1$. On vérifie (par déterminant) que la future matrice de passage $P = \begin{pmatrix} -3 & 1 & \frac{1}{m-1} \\ 1 & -1 & 0 \\ 1 & 0 & \frac{1}{1-m} \end{pmatrix}$ est bien inversible.

5. L'idée est de multiplier u_3 par $m - 1$, mais attention, la relation $f(u_3) = 2u_3 + u_2$ implique qu'il faut aussi multiplier u_2 par $m - 1$, souci qui n'intervient pas dans la diagonalisation mais intervient en trigonalisation, où les vecteurs de base ont une « certaine interaction » entre eux. On peut donc aussi prendre pour P la matrice $\begin{pmatrix} -3 & m-1 & 1 \\ 1 & 1-m & 0 \\ 1 & 0 & -1 \end{pmatrix}$: on voit bien que pour $m = 1$, il y a un problème !

Exercice 3

1. Des produits matriciels basiques donnent $DN = ND$ et $N^2 = 0$.
2. Dans le déterminant définissant le polynôme caractéristique de D, remplacer C_1 par $C_1 - C_2$ met $\lambda - 2$ en facteur, et ensuite le calcul est simple : il vient $\chi_D(\lambda) = (1 - \lambda)(2 - \lambda)^2$. La matrice D est diagonalisable si et seulement si le sous-espace propre E_2 défini par $DX = 2X$ est un plan (dimension 2). On voit aisément que $D - 2I_3$ est de rang 1, et que E_2 est le plan d'équation $x + y + z = 0$, de dimension 2. La matrice D est bien diagonalisable, par exemple sous la forme $\Delta = \begin{pmatrix} 1 & 0 & 0 \\ 0 & 2 & 0 \\ 0 & 0 & 2 \end{pmatrix}$, puisque la valeur propre simple $\lambda = 1$ ne pose aucun souci.
3. Le calcul du PC de N est évident, et donne $\chi_N(\lambda) = \lambda^3$, normal puisque N est nilpotente. E_0 est simplement le noyau de N, qui est une matrice de rang 1, les

colonnes étant proportionnelles. Le noyau est de dimension 2, et non 3, et N est uniquement trigonalisable suivant la forme de Jordan $T = \begin{pmatrix} 0 & 0 & 0 \\ 0 & 0 & 1 \\ 0 & 0 & 0 \end{pmatrix}$.

4. a) Simple calcul de produits matriciels, une fois trouvé $P^{-1} = \begin{pmatrix} 1 & 1 & 1 \\ 1 & 2 & 1 \\ 1 & 1 & 2 \end{pmatrix}$.

   b) On a donc $\Delta = P^{-1}DP$ et $T = P^{-1}NP$, ce qui implique $\Delta + T = P^{-1}(D + N)P = P^{-1}AP$, à savoir finalement $\begin{pmatrix} 1 & 0 & 0 \\ 0 & 2 & 1 \\ 0 & 0 & 2 \end{pmatrix} = P^{-1}AP$. Cette écriture est la trigonalisation suivant la forme de Jordan de A, avec la matrice de passage P. On notera que tout marche bien par ce que P est une matrice de passage commune pour diagonaliser D et trigonaliser T, merci l'énoncé !

5. a) Si l'on a $N = H(A)$ où H est un polynôme, la différence $D = A - N = A - H(A)$ est encore un polynôme en A.

   b) Le polynôme caractéristique de A étant de degré 3, Cayley-Hamilton dit que A^3 est une combinaison linéaire de I_3, A, A^2, et il en va de même ensuite de toute puissance de A. Tout polynôme $H(A)$ peut ainsi se ramener à un polynôme de degré 2 en A. On va donc montrer que N est de la forme $N = xI_3 + yA + zA^2$.

   c) $H(x, y, z) = \begin{pmatrix} x - 2y - 9z + 1 & -4y - 13z + 1 & -5y - 17z + 2 \\ 2y + 7z - 1 & x + 4y + 11z - 1 & 3y + 11z - 2 \\ y + 3z & y + 3z & x + 3y + 7z \end{pmatrix}$.

   En première ligne, les deux dernières équations ne contiennent pas x et sont manifestement indépendantes, au vu des coefficients de y et de z : elles vont nous donner y_0, z_0 et la première équation va nous donner x_0, tentons ces trois équations.

   d) Une résolution élémentaire du système (déjà un peu échelonné) $\{x - 2y - 9z + 1 = 0, -4y - 13z + 1 = 0, -5y - 17z + 2 = 0\}$ donne $x = 2, y = -3, z = 1$. On vérifie en remplaçant que $N = 2I_3 - 3A + A^2$. Il en découle $D = A - (2I_3 - 3A + A^2) = -2I_3 + 4A - A^2$.

Chapitre 10

Puissances et exponentielle de matrices

On est avec des matrices carrées principalement de dimension 2 ou 3 sur $\mathbb{R}$ ou $\mathbb{C}$, et on souhaite calculer les puissances de A et son exponentielle $\exp(A)$, en vue d'applications qui, a priori, semblent loin de la notion de matrice.

Domaines concernés

— Pour $A \in \mathcal{M}_n(K)$, il s'agit de calculer A^m pour $m \in \mathbb{N}^*$, la méthode différant suivant que A est diagonalisable ou non. On notera P une matrice inversible telle que $D = P^{-1}AP$ soit diagonale ou bien $T = P^{-1}AP$ soit triangulaire avec la forme de Jordan respectant la construction donnée en fiche précédente.

— On utilise les puissances de A pour étudier les suites récurrentes définies par $X_{k+1} = AX_k$ où $\{X_k\}$ est une suite de vecteurs colonnes de dimension n.

— On calcule $\exp(A)$ pour étudier les systèmes différentiels $X'(t) = AX(t)$, ce qui sera repris dans une fiche ultérieure d'analyse.

— Il faut connaître le binôme de Newton $(a+b)^m = \sum_{p=0}^{m} \binom{m}{p} a^p b^{m-p}$, et savoir qu'il est vrai dans $\mathcal{M}_n(K)$ lorsque $ab = ba$ (matrices qui commutent).

— Si $A \in \mathcal{M}_n(\mathbb{R})$ a des problèmes de racines du polynôme caractéristique dans $\mathbb{R}$, on se placera dans $\mathbb{C}$ où (au minimum) elle est trigonalisable. Les puissances et l'exponentielle resteront réelles, évidemment, quitte à ce que des sinus/cosinus remplacent les exponentielles complexes, en regroupant les valeurs propres conjuguées.

Résultats fondamentaux utilisables

— Si D est diagonale, D^m s'obtient en élevant à la puissance m ses éléments diagonaux. Avec $A = PDP^{-1}$ on a alors $A^m = PD^mP^{-1}$.

— Si A est uniquement trigonalisable, les méthodes de la fiche précédente permettent d'écrire $A = PTP^{-1}$, où T est triangulaire supérieure « avec uniquement quelques 1 sur la petite diagonale au-dessus de la diagonale principale », cette diagonale principale contenant les valeurs propres de A.

— On peut ainsi écrire $T = \Delta + N$ où Δ est diagonale et N triangulaire supérieure (avec des 0 sur la diagonale principale et quelques 1 sur la petite diagonale au-dessus) et qui est nilpotente avec $N^2 = 0$ ou $N^3 = 0$ (pour $n \leq 3$), et $\Delta N = N\Delta$, ce qui permet d'utiliser le binôme de Newton pour calculer $T^m = (\Delta + N)^m$. On aura alors $A^m = PT^mP^{-1}$, comme dans le cas diagonalisable.

— Pour $n = 2$ et A non diagonalisable, on a $T = \lambda I_2 + N$, avec $N = \begin{pmatrix} 0 & 1 \\ 0 & 0 \end{pmatrix}$ qui vérifie $N^2 = 0$. Il vient donc, d'après le début de Newton :

$$T^m = \lambda^m I_2 + m \times \lambda^{m-1} N = \begin{pmatrix} \lambda^m & m\lambda^{m-1} \\ 0 & \lambda^m \end{pmatrix}$$

— Pour $n = 3$, on a soit $N^2 = 0$ soit ($N^2 \neq 0$ mais $N^3 = 0$), et donc deux cas possibles :

— Pour $n = 3$ avec une valeur propre triple, et non diagonalisable, on a $T = \lambda I_3 + N$ avec $N^2 = 0$ ou $N^3 = 0$ suivant la dimension du sous-espace-propre E_λ. Suivant le cas, on aura donc

- $T^m = \lambda^m I_3 + m \times \lambda^{m-1} N$ (cas $N^2 = 0$)
- $T^m = \lambda^m I_3 + m \times \lambda^{m-1} N + \dfrac{m(m-1)}{2} \lambda^{m-2} N^2$ (cas $N^2 \neq 0$).

— Pour $n = 3$ et une valeur propre double a et une valeur propre simple b, le tout non diagonalisable, on a $T = \Delta + N$ avec $\Delta = \begin{pmatrix} a & 0 & 0 \\ 0 & a & 0 \\ 0 & 0 & b \end{pmatrix}$ et $N = \begin{pmatrix} 0 & 1 & 0 \\ 0 & 0 & 0 \\ 0 & 0 & 0 \end{pmatrix}$ qui vérifie $N^2 = 0$, et donc $T^m = \Delta^m + m \times \Delta^{m-1} N$.

— Lorsque toutes les valeurs propres ont un module strictement inférieur à 1, on a $\lim\limits_{m \to +\infty} A^m = 0$, que A soit diagonalisable ou simplement trigonalisable

— Par définition, on a $\exp(A) = \sum\limits_{m=0}^{+\infty} \dfrac{A^m}{m!}$. On diagonalise ou trigonalise A en D ou T, et on commence par calculer $\exp(D)$ ou $\exp(T)$. Ensuite, on aura $\exp(A) = P\exp(D)P^{-1}$ ou $\exp(A) = P\exp(T)P^{-1}$.

— Pour D diagonale, $\exp(D)$ est la matrice diagonale où l'on met sur la diagonale les exponentielles des éléments diagonaux de D.

— Pour T triangulaire respectant la forme de Jordan déjà utilisée : on a $\exp(T) = \exp(\Delta + N) = \exp(\Delta)\exp(N)$. Comme $N^2 = 0$ ou ($N^2 \neq 0$ mais $N^3 = 0$), la série en principe infinie définissant $\exp(N)$ se réduit à 2 ou 3 termes : on a $\exp(N) = I_n + N$ lorsque $N^2 = 0$ et $\exp(N) = I_n + N + N^2/2$ lorsque c'est seulement N^3 qui est nul. On fait ensuite le produit $\exp(\Delta)\exp(N)$ pour avoir $\exp(T)$; puis on multiplie par P à gauche et P^{-1} à droite pour avoir $\exp(A)$.

— En analyse, on demandera souvent $\exp(tA)$ où $t \in \mathbb{R}$. On commence par trigonaliser $A = \Delta + N$, puis on écrit $tA = t\Delta + tN$ et on continue comme précédemment. Les coefficients de $\exp(tA)$ sont des polynômes du premier ou du second degré en t (du moins pour $n \leq 3$). La solution du système différentiel $X'(t) = AX(t)$ est $X(t) = \exp(tA)X(0)$.

Ce que l'on vous demandera de montrer

— Calculer A^m, ou $\exp(A)$, ce qui demande de diagonaliser ou de trigonaliser suivant les méthodes des fiches précédentes.

— Calculer l'éventuelle limite de la suite A^m quand m tend vers $+\infty$.

— Partir d'un vecteur $X_0 \in K^n$ et en déduire l'expression du vecteur X_k défini par la récurrence $X_k = AX_{k-1}$, à savoir $X_k = A^k X_0$, une « suite géométrique de vecteurs ».

— Calculer la limite de X_k quand k tend vers $+\infty$.

— Soit $t \mapsto X(t) \in K^n$ vérifiant l'équation différentielle $X'(t) = AX(t)$: trouver l'expression de $X(t)$, a priori en fonction des données initiales $X(0)$ pour $t = 0$. Faire le dessin des solutions, étudier les limites de $X(t)$ en $\pm\infty$.

Les questions à se poser

Uniquement après avoir trouvé D ou T et la matrice de passage P.

— Ai-je besoin de calculer P^{-1}, chose désagréable ?

— Ai-je besoin de l'expression exacte du vecteur X_k si j'ai uniquement à calculer sa limite quand k tend vers $+\infty$?

— Autre façon de s'exprimer : si je sais *a priori* (ou si je *suppose* que) que la suite X_k converge vers une limite L, comment calculer L uniquement avec la matrice A à partir de la relation $X_k = AX_{k-1}$?

— Comment transformer vecteurs et exponentielles complexes en réels, avec sinus et cosinus ?

Exercices

Exercice 1

Calculer la puissance $k$ème des matrices suivantes : certaines de ces réductions ont été faites dans des fiches précédentes

$$A = \begin{pmatrix} 13 & -15 \\ 10 & -12 \end{pmatrix} \; B = \begin{pmatrix} -4 & 9 \\ -4 & 8 \end{pmatrix} \; C = \begin{pmatrix} 5 & 2 & -6 \\ 2 & 5 & -6 \\ 2 & 2 & -3 \end{pmatrix} \; D = \begin{pmatrix} 4 & 3 & -4 \\ 1 & 2 & 0 \\ 1 & 1 & 1 \end{pmatrix}$$

$E = \begin{pmatrix} 7 & 5 & -13 \\ -3 & -1 & 9 \\ 1 & 1 & 0 \end{pmatrix}$. En dimension 3, les produits finaux par P à gauche et P^{-1} à droite devront être faits par logiciel !

Exercice 2

1. Soit $A \in \mathcal{M}_n(\mathbb{R})$, inversible et diagonalisable de v.p. $\lambda_1, \cdots, \lambda_n$.
2. Rappeler l'expression de A en fonction d'une matrice inversible P et des λ_i, et celle de A^k pour $k \geq 1$.
3. Donner l'expression de A^{-1} en fonction de P et des λ_i, et montrer que la formule de la question précédente donnant A^k est encore vraie pour $k \in \mathbb{Z}$ quelconque.

Exercice 3

Soit A de dimension 2, non diagonalisable et inversible.

1. Justifier qu'il existe P inversible telle que $A = P(\lambda I_2 + N)P^{-1}$ où λ est un scalaire non nul et N une matrice telle que $N^2 = 0$, dont on donnera la valeur précise.
2. Rappeler l'expression de A^k, pour $k \in \mathbb{N}^*$, en fonction de P et de N.
3. Quel est l'inverse de $\lambda I_2 + N$? En déduire que l'expression de A^k de la question précédente est vraie pour tout $k \in \mathbb{Z}$.

Exercice 4

1. Quel résultat rappelé précédemment permet d'affirmer sans aucun calcul que la matrice $A = \begin{pmatrix} 0 & 1 & 1 \\ 1 & 0 & 1 \\ 1 & 1 & 0 \end{pmatrix}$ est diagonalisable sur $\mathbb{R}$?
2. Trouver D diagonale et P inversible telle que $A = PDP^{-1}$.
3. En déduire l'expression générale de A^k.

Exercice 5

1. Chercher les valeurs propres de $A = \begin{pmatrix} 2/3 & 1/4 \\ 1/3 & 3/4 \end{pmatrix}$ et trouver une matrice P et une matrice D diagonale telles que $A = PDP^{-1}$.
2. Calculer P^{-1} et donner l'expression générale de A^k.
3. Calculer $L = \lim\limits_{k \to +\infty} A^k$. Quel est son rang ?

Exercice 6 [Cet exercice utilise les résultats de l'exercice 5.]

On étudie les suites définies par la donnée de u_0, v_0 et les relations de récurrence $u_{n+1} = 2u_n/3 + v_n/4$, $v_{n+1} = u_n/3 + 3v_n/4$.

1. Mettre ceci sous la forme $X_n = MX_{n-1}$ où $M \in \mathcal{M}_2(\mathbb{R})$ et $X_n \in \mathbb{R}^2$.
2. Déduire de l'exercice 5 les expressions de u_n et de v_n en fonction de u_0 et v_0.
3. Montrer que (u_n) et (v_n) convergent, et donner leurs limites à l'aide de u_0, v_0.
4. Donner la CNS pour que (u_n) converge vers $3/7$ et (v_n) converge vers $4/7$.
5. Toujours avec l'exercice précédent, était-il nécessaire d'avoir l'expression détaillée de u_n et v_n pour voir que les deux suites convergent, et calculer leurs limites ?

Exercice 7

Soit $A \in \mathcal{M}_3(\mathbb{R})$ dont $Q(X) = (2X-1)^2(3X-1)$ est un polynôme annulateur. Soit $X_0 \in \mathbb{R}^3$ donné et la suite de vecteurs $\{X_k\}$ définie par $X_{k+1} = AX_k$.

1. Quelles sont les valeurs propres possibles de A ?
2. Montrer sans aucun calcul que $\lim\limits_{k \to +\infty} A^k = 0$.
3. Montrer que la suite $\{X_k\}$ converge et en donner la limite.

Exercice 8 [Corrigé en ligne]

Calculer les exponentielles des matrices tC, tD et tE, les matrices C, D, E étant celles de l'exercice 1, et t un réel quelconque.

Corrigés

Exercice 1

1. On avait trouvé $A = PDP^{-1}$ avec $P = \begin{pmatrix} 3 & 1 \\ 2 & 1 \end{pmatrix}$, $D = \begin{pmatrix} 3 & 0 \\ 0 & -2 \end{pmatrix}$ et $P^{-1} = \begin{pmatrix} 1 & -1 \\ -2 & 3 \end{pmatrix}$.

   On a $A^k = P \begin{pmatrix} 3^k & 0 \\ 0 & (-2)^k \end{pmatrix} P^{-1} = \begin{pmatrix} 3\,3^k - 2(-2)^k & -3\,3^k + 3(-2)^k \\ 2\,3^k - 2(-2)^k & -2\,3^k + 3(-2)^k \end{pmatrix}$.

2. On avait trouvé que B est trigonalisable sous la forme $B = P \begin{pmatrix} 2 & 1 \\ 0 & 2 \end{pmatrix} P^{-1}$ avec la même matrice P que pour la matrice A précédente. On écrit $\begin{pmatrix} 2 & 1 \\ 0 & 2 \end{pmatrix} = 2I_2 + N$ avec $N = \begin{pmatrix} 0 & 1 \\ 0 & 0 \end{pmatrix}$ vérifiant $N^2 = 0$. Le début du binôme de Newton donne $(2I_2 + N)^k = 2^k I_2 + k2^{k-1} N$ seulement.

   Il vient $B^k = P \begin{pmatrix} 2^k & k2^{k-1} \\ 0 & 2^k \end{pmatrix} P^{-1} = \begin{pmatrix} 2^k - 6\,k2^{k-1} & 9\,k2^{k-1} \\ -4\,k2^{k-1} & 2^k + 6\,k2^{k-1} \end{pmatrix}$

3. Le calcul fait dans la fiche sur la diagonalisation nous avait donné

$$\begin{aligned} C &= \begin{pmatrix} 1 & 2 & 1 \\ 1 & 1 & -1 \\ 1 & 1 & 0 \end{pmatrix} \begin{pmatrix} 1 & 0 & 0 \\ 0 & 3 & 0 \\ 0 & 0 & 3 \end{pmatrix} \begin{pmatrix} 1 & 2 & 1 \\ 1 & 1 & -1 \\ 1 & 1 & 0 \end{pmatrix}^{-1} \\ &= \begin{pmatrix} 1 & 2 & 1 \\ 1 & 1 & -1 \\ 1 & 1 & 0 \end{pmatrix} \begin{pmatrix} 1 & 0 & 0 \\ 0 & 3 & 0 \\ 0 & 0 & 3 \end{pmatrix} \begin{pmatrix} -1 & -1 & 3 \\ 1 & 1 & -2 \\ 0 & -1 & 1 \end{pmatrix} \end{aligned}$$

   La matrice C^m s'obtient en mettant $1, 3^m, 3^m$ sur la diagonale de la matrice diagonale écrite au milieu. Un calcul à faire par logiciel donne

$$C^m = \begin{pmatrix} 2 \times 3^m - 1 & 3^m - 1 & 3 - 3^{m+1} \\ 3^m - 1 & 2 \times 3^m - 1 & 3 - 3^{m+1} \\ 3^m - 1 & 3^m - 1 & 3 - 2 \times 3^m \end{pmatrix}.$$

4. La trigonalisation de la matrice D a été faite dans la fiche sur la trigonalisation et a donné

$$D = \begin{pmatrix} 1 & 2 & 1 \\ 1 & 1 & -1 \\ 1 & 1 & 0 \end{pmatrix} \begin{pmatrix} 3 & 1 & 0 \\ 0 & 3 & 0 \\ 0 & 0 & 1 \end{pmatrix} \begin{pmatrix} -1 & -1 & 3 \\ 1 & 1 & -2 \\ 0 & -1 & 1 \end{pmatrix} = PTP^{-1}$$

Il faut donc calculer $T^m = \begin{pmatrix} 3 & 1 & 0 \\ 0 & 3 & 0 \\ 0 & 0 & 1 \end{pmatrix}^m = \left[\begin{pmatrix} 3 & 0 & 0 \\ 0 & 3 & 0 \\ 0 & 0 & 1 \end{pmatrix} + \begin{pmatrix} 0 & 1 & 0 \\ 0 & 0 & 0 \\ 0 & 0 & 0 \end{pmatrix}\right]^m$, que nous noterons $(\Delta+N)^m$ où Δ est diagonale et N vérifie clairement $N^2 = 0$. Le début de Newton donne $(\Delta + N)^m = \Delta^m + m\Delta^{m-1}N = \begin{pmatrix} 3^m & m3^{m-1} & 0 \\ 0 & 3^m & 0 \\ 0 & 0 & 1 \end{pmatrix}$. Le produit de cette matrice à gauche par P et à droite par P^{-1} (à faire par logiciel) donne

$$D^m = \begin{pmatrix} m3^{m-1} + 3^m & 3^m + m3^{m-1} - 1 & -3^m - 2m3^{m-1} + 1 \\ m3^{m-1} & m3^{m-1} + 1 & 3^m - 2m3^{m-1} - 1 \\ m3^{m-1} & m3^{m-1} & 3^m - 2m3^{m-1} \end{pmatrix}$$

5. La trigonalisation a été effectuée dans la fiche concerné et a donné

$$\begin{aligned} E &= \begin{pmatrix} 1 & -2/3 & 0 \\ -1 & 0 & -1 \\ 0 & -1/3 & -1/3 \end{pmatrix} \begin{pmatrix} 2 & 1 & 0 \\ 0 & 2 & 1 \\ 0 & 0 & 2 \end{pmatrix} \begin{pmatrix} 3 & 2 & -6 \\ 3 & 3 & -9 \\ -3 & -3 & 6 \end{pmatrix} \\ &= PTP^{-1} = P(2I_3 + N)P^{-1} \end{aligned}$$

Il faut calculer $T^k = \left[2I_3 + \begin{pmatrix} 0 & 1 & 0 \\ 0 & 0 & 1 \\ 0 & 0 & 0 \end{pmatrix}\right]^k$, avec $\begin{pmatrix} 0 & 1 & 0 \\ 0 & 0 & 1 \\ 0 & 0 & 0 \end{pmatrix}^2 = \begin{pmatrix} 0 & 0 & 1 \\ 0 & 0 & 0 \\ 0 & 0 & 0 \end{pmatrix}$, le cube étant la matrice nulle. Le début de Newton donne donc

$$T^k = 2^k I_3 + k2^{k-1}N + 2^{k-2}\frac{k(k-1)}{2}N^2 = \begin{pmatrix} 2^k & k2^{k-1} & \frac{1}{2}k(k-1)2^{k-2} \\ 0 & 2^k & k2^{k-1} \\ 0 & 0 & 2^k \end{pmatrix}$$

Il vient finalement $E^k = PT^kP^{-1}$ soit (calcul par logiciel uniquement) :

$$\begin{pmatrix} 2^k + 5k2^{k-1} - \frac{3}{2}k\,(k-1)\,2^{k-2} & 5\,k2^{k-1} - \frac{3}{2}\,k\,(k-1)\,2^{k-2} & -13k2^{k-1} + 3k\,(k-1)\,2^{k-2} \\ -3\,k2^{k-1} + \frac{3}{2}\,k\,(k-1)\,2^{k-2} & 2^k - 3k2^{k-1} + \frac{3}{2}k\,(k-1)\,2^{k-2} & 9\,k2^{k-1} - 3\,k\,(k-1)\,2^{k-2} \\ k2^{k-1} & k2^{k-1} & 2^k - 2\,k2^{k-1} \end{pmatrix}$$

Exercice 2

1. On a $A = PDP^{-1}$ où D est une matrice diagonale contenant les λ_i. Il vient $A^k = PD^kP^{-1}$ où D^k s'obtient en élevant à la puissance k les éléments de D, elle est évidemment encore diagonale.
2. On a $A^{-1} = [PDP^{-1}]^{-1} = (P^{-1})^{-1}D^{-1}P^{-1} = PD^{-1}P^{-1}$, où D^{-1} est la matrice diagonale contenant les $1/\lambda_i$ (aucun λ_i ne peut être nul puisque A est inversible).
3. L'expression de la question 1 donnant A^k pour $k \geq 1$ est encore encore vraie pour $k = -1$. Elle reste donc encore vraie pour k entier strictement négatif, par élévation à la puissance $|k|$ de A^{-1}. Pour $k = 0$, on a $\lambda_i^0 = 1$ et $D^0 = I_n$ et $A^0 = I_n$. La formule est vraie pour tout entier relatif.

Exercice 3

1. Comme A est non diagonalisable de dimension 2, elle possède une valeur propre double λ (qui est non nulle puisque A est inversible), et elle de la forme $A = P\begin{pmatrix} \lambda & 1 \\ 0 & \lambda \end{pmatrix} P^{-1} = P(\lambda I_2 + N)P^{-1}$ avec $N = \begin{pmatrix} 0 & 1 \\ 0 & 0 \end{pmatrix}$ qui vérifie $N^2 = 0$.
2. On a donc $A^k = P(\lambda I_2 + N)^k P^{-1}$ où le début du binôme de Newton donne $(\lambda I_2 + N)^k = \lambda^k I_2 + k\lambda^{k-1}N$ puisque N^2 et les suivantes sont nulles. Il vient donc $A^k = P(\lambda^k I_2 + k\lambda^{k-1}N)P^{-1}$.
3. On a $(\lambda I_2 + N)(\lambda I_2 - N) = \lambda^2 I_2 - N^2 = \lambda^2 I_2$ (d'après $(a+b)(a-b) = a^2 - b^2$ qui est toujours vraie puisque a et b commutent). Cela signifie que
$(\lambda I_2 + N)^{-1} = \lambda^{-1} I_2 + (-1)\lambda^{-1-1}N$ et $A^{-1} = P(\lambda^{-1}I_2 + (-1)\lambda^{-1-1}N)P^{-1}$
ce qui est la formule donnant A^k pour $k = -1$ maintenant. Elle reste vraie pour k entier négatif, puisque A^k est alors A^{-1} à la puissance $|k| = -k$. Pour $k = 0$, elle donne bien $A^0 = I_2$.

Exercice 4

1. La matrice est symétrique réelle, et donc diagonalisable sur les réels.
2. On vérifie aisément en calculant $P(X) = -(X+1)^2(X-2)$ (additionner les trois colonnes et mettre $2 - X$ en facteur) que 2 est valeur propre simple et -1 valeur propre double.
   - E_{-1} est le plan $x + y + z = 0$, dont on peut prendre $(1, -1, 0)$ et $(1, 0, -1)$ comme base.

     E_2 est la droite de base $(1, 1, 1)$, ce qui donne $P = \begin{pmatrix} 1 & 1 & 1 \\ -1 & 0 & 1 \\ 0 & -1 & 1 \end{pmatrix}$.
   - Un calcul d'inverse par résolution du système $PX = X'$ aux inconnues x, y, z en fonction de x', y', z' donne $P^{-1} = \begin{pmatrix} 1/3 & -2/3 & 1/3 \\ 1/3 & 1/3 & -2/3 \\ 1/3 & 1/3 & 1/3 \end{pmatrix}$.
3. On effectue (très long) le produit $A^k = P\begin{pmatrix} (-1)^k & 0 & 0 \\ 0 & (-1)^k & 0 \\ 0 & 0 & 2^k \end{pmatrix} P^{-1}$, et

$$A^k = \begin{pmatrix} \frac{2}{3}(-1)^k + \frac{1}{3}2^k & -\frac{1}{3}(-1)^k + \frac{1}{3}2^k & -\frac{1}{3}(-1)^k + \frac{1}{3}2^k \\ -\frac{1}{3}(-1)^k + \frac{1}{3}2^k & \frac{2}{3}(-1)^k + \frac{1}{3}2^k & -\frac{1}{3}(-1)^k + \frac{1}{3}2^k \\ -\frac{1}{3}(-1)^k + \frac{1}{3}2^k & -\frac{1}{3}(-1)^k + \frac{1}{3}2^k & \frac{2}{3}(-1)^k + \frac{1}{3}2^k \end{pmatrix}$$

Exercice 5

1. Le polynôme caractéristique est $X^2 - \frac{17}{12}X + \frac{5}{12}$ de racines 1 et $5/12$. Le sous-espace propre E_1 est la droite solution du système $(A - I_2)X = 0$, de vecteur directeur $(3, 4)$; le sous-espace propre $E_{5/12}$ est la droite solution de $(A - 5/12 I_2)X = 0$, à savoir de vecteur directeur $(1, -1)$. On peut prendre $P = \begin{pmatrix} 3 & 1 \\ 4 & -1 \end{pmatrix}$.
2. On résout le système $\begin{pmatrix} 3 & 1 \\ 4 & -1 \end{pmatrix}\begin{pmatrix} x \\ y \end{pmatrix} = \begin{pmatrix} x' \\ y' \end{pmatrix}$ en $\begin{pmatrix} x \\ y \end{pmatrix} = \frac{1}{7}\begin{pmatrix} 1 & 1 \\ 4 & -3 \end{pmatrix}\begin{pmatrix} x' \\ y' \end{pmatrix}$, ce qui donne $P^{-1} = \frac{1}{7}\begin{pmatrix} 1 & 1 \\ 4 & -3 \end{pmatrix}$. On a alors $A^k = P\begin{pmatrix} 1^k & 0 \\ 0 & (5/12)^k \end{pmatrix}P^{-1}$, à savoir
$$A^k = \begin{pmatrix} \frac{3}{7} + \frac{4}{7}\left(\frac{5}{12}\right)^k & \frac{3}{7} - \frac{3}{7}\left(\frac{5}{12}\right)^k \\ \frac{4}{7} - \frac{4}{7}\left(\frac{5}{12}\right)^k & \frac{4}{7} + \frac{3}{7}\left(\frac{5}{12}\right)^k \end{pmatrix}$$
3. On a $\lim_{k \to +\infty} (5/12)^k = 0$, et donc $\lim_{k \to +\infty} A^k = \begin{pmatrix} 3/7 & 3/7 \\ 4/7 & 4/7 \end{pmatrix}$, de rang 1 puisque ses deux lignes sont égales.

Exercice 6

1. Il s'agit de $\begin{pmatrix} u_n \\ v_n \end{pmatrix} = A\begin{pmatrix} u_{n-1} \\ v_{n-1} \end{pmatrix}$ avec la matrice A de l'exercice précédent.
2. On en déduit $X_n = A^n X_0$, à savoir
$$u_n = \left[\frac{3}{7} + \frac{4}{7}\left(\frac{5}{12}\right)^n\right]u_0 + \left[\frac{3}{7} - \frac{3}{7}\left(\frac{5}{12}\right)^n\right]v_0$$
$$v_n = \left[\frac{4}{7} - \frac{4}{7}\left(\frac{5}{12}\right)^n\right]u_0 + \left[\frac{4}{7} + \frac{3}{7}\left(\frac{5}{12}\right)^n\right]v_0.$$
3. Comme $\lim_{n \to +\infty} (5/12)^n = 0$, on voit que la suite (u_n) converge vers $\frac{3}{7}(u_0 + v_0)$ et la suite (v_n) converge vers $\frac{4}{7}(u_0 + v_0)$.
4. Il s'agit de $u_0 + v_0 = 1$.
5. Non puisque l'on a montré que la suite de matrices (A^n) converge vers une matrice L calculée dans l'exercice précédent. La suite (X_n), i.e. la suite $(A^n X_0)$, converge alors vers le vecteur $LX_0 = \begin{pmatrix} 3/7 & 4/7 \\ 3/7 & 4/7 \end{pmatrix}\begin{pmatrix} u_0 \\ v_0 \end{pmatrix}$, et on retrouve les limites précédentes.

Exercice 7

1. Les valeurs propres de A se trouvent obligatoirement parmi les racines de Q : ce sont potentiellement $1/2$ et/ou $1/3$. *Comme l'énoncé ne dit pas que Q est le polynôme caractéristique ou le polynôme minimal, on ne peut pas en dire plus.*

2. Dans tous les cas de figure, toutes les valeurs propres sont réelles et toutes de module strictement inférieur à 1. Que la matrice soit diagonalisable ($A^k = PD^kP^{-1}$) ou non ($A^k = PT^kP^{-1}$), on sait que tous les coefficients de D^k (ou de T^k) tendent vers 0 quand k tend vers l'infini : rappelons qu'ils sont tous de la forme $\lambda_i^k H_i(k)$ où les H_i sont des polynômes en k de degré ≤ 2, et que c'est λ_i^k qui l'emporte. Les multiplications par P et P^{-1} ne changent rien, puisque ces matrices ne dépendent pas de k.
3. La relation $X_k = A^kX_0$ où les coefficients de A^k tendent vers 0 impliquent que toutes les composantes de X_k tendent aussi vers 0 : la limite est le vecteur nul.

Chapitre 11

Formes linéaires, dualité

Cette notion fait un peu peur, mais pas d'affolement. On se place dans un espace vectoriel de dimension n sur K, souvent rapporté à une base $\mathcal{B} = \{e_1, e_2, \cdots, e_n\}$.

Domaines concernés

- Une forme linéaire sur E est une application linéaire de E dans K, à savoir une application linéaire d'un espace vectoriel de dimension n dans un espace vectoriel de dimension 1, i.e. la plus élémentaire des applications linéaires.
- À une base quelconque $\mathcal{B} = \{e_1, e_2, \cdots, e_n\}$ sont associées les formes linéaire « coordonnées » $e_1^*, e_2^*, \cdots, e_n^*$ définies de la façon suivante : pour tout $1 \leq i \leq n$, e_i^* associe au vecteur $X = x_1e_1 + \cdots + x_ie_i + \cdots + x_ne_n$ sa $i$ème composante sur cette base, à savoir $e_i^*(X) = x_i$, scalaire qui dépend bien linéairement du vecteur X.
- On a donc $X = e_1^*(X)e_1 + e_2^*(X)e_2 + \cdots + e_n^*(X)e_n$.
- Quand on parle de formes coordonnées, il y a donc obligatoirement une base sous-jacente ; quand on change de base, on change évidemment les composantes d'un vecteur donné, et on change de formes coordonnées.
- On s'intéresse à l'interprétation géométrique des formes linéaires, à leur interprétation en terme de systèmes linéaires d'équations, et surtout (le plus délicat, mais on va le dédramatiser) au problème de changement de base et donc de formes coordonnées.
- On va regarder de près l'espace vectoriel $E^* = \mathcal{L}(E, K)$ des formes linéaires sur E : il est de dimension n, comme espace vectoriel des applications linéaires d'un espace de dimension n dans un espace de dimension 1, et donc de dimension $n \times 1$.
- Cet espace vectoriel E^* des formes linéaires sur E, de dimension n, s'appelle espace dual de E. Il est (ne vous affolez pas) indépendant du choix d'une base dans E.

Résultats fondamentaux utilisables

- La matrice d'une forme linéaire φ sur une base $\mathcal{B}$ de E et sur la base réduite à « 1 » de K est de dimension $1 \times n$, à savoir de la forme $(a_1\ a_2\ \cdots\ a_n)$, et donc une matrice ligne où $a_i = \varphi(e_i)$, scalaire image du $i$ème vecteur de base e_i.
- Une forme linéaire sur E est donc une application $X \in E \mapsto a_1x_1 + \cdots + a_nx_n$, où les $x_1, \cdots, x_n$ sont les coordonnées de X sur la base $\mathcal{B}$.
- Le noyau de φ est l'ensemble des vecteurs vérifiant $a_1x_1 + \cdots + a_nx_n = 0$, ce que l'on appelle un hyperplan de E.
- Pour φ non nulle, son image est de dimension 1, à savoir K tout entier !
- L'ensemble des solutions dans K^n d'un système linéaire $AX = 0$ où $A \in \mathcal{M}_{p,n}(K)$ est donc l'intersection dans K^n, des noyaux des p formes linéaires $X \mapsto a_{i,1}x_1 + a_{i,2}x_2 + \cdots + a_{i,n}x_n$ (équations sur la base canonique de K^n).
- Soit $A = (a_{i,j}) \in \mathcal{M}_{p,n}(K)$, que l'on peut considérer comme la matrice (sur les bases canoniques) d'une application linéaire f de K^n dans K^p. Son rang est celui dans $(K^n)^*$ de la famille des formes linéaires $\{\varphi_1, \varphi_2, \cdots, \varphi_p\}$ où φ_i est définie par $\varphi_i(X) = a_{i,1}x_1 + a_{i,2}x_2 + \cdots + a_{i,n}x_n$, la $i$ème composante dans K^p du vecteur image $f(X)$ où $X \in K^n$, et où K^n et K^p sont rapportés à leurs bases canoniques.
- Pour une base $\mathcal{B} = \{e_1, e_2, \cdots, e_n\}$, la famille des formes linéaires coordonnées $\{e_1^*, e_2^*, \cdots, e_n^*\}$ est une base de E^*, et toute forme linéaire φ sur E, qui est de la forme $X \mapsto a_1x_1 + a_2x_2 + \cdots + a_nx_n$ (où les x_i sont les composantes de X sur la base $\mathcal{B}$), s'écrit $\varphi = \sum_{i=1}^{n} a_i e_i^*$. Quitte à changer de base, c'est l'expression de toute forme linéaire sur une base quelconque de E, mais en changeant évidemment les valeurs des a_i quand on change de base de E.
- Toute famille $\{\varphi_1, \cdots, \varphi_n\}$ de n formes linéaires indépendantes sur E est une base de E^*. La grosse question est alors la suivante :
- Quelle est la base $\mathcal{B}' = \{u_1, u_2, \cdots, u_n\}$ dont ces $\varphi_1, \cdots, \varphi_n$ sont les formes coordonnées, à savoir telle que $X = x_1e_1 + x_2e_2 + \cdots + x_ne_n = \varphi_1(X)u_1 + \varphi_2(X)u_2 + \cdots + \varphi_n(X)u_n$?
- La donnée des formes linéaires $\varphi_1, \varphi_2, \cdots, \varphi_n$ se fait toujours sous la donnée d'une matrice évidente Q telle que $\begin{pmatrix} \varphi_1(X) \\ \varphi_2(X) \\ \vdots \\ \varphi_n(X) \end{pmatrix} = Q \begin{pmatrix} x_1 \\ x_2 \\ \vdots \\ x_n \end{pmatrix}$.
- La relation de changement de base $V' = P^{-1}V$ (où V est la colonne des composantes de X sur l'ancienne base $\mathcal{B} = \{e_1, \cdots, e_n\}$ et V' est la colonne des composantes de ce même X sur la nouvelle base $\mathcal{B}' = \{u_1, \cdots, u_n\}$ et où P est la matrice contenant les composantes des vecteurs de la nouvelle base $\mathcal{B}'$ sur l'ancienne base

$\mathcal{B}$ (matrice de passage de $\mathcal{B}$ à $\mathcal{B}'$) s'écrit ainsi $\begin{pmatrix} x_1 \\ x_2 \\ \vdots \\ x_n \end{pmatrix} = Q^{-1} \begin{pmatrix} \varphi_1(X) \\ \varphi_2(X) \\ \vdots \\ \varphi_n(X) \end{pmatrix}$, et nous donne la réponse :

- Les composantes des vecteurs de $\mathcal{B}' = \{u_1, u_2, \cdots, u_n\}$ sur l'ancienne base $\mathcal{B} = \{e_1, e_2, \cdots, e_n\}$ se trouvent dans les colonnes de la matrice $P = Q^{-1}$.
- Cette nouvelle base $\mathcal{B}' = \{u_1, u_2, \cdots, u_n\}$ s'appelle base duale de la base $\{\varphi_1, \varphi_2, \cdots, \varphi_n\}$ de E^* : son calcul nécessite obligatoirement une inversion de matrice.

Ce que l'on vous demandera de montrer

- Montrer qu'une application φ de E dans K est une forme linéaire.
- Montrer qu'une famille $\{\varphi_1, \cdots, \varphi_k\}$ de formes linéaires est libre.
- Montrer qu'une famille de formes linéaires est une base de l'espace dual E^*.
- Étant donnée une base $\{\varphi_1, \cdots, \varphi_n\}$ de E^*, trouver une base $\{u_, \cdots, u_n\}$ de E dont $\{\varphi_1, \cdots, \varphi_n\}$ est la base duale (question a priori stressante, mais ne paniquez pas).

Les questions à se poser

- Comment montrer qu'une application de E dans K est linéaire, et est donc une forme linéaire ?
- Comment montrer qu'une forme linéaire (qui est une application) est nulle ?
- Comment montrer qu'une famille de vecteurs est libre (ici une famille de formes linéaires, on est dans le dual E^*) en revenant à la définition d'une famille libre ?
- Quelle est la dimension de E^* ? Comment montrer avec un minimum d'efforts qu'une famille de vecteurs (formes linéaires ici) est une base ?
- Que signifie la question « Trouver la base $\{u_1, \cdots, u_n\}$ de E dont une base connue $\{\varphi_1, \cdots, \varphi_n\}$ de E^* est la base duale » ? Quel est le rapport avec la notion de composantes d'un vecteur sur une base ? Quel est le rapport avec la formule de changement de base dans E ? Ai-je besoin de faire une inversion de matrice ? Est-ce-que j'applique $V = PV'$ ou $V' = P^{-1}V$.
- Si je travaille avec des matrices, je vais devoir en inverser une, chose désagréable. Dans certains EV (polynômes), n'ai-je pas intérêt à raisonner directement sur les polynômes, qui ont d'immenses propriétés structurelles comme degré et racines ?

Exercices

Les énoncés semblent long, mais ça ne veut pas dire que les exercices sont compliquées. La notion de dualité est déroutante a priori, et les énoncés sont volontairement longs pour être bien détaillés.

Exercice 1

On se place dans l'espace vectoriel $E = K_4[X]$ des polynômes de degré ≤ 4 sur K. On notera $e_0 = 1, e_1 = X, e_2 = X^2, e_3 = X^3, e_4 = X^4$ sa « base canonique ».

1. Montrer que $\varphi : P \in E \mapsto P(7)$ est une forme linéaire sur E.
2. Donner la signification de chacune des formes coordonnées e_i^* $(0 \leq i \leq 4)$.
3. Exprimer φ comme combinaison linéaires des $e_0^*, \cdots, e_4^*$.

Exercice 2

On se place dans $E = K^3$ rapporté à sa base canonique $\{e_1, e_2, e_3\}$, et on considère les 3 formes linéaires définies pour chaque $X = (x, y, z) = xe_1 + ye_2 + ze_3 \in E$ par

$$\varphi_1(X) = x + 2y - 3z, \;\; \varphi_2(X) = 2x - y + z, \;\; \varphi_3(X) = -2x + y + 3z.$$

Calculer les trois vecteurs $u_1, u_2, u_3 \in E$ (par leurs composantes sur la base canonique de E) dont $\{\varphi_1, \varphi_2, \varphi_3\}$ forment la base duale (on est dans E^*).

Exercice 3

On se place dans $E = K^3$ muni de sa base canonique $\{e_1, e_2, e_3\}$, et on se donne 3 formes linéaires $\varphi_1, \varphi_2, \varphi_3$.

1. a) Donner l'expression la plus générale de chacune d'elles, à l'aide de scalaires que l'on pourra noter $a_{i,j}$, avec $1 \leq i \leq 3$, $1 \leq j \leq 3$.

   b) Exprimer les φ_i comme combinaison linéaire des formes coordonnées e_1^*, e_2^*, e_3^*.
2. Comment appelle-t-on le noyau d'une forme linéaire non nulle en dimension 3 ?
3. À partir des $a_{i,j}$, former une matrice $A \in \mathcal{M}_3(K)$ que l'on précisera : que représente-t-elle vis à vis de la famille $\varphi_1, \varphi_2, \varphi_3$ et de la base $\{e_1^*, e_2^*, e_3^*\}$ de E^* ? *Suivant la façon de stocker les données en lignes ou en colonnes, on pourra avoir la matrice du corrigé ou sa transposée, ce n'est pas grave, le rang est le même !*
4. Quelle est la CNS sur A pour que $\{\varphi_1, \varphi_2, \varphi_3\}$ soit une base du dual de E ?

Exercice 4

On se place dans $E = \mathbb{R}_4[X]$. On note $e_0 = 1, e_1 = X, e_2 = X^2, e_3 = X^3, e_4 = X^4$ la « base canonique » de E. On pose $\varphi(P) = \displaystyle\int_0^1 P(x)dx$ pour tout $P \in E$.

1. Montrer que φ est une forme linéaire sur E.
2. Calculer $\varphi(P)$ en fonction des coefficients du polynôme P.
3. En déduire l'expression de φ sur la base $\{e_0^*, e_1^*, e_2^*, e_3^*, e_4^*\}$ de E^*.

Exercice 5

On se place dans $E = \mathbb{R}_4[X]$. On note $e_0 = 1, e_1 = X, e_2 = X^2, e_3 = X^3, e_4 = X^4$.

1. Montrer que les applications $\varphi_0, \varphi_1, \varphi_2, \varphi_3, \varphi_4$ de E dans $\mathbb{R}$ définies par $\varphi_0(P) = P(0)$, $\varphi_1(P) = P'(0)$, $\varphi_2(P) = P''(0)$, $\varphi_3(P) = P^{(3)}(0)$, $\varphi_4(P) = P^{(4)}(0)$ sont des formes linéaires sur E.
2. Montrer que $\varphi_i(e_j)$ est nul ssi $i \neq j$; que vaut $\varphi_i(e_i)$? (pour i, j de 0 à 4.)
3. Pour $0 \leq k \leq 4$, exprimer de façon très simple φ_k à l'aide de e_k^*.
4. a) L'utilisation des valeurs des dérivées successives d'un polynôme P en $x = 0$ et l'apparition des factorielles devrait vous faire penser à une formule classique concernant les polynômes (de degré quelconque, pas uniquement ≤ 4). Laquelle ?

   b) Retrouver ainsi cette formule classique concernant les polynômes.

Exercice 6 [Corrigé en ligne]

Soient a, b, c trois réels distincts, et $E = \mathbb{R}_2[X]$. On définit sur E trois formes linéaires, $\varphi_a : P \mapsto P(a)$, $\varphi_b : P \mapsto P(b)$, $\varphi_c : P \mapsto P(c)$. On a vu dans l'exercice 1 qu'une telle application est bien une forme linéaire.

1. a) Comment va-t-on procéder pour montrer que ces 3 formes linéaires sont indépendantes dans le dual E^* ?

   b) Effectuer cette démonstration : on sera amené à choisir astucieusement 3 polynômes de degré 2, par leurs racines.

   c) Que peut-on dire de la famille $\{\varphi_a, \varphi_b, \varphi_c\}$ pour E^* ?
2. On cherche dans E la base de polynômes $\{A(X), B(X), C(X)\}$ dont $\{\varphi_a, \varphi_b, \varphi_c\}$ est la base duale.
3. a) Traduire cette question par une relation liant un polynôme quelconque P de degré ≤ 2, ses valeurs $P(a), P(b), P(c)$ et les polynômes A, B, C.

   b) En réutilisant les 3 polynômes utilisés en 1.b, calculer les polynômes A, B, C.

Corrigés

Exercice 1

1. La définition de la somme $P+Q$ de deux polynômes de degrés quelconques donne $(P+Q)(7) = P(7)+Q(7)$ et de même $(\lambda P)(7) = \lambda P(7)$ pour tout scalaire $\lambda \in K$: on a bien une application linéaire de E dans le corps K.
2. Notons $P(X) = p_0+p_1X+p_2X^2+p_3X^3+P_4X^4$, i.e. $P = p_0e_0+p_1e_1+p_2e_2+p_3e_3+p_4e_4$. Par définition des formes coordonnées $e_0^*, e_1^*, e_2^*, e_3^*, e_4^*$, nous avons $e_i^*(P) = p_i$, la $i$ème composante sur la base canonique fixée de $K_4[X]$.
3. Nous avons $P(7) = p_0 + p_1 7 + p_2 7^2 + p_3 7^3 + p_4 7^4$, soit
$$\begin{aligned}\varphi(P) = P(7) &= e_0^*(P) + 7e_1^*(P) + 7^2e_2^*(P) + 7^3e_3^*(P) + 7^4e_4^*(P) \\ &= (e_0^* + 7e_1^* + 7^2e_2^* + 7^3e_3^* + 7^4e_4^*)(P)\end{aligned}$$
soit $\varphi = e_0^* + 7e_1^* + 7^2e_2^* + 7^3e_3^* + 7^4e_4^*$, égalité de formes linéaires dans E^*.

Exercice 2

Il est impératif de transformer l'énoncé en quelque chose de simple : étant donné un vecteur X de composantes (x,y,z) sur la base canonique $\{e_1,e_2,e_3\}$, et dont les composantes sont $\varphi_1(X), \varphi_2(X), \varphi_3(X)$ sur la nouvelle base $\{u_1,u_2,u_3\}$, trouver cette nouvelle base, à savoir trouver la matrice de passage P de l'ancienne base à cette nouvelle base, matrice P dont les colonnes contiennent les composantes (sur l'ancienne base canonique) des nouveaux vecteurs de base u_1, u_2, u_3.

- Il est vital de bien connaître la formule de changement de base $V' = P^{-1}V$ liant les composantes V sur l'ancienne base et celles V' sur la nouvelle base : P^{-1} est connue par les expressions de $\varphi_1, \varphi_2, \varphi_3$, et nous devons calculer son inverse P.
- On est amené à résoudre le système linéaire $\begin{cases} x+2y-3z &= x' \\ 2x-y+z &= y' \\ -2x+y+z &= z' \end{cases}$, ce qui se fait par la méthode du pivot de Gauß et conduit à
$$x = \frac{1}{5}x' + \frac{9}{20}y' + \frac{1}{20}z', y = \frac{2}{5}x' + \frac{3}{20}y' + \frac{7}{20}z', z = \frac{1}{4}y' + \frac{1}{4}z'$$
où l'on lit directement la matrice de passage $P = \begin{pmatrix} 1/5 & 9/20 & 1/20 \\ 2/5 & 3/20 & 7/20 \\ 0 & 1/4 & 1/4 \end{pmatrix}$, dont les **colonnes** sont les composantes sur la base canonique des vecteurs u_1, u_2, u_3, à savoir $u_1 = \frac{1}{5}e_1 + \frac{2}{5}e_2$, $u_2 = \frac{9}{20}u_1 + \frac{3}{20}e_2 + \frac{1}{4}e_3$, $u_3 = \frac{1}{20}e_1 + \frac{7}{20}e_2 + \frac{1}{4}e_3$.

Exercice 3

1. a) Un vecteur $X = (x_1, x_2, x_3) \in E$ s'écrit $X = x_1e_1 + x_2e_2 + x_3e_3$. La forme linéaire φ_1 est donc de la forme $\varphi_1(X) = a_{1,1}x_1 + a_{1,2}x_2 + a_{1,3}x_3$, et de même $\varphi_2(X) = a_{2,1}x_1 + a_{2,2}x_2 + a_{2,3}x_3$ et $\varphi_3(X) = a_{3,1}x_1 + a_{3,2}x_2 + a_{3,3}x_3$.

   b) Les formes linéaires coordonnées (pour la base canonique) vérifient $e_1^*(X) = x_1, e_2^*(X) = x_2, e_3^*(X) = x_3$. On a $\varphi_1(X) = a_{1,1}e_1^*(X) + a_{1,2}e_2^*(X) + a_{1,3}e_3^*(X)$, soit $\varphi_1 = \mathbf{a_{1,1}e_1^* + a_{1,2}e_2^* + a_{1,3}e_3^*}$, et l'analogue pour φ_2 et φ_3.

2. L'ensemble des $X \in E$ vérifiant $ax_1 + bx_2 + cx_3 = 0$ où a, b, c, ne sont pas tous les trois nuls s'appelle un plan en dimension 3.

3. La matrice $A = (a_{i,j})$ contient en première **ligne**, (mais c'est un choix personnel qui vient mieux à l'esprit que de mettre en colonne) les coefficients de φ_1, **à savoir ses composantes sur la base duale** $\{e_1^*, e_2^*, e_3^*\}$, et l'analogue pour les deux autres lignes.

4. Dans le dual E^*, qui est de dimension 3, les 3 formes linéaires s'interprètent comme une famille de 3 vecteurs dans un espace vectoriel de dimension 3, et la transposé de A (dans les notations du corrigé) est la matrice des composantes de cette famille de 3 vecteurs sur la base $\{e_1^*, e_2^*, e_3^*\}$ (puisque l'on met toujours les composantes des nouveaux vecteurs de base en colonnes et pas en ligne, choix arbitraire mais plus logique au départ de l'exercice). Cette famille est libre si et seulement si la matrice de ses composantes sur une base (quelconque d'ailleurs) de E^* est inversible, à savoir lorsque A (ou sa transposée, c'est pareil) est de rang 3. En dimension 3, une famille libre à trois éléments est une base : toute forme linéaire sur E est alors une combinaison linéaire (unique) de $\varphi_1, \varphi_2, \varphi_3$.

Exercice 4

1. Le résultat est très général, l'intégrale dépend linéairement de la fonction :
$$\int_a^b (\alpha f + \beta g)(x)dx = \int_a^b (\alpha f(x) + \beta g(x))dx = \alpha \int_a^b f(x)dx + \beta \int_a^b g(x)dx.$$

2. On a $\varphi(P) = \left[p_0x + \frac{p_1}{2}x^2 + \frac{p_2}{3}x^3 + \frac{p_3}{4}x^4 + \frac{p_4}{5}x^5\right]_0^1$ pour tout $P = p_0 + p_1x + p_2x^2 + p_3x^3 + p_4x^4$, soit $\varphi(P) = p_0 + \frac{p_1}{2} + \frac{p_2}{3} + \frac{p_3}{4} + \frac{p_4}{5}$ (égalité de réels).

3. On a $e_i^*(P) = p_i$ pour tout i, et donc $\varphi = e_0^* + \frac{e_1^*}{2} + \frac{e_2^*}{3} + \frac{e_3^*}{4} + \frac{e_4^*}{5}$ (égalité de formes linéaires dans E^*).

Exercice 5

On notera que le degré limite 4 n'a aucune importance et peut être remplacé par tout entier n quelconque.

1. Dans E, la dérivation et les dérivations successives sont des applications linéaires. La valeur d'un polynôme en un réel fixé (par exemple ici $x = 0$) dépend linéairement du polynôme : par composition, chaque φ_i est une application linéaire de E dans les réels, à savoir une forme linéaire sur E.
2. Rappelons que $\varphi_i(X^j) = [(X^j)^{(i)}](0]$.
   - On a $\varphi_0(e_0) = 1$. Pour $j \geq 1$, $e_j = X^j$ contient X en facteur, et s'annule en 0 : on a $\varphi_0(e_j) = 0$ pour tout $j \geq 1$.
   - Pour $i = 1$ (dérivée première), on a $e'_0 = 0$ et donc $\varphi_1(e_0) = 0$; pour $j = 1$, on a $e'_1 = 1$ et $\varphi_1(e_1) = 1$; pour $j \geq 2$, e'_j contient X et s'annule en 0, ce qui donne $\varphi_1(e_j) = 0$.
   - Ceci se généralise aisément à tout $i \geq 2$: pour $j < i$, $(X^j)^{(i)} = 0$ et donc $\varphi_i(e_j) = 0$. Pour $j = i$, on a $(X^i)^{(i)} = i!$ et donc $\varphi_i(e_i) = i!$ Pour $j > i$, la dérivée $(X^j)^{(i)}$ contient X et est donc nulle en 0 : $\varphi_i(e_j) = 0$ de nouveau.
3. La forme linéaire e_i^* associe à un polynôme P son coefficient en X^i : on a donc $e_i^*(X^j) = 0$ pour $j \neq i$ et $e_i^*(X^i) = 1$. La comparaison avec la question prédente nous donne $\varphi_i = i!\ e_i^*$ (formes linéaires proportionnelles).
4. a) Cela fait penser à la formule de Taylor-MacLaurin $P(X) = \displaystyle\sum_{i=0}^{n} \frac{P^{(i)}(0)}{i!} X^i$, où n est le degré de P.

   b) La définition des formes coordonnées e_i^* nous dit que $P(X) = \displaystyle\sum_{i=1}^{4} e_i^*(P) X^i$. Et on a montré plus haut que $e_i^*(P) = \varphi_i(P)/i! = P^{(i)}(0)/i!$ On retrouve Taylor, peu importe la valeur du degré n.

Chapitre 12

Espaces euclidiens, produit scalaire

E est un espace vectoriel réel de dimension finie (sauf quelques rares exemples en exercices), muni d'un produit scalaire noté $\langle\ ,\ \rangle$, généralisant celui connu dans $\mathbb{R}^3$: $\langle x, y\rangle = \langle y, x\rangle$ (symétrie) ; $\langle \alpha x+\beta x', y\rangle = \alpha\langle x, y\rangle+\beta\langle x', y\rangle$ et l'analogue en y (linéarité) ; $\langle x, x\rangle \geq 0$, l'égalité $\langle x, x\rangle = 0$ ayant lieu ssi $x = 0$ (positivité).

Domaines concernés

— Introduire une notion de longueur (appelée norme) et de distance entre vecteurs. La norme se note $\|x\|$, et vaut $\sqrt{\langle x, x\rangle}$. La distance entre x et y est $\|x - y\|$.

— Orthogonalité, théorème de Pythagore, inégalité de Cauchy-Schwarz, bases orthonormées. Sous espace orthogonal supplémentaire. Matrice orthogonale.

— Inégalité triangulaire et autres propriétés déjà vues dans le plan ou l'espace. Applications linéaires conservant la distance, isométries.

— Faire de la géométrie euclidienne, entre-autre avec les projections ou symétries orthogonales et les rotations (voir en ligne la fiche 13 dans $\mathbb{R}^2$ et $\mathbb{R}^3$).

— Bases orthonormées, construire une base orthonormée par Gram-Schmidt.

— Diagonalisation des matrices réelles symétriques et plus généralement des endomorphismes autoadjoints.

— Caractérisation des formes linéaires dans un espace eucidien. Adjoint d'un endomorphisme, endomorphisme auto-adjoint.

Résultats fondamentaux utilisables

- Inégalité triangulaire : $\Big|\|x\| - \|y\|\Big| \leq \|x \pm y\| \leq \|x\| + \|y\|$.
- Cauchy-Schwarz : $|\langle x, y\rangle| \leq \|x\| \times \|y\|$.
- Pythagore : $\|x+y\|^2 = \|x\|^2 + \|y\|^2$ si et seulement si x et y sont orthogonaux, i.e. $\langle x, y\rangle = 0$.
- Le produit scalaire et la norme sont liés par les relations $2\langle x, y\rangle = \|x+y\|^2 - \|x\|^2 - \|y\|^2$ et $4\langle x, y\rangle = \|x+y\|^2 - \|x-y\|^2$. Connaître le produit scalaire équivaut à connaître la norme et inversement.
- Un vecteur x est orthogonal à un SEV F quand il est orthogonal à chaque vecteur de F : ceci a lieu ssi x est orthogonal aux vecteurs d'une base quelconque de F.
- Deux SEV sont orthogonaux lorsque tout vecteur de l'un est orthogonal à tout vecteur de l'autre.
- L'ensemble de tous les vecteurs orthogonaux à un SEV F de E est lui-même un SEV de E, noté $F^\perp$ et on a $E = F \oplus F^\perp$. Le SEV $F^\perp$ s'appelle orthogonal supplémentaire de F dans E. Il est évidemment unique, et on a $(F^\perp)^\perp = F$.
- Une base de E ou d'un SEV de E est dite orthogonale quand ses vecteurs sont 2 à 2 orthogonaux. Elle est dite orthonormée quand chaque vecteur est en plus de norme égale à 1.
- Sur une base orthonormée quelconque, on a $\langle X, Y\rangle = x_1y_1 + x_2y_2 + \cdots + x_ny_n$.
- En notant de la même lettre X un vecteur et le vecteur colonne de ses composantes sur une base orthonormée, on a $\langle X, Y\rangle = {}^tX.Y = {}^tY.X$, comme produit matriciel.
- Tout espace euclidien (et tout SEV) admet des bases orthonormées.
- Construire une base orthonormée $\{w_1, w_2, \cdots, w_n\}$ à partir d'une base quelconque $\{u_1, u_2, \cdots, u_n\}$ (Gram-Schmidt). On fait :
  $w_1 = u_1/\|u_1\|$; pour k de 1 à p faire
  $y = u_{k+1} - \langle u_{k+1}, w_1\rangle - \cdots - \langle u_{k+1}, w_k\rangle$; $w_{k+1} = y/\|y\|$; fin de pour
- Le produit scalaire canonique dans $\mathbb{R}^n$ est $\langle X, Y\rangle = x_1y_1 + x_2y_2 + \cdots x_ny_n$, avec $X = (x_1, x_2, \cdots, x_n)$ et $Y = (y_1, y_2, \cdots, y_n)$. La base canonique est orthonormée.
- La projection orthogonale de x sur le SEV F est l'unique vecteur $\pi_F(x)$ tel que $x - \pi_F(x)$ soit orthogonal à F. Cette projection réalise le minimum de la distance de x à F : $\|x - \pi_F(x)\| \leq \|x - y\|$, quelque soit $y \in F$.
- Si $\{u_1, \cdots, u_p\}$ est une base orthonormée d'un SEV F de E, alors la projection orthogonale de x sur F est $\pi_F(x) = \langle x, u_1\rangle u_1 + \cdots + \langle x, u_p\rangle u_p$.
- Une matrice $H \in \mathcal{M}_n(\mathbb{R})$ est dite orthogonale lorsque $H \times {}^tH = I_n$ (elle est inversible et son inverse est égale à sa transposée). Ses vecteurs colonnes (considérés comme éléments de $\mathbb{R}^n$ muni de son produit scalaire canonique) forment une base orthonormée de $\mathbb{R}^n$. La matrice de changement de base entre deux bases orthonormées d'un espace euclidien quelconque est une matrice orthogonale.

— Une isométrie de E est un endomorphisme f vérifiant $\|f(x)\| = \|x\|$ pour tout $x \in E$ (ou, ce qui revient au même $\langle f(x), f(y)\rangle = \langle x, y\rangle$) : il conserve le produit scalaire et donc la norme. C'est obligatoirement un automorphisme (endomorphisme bijectif) de E. Un endomorphisme f est une isométrie si et seulement s'il transforme une base orthonormée en une base orthonormée, à savoir que sa matrice sur une base orthonormée est une matrice orthogonale.

— La symétrie orthogonale par rapport à un SEV F, à savoir la symétrie par rapport à F parallèlement à $F^\perp$, est une isométrie. Si l'on se place sur une base orthonormée de E, sa matrice est orthogonale. En particulier, si l'on se place sur une base de E formée de la réunion d'une base orthonormée de F et d'une base orthonormée de $F^\perp$ (ce qui donne une base orthonormée de E), sa matrice est diagonale avec uniquement des 1 et des -1.

— Attention, une projection n'est pas une isométrie, elle n'est pas injective !!

— Une rotation (voir la fiche 13 en ligne pour $\mathbb{R}^2$ et $\mathbb{R}^3$) est une isométrie.

— La composition de deux isométries, ainsi que l'inverse d'une isométrie, est une isométrie. Les isométries forment donc un groupe multiplicatif, de même que les matrices orthogonales.

— Toute forme linéaire φ sur un espace euclidien E est de la forme $x \in E \mapsto \varphi(x) = \langle x, a\rangle$ où $a \in E$ est un vecteur défini de façon unique par φ. Toute forme linéaire est le produit scalaire par un certain vecteur a.

— L'adjoint u^* d'un endomorphisme u de E est défini par $\langle u(x), y\rangle = \langle x, u^*(y)\rangle$, pour tous $x, y \in E$. Sur une base orthonormée, la matrice de u^* est la transposée de celle de u.

— La notion importante pour nous est celle d'endomorphisme autoadjoint ($u^* = u$) à savoir vérifiant $\langle u(x), y\rangle = \langle x, u(y)\rangle$ pour tous $x, y \in E$.

— La matrice, sur une base orthonormée de E, d'un endomorphisme autoadjoint, est une matrice symétrique.

— Tout endomorphisme autoadjoint est diagonalisable, et on peut même trouver une base de vecteurs propres qui est orthonormée.

— Toute matrice symétrique réelle A est diagonalisable avec une matrice de passage orthogonale : il existe P (avec $P^{-1} = {}^tP$) telle que ${}^tPAP = P^{-1}AP$ soit diagonale.

— Une projection orthogonale et une symétrie orthogonale sont autoadjoints : elles ont donc une matrice symétrique sur toute base orthonormée.

— Sur une base orthonormée, une projection orthogonale est caractérisée par une matrice symétrique dont les valeurs propres sont 0 et 1.

— Sur une base orthonormée, une symétrie orthogonale est caractérisée par une matrice symétrique dont les valeurs propres sont -1 et 1.

— Pour un endomorphisme autoadjoint et une matrice symétrique, les sous-espaces propres associés à des valeurs propres distinctes sont orthogonaux, ce qui peut accélérer le calcul de diagonalisation.

— Dans un espace euclidien, l'orthogonal supplémentaire de l'hyperplan d'équation $a_1x_1 + a_2x_2 + \cdots + a_nx_n = 0$ est la droite de vecteur directeur $(a_1, a_2, \cdots, a_n)$ et réciproquement. C'est très pratique en géométrie élémentaire en dimension 3 : le vecteur (a, b, c) est perpendiculaire au plan $ax + by + cz = 0$, et même à tout plan $ax + by + cz = d$ si on se met en géométrie affine.

Ce que l'on vous demandera de montrer

— Qu'une certaine application $(X, Y) \in E \times E \mapsto f(X, Y) \in \mathbb{R}$ est bien un produit scalaire (dimension finie ou non). En dimension finie, on pourra alors appliquer tous les résultats indiqués (mais Pythagore, Cauchy-Schwarz, et l'inégalité triangulaire sont vraies en dimension infinie).

— Montrer qu'un endomorphisme est une isométrie.

— Chercher l'orthogonal supplémentaire d'un SEV de E.

— Construire des bases orthonormées, soit directement, soit par Gram-Schmidt (très pénible de chez pénible).

— Calculer (ou caractériser à partir de leur matrice) des projections orthogonales ou des symétries orthogonales.

— Montrer qu'un endomorphisme est autoadjoint et le diagonaliser. Et l'analogue avec une matrice symétrique.

Les questions à se poser

— Comment calculer $\|x + y\|$ lorsque x et y ne sont pas orthogonaux ?

— le SEV F étant connu par une base, comment trouver son orthogonal supplémentaire ? Est-il important que cette base de F soit orthonormée ?

— le SEV F étant connu par un système d'équations cartésiennes, comment trouver son orthogonal supplémentaire ?

— Quelle est la dimension de $F^\perp$?

— Si j'ai un supplémentaire G de F, est-ce que je peux en déduire $F^\perp$?

— J'ai d'autres façons de reconnaître une projection ou une symétrie, entre autre avec la matrice A^2. Comment jouer entre toutes ses caractérisations, dans le cadre « orthogonal » ?

— Si la matrice A de f sur une base quelconque est symétrique, est-ce que je peux en déduire que f est autoadjoint ?

— Suis-je dans une situation où une base « ordinaire » suffit ou bien dois-je impérativement travailler avec une base orthonormée ?

Exercices

Exercice 1

Soit $n \geq 2$ et $E = \mathbb{R}_n[X]$. Pour $P, Q \in E$, on pose $f(P,Q) = \displaystyle\sum_{k=0}^{n} \frac{P^{(k)}(0)}{k!}\frac{Q^{(k)}(0)}{k!}$.

1. Montrer que f est un produit scalaire sur E.
2. Montrer que la base canonique de E est orthonormée pour f.
3. Donner une expression plus rapide de f à l'aide des coefficients de P, Q.

Exercice 2

Soit $n \geq 2$ et $E = \mathbb{R}_n[X]$. On pose $f(P,Q) = \displaystyle\int_0^1 P(x)Q(x)dx$ pour $P, Q \in E$.

1. Montrer que f est un produit scalaire dans E.
2. La base canonique de E est-elle orthonormée ?

Exercice 3

Dans $\mathbb{R}^3$ muni de son produit scalaire canonique, soit $a = (1,-1,1)$, $b = (2,1,2)$ et $c = (1,1,0)$.

1. Montrer qu'ils forment une base, et appliquer Gram-Schmidt pour construire une base orthonormée. Que dire de la matrice de passage P de la base canonique à cette nouvelle base ?
2. Etait-il indispensable de vérifier au départ que $\{a,b,c\}$ est une famille libre ?
3. Soit $\mathcal{B}$ une base orthonormée de $\mathbb{R}^3$, pas nécessairement la base canonique. Soit f l'endomorphisme de $\mathbb{R}^3$ de matrice P sur cette base. Que peut-on dire de f ?

Exercice 4

Dans $\mathbb{R}^4$ muni du produit scalaire canonique, soit P le plan d'équations $\{y - t = 0,\ x - 2y + z = 0\}$.

1. Trouver une base « quelconque » puis une base orthonormée de P.
2. Trouver un système d'équations cartésiennes de $P^{\perp}$.
3. Trouver la matrice A (sur la base canonique de $\mathbb{R}^4$) de la projection orthogonale p sur P : on utilisera la base orthonormée de P pour avoir rapidement l'expression de p. Que vaut A^2 pour une projection ?

4. En déduire sans nouveau calcul la matrice B de la projection orthogonale sur $P^{\perp}$.
5. a) Quitte à faire un dessin simple de géométrie élémentaire dans le plan pour s'aider, établir la relation entre le projeté orthogonal $p(x)$de x sur P et le symétrique $s(x)$ de x dans la symétrie orthogonale par rapport à P.

   b) En déduire La matrice S de s, toujours sur la base canonique de $\mathbb{R}^4$. Que constate-t-on de visu sur S ? Calculer S^2 : quel résultat retrouve-t-on ?

Exercice 5 [Corrigé en ligne]

Soit $E = \mathbb{R}_2[X]$. On définit une application f de E^2 dans $\mathbb{R}$ par

$$f(P, Q) = P(1)Q(1) + P'(1)Q'(1) + P''(1)Q''(1).$$

1. Montrer que f est un produit scalaire sur E.
2. En utilisant l'algorithme de Gram-Schmidt à partir de $\{1, X, X^2\}$, trouver une base orthonormée de E.
3. Quelles sont les composantes d'un polynôme quelconque P sur cette base ? Que retrouve-t-on ?
4. Calculer la projection orthogonale de $7X^2 + X - 3$ sur le sous espace vectoriel des polynômes de degré inférieur ou égal à 1.

Exercice 6 [Corrigé en ligne]

Soit $E = \mathbb{R}_n[X]$ avec $n \geq 2$, et soit $\langle , \rangle$ un produit scalaire sur E. Pour $0 \leq k \leq n$, on note φ_k la forme linéaire sur E définie par $P \in E \mapsto \varphi_k(P) = P^{(k)}(0)$.

1. Montrer que $\langle \sum_{i=0}^{n} a_i X^i, \sum_{j=0}^{n} b_j X^j \rangle = \sum_{i,j} a_i b_j \langle X^i, X^j \rangle$.
2. Montrer que la condition $\langle X^i, X^j \rangle = 0$ pour $i \neq j$ et $\langle X^i, X^i \rangle = 1$ pour tous $i, j \in [0..n]$ définit complètement le produit scalaire.

   On a donc maintenant $\langle P, Q \rangle = a_0 b_0 + a_1 b_1 + \cdots + a_n b_n$ pour $P = \sum_{i=0}^{n} a_i X^i$ et $Q = \sum_{j=0}^{n} b_j X^j$.
3. Quel est le rapport entre le coefficient a_k et $P^{(k)}(0)$ dans $P = \sum_{i=0}^{n} a_i X^i$?
4. a) Trouver l'unique polynôme $H_0 \in E$ tel que $\varphi_0(P) = \langle P, H_0 \rangle$, et l'unique $H_1 \in E$ tel que $\varphi_1(P) = \langle P, H_1 \rangle$ pour tout $P \in E$.

   b) Plus généralement, pour $0 \leq k \leq n$, trouver l'unique polynôme $H_k \in E$ tel que $\varphi_k(P) = \langle P, H_k \rangle$ pour tout $P \in E$.
5. a) Que peut-on dire dans E de la famille $\{H_0, H_1, \cdots, H_n\}$?

   5.b. Dans l'espace dual E^* des formes linéaires sur E, que peut-on dire de la famille $\{\varphi_0, \varphi_1, \cdots, \varphi_n\}$?

Exercice 7

Soit $A \in \mathcal{M}_n(\mathbb{R}) \neq \pm I_n$ une matrice symétrique et orthogonale. On lui associe un endomorphisme f de $\mathbb{R}^n$ dont A est la matrice sur la base canonique ou même un endomorphisme d'un espace vectoriel euclidien quelconque E de dimension n dont A est la matrice sur une base orthonormée quelconque de E.

1. Que vaut A^2 ? En déduire les deux seules valeurs propres possibles de f.
2. Justifier que f est diagonalisable, et que chacun des sous-espaces propres E_{-1} et E_1 est l'orthogonal supplémentaire de l'autre.
3. Montrer qu'il existe une base orthonormée de E sur laquelle la matrice de f est diagonale, formée uniquement de 1 et de -1.
4. En déduire que f est la symétrie orthogonale par rapport à deux SEV de E que l'on précisera.

Exercice 8 [Corrigé en ligne]

L'espace vectoriel $E = \mathbb{R}[X]$ de tous les polynômes réels est de dimension infinie. Tout polynôme P peut se noter $\sum_{k=0}^{+\infty} a_k X^k$, sachant que cette « série » est en réalité une somme finie (elle s'arrête au degré du polynôme). L'intérêt est que cette notation se moque du degré du polynôme. À partir de $P = \sum_{k=0}^{+\infty} a_k X^k$ et $Q = \sum_{k=0}^{+\infty} b_k X^k$, le réel $\langle P, Q\rangle = \sum_{i,j} a_k b_k$ (où i, j décrivent a priori $\mathbb{N}$) a un sens en tant que somme finie, ce qui nous évite de préciser les degrés de P et Q.

1. Montrer rapidement (et surtout sans aller chercher des histoires de convergence de séries) que $\langle , \rangle$ est un produit scalaire sur E.
2. On définit l'application U de E dans E par $P(X) \mapsto U(X) = XP(X)$, qui est manifestement toujours un polynôme.
3. a) Montrer que U est un endomorphisme de E.
   b) U est-il injectif ? Surjectif (à savoir quelle est son image $\operatorname{Im} U$) ? Quelle différence a-t-on par rapport à la dimension finie ?
   c) Montrer que U est une isométrie, à savoir que $\|U(P)\| = \|P\|$.

Corrigés

Exercice 1

1. On a $f(P,Q) = f(Q,P)$ puis $f(\alpha P_1 + \beta P_2, Q) = \alpha f(P_1,Q) + \beta f(P_2,Q)$ puisque la dérivation d'ordre k est linéaire. Finalement, $f(P,P)$ est une somme de carrés, et est ≥ 0 pour tout P. Dire que $f(P,P) = 0$ signifie que $P(0) = P'(0) = \cdots = P^{(n)}(0) = 0$: pour P de degré $\leq n$, ceci équivaut à dire que P est le polynôme nul, par exemple en notant que P est divisible par X^{n+1}, et donc nul.
2. La base canonique est composée des $P_j = X^j$ pour $0 \leq j \leq n$. Pour $j \neq k$, soit $P_j^{(k)}$ est une puissance de X soit est le polynôme nul : on a donc $P_j^{(k)}(0) = 0$ pour $j \neq k$. Pour $k = j$, on a $P_k^{(k)} = k!$ et donc $P_k^{(k)}(0)/k! = 1$.
3. Pour $i \neq j$, $f(P_i, P_j)$ ne comprend que des termes nuls, et est donc nul.
4. Pour $i = j$, $f(P_i, P_i)$ se réduit à $1^2 = 1$. Ces deux conditions montrent que la base est orthonormée pour f.
5. La formule de Taylor donne $P(X) = P(0) + \dfrac{P'(0)}{1!}X + \cdots + \dfrac{P^{(n)}(0)}{n!}X^n$. En notant $P = \sum_{i=0}^n a_i X^i$ et $Q = \sum_{j=0}^n b_j X^j$, on a $f(P,Q) = \sum_{k=0}^n a_k b_k$, ce qui donne une expression simple de f et montre que la base canonique est orthonormée.

Exercice 2

1. On a $f(P,Q) = f(Q,P)$ puis $f(\alpha P_1 + \beta P_2, Q) = \alpha f(P_1,Q) + \beta f(P_2,Q)$ puisque l'intégration est linéaire. Ensuite $f(P,P)$ est ≥ 0 comme intégrale d'une fonction positive ou nulle sur $[0,1]$. La condition $f(P,P) = 0$ dit que la fonction continue positive ou nulle $x \mapsto P(x)^2$ a une intégrale nulle sur un segment : ceci implique (grâce à la continuité) que $P(x) = 0$ pour tout $x \in [0,1]$. Nous avons donc un polynôme identiquement nul sur un segment, i.e. possédant une infinité de racines : la seule possibilité est $P = 0$, le polynôme nul.
2. Non. Pour $i \neq j$, on a $f(X^i, X^j) = \displaystyle\int_0^1 x^{i+j} dx = 1/(1+i+j) \neq 0$. Les polynômes X^i et X^j ne sont pas orthogonaux et la base canonique n'est pas orthogonale.

Exercice 3

1. On vérifie aisément que la famille est libre (par déterminant par exemple). Gram-Schmidt consiste en les étapes :
   - $w_1 = a/\|a\| = (1,-1,1)/\sqrt{3}$.

- $y_2 = b - \langle b, w_1\rangle w_1 = (1,2,1)$ et $w_2 = y_2/\|y_2\| = (1,2,1)/\sqrt{6}$.
- $y_3 = c - \langle c, w_1\rangle w_1 - \langle c, w_2\rangle w_2 = c - w_2/2 = (1/2, 0, -1/2)$ et $w_3 = (1,0,-1)/\sqrt{2}$.

$P = \begin{pmatrix} 1/\sqrt{3} & 1/\sqrt{6} & 1/\sqrt{2} \\ -1/\sqrt{3} & 2/\sqrt{6} & 0 \\ 1/\sqrt{3} & 1/\sqrt{6} & -1/\sqrt{2} \end{pmatrix}$ est la matrice de passage de la base canonique à $\{w_1, w_2, w_3\}$ et elle est orthogonale comme matrice de passage entre deux bases orthonormées.

2. Non : dans Gram-Schmidt, si la famille de départ est liée, on tombe tôt ou tard sur un vecteur construit qui est le vecteur nul. Comme ce n'est pas le cas ici, la famille de départ est libre.
3. C'est une isométrie, puisque sa matrice sur une base orthonormée est une matrice orthogonale. On verra dans la fiche suivante en ligne qu'il s'agit de la composée d'une rotation et d'une symétrie orthogonale, isométrie appelée antirotation.

Exercice 4

1. La résolution du système donne $(x,y,z,t) = y(2,1,0,1) + z(-1,0,1,0)$, ce qui donne deux vecteurs de base $a = (-1,0,1,0)$ et $b = (2,1,0,1)$. Gram-Schmidt sur ces deux vecteurs donne $u = a/\|a\| = (-1,0,1,0)/\sqrt{2}$ et $v = (1,1,1,1)/2$.
2. $P^\perp$ est l'ensemble des vecteurs orthogonaux à u et v, mais aussi plus simplement à $a = (-1,0,1,0)$ et $c = (1,1,1,1)$. Les deux équations $\langle X, a\rangle = \langle X, c\rangle = 0$ s'écrivent $\{x - z = 0, x + y + z + t = 0\}$, ce qui est un système d'équations cartésiennes de $P^\perp$.
3. Le projeté orthogonal de X sur le plan P est $p(X) = \langle X, u\rangle u + \langle X, v\rangle v$
$$= \frac{-x+z}{\sqrt{2}} \begin{pmatrix} -1/\sqrt{2} \\ 0 \\ 1/\sqrt{2} \\ 0 \end{pmatrix} + \frac{x+y+z+t}{2} \begin{pmatrix} 1/2 \\ 1/2 \\ 1/2 \\ 1/2 \end{pmatrix} = \frac{1}{4} \begin{pmatrix} 3x+y-z+t \\ x+y+z+t \\ -x+y+3z+t \\ x+y+z+t \end{pmatrix}.$$
La matrice de cette projection orthogonale est $A = \frac{1}{4}\begin{pmatrix} 3 & 1 & -1 & 1 \\ 1 & 1 & 1 & 1 \\ -1 & 1 & 3 & 1 \\ 1 & 1 & 1 & 1 \end{pmatrix}$. Le projeté du projeté étant ce même projeté, on a $p^2 = p$ et donc $A^2 = A$.
4. Soit $E = F \oplus G$ dans un espace vectoriel quelconque. Un vecteur x est la somme de son projeté $p_F(x)$ sur F parallèlement à G et de son projeté $p_G(x)$ sur G parallèlement à F. C'est le cas ici avec $\mathbb{R}^4 = P \oplus P^\perp$. Autrement dit, $p_F + p_G = I_d$. En termes de matrices, on a $A + B = I_4$ dans notre exemple, et $B = I_4 - A$.
5. a) Dans toute symétrie, on a $x + s(x) = 2p(x)$, soit $s = 2p - I_d$. La matrice S est donc $S = 2A - I_4 = \frac{1}{2}\begin{pmatrix} 1 & 1 & -1 & 1 \\ 1 & -1 & 1 & 1 \\ -1 & 1 & 1 & 1 \\ 1 & 1 & 1 & -1 \end{pmatrix}$.

b) On constate visuellement que (a) S est symétrique (b) les colonnes de S sont 2 à 2 orthogonales et toutes de même norme 1 : S est une matrice orthogonale (on a une isométrie) et symétrique. Logiquement, on se dit qu'une isométrie à matrice symétrique est une symétrie orthogonale, bonne chose. Toute symétrie vérifie aussi $s^2 = I_d$, ce qui se vérifie aisément en calculant directement S^2 (pas astucieux du tout !) ou en remarquant que $S^2 = {}^tSS = I_4$ puisque S est symétrique et orthogonale ou encore avec $S^2 = (2A - I_4)^2 = 4A^2 - 4A + I_4 = I_4$ puisque $A^2 = A$.

Exercice 7

1. Comme A est orthogonale, on a ${}^tAA = I_n$. Comme A est symétrique, la relation devient $A^2 = I_n$ (et donc $f^2 = I_n$). Comme elle est symétrique ses valeurs propres sont toutes réelles. Voici deux façons de conclure :
   - La relation $f(X) = \lambda X$ donne $f^2(X) = \lambda^2 X$, soit $\lambda^2 = 1$, et $\lambda = \pm 1$.
   - La relation $A^2 - I_n = 0$ signifie que le polynôme $P(x) = x^2 - 1$ est un polynôme annulateur de f , et donc un multiple du polynôme minimal (qui est donc soit $x^2 - 1$, soit $x - 1$, soit $x + 1$), lequel ne peut admettre comme racine que ± 1.
2. A étant symétrique réelle, elle est diagonalisable et les SEP associés à deux valeurs propres distinctes sont orthogonaux. Étant diagonalisable et $\neq \pm I_n$, les réels -1 et 1 sont tous les deux valeurs propres. Les sous-espaces propres E_{-1} et E_1 sont orthogonaux, et ils sont supplémentaires : $E_1 = E_{-1}^{\perp}$ et vice versa.
3. On construit une base orthonormée de E en prenant la réunion d'une base orthonormée de E_{-1} et d'une base orthonormée de E_1, puisque ces deux SEV sont orthogonaux supplémentaires. Sur les premiers vecteurs de base, on a $f(X) = -X$ et sur les autres on a $f(X) = X$. Sur la base globale de E, on a une matrice diagonale formée uniquement de -1 et de 1.
4. Les relations $E = F \oplus G$ avec $f(X) = X$ sur F et $f(X) = -X$ sur G caractérisent, dans un espace vectoriel quelconque, la symétrie par rapport à F et parallèlement à G. Ici, comme $F = E_1$ et $G = E_{-1}$ sont orthogonaux, il s'agit de la symétrie orthogonale par rapport à E_1.

Chapitre 15

Formes bilinéaires symétriques, quadratiques

E est un espace vectoriel de dimension finie sur $\mathbb{R}$. La notation f désigne une application de $E \times E$ dans $\mathbb{R}$, possédant les propriétés rappelées ci-dessous, qui en font une forme bilinéaire symétrique. Le produit scalaire euclidien est le cas particulier fondamental, mais ce n'est pas le seul.

Il s'agit d'une notion importante faisant appel à un nombre élevé de définitions et résultats, d'où la longueur de la fiche. Autrefois, c'était considéré comme un paquet de bricolages géométriques pour identifier des courbes ou des surfaces.

Domaines concernés

- On a une application $f : E^2 \to \mathbb{R}$ vérifiant $f(X,Y) = f(Y,X)$ [symétrie] et $f(\alpha X + \beta X', Y) = \alpha f(X,Y) + \beta f(X',Y)$ pour tous $X, X', Y \in E$ et α, β réels. La linéarité par rapport à la 1ère variable + la symétrie impliquent la linéarité par rapport à la 2ème variable : $f(X, \alpha Y + \beta Y') = \alpha f(X,Y) + \beta f(X,Y')$.
- Il suffit de vérifier la symétrie et la linéarité par rapport à la première variable.
- X et Y sont orthogonaux par rapport à f lorsque $f(X,Y) = 0$.
- On définit donc aussi l'orthogonal d'un SEV F : c'est le SEV $F^\perp$ formé des vecteurs de E qui sont orthogonaux à tous les vecteurs de F. Va alors se poser la question : a-t-on $E = F \oplus F^\perp$ comme dans le cas du produit scalaire ?
- On dit que f est non dégénérée lorsque $E^\perp = \{0\}$: le seul vecteur orthogonal à tous les vecteurs est le vecteur nul.
- Le noyau de f est le SEV $E^\perp$ des vecteurs orthogonaux à tous les vecteurs de E. Il est donc réduit à $\{0\}$ dans le cas où f est non dégénérée.

- La forme quadratique associée à f est $F : X \in E \mapsto F(X) = f(X, X)$, ce qui fait penser à la norme euclidienne déjà vue. Mais dans le cas général, rien ne dit que cette quantité est positive, rien ne dit que $(F(X) = 0) \Longrightarrow (X = 0)$ comme dans le cas spécial et trop beau du produit scalaire !
- On appelle « isotrope » un vecteur X tel que $F(X) = 0$. Que peut-on en dire ?
- On parlera indifférement de la forme bilinéaire f ou de la forme quadratique associée F, ça revient au même, et la forme quadratique est bien plus parlante et aisée à manipuler, car elle est fait intervenir un unique vecteur au lieu de deux.
- Quelle est l'expression de $f(X, Y)$ en fonction des composantes de X et Y sur une base (a priori quelconque) de E ?
- Cette théorie, bien plus générale (mais aussi plus délicate) que celle du produit scalaire euclidien, a de belles applications en géométrie, par exemple pour identifier les ellipses, hyperboles, paraboles, avec leurs équations cartésiennes.

Résultats fondamentaux utilisables

On notera $\mathcal{B} = \{e_1, \cdots, e_n\}$ une base quelconque de E, et $X = x_1e_1 + \cdots + x_ne_n$, $Y = y_1e_1 + \cdots + y_ne_n$.

- Une forme bilinéaire symétrique en $X = (x_1, \cdots, x_n)$ et $Y = (y_1, \cdots, y_n)$ est, « en bon français » une somme de termes x_iy_j. La bilinéarité développe $f(x, y)$ comme un produit « ordinaire », et on a $f(X, Y) = \sum_{i=1}^{n}\sum_{j=1}^{n} x_iy_jf(e_i, e_j)$. On regroupe les termes « carrés » puis les termes « rectangulaires » : on a finalement $f(x, y) = \sum_{i=1}^{n} x_iy_if(e_i, e_i) + \sum_{i\neq j} x_iy_jf(e_i, e_j)$ sachant que $f(e_i, e_j) = f(e_j, e_i)$.
- Finalement on a $f(x, y) = \sum_{i=1}^{n} x_iy_if(e_i, e_i) + 2\sum_{i<j} x_iy_jf(e_i, e_j)$.
- Sur toute base, il existe une matrice symétrique A telle que $f(X, Y) = {}^tXAY = {}^tYAX$, en notant *un peu abusivement* par la même lettre un vecteur et le vecteur colonne de ses composantes sur la base : $f(X, Y) = \sum_{i=1}^{n} a_{i,i}x_iy_i + 2\sum_{i<j} a_{i,j}x_iy_j$.
- Avec la forme quadratique F associée à f, on a $F(\lambda X) = \lambda^2F(X)$ et $F(X+Y) = F(X) + 2f(X, Y) + F(Y)$. La connaissance de F permet de retrouver f.
- Avec la matrice A telle que $f(X, Y) = {}^tXAY$, le noyau de f est simplement le « noyau » de A, à savoir l'ensemble des solutions du système $AY = 0$.
- Le rang de f est le rang de sa matrice sur une base quelconque.

— L'ensemble des vecteurs isotropes de f (à savoir ceux vérifiant $F(X) = 0$) n'est (en général) pas un SEV de E. Mais le noyau de f est inclus dans l'ensemble des vecteurs isotropes. En effet, un vecteur du noyau est orthogonal à tout le monde, et donc à lui-même : $f(X, X) = 0$, soit $F(X) = 0$ et X est isotrope.

— La forme est non dégénérée (noyau réduit à $\{0\}$) si et seulement si sa matrice A sur une base quelconque est inversible.

— Si f est non dégénérée, pour tout SEV F on a dim $F+$ dim $F^{\perp} =$ dim E, mais il n'y a aucune raison pour que F et $F^{\perp}$ soient supplémentaires : en clair, $F \cap F^{\perp}$ n'est pas nécessairement réduit à $\{0\}$.

— Le seul cas où l'on est assuré à 100% de la relation $E = F \oplus F^{\perp}$, est lorsque f est « définie positive », à savoir $F(X) \geq 0$ et $F(X) = 0$ uniquement pour $X = 0$, à savoir quand f est un produit scalaire euclidien.

— Soient A et A' les matrices de f sur deux bases $\mathcal{B}$ et $\mathcal{B}'$, et P la matrice de passage de $\mathcal{B}$ à $\mathcal{B}'$: on a $A' = {}^t\!PAP$.

— Une base $\{u_1, u_2, \cdots, u_n\}$ de E est dite orthogonale pour la forme f quand la matrice de f sur cette base est diagonale : $f(u_i, u_j) = 0$ pour $i \neq j$. Toute forme bilinéaire symétrique (forme quadratique) admet des bases orthogonales.

— Réduction en somme de carrés/recherche de base orthogonale pour f (ou F en pratique). Dans nombre de circonstances, il est utile d'écrire la forme quadratique F sous la forme $F(X) = \displaystyle\sum_{k=1}^{r} \alpha_k \varphi_k(X)^2$ où r est le rang de F, les α_k sont des réels non nuls et les φ_k sont des formes linéaires indépendantes sur $\mathbb{R}^n$.

— Exemple : $F(X) = 4x^2 - 2y^2 - 19z^2 + 4xy - 4xz - 14yz$ s'écrit aussi $F(X) = (2x + y - z)^2 - 3(y + 2z)^2 - 8z^2$. La forme bilinéaire symétrique associée s'écrit $f(X, X') = (2x+y-z)(2x'+y'-z') - 3(y+2z)(y'+2z') - 8zz'$. Il existe une base de $\mathbb{R}^3$ sur laquelle la matrice de f est diagonale, avec $1, -3, -8$ sur la diagonale.

— Cette modification d'écriture se fait systématiquement sur la forme quadratique, jamais sur la forme bilinéaire, ce serait illisible à écrire !

— D'un point de vue matriciel, ce changement d'écriture correspond à la réalité suivante : pour toute matrice symétrique A, on peut trouver une matrice inversible P telle que $D = {}^t\!PAP$ soit diagonale. Attention : a priori cette relation n'a rien à voir avec la diagonalisation de A, car on a la transposée de A et non son inverse. Dans l'exemple numérique précédent, les nombres $1, -3, -8$ n'ont probablement rien à voir avec les valeurs propres de la matrice de f.

— Il y a deux façons de procéder : par diagonalisation de la matrice symétrique A impérativement sur une base orthonormée de $\mathbb{R}^n$ au sens du produit scalaire canonique (ce qui est très pénible à obtenir) ou alors par un bricolage/système D appelé méthode de Gauß, simple et terriblement efficace. De toute façon, une telle décomposition n'est pas unique.

  — En effet, si on diagonalise A avec une base orthonormée (au sens du produit scalaire canonique de $\mathbb{R}^n$) de vecteurs propres, la matrice de passage vérifie

$P^{-1} = {}^t\!P$ et on a $P^{-1}AP = {}^t\!PAP$. Les réels notés α_k ci-dessus sont alors les valeurs propres λ_k de A : en appelant $x'_1, \cdots, x'_n$ les composantes de X sur la base orthonormée $\mathcal{B}$ de vecteurs propres, nous avons $F(X) = \lambda_1 {x'}_1^2 + \cdots + \lambda_n {x'}_n^2$, où les λ_i sont les valeurs propres de A.

— Il est bien plus facile d'utiliser la recette de cuisine de Gauß, issue des deux évidences suivantes :

- $x_1^2 + 2b_2x_1x_2 + \cdots + 2b_nx_1x_n = (x_1 + b_2x_2 + \cdots + b_nx_n)^2 + G(x_2, \cdots, x_n)$ où G est une nouvelle forme quadratique ne contenant plus du tout x_1.
- L'identité $4ab = (a+b)^2 - (a-b)^2$, que l'on utilisera quand l'expression de $F(X)$ ne contient aucun terme « carré ». C'est astucieux, voir l'exercice 7 pour réviser la méthode.

— Avec le bricolage de Gauß, quand F n'est pas de rang n (i.e. A non inversible), si l'on veut avoir la matrice de passage P, on est obligé de rajouter $n - r$ formes linéaires indépendantes pour obtenir une base de l'espace dual, et donc trouver P. Mais en général, on s'en moque complètement ! Mais il faut être conscient que la réduction en somme de carrés, quelle que soit la méthode utilisée, crée en pratique une base de E orthogonale pour la forme bilinéaire symétrique.

— Loi d'inertie de Sylvester : parmi les α_k non nuls définis ci-dessus, il y en a des strictement positifs et des strictement négatifs. La signature de la forme quadratique F est le couple (a^+, a^-) où a^+ est le nombre de α_k positifs et a^- est le nombre de α_k négatifs. Ces deux entiers a^+ et a^- sont indépendants de la façon dont on décompose F en somme de carrés. Ils correspondent donc au nombre de valeurs propres positives de A et au nombre de ses valeurs propres négatives : ce sont des données universelles dépendant uniquement de A. On a $a^+ + a^- = r$, le rang de F.

— Géométriquement, deux formes quadratiques ayant la même signature vont engendrer deux courbes ou surfaces de même type, dans un sens à définir. On classifie donc géométriquement les formes quadratiques suivant leur signature (dans le plan, ellipses, hyperboles, paraboles).

Ce que l'on vous demandera de montrer

— Montrer qu'une application de $E \times E$ dans $\mathbb{R}$ est une forme bilinéaire symétrique, ce qui est en général aisé et souvent purement visuel.

— Étant donné l'expression d'une forme bilinéaire symétrique (forme quadratique) sur une certaine base, écrire sa matrice sur cette base.

— Étant donnée une matrice symétrique, donner l'expression de la forme bilinéaire symétrique associée (souvent dans $\mathbb{R}^n$ et sa base canonique, ou alors dans E muni d'une base précisée).

— Ces deux opérations demandent de faire attention au coefficient « 2 » intervenant dans les « termes rectangles » (i.e. non diagonaux).
— Trouver le noyau de f et donc son rang. La forme est-elle dégénérée ou non.
— Regarder, suivant le SEV F, si $E = F \oplus F^{\perp}$ ou non. Attention, cela ne dépend pas uniquement de la forme f, mais aussi du SEV F.
— Réduire une forme quadratique en somme de carrés, avoir sa signature. Trouver une base orthogonale pour la forme.
— Identifier dans le plan des courbes définies par une équation implicite $ax^2+2bxy+cy^2+dx+ey+f=0$ (idem en dimension 3, avec des surfaces que l'on rencontre dans la vie courante, corbeille à papier, château d'eau, cylindres, cônes ...)

Les questions à se poser

— Ai-je bien compris que $f(X,Y)$ est une somme de $x_i y_j$, le coefficient de $x_i y_j$ (pour $i \neq j$) étant le même que celui de $x_j y_i$?
— Ai-je bien compris qu'une forme quadratique est une somme de monômes du second degré (des x_i^2 et des $x_i x_j$ avec $i \neq j$) ?
— Dans « expression de f ou de F » et « écrire sa matrice » sur une base, je gère comment le coefficient « 2 » qui apparaît ou non dans le détail de f ou F ?
— J'ai montré que f est non dégénérée, mais je fais comment pour regarder si $E = F \oplus F^{\perp}$ ou non, pour un SEV F ?
— La nature des vecteurs isotropes (les X vérifiant $F(X) = 0$) me donne-t-elle des informations utiles ?
— Pour réduire en carrés par la méthode de Gauss, je commence par quelle variable, x_1 ou une autre ? Et s'il n'y a aucun carré (du style x_k^2), je fais comment ?
— J'ai réduit en somme de carrés, mais j'en ai moins que la dimension de l'espace : ça veut dire quoi ?
— J'ai réduit en somme de carrés par bricolage ou autre : quelle information ai-je concernant les valeurs propres de la matrice (sur une base quelconque) de f ?
— Quand j'ai réduit en somme de carrés, comment reconnaître un produit scalaire ?
— Quel est le rapport entre le noyau et l'ensemble des vecteurs isotropes ?

Exercices

En dimension 2 ou 3, on parlera a priori de $f(X, X')$, les composantes seront notées x, y, z pour X, et x', y', z' pour X'. En dimension supérieure, on notera plutôt $X = (x_1, x_2, \cdots, x_n)$ et l'analogue en Y, et on parlera de $f(X, Y)$.

Exercice 1 [Les questions sont indépendantes]

Pour chacune des formes bilinéaires symétriques (ou formes quadratiques) suivantes dans $\mathbb{R}^n$, on commencera par vérifier qu'il s'agit effectivement de ce qui est indiqué, on écrira sa matrice sur la base canonique de $\mathbb{R}^n$, et on donnera son rang, en précisant s'il s'agit d'une forme non dégénérée ou pas. Si elle est dégénérée, on précisera son noyau, en donnant l'interprétation en terme d'orthogonalité.

1. $\mathbb{R}^2$: $f(X, X') = xy' + x'y$. Idem dans $\mathbb{R}^3$, avec la même expression de f.
2. $\mathbb{R}^3$: $f(X, X') = xx' + yy' - zz'$.
3. $\mathbb{R}^3$: $F(X) = x^2 + 3y^2 - z^2 + 5xz$.
4. $\mathbb{R}^4$: $F(X) = x_1^2 + x_2^2 + x_3^2 - c^2x_4^2$ où $c \in \mathbb{R}$ (espace-temps de la relativité).
5. $\mathbb{R}^3$: $F(X) = 4x^2 - 2y^2 - 19z^2 + 4xy - 4xz - 14yz$.

Exercice 2 [Corrigé en ligne pour G et H]

Pour chaque matrice symétrique donnée, écrire l'expression sur la base canonique de $\mathbb{R}^n$ de la forme bilinéaire symétrique et de la forme quadratique associée et donner son rang. Si elle est dégénérée, on précisera son noyau. Pour B, C et H on donnera aussi l'ensemble des vecteurs isotropes, en comparant avec le noyau.

$$A = \begin{pmatrix} 3 & 4 \\ 4 & -3 \end{pmatrix} \quad B = \begin{pmatrix} 1 & 2 \\ 2 & 4 \end{pmatrix} \quad C = \begin{pmatrix} 1 & 0 \\ 0 & -1 \end{pmatrix} \quad D = \begin{pmatrix} 1 & 1 & 1 \\ 1 & 1 & 1 \\ 1 & 1 & 1 \end{pmatrix}$$

$$E = \begin{pmatrix} 2 & 0 & 2 \\ 0 & 9 & 9 \\ 2 & 9 & 11 \end{pmatrix} \quad F = \begin{pmatrix} 1 & 3 & 5 \\ 3 & -7 & 2 \\ 5 & 2 & 6 \end{pmatrix} \quad G = \begin{pmatrix} 0 & 2 & 2 \\ 2 & 0 & 2 \\ 2 & 2 & 0 \end{pmatrix} \quad H = \begin{pmatrix} 1 & 0 & 0 \\ 0 & -1 & 0 \\ 0 & 0 & 0 \end{pmatrix}$$

Exercice 3 [Corrigé en ligne]

Soit, dans $\mathbb{R}^3$, $f(X, Y) = x_1y_1 + x_2y_2 - x_3y_3$ et F la forme quadratique associée.

1. Vérifier que l'on a bien défini une forme bilinéaire symétrique dans $\mathbb{R}^3$, et écrire sa matrice sur la base canonique.
2. F est-elle dégénérée ou non ?
3. a) Identifier $H^\perp$ où H est le SEV d'équation $x_1 + x_2 + x_3 = 0$.

   b) A-t-on $\mathbb{R}^3 = H \oplus H^\perp$?

4. a) Identifier $H^\perp$ où H est maintenant le SEV d'équation $x_1 + x_3 = 0$.

   b) A-t-on $\mathbb{R}^3 = H \oplus H^\perp$?

Exercice 4 [Corrigé en ligne]

Soit $B \in \mathcal{M}_n(\mathbb{R})$ et $A = {}^tBB$. L'espace $\mathbb{R}^n$ est muni de son produit scalaire canonique $\langle\ ,\ \rangle$. On notera a et b les endomorphismes de $\mathbb{R}^n$ de matrices A et B sur la base canonique. La même lettre (par exemple X) pourra indifféremment désigner un vecteur ou bien la matrice colonne de ses composantes sur la base canonique.

1. a) Justifier que A permet de définir une forme bilinéaire symétrique f, et donner l'expression de $f(X, Y)$ en fonction de B, X, Y et d'un gros produit de matrices, puis en fonction du produit scalaire $\langle\ ,\ \rangle$.

   b) Donner l'expression de $F(X) = f(X, X)$ en fonction de B, X et de la norme euclidienne de $\mathbb{R}^n$. Que peut-on dire du signe de $F(X)$?

2. Montrer que a et b ont le même noyau. Quel est donc le rang de f ?

3. a) Donner la CNS sur B pour que f soit non dégénérée.

   b) Quel nom peut-on alors donner à la forme f ? Justifier qu'on a $\mathbb{R}^n = H^\perp \oplus H$ pour tout SEV H de $\mathbb{R}^n$, l'orthogonalité se faisant au sens de la forme f.

Exercice 5

On va réduire en somme de carrés $F(X) = 4x^2 - 2y^2 - 19z^2 + 4xy - 4xz - 14yz$.

1. En prenant l'ensemble des termes contenant x, et en le considérant comme le début d'un carré d'une somme de 3 termes, montrer que l'on peut écrire $F(X) = (ax + by + cz)^2 + Ay^2 + Byz + Cz^2$, où l'on précisera les 6 coefficients.

2. Faire la même chose avec les termes $Ay^2 + Byz$ contenant y, et montrer finalement que $F(X)$ est la somme des carrés de 3 formes linéaires indépendantes.

3. Trouver la base $\{u, v, w\}$ de $\mathbb{R}^3$ sur laquelle le vecteur X de composantes (x, y, z) sur la base canonique a pour nouvelles composantes $(2x + y - z, y + 2z, z)$. *C'est un problème de base duale, il va y avoir une inversion de matrice.*

4. Donner, par simple lecture, la matrice D de F sur cette nouvelle base : quel adjectif qualifie cette nouvelle base, pour F ?

5. Ecrire la matrice A de F sur la base canonique, et la relation liant A, D et une matrice inversible P.

6. Quelle est le rang de F et sa signature ?

Exercice 6 [Corrigé en ligne]

Soit $F(X) = x^2 - 2xy + 6xz - 10yz + 5z^2$ dans $\mathbb{R}^3$.

1. En appliquant la démarche de l'exercice 5, décomposer F en somme de carrés. Quel est son rang et sa signature ?
2. a) Donner l'expression de la forme bilinéaire symétrique associée.
   b) En déduire le noyau de f.
3. Trouver l'ensemble des vecteurs isotropes de F.
4. a) Que manque-t-il pour trouver une base sur laquelle la matrice D de F est diagonale ?
   b) Effectuer le choix le plus simple possible d'une 3ème forme linéaire, et trouver ainsi une base orthogonale pour F, comme dans l'exercice précédent.

Exercice 7

Soit $F(X) = xy + 3yz + 2zx$, forme quadratique sans carré. On va la réduire en somme de carrés, mais la technique est différente. On privilégie les variables x et y.

1. Trouver B et C fonctions uniquement de z tels que $(x + B)(y + C)$ contienne tous les termes de F contenant x et/ou y, avec un reste qui dépendra uniquement de z.
2. Conclure en utilisant $4ab = (a + b)^2 - (a - b)^2$.
3. Donner le rang et la signature de F.
4. Décomposer en somme de carrés la forme quadratique de $\mathbb{R}^4$ définie par $Q(X) = xy + 3yz + 2zx - 12zt$. Donner son rang et sa signature.

Exercice 8

Soit $Q(X) = (x + 2y + z)^2 + 2(x + y - z)^2 - (x + y)^2$.

1. Peut-on affirmer sans calculs que Q est décomposée en somme de carrés permettant de conclure qu'elle est de rang 3 ?
2. Trouver une base $\{u, v, w\}$ de $\mathbb{R}^3$ qui est orthogonale pour Q et donner sa matrice D sur cette base. *On ne cherchera pas à développer l'expression de Q.*
3. Ecrire la matrice A de Q sur la base canonique, et la relation liant A et D.
4. En développant $Q(X)$, et avec la méthode de Gauß classique, trouver une autre décomposition de Q en somme de carrés, la 1ère forme linéaire comportant x, y, z, la 2ème comportant uniquement y, z et la 3ème étant en z.

Corrigés

Exercice 1

1. Que l'on soit dans $\mathbb{R}^2$ ou dans $\mathbb{R}^3$, l'expression donnée est symétrique (si l'on change x en x' et y en y', et éventuellement z en z', ça ne change rien) et elle est linéaire par rapport au vecteur $X = (x, y)$ [ou $X = (x, y, z)$] : on a bien une forme bilinéaire symétrique. Le coefficient du terme xy' nous donne le coefficient $a_{1,2}$ de la matrice A, idem (mais c'est la même pour le terme $x'y$ par symétrie) pour $a_{2,1}$; l'absence de terme carré xx' et analogues nous dit que les termes diagonaux de A sont nuls : $A_2 = \begin{pmatrix} 0 & 1 \\ 1 & 0 \end{pmatrix}$ puis $A_3 = \begin{pmatrix} 0 & 1 & 0 \\ 1 & 0 & 0 \\ 0 & 0 & 0 \end{pmatrix}$.

   On voit que A_2 est de rang 2 et donc que f_2 est non dégénérée et que son noyau est réduit à $\{0\}$.

   On voit que A_3 est de rang 2 seulement, et donc que f_3 est dégénérée. Sur la base canonique de $\mathbb{R}^3$, son noyau est l'ensemble des solutions du système $A_3 \begin{pmatrix} x \\ y \\ z \end{pmatrix} = 0$, à savoir la droite engendrée par $(0, 0, 1)$: les vecteurs orthogonaux à tous les vecteurs de $\mathbb{R}^3$ (le noyau) sont ceux de la droite de base $(0, 0, 1)$.

2. L'expression est symétrique (quand on change x en x' et ainsi de suite), et linéaire en $X = (x, y, z)$. Comme elle ne contient aucun terme rectangle (du style xy' et analogue), sa matrice sur la base canonique est diagonale : $A = \begin{pmatrix} 1 & 0 & 0 \\ 0 & 1 & 0 \\ 0 & 0 & -1 \end{pmatrix}$. La matrice, et donc la forme, est de rang 3 et son noyau est réduit au vecteur nul.

3. L'expression est bien un polynôme de degré 2 homogène en x, y, z, à savoir une somme de monomes du style x^2 ou xy et analogue : on a bien une forme quadratique, avec donc une forme bilinéaire symétrique associée. Les termes en x^2, y^2, z^2 nous donnent les coefficients diagonaux de la matrice A, et l'unique terme rectangle $5xz$ nous donne le terme $a_{1,3} = a_{3,1}$, mais attention à ce fameux multiplicateur 2, on a $a_{1,3} = a_{3,1} = 5/2$ seulement : $A = \begin{pmatrix} 1 & 0 & 5/2 \\ 0 & 3 & 0 \\ 5/2 & 0 & -1 \end{pmatrix}$. On a de façon évidente, par développement par rapport à la 2ème ligne, $\det(A) \neq 0$ et A est de rang 3, avec donc un noyau réduit au vecteur nul. La forme f (ou F) est non dégénérée, le vecteur nul est l'unique vecteur orthogonal à tous les vecteurs de $\mathbb{R}^3$, mais ce résultat ne permet en aucun cas de conclure à la réalité ou non de $\mathbb{R}^3 = F \oplus F^{\perp}$, résultat qui peut dépendre du SEV F.

4. La somme de carrés nous donne immédiatement une forme quadratique, dont la matrice est diagonale, formée de $(1,1,1,-c^2)$. Comme $c \neq 0$ (vitesse de la lumière), la matrice est de rang 4, et donc F est non dégénérée (heureusement !)
5. On a un polynôme du second degré homogène en x, y, z et donc une forme quadratique. Les termes en x^2, y^2, z^2 donnent la diagonale de A et les termes en xy et analogues, divisés par 2 (attention !) donnent les termes hors diagonale. On a donc $A = \begin{pmatrix} 4 & 2 & -2 \\ 2 & -2 & -7 \\ -2 & -7 & -19 \end{pmatrix}$. Un calcul très désagréable de déterminant donne $\det(A) = 96$, et la forme est de rang 3, non dégénérée.

Exercice 2

Attention au dédoublement des coefficients hors diagonale dans la matrice ! Pour la forme bilinéaire symétrique, on recopie bêtement les coefficients de la matrice ; pour la forme quadratique, on doit multiplier par 2 les coefficients hors diagonale, correspondants aux termes « rectangles ».

2. a) On a $f(X,X') = 3xx' - 3yy' + 4xy' + 4x'y$ et $F(X) = 3x^2 - 3y^2 + 8xy$ pour la forme quadratique, le tout pour $X = (x,y)$ et $X' = (x',y')$ dans $\mathbb{R}^2$. La matrice A est de rang 2, inversible, et le noyau de f est donc réduit au vecteur nul : le seul vecteur X vérifiant $f(X,X') = 0$ pour tous les $X' \in \mathbb{R}^2$ est seulement $X = 0$.

   b) On a $f(X,X') = xx' + 2xy' + 2x'y + 4yy'$ et donc $F(X) = x^2 + 4xy + 4y^2$. On remarque à la fois que $F(X) = (x+2y)^2$ et que B est de rang 1 (les deux lignes sont proportionnelles) puis que $f(X,X') = (x+2y)(x'+2y')$. La forme f (ou F) est de rang 1 et le noyau de f est de dimension $2-1=1$, c'est une droite. Ce noyau est le SEV des vecteurs $X = (x,y)$ tels que $f(X,X') = 0$ pour tous x', y', et donc vérifiant $x + 2y = 0$: c'est la droite d'équation $x + 2y = 0$, de vecteur directeur $(-2,1)$: on a une forme dégénérée. Les vecteurs isotropes sont ceux vérifiant $F(X) = 0$, à savoir $x + 2y = 0$; ce sont exactement ceux du noyau de f.

   c) On a $F(X) = x^2 - y^2$, soit $f(X,X') = xx' - yy'$, de rang 2 puisque C est clairement inversible. Le noyau de f est donc réduit au vecteur nul, mais les isotropes sont les vecteurs vérifiant $x^2 - y^2 = 0$, ou encore $y = \pm x$. Il s'agit de la réunion des droites $y = x$ et $y = -x$, chose qui n'est absolument pas un SEV de $\mathbb{R}^2$. Le noyau est strictement inclus dans l'ensemble des isotropes, résultat souvent général. L'inclusion au sens large est toujours vraie, mais ici on a l'inclusion stricte du noyau dans les isotropes.

   d) On a $F(X) = x^2 + y^2 + z^2 + 2xy + 2yz + 2zx$ ou encore $f(X,X') = xx' + yy' + zz' + xy' + x'y + xz' + x'z + yz' + y'z$, un peu moins parlant. En fait, $F(X) = (x+y+z)^2$ et $f(X,X') = (x+y+z)(x'+y'+z')$. La matrice D est de rang 1 (lignes toutes égales) et le noyau de f est de dimension 2, ici le plan $x+y+z=0$. Les vecteurs isotropes sont ceux vérifiant $F(X) = 0$, à savoir exactement ceux du noyau de f. Pour B et D, les isotropes sont égaux au noyau, mais en C le noyau est strictement inclus dans les isotropes.

e) On a $f(X,Y) = 2xx' + 9yy' + 11zz' + 2xz' + 2x'z + 9yz' + 9y'z$ et $F(X) = 2x^2+9y^2+11z^2+4xz+18yz$. La résolution de $EX = 0$ donne un noyau engendré par le vecteur $(1,1,-1)$: la forme est dégénérée, de rang 2. Un calcul donne $F(X) = 2(x+z)^2+9(y+z)^2$. On a $F(X) = 0$ si et seulement si $x+z = 0, y+z = 0$: il s'agit de la droite de base $(1,1,-1)$, à savoir le noyau de f, qui est égal à l'ensemble des isotropes.

f) On a $f(X,Y) = xx' - 7yy' + 6zz' + 3xy' + 3x'y + 5xz' + 5x'z + 2yz' + 2y'z$ et $F(X) = x^2 - 7y^2 + 6z^2 + 6xy + 10xz + 4yz$. Un calcul casse-pieds donne un déterminant égal à 135 : la forme est non dégénérée, et son noyau est réduit à $\{0\}$.

Exercice 5

1. On prend donc $4x^2+4xy-4xz$, et l'on dit que c'est le début du carré de $(2x+y-z)$: le terme $4x^2$ est le carré de $2x$, le terme $4xy$ est le double produit de ce $2x$ par y et le terme $-4xz$ est le double produit de ce $2x$ par $-z$. Il y a des termes en trop et il faut rectifier le tir : $4x^2 + 4xy - 4xz = (2x + y - z)^2 - y^2 - z^2 + 2yz$. En reportant, on a $F(X) = (2x + y - z)^2 - y^2 - z^2 + 2yz - 2y^2 - 19z^2 - 14yz$, soit $F(X) = (2x + y - z)^2 - 3y^2 - 20z^2 - 12yz$.
2. Recommençons dans $-3y^2-20z^2-12yz$ pour « éliminer » y. On s'occupe des termes contenant uniquement y, à savoir de $-3y^2 - 12yz = -3(y^2 + 4yz)$. On met -3 en facteur et $y^2 + 4yz$ est le début du carré de $y + 2z$. Il y a des termes en trop et il faut les enlever : $-3y^2 - 12yz = -3(y + 2z)^2 + 12z^2$. En reportant, nous obtenons
$F(X) = (2x + y - z)^2 - 3(y + 2z)^2 + 12z^2 - 20z^2$ soit
$F(X) = (2x + y - z)^2 - 3(y + 2z)^2 - 8z^2$
ce qui est la somme des carrés de trois formes linéaires indépendantes $\varphi_1(X) = 2x + y - z$, $\varphi_2(X) = y + 2z$ et $\varphi_3(X) = z$. L'indépendance vient du fait que la première est la seule à contenir x et que la 3ème ne contient que z.
3. Les composantes d'un vecteur sur la base $\{u, v, w\}$ sont données par $x' = 2x+y-z$, $y' = y+2z$, $z' = z$. Elles sont liées à celles sur l'ancienne base par $X' = P^{-1}X$, avec donc $P^{-1} = \begin{pmatrix} 2 & 1 & -1 \\ 0 & 1 & 2 \\ 0 & 0 & 1 \end{pmatrix}$. Le calcul donne $P = \begin{pmatrix} 1/2 & -1/2 & 3/2 \\ 0 & 1 & -2 \\ 0 & 0 & 1 \end{pmatrix}$: $u = e_1/2$, $v = -e_1/2 + e_2$, $w = 3e_1/2 - 2e_2 + e_3$, lus dans les colonnes de P.
4. En notant x_1, y_1, z_1 les composantes de X sur la nouvelle base, on a $F(X) = x_1^2 - 3y_1^2 - 8z_1^2$. On a donc $D = \begin{pmatrix} 1 & 0 & 0 \\ 0 & -3 & 0 \\ 0 & 0 & -8 \end{pmatrix}$. La nouvelle base est une base orthogonale pour F et sa forme bilinéaire associée.
5. On a $A = \begin{pmatrix} 4 & 2 & -2 \\ 2 & -2 & -7 \\ -2 & -7 & -19 \end{pmatrix} = {}^t\!PDP$ où P est la matrice de passage précédente.

6. La réduction nous a donné la somme de 3 carrés, et F est donc de rang 3, non dégénérée. Parmi les trois coefficients en facteur de ces carrés, à savoir $1, -3, -8$, il y en a un positif et deux négatifs : la signature est $(1, 2)$.

Exercice 7

1. La seule solution pour que $(x+B)(y+C) = xy+By+Cx+BC$ contienne $xy+3yz+2zx$ est $B = 3z$ et $C = 2z$. On part donc de $(x+3z)(y+2z) = xy+3yz+2zx+6z^2$, à savoir $F(X) = (x+3z)(y+2z) - 6z^2$.
2. On écrit alors $F(X) = \dfrac{1}{4}\Big((x+3z+y+2z)^2 - (x+3z-y-2z)^2\Big) - 6z^2$, soit finalement $F(X) = \dfrac{1}{4}(x+y+5z)^2 - \dfrac{1}{4}(x-y+z)^2 - 6z^2$.
3. La forme est non dégénérée puisqu'il y a 3 carrés clairement indépendants, et sa signature est $(1, 2)$.
4. On a en fait $Q(X) = \frac{1}{4}(x+y+5z)^2 - \frac{1}{4}(x-y+z)^2 - 6z^2 - 12zt$, et on écrit $-6(z^2+2zt) = -6(z+t)^2 + 6t^2$, soit finalement
$Q(X) = \frac{1}{4}(x+y+5z)^2 - \frac{1}{4}(x-y+z)^2 - 6(z+t)^2 + 6t^2$. On a une forme non dégénérée (de rang 4) et de signature $(2, 2)$. Le noyau est le vecteur nul, mais l'ensemble des vecteurs isotropes est trop compliqué à décrire.

Chapitre 16

L'anneau $\mathbb{Z}$ et les analogies avec K[X]

Les propriétés des anneaux de polynômes K[X] et celles de l'anneau des entiers relatifs sont très voisines. Pour les polynômes, le degré joue un peu le rôle du « $\leq$ » dans les entiers. Nombre de notions sont en fait données dans les entiers naturels et s'étendent (ou sont utilisées en permanence) dans les entiers relatifs.

Cette feuille de route comporte des exemples, car la mise en pratique de l'algorithme d'Euclide se comprend bien mieux sur un exemple, et surtout lors de sa remontée pour l'identité de Bézout.

Domaines concernés

— Divisibilité, division euclienne, PGCD, PPCM, algorithme d'Euclide.

— Identité de Bézout, théorème de Gauß, entiers premiers entre eux.

— Nombres premiers et applications.

Résultats fondamentaux utilisables

1 - Généralités

— Soit a un entier relatif, et $b \neq 0$ un entier naturel. Il existe un unique entier relatif q et un unique entier naturel r tels que $a = bq + r$ avec $0 \leq r < b$.

— Cette division est plutôt connue dans les entiers naturels, mais elle a un sens dans $\mathbb{Z}$. La faire avec b négatif ne présente aucun intérêt, il suffit de la faire avec $b > 0$ et de changer q en $-q$. Le résultat s'écrit $a = bq + r$ avec $0 \leq r < |b|$ si on y tient !

— Les diviseurs communs aux entiers relatifs $a_1, a_2, \cdots a_n \in \mathbb{Z}$ sont exactement ceux divisant leurs valeurs abolues $|a_1|, |a_2|, \cdots, |a_n|$. On peut donc limiter la théorie des PGCD et PPCM aux entiers naturels. De toute façon, un PGCD ou un PPCM sont des entiers naturels ! Dans la suite, on se limite donc à $\mathbb{N}$.

— $\text{PGCD}(a_1, a_2, \cdots, a_n)$ est le plus grand entier naturel divisant chacun des a_i. Quand il est égal à 1 (aucun diviseur commun autre que 1), on dit que les a_i sont premiers entre eux dans leur ensemble. La notion « les a_i sont 2 à deux premiers entre eux », à savoir $\text{PGCD}(a_i, a_j) = 1 \; \forall i \neq j$, est beaucoup plus forte que « premiers entre eux dans leur ensemble ».

— a et b sont premiers entre eux ssi il existe $u, v \in \mathbb{Z}$ avec $au + bv = 1$ (Bézout). Plus généralement, si d=PGCD(a, b), il existe $u, v \in \mathbb{Z}$ tels que $d = au + bv$.

— Plus généralement, si $d = \text{PGCD}(a_1, a_2, \cdots, a_n)$, il existe $u_1, u_2, \cdots, u_n \in \mathbb{Z}$ tels que $d = a_1u_1 + a_2u_2 + \cdots + a_nu_n$.

2 - Euclide, Bézout, Gauß

— Le PGCD de deux entiers naturels se calcule avec la remarque suivante : les diviseurs communs à a et b sont ceux de b et r où r est le reste de la division euclidienne de a par b. L'itération de ceci est l'algorithme d'Euclide, où le PGCD d est le dernier reste $r \neq 0$. Il permet aussi de calculer u, v tels que $au + bv = d$.

— Exemple avec $a = 24101$ et $b = 18780$. On effectue l'algorithme d'Euclide et on exprime à chaque étape le reste en fonction des entiers a et b pour avoir Bézout :

$a = b + 5321$	$r_2 = 5321$	$r_2 = a - b$
$b = 3r_2 + 2817$	$r_3 = 2817$	$r_3 = b - 3r_2 = -3a + 4b$
$r_2 = r_3 + 2504$	$r_4 = 2504$	$r_4 = r_2 - r_3 = 4a - 5b$
$r_3 = r_4 + 313$	$r_5 = 313$	$r_5 = r_3 - r_4 = -7a + 9b$
$r_4 = 8r_5 + 0$	$r_6 = 0$	stop

Le PGCD est $r_5 = 313$, et on lit que $313 = -7a + 9b$.

— Le PGCD est associatif : $\text{PGCD}(a_1, a_2, \cdots, a_n) = \text{PGCD}(a_1, \text{PGCD}(a_2, \cdots, a_n))$. Il suffit de savoir calculer le PGCD de deux entiers par Euclide, et d'itérer.

— Gauß : Si a divise $b \times c$ et est premier avec b, alors a divise c. Si a et b sont premiers entre eux et divisent m, alors m est divisible par le produit $a \times b$.

— Le PPCM de $a_1, a_2, \cdots, a_n$ est le plus petit entier naturel divisible par chacun des a_i. Tout entier divisible par chacun des a_i est un multiple de leur PPCM.

— On a $\text{PGCD}(a, b) \times \text{PPCM}(a, b) = a \times b$.

— L'équation $au + bv = c$ a des solutions u, v (on est dans $\mathbb{Z}$) ssi c est un multiple de $\text{PGCD}(a, b)$. L'idéal est de deviner une solution particulière, sinon il faut la chercher par remontée de l'algorithme d'Euclide, qui nous donne Bézout.

- Soit $7u + 3v = 8$ dans $\mathbb{Z}$. Le PGCD de 3 et 7 est égal à 1, qui divise 8 et l'équation a des solutions. Il n'y a pas de simplification à faire, et on voit que $7(-2) + 3(5) = 1$, à savoir $7(-16) + 3(40) = 8$. En soustrayant $7u + 3v = 8$ et $7(-16) + 3(40) = 8$, il vient $7(u + 16) = 3(40 - v)$.
- Gauss dit que 3 divise $u+16$, et donc que $u+16 = 3h$ avec $h \in \mathbb{Z}$ quelconque. En reportant, il vient $40 - v = 7h$ et finalement $u = -16 + 3h$, $v = 40 - 7h$.
- Le raisonnement n'est pas fait avec des équivalences : Il faut vérifier les résultats trouvés, en reportant dans l'équation. Mais ça marche toujours !

3 - Nombres premiers

— Un entier $n \geq 2$ est premier quand il est divisible uniquement par 1 et par lui-même. Il y a une infinité de nombres premiers : $2, 3, 5, 7, 11, 13, 17 \cdots$

— Tout entier est premier ou un produit de nombres premiers, et cette écriture est unique. Dans $n = p_1^{\alpha_1} p_2^{\alpha_2} \cdots p_k^{\alpha_k}$, les nombres premiers distincts $p_1, p_2, \cdots, p_k$ (et leurs exposants) sont uniques. On les appelle facteurs premiers de n.

— Dans un problème faisant intervenir un diviseur commun à deux entiers a et b, il est souvent très intéressant de chercher/utiliser des nombres premiers, l'application ensuite du théorème de Gauß pouvant en général conclure très vite.

— Les décompositions en facteurs premiers de a et b permettent de trouver assez simplement leurs diviseurs communs, leurs multiples communs, et donc leur PGCD et leur PPCM :

PGCD : chaque facteur premier d'un diviseur commun de a et b est un facteur premier commun à a et b, et il doit être élevé à une puissance inférieure ou égale à chacune des puissances où il intervient dans a et b. Pour avoir le plus grand diviseur commun possible, on doit donc prendre tous les facteurs premiers communs à a et b, chacun étant alors élevé à la plus petite des puissances qu'il présente dans a et dans b. On en fait le produit pour avoir le PGCD.

PPCM : pour obtenir un multiple de a et b, on doit prendre tous les facteurs premiers intervenant dans a **ou** dans b, chacun étant à une puissance supérieure ou égale à la plus grande des deux puissances qu'il présente dans a et/ou dans b. Pour le PPCM, on prend la plus grande des deux puissances.

— En particulier, deux entiers sont premiers entre eux si et seulement s'ils n'ont aucun facteur premier en commun.

— L'indicateur $\varphi(n)$ d'un entier naturel n est le nombre d'entiers compris entre 1 (inclus) et n (exclu) qui sont premiers avec n.

— Si n et m sont premiers entre eux, on a $\varphi(n \times m) = \varphi(n) \times \varphi(m)$.

— Si les facteurs premiers de n sont $p_1, \cdots, p_k$, on a $\phi(n) = n \times \prod_{i=1}^{k} \Big(1 - 1/p_i\Big)$.

— Tous les résultats énoncés concernant le PGCD, le PPCM, le théorème de Gauß, sont valables aussi dans les anneaux de polynômes K[X] où K est un corps. La décomposition en facteurs premiers aussi, en remplaçant « nombre premier » par « polynôme irréductible (non factorisable) sur K ». Cette similitude vient de l'existence des divisions euclidiennes, qui donnent des anneaux principaux.

Ce que l'on vous demandera de montrer

— Calculer des pgcd numériques.
— Remonter l'algorithme d'Euclide pour arriver à la relation de Bézout $au+bv=\delta$.
— Montrer que des entiers sont premiers ou non entre eux (2 à 2 ou dans leur ensemble), en raisonnant de façon théorique.
— Utiliser des nombres premiers (facteurs premiers) pour traiter la question précédente.
— Résoudre une équation $ax+by=c$ dans $\mathbb{Z}$.
— Montrer qu'une famille d'entiers vérifiant une certaine condition contient une infinité de nombres premiers.

Les questions à se poser

— Comment présenter au mieux les calculs de l'algorithme d'Euclide pour arriver à bien le remonter pour avoir l'identité de Bézout.
— Si d est un diviseur commun à x et y, que se passe-t-il avec $ax+by$?
— Si d divise n^2, est-ce que d divise n ?
— N'ai-je pas oublié que deux entiers pairs ne sont jamais premiers entre eux ! N'ai-je pas oublié que deux entiers consécutifs sont toujours premiers eux.
— Pour montrer que a et b sont premiers eux, n'ai-je pas deux façons de procéder ? Lesquelles ?
— Dans un raisonnement un peu théorique pour montrer que des nombres sont premiers entre eux, dois-je considérer un diviseur commun « quelconque » ou bien travailler avec un diviseur commun qui est un nombre premier ?
— Pour calculer un PGCD ou un PPCM, passer par la décomposition en facteurs premiers des nombres est-elle efficace, plus rapide ou plus longue ?
— Ai-je bien en tête le théorème de Gauß et son corollaire ?
— La division euclidienne peut-elle m'apporter quelque chose ?
— Ai-je bien compris que si a et b sont premiers entre eux, alors il en va de même de a^n et b^m ?
— Mon raisonnement est-il une équivalence ou juste une implication, suite à un bricolage pratique de calcul ?

Exercices

Exercice 1

1. Trouver le PGCD δ de $a = 2548$ et $b = 1424$ et deux entiers u, v tels que $\delta = au+bv$. On s'intéresse à l'équation $2548x + 1424y = 12$ dans $\mathbb{Z}$.
2. Montrer que cette équation est équivalente à l'équation $637x + 356y = 3$, dont on donnera une solution particulière x_0, y_0 à l'aide de la question 1.
3. Trouver tous les entiers relatifs x, y tels que $637x+356y = 3$ puis de $2548x+1424y = 12$.

Exercice 2

On travaille dans $\mathbb{Z}$. Soit P_1 : « x et y sont premiers entre eux » et P_2 : « $x + y$ et $x - y$ » sont premiers eux ».

1. Montrer, de deux façons différentes, que P_2 implique P_1.
2. Trouver un contre-exemple simple montrant que la réciproque n'est pas toujours vraie.
3. On suppose P_1.
4. a) Montrer que soit P_2 est vraie soit $\text{PGCD}(x + y, x - y) = 2$.
   b) Quelle est la CNS à rajouter sur x et y pour que P_2 soit vraie ?

Exercice 3

1. Quel est, sans calcul, le PGCD de $12, 38$ et 49 ?
2. Montrer qu'il existe $u, v, w \in \mathbb{Z}$ tels que $12u + 38v + 49w = 1$ (on ne cherchera pas à les calculer).
3. En déduire que tout entier relatif est de la forme $12a + 38b + 49c$, où $a, b, c \in \mathbb{Z}$.

Exercice 4

Soient a, b deux entiers naturels premiers entre eux tels que le produit ab soit le carré d'un entier naturel m : $ab = m^2$.

En utilisant la décomposition en facteurs premiers de m, montrer que $a = u^2$ et $b = v^2$ où u et v sont deux entiers premiers entre eux.

Exercice 5

En question 3, on utilise le résultat de l'exercice 4, mais il est inutile d'avoir résolu cet exercice 4 auparavant. On regarde les entiers naturels x, y, z premiers dans leur ensemble et vérifiant $z^2 = x^2 + y^2$.

1. Montrer que x et z sont premiers entre eux, chose aussi vraie entre y et z.
2. a) Montrer que z est obligatoirement impair, et que parmi x et y, l'un est pair et l'autre impair. On supposera que c'est x qui est pair.

   b) Montrer que $z - x$ et $z + x$ sont premiers entre eux.
3. Montrer avec l'exercice 4 que $z - x = u^2, z + x = v^2$ (avec u, v impairs premiers entre eux) et en déduire les expression de x, y, z en fonction de u et v : on justifiera soigneusement les histoires de parités et le « on peut diviser par 2 ».
4. Il n'y a aucune raison de privilégier x par rapport à y. Décrire, en bon français, l'ensemble des solutions, où x et y jouent le même rôle.

Exercice 6 [Corrigé en ligne]

L'exercice 5 montre que les solutions en entiers premiers dans leur ensemble de $x^2+y^2 = z^2$ s'écrivent $uv, \dfrac{u^2 - v^2}{2}, \dfrac{u^2 + v^2}{2}$ avec u et v impairs et premiers entre eux. Ce sont des expressions parfaitement vraies, mais on va se débarrasser de la contrainte de « division par 2 », toujours un peu choquante dans les entiers, et voir ce que l'on peut faire de la contrainte « u, v impairs ». Il est totalement inutile d'avoir regardé l'exercice 5.

1. Parmi les trois expressions données, identifier celle de z. Les deux autres jouent des rôles symétriques x et y et peu importe qui est qui.
2. Montrer que les trois expressions ci-dessus peuvent s'écrire (dans le désordre?) $2ab, a^2 - b^2, a^2 + b^2$. On exprimera a et b en fonction de u et v et inversement.
3. Montrer que la condition initiale « u et v impairs et premiers entre eux » équivaut à « a et b premiers entre eux de parités opposées ».
4. Faire un bilan des solutions avec les notations en (a, b) et avec les notations en (u, v).

Exercice 7

On cherche tous les entiers a, b, c tels que $40a + 24b + 15c = 1$.

1. Montrer (de façon théorique) que le problème admet au moins une solution.
2. Montrer que $a - 1$ est divisible par 3, et que le problème se ramène à $8b + 5c = -13 - 40\lambda$.
3. a) On fixe l'entier λ dans cette question. Trouver deux entiers b_0 et c_0 tels que $8b_0+5c_0=1$. En déduire l'ensemble des solutions (b, c) de $8b+5c=-13-40\lambda$.

   b) Donner l'expression de a, b, c en fonction de deux paramètres entiers : que ne faut-il pas oublier de faire ?

Exercice 8

On cherche les racines rationnelles, i.e. de la forme $x = \dfrac{p}{q}$ où $p \in \mathbb{Z}$ et $q \in \mathbb{N}^*$, de polynômes à coefficients rationnels (on est dans $\mathbb{Q}[X]$ pour les polynômes). On regardera ensuite si les polynômes donnés sont ou non irréductibles dans les rationnels (irréductible est l'équivalent polynomial de nombre premier dans les entiers). On suppose en permanence que p/q est un rationnel irréductible, i.e. que p et q sont premiers entre eux.

1. On prend $P(X) = 2X^3 - 3X^2 + 7X - 3$.
   a) Ecrire la relation $P(p/q) = 0$ en se ramenant dans les entiers relatifs.
   b) Montrer que p divise 3 et et que q divise 2.
   c) En testant toutes les possibilités, montrer que P admet une et une seule racine rationelle.
   d) P est-il irréductible ou factorisable dans les rationnels ?
2. Mêmes questions avec $Q(X) = 3X^3 - 7X + 5$.

Exercice 9 [Corrigé en ligne]

Soit H l'ensemble des nombres premiers de la forme $4k + 3$ avec $k \in \mathbb{N}$.

1. Montrer que H est non vide.
2. Montrer qu'un produit d'entiers de la forme $4k + 1$ est encore de cette forme.
3. On suppose que $H = \{p_1, p_1, \ldots, p_n\}$ est un ensemble fini. Montrer par l'absurde que l'entier $a = 4p_1p_2 \cdots p_n - 1$ admet un diviseur premier de la forme $4k + 3$. On distinguera les deux cas possibles pour a : il est premier ou non.
4. Trouver une impossibilité et conclure.

Corrigés

Exercice 1

1. On fait l'algorithme d'Euclide et sa remontée pour avoir Bézout.

$a = b + 1124$	$r_2 = 1124$	$r_2 = a - b$
$b = r_2 + 300$	$r_3 = 300$	$r_3 = b - r_2 = -a + 2b$
$r_2 = 3r_3 + 224$	$r_4 = 224$	$r_4 = r_2 - 3r_3 = 4a - 7b$
$r_3 = r_4 + 76$	$r_5 = 76$	$r_5 = r_3 - r_4 = -5a + 9b$
$r_4 = 2r_5 + 72$	$r_6 = 72$	$r_6 = r_4 - 2r_5 = 14a - 25b$
$r_5 = r_6 + 4$	$r_7 = 4$	$r_7 = r_5 - r_6 = -19a + 34b$
$r_6 = 18r_7 + 0$	stop	

Le PGCD est $r_7 = 4$, et on lit que $4 = -19a + 34b$.

2. Comme 12 est un multiple de 4, l'équation admet des solutions. Une division par 4 ramène à $637x + 356y = 3$. La question précédente $2548(-19) + 1424(34) = 4$ se simplifie en $(-19)637 + (34)356 = 1$ et une multiplication par 3 donne $(-57)637 + (102)356 = 3$. On a $x_0 = -57$ et $y_0 = 102$ comme solution particulière.

3. Une soustraction de $637x_0 + 356y_0 = 637x + 356y$ donne $637(x - x_0) = 356(y_0 - y)$, où 637 et 356 sont premiers entre eux d'après la définition de $\text{PGCD}(a, b) = 4$, et division de a et b par ce PGCD. Gauss dit que 356 divise $x - x_0$, puisqu'il divise $637(x - x_0)$ et est premier avec 637. On a donc $x - x_0 = 356h$ avec $h \in \mathbb{Z}$ et $y_0 - y = 637h$. Finalement, il vient $x = -57 + 356h$ et $y = 102 - 637h$, et ce pour les deux équations indiquées. On a raisonné par implications, et il faut vérifier que ces solutions vérifient bien $2548(-57 + 356h) + 1424(102 - 637h) = 12$.

Exercice 2

1. Soit d un diviseur commun (par exemple le PGCD) de x et y sachant que $x + y$ et $x - y$ sont premiers entre eux. Divisant x et y, d divise $x + y$ et divise $x - y$: on a obligatoirement $d = 1$. P_1 est vraie. On peut aussi dire par Bézout qu'il existe $u, v \in \mathbb{Z}$ tels que $u(x + y) + v(x - y) = 1$, à savoir $x(u + v) + y(u - v) = 1$. C'est l'identité de Bézout montrant que x et y sont premiers entre eux.

2. Prendre $x = 3, y = 5$, premiers entre eux, mais $x + y$ et $x - y$ sont pairs, et ne sont donc pas premiers entre eux. Par contre, ça marche pour 5 et 8.

3. a) Le plus clair est de prendre un nombre premier p diviseur commun à $x + y$ et $x - y$: il divise donc la somme $x + y + x - y = 2x$ et la différence $x + y - (x - y) = 2y$. Il y a deux possibilités seulement :

   - $p = 2$.

- $p \geq 3$: dans ce cas, divisant $2x$ il divise x et divisant $2y$ il divise y (théorème de Gauß). Mais ceci est impossible puisque x et y sont premiers entre eux, un tel p ne peut pas exister et il en résulte que $x+y$ et $x-y$ sont premiers entre eux.

Mais on n'a pas tout à fait terminé, on vient seulement de montrer que le seul facteur premier de $\delta = \text{PGCD}(x+y, x-y)$ est 2. Mais qu'est-ce qui prouve que δ n'est pas une puissance de 2, de la forme $\delta = 2^k$ avec $k \geq 2$? Si c'était le cas $2x = x+y+(x-y)$ et $2y = x+y-(x-y)$ seraient divisibles par 4, à savoir x et y divisibles par 2. Ceci est exclu. On a bien finalement $\delta = 1$ ou $\delta = 2$.

b) Les entiers $x+y = (x-y)+2y$ et $x-y$ ont la même parité. Leur PGCD vaut 1 si et seulement si $x-y$ est un entier impair, ce qui a lieu si et seulement si x **et** y **sont de parités opposées**. Lorsque x et y sont impairs tous les deux, $x+y$ et $x-y$ sont tous deux pairs et ils ne sont pas premiers eux. Le cas x et y pairs est exclu d'office puisque P_1 est fausse.

Exercice 3

1. Les facteurs premiers de 12 sont 2 et 3, et celui de 49 est 7. Les deux nombres n'ont aucun facteur premier en commun, et sont donc premiers eux eux. A fortiori, quand on rajoute un 3ème entier (38 ou un autre !), on obtient 3 entiers sans diviseur commun, à savoir premiers entre eux dans leur ensemble.
2. C'est l'identité de Bézout pour 3 entiers premiers dans leur ensemble.
3. On écrit $n = n \times 1 = 12(nu) + 38(nv) + 49(nw)$, unicité de a, b, c non garantie !

Exercice 4

Notons $m = p_1^{\alpha_1} p_2^{\alpha_2} \cdots p_k^{\alpha_k}$ où les $p_1, p_2, \cdots p_k$ sont des nombres premiers distincts, et les α_i des entiers ≥ 1. Regardons par exemple le cas de p_1 :

1. Il divise m^2 et donc le produit ab. Mais a et p étant premiers entre eux, et p_1 un nombre premier, p_1 divise soit a soit b (mais pas les deux), disons a par exemple.
2. L'entier $(p_1^{\alpha_1})^2$ divise donc exclusivement a, et b ne possède pas p_1 dans la liste de ses facteurs premiers.
3. Il en va de même, avec a ou avec b, pour chacun des facteurs premiers de m.
4. On peut donc faire une partition des facteurs premiers de m : $p_1, \cdots, p_h$ divisent a et $p_{h+1}, \cdots, p_k$ divisent b (pour simplifier les notations).
5. Plus précisément, on a $a = (p_1^{\alpha_1})^2 \cdots (p_h^{\alpha_h})^2$ et $b = (p_{h+1}^{\alpha_{h+1}})^2 \cdots (p_k^{\alpha_k})^2$.
6. On a ainsi $a = u^2$ avec $u = p_1^{\alpha_1} \cdots p_h^{\alpha_h}$ et $b = v^2$ avec $v = p_{h+1}^{\alpha_{h+1}} \cdots p_k^{\alpha_k}$, et u, v sont premiers entre eux puisque sans facteur premier commun.

Exercice 5

1. Supposons par l'absurde que x et z ne sont pas premiers entre eux, et soit $p \geq 2$ un facteur premier commun aux deux : p divise x^2 et y^2, et il divise donc la différence $y^2 = z^2 - x^2$. Ce nombre premier p est un diviseur de y^2 et donc un facteur premier de y, mais ceci contredit l'hypothèse « x, y, z premiers dans leur ensemble ». Impossible donc, et z et x (de même que z et y) sont premiers entre eux.
2. a) Supposons $z = 2w$, entier pair : $x^2 + y^2 = 4w^2$ est alors divisible par 4. Il est impossible que x ou y soit pair, car ce serait contradictoire avec la question 1. Il reste deux possibilités :

      - $x = 2p + 1$ et $y = 2p + 1$ sont impairs. Mais $x^2 + y^2 = 2 + 4(p^2 + q^2 + p + q)$ n'est pas divisible par 4. Impossible.
      - x et y sont de parité différentes. Mais dans ce cas $x^2 + y^2$ est la somme d'un nombre pair et d'un nombre impair, ce qui n'est pas divisible par 4. Impossible

   L'hypothèse « z pair » est absurde, et z est donc impair.

   b) Supposons qu'il existe un facteur premier p commun à $z + x$ et $z - x$: comme x et z sont de parités différentes, $z + x$ et $z - x$ sont impairs, et on a $p \neq 2$. Cet entier p divise la somme et la différence de $z + x$ et $z - x$, à savoir $2x$ et $2z$. Il en résulte que p divise x et divise z. Mais il divise alors x^2 et z^2, et donc $y^2 = z^2 - x^2$, et finalement comme c'est un nombre premier il divise y. Impossible, car contradictoire avec l'hypothèse x, y, z premiers entre eux dans leur ensemble. Finalement $z - x$ et $z + x$ sont premiers entre eux.
3. On est dans le cadre de l'exercice 4 avec $a = z + x$, $b = z - x$ et $m = z$. On a donc $z + x = u^2, z - x = v^2$ avec u, v premiers entre eux et $y = uv$. Comme z et x sont de parités opposés, les deux entiers $u^2 = z + x$ et $v^2 = z - x$ sont impairs : la somme $u^2 + v^2$ et la différence $u^2 - v^2$ sont donc des nombres pairs. On a le droit d'écrire $z = (u^2 + v^2)/2$ et $x = (u^2 - v^2)/2$, ce sont bien des entiers.
4. Pour tous u, v impairs et premiers entre eux, on a une solution où $z = (u^2 + v^2)/2$, l'un des x, y valant uv et l'autre $(u^2 - v^2)/2$.

   Rappelons-nous par exemple le triangle rectangle parfait avec $3^3 + 4^2 = 5^2$, bel exemple où $u = 3$ et $v = 1$, ou encore $8^2 + 15^2 = 17^2$ où $u = 5, v = 3$.

Exercice 7

1. Les trois entiers $40, 24, 15$ n'ont aucun diviseur commun autre que 1, et sont donc premiers entre eux dans leur ensemble. Bézout affirme l'existence d'entiers a, b, c tels que $40a + 24b + 15c = 1$.
2. Posons $a = 1 + a'$. La relation devient $40a' = -24b - 15c - 39$. À droite, nous avons un entier divisible par 3, puisque $24, 15, 39$ le sont : 3 divise $40a'$. Mais comme 40 et 3 sont premiers entre eux, Gauss implique que 3 divise a', i.e. $a' = 3\lambda$ et $a = 1 + 3\lambda$. En remplaçant, on arrive à la relation $8b + 5c = -13 - 40\lambda$.

3. a) On a clairement $8(2)+5(-3)=1$, ce que l'on peut multiplier par $-13-40\lambda$ pour obtenir $8(-26-80\lambda)+5(39+120\lambda)=-13-40\lambda$. En soustrayant à la relation $8b+5c=-13-40\lambda$, on obtient $8(26+80\lambda+b)=5(39+120\lambda-c)$.

   L'entier 5 divise $8(26+80\lambda+b)$, et est premier avec 8. Le théorème de Gauss nous dit que $26+80\lambda+b=5\mu$ et le report donne $39+120\lambda-c=8\mu$, avec $\mu\in\mathbb{Z}$. On a donc $b=-26-80\lambda+5\mu$, $c=39+120\lambda-8\mu$.

   b) Les solutions sont $a=1+3\lambda$, $b=-26-80\lambda+5\mu$, $c=39+120\lambda-8\mu$. On n'a pas raisonné par équivalence : on remplace et vérifie que $40a+24b+15c=1$.

Exercice 8

1. a) La réduction au dénominateur commun q^3 de l'expression $P(p/q)=0$ donne $2p^3-3p^2q+7pq^2-3q^3=0$.

   b) L'entier p divise $2p^3-3p^2q+7pq^2$ et 0 : il doit diviser $3q^3$. Étant premier avec q, il est premier avec q^3, et il divise donc 3. Il vaut donc $\pm1,\pm3$. L'entier q divise $-3p^2q+7pq^2-3q^3$ et 0 : il doit diviser $2p^3$. Étant premier avec p, il est premier avec p^3, et il divise 2. Il vaut donc 1 ou 2, étant positif.

   c) Les seules valeurs possibles de p/q sont donc ±1, $\pm1/2$, ±3, $\pm3/2$. Un calcul donne assez vite $P(1/2)=0$. Cela signifie que P est divisible par $X-1/2$, et (plus simple) par $2X-1$. Une division euclidienne donne $P(X)=(2X-1)(X^2-X+3)$. Le trinôme a un discriminant négatif et n'admet aucune racine réelle, et a fortiori aucune racine rationnelle. Pas la peine de tester les autres valeurs possibles.

   d) $P(X)=(2X-1)(X^2-X+3)$ est factorisable dans $\mathbb{Q}[X]$, et on ne peut pas faire mieux. Il n'est donc pas irréductible dans les rationnels.

2. La même idée conduit à $3p^3-7pq^2+5q^3=0$. Pour les mêmes raisons, on constate que p divise 5 et que q divise 3. Les seules racines rationnelles possibles sont $\pm1,\pm1/3$, $\pm5,\pm5/3$. Les valeurs de Q en ces 8 nombres sont 9, 1, 65/9, 25/9, -335, 345, 25/9, 65/9, non nulles : Q n'admet pas de racine rationnelle.

   Si Q de degré 3 était factorisable dans les rationnels, ce serait comme produit de 3 polynômes du premier degré ou bien d'un polynôme de degré 1 et d'un polynôme de degré 2. Il admettrait 3 ou 1 racine rationnelle. Comme il n'en admet aucune, Q n'est pas factorisable dans les rationnels, et est donc irréductible.

Chapitre 17

Arithmétique : congruences, anneau $\mathbb{Z}/n\mathbb{Z}$

Soit $n \geq 2$ un entier fixé. On s'occupe de la relation d'équivalence dans $\mathbb{Z}$ définie par « $a \equiv b$ si et seulement si $a - b$ est divisible par n ». Une autre formulation consiste à dire « a et b ont le même reste dans leurs divisions euclidiennes par n ».

Cette relation d'équivalence sera notée $a \equiv b$ quand il n'y a aucune ambiguité sur l'entier n, ou alors $a \equiv b\ [n]$.

L'idée principale est de regarder les classes d'équivalence de cette relation, notées $\overline{a}$ (quand il n'y a aucune ambiguité sur n) ou bien $a \bmod n$ quand il y a lieu de se demander avec quel n on travaille. La lettre a désigne un représentant quelconque (à savoir un élément quelconque) de la classe d'équivalence étudiée.

Domaines concernés

- La compatibilité de cette relation d'équivalence dans $\mathbb{Z}$ avec l'addition et la multiplication des entiers relatifs.
- La structure d'anneau de l'ensemble quotient noté $\mathbb{Z}/n\mathbb{Z}$, à savoir l'ensemble des classes d'équivalence de $\mathbb{Z}$ pour cette relation d'équivalence. Comment travailler sur cet ensemble nouveau ? Les tables d'addition et de multiplication modulo n. À quelle condition sur n cet anneau $\mathbb{Z}/n\mathbb{Z}$ est-t-il un corps ?
- Le théorème (ou lemme) chinois établissant des isomorphismes entre certains $\mathbb{Z}/n\mathbb{Z}$ et certains produits d'anneaux de ce type.
- Que signifie que « a est inversible modulo n » ? En donner une condition nécessaire et suffisante vitale liant a et n.
- La structure algébrique de l'ensemble des éléments inversibles de l'anneau $\mathbb{Z}/\mathrm{n}\mathbb{Z}$. Quel est son nombre d'éléments ?

— Résoudre des équations (ou systèmes d'équations) de la forme $ax \equiv b\ [n]$, avec une ou plusieurs valeurs de a, b et de n.

— Où intervient l'indicatrice d'Euler $\varphi(n)$, comptant le nombre d'entiers compris entre 1 [inclus] et n [exclu] premiers avec n ? Quelle est l'expression générale de $\varphi(n)$ en fonction des facteurs premiers de n ?

Résultats fondamentaux utilisables

1 - Généralités

— Ne pas oublier que $a \equiv b\ [n]$ équivaut à dire que $a = b + kn$, avec $k \in \mathbb{Z}$. On peut toujours traiter les congruences de cette façon, quand on a des angoisses.

— La classe d'équivalence $\overline{a}$ de l'entier a modulo n est la partie de $\mathbb{Z}$ formée des entiers de la forme $a + kn$, k décrivant $\mathbb{Z}$ tout entier.

— Une classe d'équivalence dans la congruence modulo n contient et un seul entier entre 0 et $n-1$ inclus. Pour travailler avec une classe d'équivalence, on prend un élément quelconque, appelé représentant, et le plus simple est de prendre l'entier entre 0 et $n-1$. Une classe d'équivalence se note souvent $\overline{a}$ avec $0 \leq a \leq n-1$.

— Ne pas oublier que $\overline{x} = \overline{0}$ équivaut à dire que x est un multiple de n.

— Si $a \equiv a'$ et $b \equiv b'\ [n]$, alors $a+b$ est congru à $a'+b'$ et ab est congru à $a'b'$ modulo n. La congruence est compatible avec l'addition et la multiplication des entiers.

— Modulo n, $\mathbb{Z}$ compte exactement n classes d'équivalence, que l'on peut noter $\overline{0}, \overline{1}, \cdots, \overline{n-1}$, et elles forment une partition de $\mathbb{Z}$. L'ensemble quotient, à savoir l'ensemble des classes d'équivalence modulo n, est donc un ensemble fini à n éléments : on le note $\mathbb{Z}/n\mathbb{Z}$.

— La compatibilité de la congruence avec l'addition et la multiplication permet de munir $\mathbb{Z}/n\mathbb{Z}$ d'une structure d'anneau unitaire et commutatif par $\overline{x} + \overline{y} = \overline{x+y}$ et $\overline{x}.\overline{y} = \overline{xy}$. Le « zéro » est $\overline{0}$ et l'unité de la mutiplication (le « 1 ») est $\overline{1}$.

— Pour travailler dans l'anneau $\mathbb{Z}/n\mathbb{Z}$, le principe est basique : on prend un représentant quelconque de chacune des classes qui nous intéresse.

— Par exemple, dans l'anneau $\mathbb{Z}/6\mathbb{Z}$, on a $\overline{4} + \overline{5} = \overline{9} = \overline{3}$ puisque $9 \equiv 3\ [6]$. Et on a $\overline{4}.\overline{3} = \overline{12} = \overline{0}$, puisque 12 est divisible par 6.

— La notation $m\overline{a}$ désigne simplement $\overline{ma}$ pour tout m entier.

2 - Générateurs de $\mathbb{Z}/n\mathbb{Z}$, inverse d'un élément

— Un générateur de $\mathbb{Z}/n\mathbb{Z}$ est une classe $\overline{g}$ tel que $\mathbb{Z}/n\mathbb{Z} = \{\overline{0}, \overline{g}, 2\overline{g}, \cdots, (n-1)\overline{g}\}$: tout élément de $\mathbb{Z}/n\mathbb{Z}$ est de la forme $k\overline{g}$ (à savoir $\overline{kg}$) avec k entier. Le générateur le plus simple est $\overline{1}$. La fiche suivant sur les groupes finis nous dira que le groupe additif $\mathbb{Z}/n\mathbb{Z}$ est un groupe cyclique.

— Les générateurs de $\mathbb{Z}/n\mathbb{Z}$ sont les $\overline{g}$ où g est premier avec n (on peut toujours se limiter à $1 \leq g \leq n-1$). Par exemple, les générateurs de $\mathbb{Z}/6\mathbb{Z}$ sont $\overline{1}, \overline{5}$ et ce sont les seuls.

— En général, l'anneau $\mathbb{Z}/n\mathbb{Z}$ n'est pas intègre, comme le montre l'exemple ci-dessus : le produit de deux éléments $\neq 0$ peut très bien être nul.

— On dit qu'un entier a est inversible modulo n quand il existe un entier u tel que $a \times u \equiv 1 \ [n]$, à savoir $\overline{a}.\overline{u} = \overline{1}$ ou plus simplement : il existe $k \in \mathbb{Z}$ tel que $au = 1 + kn$. On peut résumer dans le double résultat vital suivant :

— L'entier a est inversible modulo n si et seulement si a est premier avec n. Les éléments inversibles (au sens de la multiplication) sont exactement les générateurs (au sens de l'addition) de $\mathbb{Z}/n\mathbb{Z}$.

— Modulo n, la recherche de l'inverse u de a (qui existe si et seulement si a et n sont premiers entre eux) peut se faire de 3 façons différentes : (i) au pif, *option à ne pas négliger* (ii) en testant tous les entiers de 2 à $n-1$ (iii) en résolvant $au - kn = 1$ avec l'algorithme d'Euclide et sa remontée qui nous donne les coefficients dans Bézout, et donc la valeur de u.

3 - Deux théorèmes importants.

— [Petit théorème de Fermat] : Si p est un nombre premier, alors $a^p \equiv a \ [p]$ pour tout entier a. Pour a non multiple de p (à savoir pour a inversible modulo p), cela s'écrit aussi $a^{p-1} \equiv 1 \ [p]$.

— [Théorème de Wilson] : pour p nombre premier, on a $(p-1)! \equiv -1 \ [p]$.

4 - Groupe mutiplicatif $\mathbb{Z}/n\mathbb{Z}^\times$, corps F_p

— Dans $\mathbb{Z}/n\mathbb{Z}$, l'ensemble des éléments inversibles forme un groupe multiplicatif, souvent noté $\mathbb{Z}/n\mathbb{Z}^\times$. Il contient exactement $\varphi(n)$ éléments.

— Lorsque p est un nombre premier (on a $\varphi(p) = p - 1$), tous les éléments non nuls de $\mathbb{Z}/p\mathbb{Z}$ sont inversibles au sens de la multiplication (et sont aussi générateurs au sens de l'addition) : $\mathbb{Z}/p\mathbb{Z}$ est un corps, et se note F_p. C'est donc un exemple de corps fini (avec un nombre fini d'éléments, ce qui change de $\mathbb{Q}$, $\mathbb{R}$, $\mathbb{C}$) !

— Par exemple, $\mathbb{Z}/6\mathbb{Z}$ n'est pas un corps (c'est un anneau, mais non intègre), mais F_5 est un corps. Le premier possède seulement $\varphi(6) = (2-1)(3-1) = 2$ générateurs (et donc 2 éléments inversibles pour le produit) ; le second possède $\varphi(5) = 5 - 1 = 4$ générateurs et éléments inversibles (tout le monde sauf $\overline{0}$).

— La notion d'ordre d'un élément dans un groupe fini sera abordée et revue en fiche suivante : disons simplement que l'ordre de $x = \overline{a}$ dans le groupe additif de l'anneau $\mathbb{Z}/n\mathbb{Z}$ est le plus petit entier d tel que $dx = 0$, à savoir $\overline{da} = \overline{0}$, à savoir tel que da est divisible par n. On verra que d est un diviseur de n, égal à n si et seulement si a est premier avec n.

5 - Résolution des équations $ax \equiv b\ [n]$

— Une telle équation revient à trouver des entiers x, y tels que $ax = b+ny$, équations déjà étudiées dans la fiche précédente.

— Une telle équation a des solutions si et seulement si b est un multiple du PGCD δ de a et n. La connaissance de δ est donc assez importante, au minimum pour dire si l'équation admet ou non des solutions.

— Si δ divise b, on effectue la division par δ de l'équation, et on se ramène au cas où a et n sont premiers entre eux. L'entier a admet alors un inverse a^{-1} modulo n, et l'équation admet une solution unique $x = a^{-1}b$ modulo n.

- Si on connaît une solution particulière x_0 (trouvée à vue de nez), alors on a $a = x_0 + \lambda n$ avec λ entier quelconque.
- Si on connaît a^{-1}, on a $x = a^{-1}b + \lambda n$.
- Si on ne connaît rien du tout, on fait Euclide et Bézout, qui nous donne une solution particulière x_0.

— Exemple : $6x \equiv 4\ [14]$, qui équivaut à $6x = 4 + 14y$ (où $\delta = 2$) soit $3x = 2 + 7y$, soit aussi $3x \equiv 2\ [\mathbf{7}]$. L'école primaire dit que $3 \times \mathbf{10} = 30 = 28 + 2 = \mathbf{4} \times 7 + 2$, et donc $x_0 = 10, y_0 = 4$ est une solution particulière. On a alors $x = 10 + \mathbf{7}\lambda$. *Attention, les solutions sont modulo* $7 = 14/2$, *après division par* $\delta = 2$, *et non pas modulo* 14.

— Pour un système $a_1x \equiv b_1\ [n_1]$ et $a_2x \equiv b_2\ [n_2]$, on résout la plus simple des deux équations, avec x fonction d'un entier k quelconque, puis on reporte dans l'autre équation, ce qui permet d'affiner l'expression de k.

6 - Produits d'anneaux du type $\mathbb{Z}/n\mathbb{Z}$

— Ce paragraphe justifie le résultat important : si $n_1, n_2, \cdots, n_k$ sont 2 à 2 premiers entre eux, on a $\varphi(n_1n_2\cdots n_k) = \varphi(n_1)\varphi(n_2)\cdots\varphi(n_k)$. Pour $N = \prod_{i=1}^{k} p_i^{\alpha_i}$ décomposé en produits de facteurs premiers, on a

$$\varphi(N) = \prod_{i=1}^{k}(p_i^{\alpha_i} - p_i^{\alpha_i - 1}) = N\prod_{i=1}^{k}(1 - 1/p_i).$$

— [Théorème chinois.] Soient n et m deux entiers premiers entre eux. L'anneau $\mathbb{Z}/nm\mathbb{Z}$ est isomorphe à l'anneau produit $\mathbb{Z}/n\mathbb{Z} \times \mathbb{Z}/m\mathbb{Z}$.
  — Rappelons que dans le produit $A \times B$ de deux anneaux, les opérations sont définies par $(a,b)+(a',b')=(a+a',b+b')$ et $(a,b)\times(a',b')=(aa',bb')$.
  — En représentant un élément de $\mathbb{Z}/nm\mathbb{Z}$ par un entier de $[0..nm-1]$ et un élément du produit par un couple (a,b) avec $a \in [0..n-1]$ et $b \in [0..m-1]$, il s'agit de l'application $z \in [0..nm-1] \mapsto (z \bmod n, z \bmod m)$, qui est bijective de $[0..nm-1]$ sur $[0..n-1] \times [0..m-1]$. En passant aux classes d'équivalence, f respecte les structures d'anneaux : $f(z+z')=f(z)+f(z')$ et $f(zz')=f(z)f(z')$.
  — L'isomorphisme inverse f^{-1} est un peu plus délicat à mettre en oeuvre : à partir de a et b, résoudre $z \equiv a\ [n]$ et $z \equiv b\ [m]$. Mais en pratique, on se sert peu de l'expression explicite de f ou f^{-1}.

— Le théorème se généralise : Si $n_1, n_2, \cdots, n_k$ sont deux à deux premiers entre eux, alors l'anneau produit $\mathbb{Z}/n_1\mathbb{Z} \times \mathbb{Z}/n_2\mathbb{Z} \times \cdots \times \mathbb{Z}/n_k\mathbb{Z}$ est isomorphe à $\mathbb{Z}/w\mathbb{Z}$ avec $w = n_1 n_2 \cdots n_k$.

— Attention aux hypothèses : $\mathbb{Z}/120\mathbb{Z}$ est isomorphe à $\mathbb{Z}/3\mathbb{Z} \times \mathbb{Z}/8\mathbb{Z} \times \mathbb{Z}/5\mathbb{Z}$ mais $\mathbb{Z}/240\mathbb{Z}$ n'est pas isomorphe à $\mathbb{Z}/3\mathbb{Z} \times \mathbb{Z}/8\mathbb{Z} \times \mathbb{Z}/10\mathbb{Z}$ puisque 8 et 10 ne sont pas premiers entre eux.

7 - Critères de visibilité, issus d'histoires de congruences

— N est divisible par 3 (respectivement 9) si et seulement si la somme de ses chiffres (en base 10) est divisible par 3 (respectivement 9).

— N est divisible par 4 si et seulement si le nombre formé par le chiffre des dizaines et celui des unités est divisible par 4 (par exemple 1578369805724).

— N est pair si et seulement si son chiffre des unités est pair. N est divisible par 5 si et seulement si son chiffre des unités est 0 ou 5.

— N est divisible par 11 si et seulement si la somme alternée de ses chiffres est divisible par 11 (par exemple 503679 où $9-7+6-3+0-5=0$).

Ce que l'on vous demandera de montrer

Voici des exemples de questions que l'on vous demandera de résoudre. Ce sont des exemples indicatifs, qui sont traités en exercice.

— Résoudre une ou plusieurs équations contenant des congruences $ax \equiv b\ [n]$.

— Trouver tous les entiers vérifiant une équation du style $x^2 - 3x + 2 \equiv 0\ [6]$.

— Résoudre des problèmes du style « $2^{3n+5} + 3^{n+1}$ est divisible par 5 pour tout entier naturel n » ou bien « $n^{11} - n$ est toujours divisible par 3. »

- Trouver l'éventuel inverse de a modulo n.
- Trouver, pour n donné, les générateurs du groupe additif de $\mathbb{Z}/n\mathbb{Z}$.
- Trouver, pour n donné, tous les éléments inversibles (pour la multiplication) de $\mathbb{Z}/n\mathbb{Z}$.
- Trouver n tel que (dans l'anneau $\mathbb{Z}/n\mathbb{Z}$) on ait $\overline{93} + \overline{80} = \overline{51}$.
- Expliciter l'isomorphisme f et sa réciproque f^{-1} entre (par exemple) $\mathbb{Z}/40\mathbb{Z}$ et $\mathbb{Z}/5\mathbb{Z} \times \mathbb{Z}/8\mathbb{Z}$
- Les questions relatives à la notion d'ordre d'un élément dans $\mathbb{Z}/n\mathbb{Z}$ seront évoquées dans la fiche suivante sur les groupes.

Les questions à se poser

- Dans les « anneaux classiques $\mathbb{Z}$, $\mathbb{Q}$, $\mathbb{R}$ », quand (par exemple) 2 est en facteur partout, je divise sans me poser de question tout le monde par 2. Ai-je encore le droit de le faire quand je travaille modulo n, à savoir quand je suis dans $\mathbb{Z}/\mathrm{n}\mathbb{Z}$?
- Quand le produit ab est nul modulo n, comment conclure sur les diviseurs de a et/ou b ? L'un des deux est-il systématiquement divisible par n ?
- Dans l'équation $ax \equiv b\ [n]$, ai-je bien effectué la division nécessaire pour me ramener au cas a et n premiers entre eux ? Ai-je bien compris que dans ce cas, la solution x est unique, modulo n ?
- L'équation du premier degré $ax \equiv b\ [n]$ admet-elle toujours une solution ? Si elle existe, cette solution est-elle unique comme dans $\mathbb{Q}$ ou $\mathbb{R}$? Même question pour les équations de degré supérieur.
- Comment établir la table d'addition ou de multiplication dans $\mathbb{Z}/\mathrm{n}\mathbb{Z}$?
- Comment trouver l'inverse de a modulo n ?
- Comment gérer « $a \equiv b\ [n]$ et $a \equiv c\ [m]$?
- Passer par l'algorithme d'Euclide et surtout sa « remontée » est-il toujours indispensable ou puis-je trouver un bricolage maison pour l'éviter ?
- Est-ce que résoudre le système $\{ax + by = c, a'x + b'y = c'\}$, en entiers le tout modulo n, est ou non la même chose que le résoudre dans $\mathbb{Q}$?

Exercices

Exercice 1

1. Résoudre l'équation $2x + 7y = 3$ dans les entiers relatifs.
2. Que dire de l'équation $2x + 7y = 12$, puis de l'équation $12x + 42y = 18$, toujours dans les entiers ?
3. La question 1 est-elle équivalente à « x, y entiers vérifient $2x + 7y \equiv 0$ [3] » ?

Exercice 2

Résoudre dans $\mathbb{Z}$ les équations de congruence :

1. $x^2 - 3x + 2 \equiv 0$ modulo 5.
2. $x^2 - 3x + 2 \equiv 0$ modulo 6.

On essaiera à chaque fois de donner une solution directe avec les congruences et ensuite une solution utilisant la structure de l'anneau $\mathbb{Z}/5\mathbb{Z}$ ou $\mathbb{Z}/6\mathbb{Z}$.

Exercice 3

On va résoudre l'équation $x^2 - 3x + 2 \equiv 0$ [30] en remarquant que $30 = 5 \times 6$ et en allant plus vite qu'avec la méthode bestiale sans doute utilisée dans l'exercice précédent, qui consistait à tester tout le monde.

1. Montrer que le problème se ramène à trouver a et b tels que $a^2 - 3a + 2 \equiv 0$ [5] et $b^2 - 3b + 2 \equiv 0$ [6], chose faite dans l'exercice précédent, et à étudier le couple (a, b). *Quel gros théorème utiliser ?*
2. a) Étant donné $x \equiv a$ [5] et $x \equiv b$ [6], former et résoudre une équation liant deux entiers λ, μ, et permettant au final de calculer x. On donnera les expressions de λ, μ en fonction de a, b et d'un entier quelconque h.

   b) Donner alors l'expression de x en fonction de a, b, h.
3. En reprenant les deux valeurs possibles de a et les quatre valeurs possibles de b, donner les huit solutions possibles de l'équation initiale. *Attention, tous les calculs sont faits modulo 5 et/ou 6 et/ou 30.*

Exercice 4

1. Trouver l'inverse de 4 modulo 7, à savoir trouver x entier tel que $4x \equiv 1[7]$.
2. 6 admet-il un inverse modulo 15 ?

Exercice 5

1. Montrer que $2^{3n+5} + 3^{n+1}$ est divisible par 5 pour tout entier naturel n.
2. Montrer que $3^{n+2}2^{2n+1} + 5^{2n+1}2^{n+2}$ est divisible par 19 pour tout $n \geq 0$.

Exercice 6

1. Montrer sans calcul que $n^7 - n$ est divisible par 7 pour tout $n \geq 0$.
2. Montrer que n^7 est congru à n modulo 2 et modulo 3.
3. a) En déduire un entier $m > 7$ divisant tous les $n^7 - n$.
   b) Retrouver ceci en montrant, par une factorisation de polynôme, que $n(n^6 - 1)$ est divisible par 6.

Exercice 7 [Corrigé en ligne]

On donne $561 = 3 \times 11 \times 17$.

1. Avec plusieurs applications du petit théorème de Fermat, montrer que $n^{561} \equiv n$ [3] pour tout $n \geq 0$.
2. On admet qu'un raisonnement analogue montre que n^{561} est congru à n modulo 11 et modulo 17. Que peut-on dire de l'entier $n^{561} - n$?

Exercice 8

Résoudre dans $\mathbb{Z}$ le système $\left\{2x \equiv 5 \ [9], 3x \equiv 2 \ [5], 4x \equiv 7 \ [11]\right\}$.

Exercice 9 [Corrigé en ligne]

1. Ecrire deux tableaux à double entrée donnant les tables de multiplications dans $\mathbb{Z}/6\mathbb{Z}$ et $\mathbb{Z}/5\mathbb{Z}$. Il s'agit donc, en partant de $a, b \in [0..6[$ ou $a, b \in [0..5[$ de donner la valeur de $\overline{a}.\overline{b} = \overline{ab}$.
2. Quelle différence constate-t-on entre ces deux tables de multiplication ?

Exercice 10 [Corrigé en ligne]

On notera que $390 = 5 \times 6 \times 13$.

1. Donner l'expression général d'un entier x congru à a modulo 5 et congru à b module 6 : on refera le calcul ou on utilisera l'exercice 3. On donnera x en fonction de a, b et d'un entier h quelconque.

2. Calculer deux entiers u, v tels que $30u + 13v = 1$.
3. Trouver l'expression des entiers z tels que $z \equiv a$ [5], $z \equiv b$ [6] et $z \equiv c$ [13]. On les exprimera en fonction de a, b, c, d'un entier k quelconque et du nombre 390.
4. À quel produit de trois anneaux du type $\mathbb{Z}/n\mathbb{Z}$ l'anneau $\mathbb{Z}/390\mathbb{Z}$ est-il isomorphe ? Donner les expressions des isomorphismes f et f^{-1}.
5. a) À quelle condition évidente le triplet $(a, b, c) \in \mathbb{Z}/5\mathbb{Z} \times \mathbb{Z}/6\mathbb{Z} \times \mathbb{Z}/13\mathbb{Z}$ est-il un élément inversible dans cet anneau produit : à savoir qu'il existe (u, v, w) tel que $(a, b, c) \times (u, v, w) = (1, 1, 1)$?
   b) En déduire l'expression générale (en fonction de 3 entiers a, b, c pour lesquels on précisera certaines conditions), de l'élément inversible le plus général de $\mathbb{Z}/390\mathbb{Z}$.
   c) En déduire aussi le nombre d'éléments inversibles de $\mathbb{Z}/390\mathbb{Z}$, et vérifier avec la formule donnant ce nombre de façon théorique.

Exercice 11 [Corrigé en ligne]

Cet exercice reprend les notations et certaines conclusions de l'exercice 10, mais il est inutile d'avoir regardé cet exercice. On utilisera que l'anneau $\mathbb{Z}/390\mathbb{Z}$ est isomorphe à $\mathbb{Z}/5\mathbb{Z} \times \mathbb{Z}/6\mathbb{Z} \times \mathbb{Z}/13\mathbb{Z}$ via un isomorphisme f défini dans un sens par

$f(x) = (x \bmod 5, x \bmod 6, x \bmod 13)$

et dans l'autre par $f^{-1}(a, b, c) = 156a - 65b - 90c$ [390].

On va chercher les solutions de $x^2 - 3x + 2 \equiv 0$ [390].

1. Montrer que le problème équivaut aux résolutions de $(a-1)(a-2) = 0$ dans F_5, $(b-1)(b-2) = 0$ dans $\mathbb{Z}/6\mathbb{Z}$ et $(c-1)(c-2) = 0$ dans F_{13}.
2. a) Effectuer ces 3 résolutions : on donnera les solutions avec $a \in [0..4[, b \in [0..5[$ et $c \in [0..12[$.
   b) Combien de triplets (a, b, c) obtient-on ? Combien l'équation initiale a-t-elle de solutions ?
3. Donner l'expression de ces solutions en fonction de a, b, c, entiers dont on précisera les valeurs respectives possibles.

Corrigés

Exercice 1

1. Les entiers 2 et 7 étant premiers entre eux, l'équation admet bien des solutions. Il est évident à vue de nez que $x_0 = 5, y_0 = -1$ est une solution particulière. En soustrayant $3 = 2x + 7y$ et $3 = 2x_0 + 7y_0$, il vient $2(x - x_0) = 7(y_0 - y)$. Comme 2 et 7 sont premiers entre eux, Gauß dit que 7 divise $x - x_0$ et donc que $x - x_0 = 7h$, à savoir $x = 5 + 7h$; on en déduit $y = -1 - 2h$, avec $h \in \mathbb{Z}$ quelconque.

2. Le couple d'entiers (x, y) est solution de $2x + 7y = 3$ si et seulement si on a $2(4x) + 7(4y) = 3(4)$: les solutions de $2x + 7y = 12$ s'obtiennent en multipliant les précédentes par 4, à savoir $x = 20 + 28h, y = -4 - 8h$. La seconde équation est équivalente celle de la première question après division par 6, et admet les mêmes solutions qu'en question 1.

3. Non, on a juste une implication. La relation $2x + 7y \equiv 0\ [3]$ équivaut à dire que $2x + 7y$ est divisible par 3, mais non nécessairement égal à 3.

Exercice 2

1. a) Modulo 5, un entier est congru à $0, 1, 2, 3$ ou 4. On teste donc chacun des cinq cas : on fait varier x de 0 à 4, on calcule $y = x^2 - 3x + 2$ et son reste dans la division euclidienne par 5. On a successivement $y = 2, 0, 0, 2, 6$ et les cinq restes sont donc $2, 0, 0, 2, 1$. L'équation est vérifiée pour 1 et 2, à savoir lorsque x est congru à 1 ou à 2 modulo 5, à savoir pour les $x = 1 + 5h$ et $x = 2 + 5h$ lorsque h décrit $\mathbb{Z}$.

   b) Il s'agit de l'équation $(x - 1)(x - 2) = 0$ dans le **corps** F_5. Une telle égalité dans un corps a lieu si et seulement si $x = 1$ ou $x = 2$ (modulo 5 bien sûr), à savoir le même résultat que précédemment.

2. a) Modulo 6, un entier est congru à $0, 1, 2, 3, 4$ ou 5. On teste donc chacun des six cas : on fait varier x de 0 à 5, on calcule $y = x^2 - 3x + 2$ et son reste dans la division euclidienne par 6. Ces six valeurs sont successivement $2, 0, 0, 2, 6, 12$ et les six restes sont donc $2, 0, 0, 2, 0, 0$. L'équation est vérifiée lorsque x est congru à 1 ou à 2 ou à 4 ou à 5 modulo 6, i.e. quand il est de la forme $1 + 6h$ ou $2 + 6h$ ou $4 + 6h$ ou $5 + 6h$.

   b) Dans $\mathbb{Z}/6\mathbb{Z}$, anneau non intègre, la relation $(x-1)(x-2) = 0$ a lieu si et seulement si $x - 1$ ou $x - 2$ vaut 0 ou 2 ou 3 ou 6 (qui revient à 0 en réalité), les diviseurs de 6. En regardant de près, on se ramène aux 4 cas précédents.

Exercice 3

1. On utilise le théorème chinois qui dit que l'anneau $\mathbb{Z}/30Z$ est isomorphe à $\mathbb{Z}/5\mathbb{Z} \times \mathbb{Z}/6\mathbb{Z}$. Cet isomorphisme associe à $x \in \mathbb{Z}/30\mathbb{Z}$ le couple (a, b) où $a = x$ [5] et $b = x$ [6]. On a $x^2 - 3x + 2 = 0$ [30] si et seulement si $a^2 - 3a + 2 = 0$ [5] et $b^2 - 3b + 2 = 0$ [6]. À partir du couple (a, b), où a et b sont connus depuis l'exercice 2, on devra ensuite retrouver x.
2. a) On a $x = a + 5\lambda = b + 6\mu$, ce qui implique $6\mu - 5\lambda = a - b$. Comme 5 et 6 sont premiers entre eux, cette équation admet toujours des solutions, et on a une solution particulière évidente $\lambda_0 = \mu_0 = a - b$, puisque $6 - 5 = 1$. Par soustraction, il vient $6(\mu - \mu_0) = 5(\lambda - \lambda_0)$, d'où l'on tire (théorème de Gauß) $\lambda = \lambda_0 + 6h = a - b + 6h$ et $\mu = \mu_0 + 5h = a - b + 5h$.

   b) Avec $x = a + 5\lambda$, il vient $x = 6a - 5b + 30h$, $h \in \mathbb{Z}$ quelconque. L'idée est quand même de trouver l'unique (car elle unique !) valeur de h telle que $0 \leq x \leq 29$, de façon à avoir le représentant le plus naturel de $\overline{x}$.
3. L'exercice 2 nous donne $a = 1$ ou $a = 2$ [5] et $b = 1, 2, 4, 5$ [6], à savoir 8 couples (a, b). Le remplacement dans $x = 6a - 5b + 30h$, quitte à trouver la bonne valeur de h, nous donne finalement les huit valeurs de x : $1, 2, 7, 11, 16, 17, 22, 26$, et plus généralement tous les entiers congrus modulo 30 à l'une de ces 8 valeurs. On a une équation du second degré admettant 8 solutions dans $\mathbb{Z}/30\mathbb{Z}$: l'anneau $\mathbb{Z}/30\mathbb{Z}$ n'est pas un corps et le nombre de solutions n'est pas limité au degré de l'équation.

Exercice 4

1. On cherche $x \in \mathbb{Z}$ tel que $4x - 1$ soit divisible par 7, à savoir trouver deux entiers x, y tels que $4x - 7y = 1$. Ils existent, puisque 4 et 7 sont premiers entre eux. On pourrait faire l'algorithme d'Euclide, mais on voit que $x = 2, y = 1$ conviennent. L'inverse de 4 modulo 7 est égal à 2. Mais tout entier $2 + 7h$ convient aussi.
2. Non, car 6 et 15 ne sont pas premiers entre eux. Détaillons : on étudie $6x = 1 + 15y$, à savoir $1 = 3(2x - 5y)$. C'est impossible puisque 3 ne divise pas 1.

Exercice 5

1. On écrit $N = 2^{3n} \times 2^5 + 3^{n+1} = 8^n \times 32 + 3 \times 3^n$, et on regarde ce qui se passe modulo 5. On a $32 \equiv 2[5]$ et $8 \equiv 3[5]$. Il vient que 8^n est congru à 3^n et que 32×8^n est congru à 2×3^n modulo 5. N est donc congru modulo 5 à $2 \times 3^n + 3 \times 3^n = 5 \times 3^n$: cet entier est divisible par 5, et N est donc divisible par 5.
2. On développe les puissances le plus possible : $N = 9 \times 3^n \times 2 \times 4^n + 5 \times 25^n \times 4 \times 2^n$ $= 18 \times 12^n + 20 \times 25^n \times 2^n$. Sachant que, modulo 19, on a $18 \equiv -1$, $20 \equiv 1$ et $25 \equiv 6$, on obtient $N \equiv -12^n + 6^n \times 2^n = -12^n + 12^n = 0$ [19]. Ne pas oublier que $25 \equiv 6[19]$ implique que $25^n \equiv 6^n[19]$. Dire que $N \equiv 0$ [19] signifie qu'il est divisible par 19.

Exercice 6

1. Fermat dit que $n^7 \equiv n[7]$ pour tout n, puisque 7 est premier.
2. Les entiers n et n^7 ont la même parité, ce qui s'écrit $n^7 \equiv n$ [2]. On a $n^7 = n^3 \times n^3 \times n$ et Fermat modulo 3 dit que $n^3 \equiv n$ [3]. On a donc $n^7 \equiv n \times n \times n$ [3], de nouveau congru à n modulo 3 : on a $n^7 \equiv n$ [3].
3. a) La différence $n^7 - n$ est divisible par 7 et par 2 et par 3. Gauss nous dit qu'elle est divisible par $2 \times 7 = 14$ (2 et 7 sont premiers entre eux), et ensuite qu'elle est divisible par $14 \times 3 = 42$ (14 et 3 premiers entre eux). On prend $m = 42$.

   b) On a $x(x^6 - 1) = x(x^3 - 1)(x^3 + 1) = x(x - 1)(x + 1)(x^2 - x + 1)(x^2 + x + 1)$. On y voit le produit de **trois entiers consécutifs**, et dans 3 entiers consécutifs un [et un seul] est automatiquement divisible par 3. Le produit de deux entiers consécutifs est divisible par 2. Gauss dit alors que $x(x^6 - 1)$ est divisible par $2 \times 3 = 6$. Comme il est divisible par 6 et par 7, Gauss dit qu'il l'est par 42.

Exercice 8

Comme 2 est inversible modulo 9, avec un inverse égal à 5, la première équation est équivalente à $x \equiv 25$ [9], soit $x \equiv 7$ [9]. On procède de la même façon avec les autres équations pour obtenir le nouveau système équivalent mais plus simple :

$\left\{x \equiv 7\ [9], x \equiv 4\ [5], x \equiv 10\ [11]\right\}$. Notre entier x est de la forme $x = 7 + 9u = 4 + 5v$, ce qui implique $5v - 9u = 3$. Sachant que $5 \times 6 - 9 \times 3 = 3$, une soustraction conduit à $5(v - 6) = 9(u - 3)$, soit $u = 3 + 5w$ et $x = 34 + 45w$.

Le report dans la troisième équation implique $45w + 34 = 10 + 11k$, soit $11k - 45w = 24$. La relation évidente $11(-4) - 45(-1) = 1$ se multiplie par 24 pour donner $11(-96) - 45(-24) = 24$, et une soustraction conduit à $11(k + 96) = 45(w + 24)$. On en déduit $w = -24 + 11m = 9 + 11n$, soit $x = 34 + 45 \times (9 + 11n)$ et $\mathbf{x = 439 + 495n}$.

On vérifie finalement que 439 est bien congru à 7 modulo 9, à 4 modulo 5 et à 10 modulo 11. Comme 495 est divisible par 5, 9 et 11, tous les entiers de la forme $439 + 495n$ sont bien solutions, avec $n \in \mathbb{Z}$ quelconque.

Chapitre 18

Groupes, groupes finis, groupes cycliques

La notion de groupe est la base de tout, en algèbre ou en analyse : groupe additif de $\mathbb{Z}, \mathbb{Q}, \mathbb{R}, \mathbb{C}$ ou de K[X], ou groupe multiplicatif $\mathbb{Q}^*, \mathbb{R}^*, \mathbb{C}^*$ comme « groupe infini », et encore plus avec les groupes finis construits avec les $\mathbb{Z}/n\mathbb{Z}$ ou les racines nième de l'unité. La notion d'ordre d'un élément est absolument vitale.

Domaines concernés

— Groupes ayant une infinité d'éléments, groupes finis, notés additivement + dans le cas commutatif ($\mathbb{Z}/n\mathbb{Z}$ additif) ou multiplicativement dans les cas généraux($\mathbb{Z}/n\mathbb{Z}^\times$ pour la multiplication, les automorphismes d'un espace vectoriel, les permutations d'un ensemble...), a priori non nécessairement commutatifs.

— La notion de sous-groupe, celle de sous groupe engendré par un élément (sous-groupe monogène) ou de groupe cyclique (groupe fini et monogène)

— Les propriétés d'un groupe fini liées à son ordre (son cardinal, à savoir son nombre d'éléments), et la notion d'ordre d'un élément dans un groupe.

— La notion de générateur d'un groupe cyclique, et le nombre de ses générateurs.

Résultats fondamentaux utilisables

1 - Généralités

— Dans un groupe G, l'associativité s'écrit $a.(b.c) = (a.b).c$, et il existe un élément neutre « 1 » tel que $a.1 = 1.a = a$, et un inverse a^{-1} tel que $a.a^{-1} = a^{-1}.a = 1$.

- Pour montrer qu'un ensemble G est un groupe, on montre généralement que G est un sous-groupe d'un groupe $\mathcal{G}$ bien connu, à savoir une partie G de $\mathcal{G}$ stable pour le produit et le passage à l'inverse : $\forall x, y \in G$, alors $x.y \in G$ et $y^{-1} \in G$, que l'on peut regrouper en $x.y^{-1} \in G$.
- Pour $a \in G$, le sous-groupe $\langle a \rangle$ est la partie de G formée des puissances de a, à savoir $\langle a \rangle = \{a^m \mid m \in \mathbb{Z}\}$, ou bien $\{ma \mid m \in \mathbb{Z}\}$ en notation additive.
- Plus généralement, un groupe G est dit monogène (i.e. engendré par un seul élément) quand il existe $a \in G$ tel que $G = \langle a \rangle$, à savoir tel que tout élément de $x \in G$ s'écrit $x = a^m$ (ou bien $x = ma$), où $m \in \mathbb{Z}$ dépend de x. C'est le cas de $\mathbb{Z} = \langle 1 \rangle$ pour son addition mais c'est faux pour $\mathbb{Q}, \mathbb{R}, \mathbb{C}$, qui ne le sont pas.
- Dans un groupe G, l'intersection d'un nombre quelconque de sous-groupes est encore un sous-groupe de G, et donc un groupe.
- Si A et B sont des groupes, l'ensemble $A \times B$ des couples (a, b) est encore un groupe, avec $(a, b).(a', b') = (aa', bb')$ ou bien $(a, b) + (a', b') = (a + a', b + b')$.
- Un morphisme f d'un groupe A dans un groupe B vérifie $f(x.y) = f(x).f(y)$, et en particulier $f(1) = 1$ et $f(x^{-1}) = f(x)^{-1}$. Son noyau Ker f est le sous-groupe de A formé des x tels que $f(x) = 1$, et f est injectif si et seulement si Ker f est réduit à l'élément neutre. En notation additive, $f(x + y) = f(x) + f(y)$, $f(0) = 0, f(-x) = -f(x)$ et Ker $f = \{x \in A \mid f(x) = 0\}$.

2 - Résultats concernant les groupes ayant un nombre fini d'éléments

- L'ordre n d'un groupe fini est le nombre d'éléments de G (le cardinal de G).
- Dans un groupe G d'ordre n, en notation multiplicative, on a $a^n = 1$, et en notation additive on a $na = 0$, pour tout $a \in G$.
- L'ordre d'un sous-groupe K d'un groupe G divise l'ordre de G : le nombre d'éléments du sous-groupe K divise le nombre d'éléments du groupe G. C'est le 1er résultat le plus important des groupes finis.
- Ce résultat vient de la relation d'équivalence dans G : $x \sim y$ lorsque $x.y^{-1} \in K$. Toutes les classes d'équivalence ont le même nombre d'éléments, le cardinal de K, et on a ainsi une partition de G en un nombre fini de parties de cardinal $|K|$.
- L'ordre d de $a \in G$ est le plus petit entier strictement positif tel que $a^d = 1$ (ou $da = 0$) : c'est aussi le nombre d'éléments du sous-groupe $\langle a \rangle$ engendré par a.
- L'ordre d de tout élément de G est un diviseur de l'ordre n du groupe G. Sans doute le 2ème résultat le plus important de la théorie des groupes finis.
- Si a est d'ordre d et si l'on a $a^m = 1$, alors m est un multiple de d.
- En particulier l'ordre de $\langle a \rangle \cap \langle b \rangle$ divise les ordres de a et de b.
- En conséquence : si les ordres de a et b sont premiers entre eux, alors $\langle a \rangle \cap \langle b \rangle$ est réduit à l'élément neutre (1 ou 0), puisque son ordre est égal à 1.
- Dans le cas d'un groupe commutatif, si les ordres de a et b sont premiers entre eux, alors l'ordre de $a.b$ (ou $a + b$) est le produit des ordres de a et de b.

3 - Résultats concernant les groupes cycliques

— Dans un groupe fini G d'ordre n, on dit que l'élément g est un générateur de G lorsque l'ordre de g est égal à n : on a alors $G = \{1, g, g^2, \cdots, g^{n-1}\}$, formé de n éléments distincts et ensuite $g^n = 1$ (ou bien $G = \{0, g, 2g, \cdots, (n-1)g\}$ avec n éléments distincts et $ng = 0$). G est monogène fini, et on l'appelle groupe cyclique : il est toujours commutatif.

— Tout sous-groupe d'un groupe cyclique est lui-même cyclique.

— $(\mathbb{Z}/n\mathbb{Z}, +)$ est l'archétype du groupe cyclique d'ordre n, il est engendré par $\overline{1}$.

— L'ensemble U_n des racines $n$ième de l'unité (dans $\mathbb{C}$) est un groupe cyclique (multiplicatif) engendré par $z = \exp(2i\pi/n)$.

— Un groupe cyclique d'ordre n possède $\varphi(n)$ générateurs, φ étant la fonction indicatrice d'Euler.

— Dans un groupe cyclique dont l'ordre p est un nombre premier, tout élément autre que le neutre est générateur : on a $\varphi(p) = p - 1$.

— Dans un groupe cyclique d'ordre n dont g est un générateur, les autres générateurs sont tous les g^k où k est premier avec n : il y en a bien $\varphi(n)$.

— Dans le groupe additif $\mathbb{Z}/n\mathbb{Z}$, les générateurs sont les classes $\overline{k}$ où k est premier avec n. Ce sont donc exactement les éléments qui sont inversibles pour la multiplication. *Attention à ne pas confondre, cependant, l'addition et la multiplication.*

— Attention encore : l'ensemble des éléments inversibles pour la multiplication dans $\mathbb{Z}/n\mathbb{Z}$ forme un groupe multiplicatif $\mathbb{Z}/n\mathbb{Z}^\times$, mais il n'a aucune raison d'être cyclique : $\mathbb{Z}/n\mathbb{Z}$ est cyclique pour l'addition, ses générateurs sont les éléments de $\mathbb{Z}/n\mathbb{Z}^\times$, mais on ne sait rien sur $\mathbb{Z}/n\mathbb{Z}^\times$. Par exemple $\mathbb{Z}/8\mathbb{Z}^\times = \{1, 3, 5, 7\}$ où les éléments $\neq 1$ sont d'ordre 2, aucun n'est d'ordre 4, et $\mathbb{Z}/8\mathbb{Z}^\times$ n'est pas cyclique.

— Mais cependant : Lorsque p est un nombre premier, le groupe multiplicatif $F_p^\times = F_p \setminus \{0\}$, à savoir le groupe multiplicatif des entiers inversibles modulo p, est un groupe cyclique d'ordre $p - 1$: il possède donc $\varphi(p-1)$ générateurs.

— Tout groupe cyclique d'ordre n est isomorphe à $\mathbb{Z}/n\mathbb{Z}$.

— Le théorème chinois implique que si $G_1, G_2, \cdots, G_k$ sont cycliques d'ordres n_1, $n_2, \cdots, n_k$ 2 à 2 premiers entre eux, alors le groupe produit $G_1 \times G_2 \times \cdots \times G_k$ est encore un groupe cyclique.

Ce que l'on vous demandera de montrer

— Montrer qu'un ensemble muni d'une certaine loi de composition interne est un groupe, regarder s'il est commutatif ou non.

— Etudier des intersections de sous-groupes, finis ou non.

- Dans un groupe quelconque, trouver l'ordre éventuel d'un élément (*par exemple, dans le groupe des isométries de* $\mathbb{R}^2$, *la rotation d'angle* $\pi/4$ *est d'ordre* 8.)
- Regarder si un groupe fini ou non est monogène.
- Peut-on, surtout dans le cas commutatif, trouver deux éléments a et b tels que tout élément soit de la forme $a^p.b^q$ (ou $pa + qb$) ?
- Dans un groupe fini d'ordre n, trouver l'ordre d d'un certain élément donné a, sans oublier que d divise n.
- Montrer qu'un groupe fini est cyclique.
- Trouver les générateurs d'un groupe cyclique.
- Utiliser le lemme chinois pour montrer qu'un produit de groupes cycliques est ou n'est pas un groupe cyclique.
- Par exemple, savoir montrer que $\mathbb{Z}/8\mathbb{Z}$ n'est pas isomorphe à $\mathbb{Z}/4\mathbb{Z} \times \mathbb{Z}/2\mathbb{Z}$ ni à $\mathbb{Z}/2\mathbb{Z} \times \mathbb{Z}/2\mathbb{Z} \times \mathbb{Z}/2\mathbb{Z}$ ou analogues.
- Trouver le groupe des isométries conservant une figure géométrique (carré, cube...)

Les questions à se poser

- Pour montrer que G est un groupe, dois-je vérifier toutes les propriétés d'un groupe, ou puis-je exhiber un groupe $\mathcal{G}$ connu dont je peux montrer que G est un sous-groupe, bien plus rapidement, comme pour les espaces vectoriels.
- Quels sont donc « les groupes bien connus pour être des groupes ».
- Si tous les éléments de G sont d'ordre fini, est-ce que G est un groupe fini.
- Dans un groupe fini d'ordre n, j'ai $a^m = 1$. Ai-je des relations d'inégalité et/ou divisibilité entre n, m et l'ordre d de a ?
- Je connais les ordres de a et b dans G commutatif : ai-je une information sur l'ordre de $a.b$ (ou $a + b$).
- Est-ce que je fais bien la différence entre le groupe additif $\mathbb{Z}/n\mathbb{Z}$ et le groupe multiplicatif $\mathbb{Z}/n\mathbb{Z}^\times$ (groupe des éléments inversibles de $\mathbb{Z}/n\mathbb{Z}$), même si j'ai compris que les éléments du groupe multiplicatif sont exactement les générateurs du groupe additif ?
- Est-ce que je connais le nombre d'élément de ce groupe multiplicatif ? Quel rapport avec l'indicatrice φ d'Euler ?
- Est-ce que j'ai le droit de dire que le groupe multiplicatif $\mathbb{Z}/n\mathbb{Z}^\times$ est cyclique ?
- Quelle est la spécificité de $F_p = \mathbb{Z}/p\mathbb{Z}$ dans le cas particulier fondamental, et quel est ce cas particulier ?
- Est-il choquant d'avoir un résultat du style : « dans un groupe fini d'ordre 1024, il n'y a que des éléments d'ordre 1 ou 2 » ?

Exercices

Exercice 1 [Les questions 1 et 2 sont indépendantes]

1. Pour $x, y \in]-1, 1[$, on pose $x * y = \dfrac{x+y}{1+xy}$. Montrer que $(]-1, 1[, *)$ est un groupe abélien.
2. Soit $\mathcal{W}$ l'ensemble des complexes de la forme $e^{2i\pi r}$ où $r \in \mathbb{Q}$.
3. a) Montrer que $\mathcal{W}$ est un groupe multiplicatif.
   b) Exprimer $\mathcal{W}$ à l'aide des U_n (racines $n$ème de l'unité).

Exercice 2

1. a) Donner la liste des éléments du groupe additif $\mathbb{Z}/2\mathbb{Z} \times \mathbb{Z}/2\mathbb{Z}$: pour chacun on donnera son ordre.
   b) Ce groupe additif peut-il être isomorphe à $\mathbb{Z}/4\mathbb{Z}$?
2. Donner la liste et les ordres des éléments du groupe additif $\mathbb{Z}/2\mathbb{Z} \times \mathbb{Z}/3\mathbb{Z}$. Quel résultat retrouve-t-on ?

Exercice 3

Soit $E = \{1, 2, 3\}$ et G le groupe des bijections de E sur E, muni de la loi de composition des applications. On note I_d l'application identité dans E.

1. Quel est l'ordre de G (son nombre d'éléments) ?
2. Exhiber dans G un élément a d'ordre 2 (à savoir $a^2 = a \circ a = I_d$) et un élément b d'ordre 3 ($b^3 = b \circ b \circ b = I_d$ mais $b^2 \neq I_d$).
3. En déduire déjà 4 éléments simples de G.
4. a) Donner deux nouveaux éléments qui doivent obligatoirement figurer dans le groupe G, et qui ne sont pas dans les 4 précédents.
   b) Donner, en fonction de a et b la liste des éléments de G et vérifier que G n'est pas commutatif.

Exercice 4

On se place dans le groupe $G = \mathbb{Z}/60\mathbb{Z}$. On appelle A le sous-groupe de G engendré par $a = \overline{15}$ et B celui engendré par $b = \overline{12}$.

1. Énumérer les éléments de A et ceux de B. Quel est l'ordre de A ? Et celui de B ?
   Soit H l'ensemble des éléments de G de la forme $pa + qb$ lorsque p et q décrivent $\mathbb{Z}$.

2. a) Montrer que H est un sous-groupe de G, et qu'il est au moins d'ordre 20.

   b) Le cours dit que l'on peut adjoindre un adjectif au mot « groupe » concernant G, A, B, H : quel est-t-il ?

3. a) Identifier le sous-groupe de $\mathbb{Z}$ formé des entiers de la forme $5p + 4q$ lorsque p, q décrivent $\mathbb{Z}$.

   b) Montrer que H est le sous-groupe d'ordre 20 de G engendré par $c = \overline{3}$.

Exercice 5 [Corrigé en ligne]

On est dans $E = \mathbb{R}^3$ muni de son produit scalaire canonique, et de sa base canonique (i, j, k) considérée comme directe et l'orientant. G est le groupe des bijections de E sur E, avec la composition des applications : on sait qu'il est non commutatif. GL est l'ensemble des automorphismes de E (endomorphismes bijectifs de E), O l'ensemble des isométries de E, O^+ l'ensemble des isométries directes (à déterminant positif), O^- l'ensemble des isométries indirectes (à déterminant négatif), S l'ensemble des symétries orthogonales par rapport à un plan quelconque et R l'ensemble des rotations dont l'axe est la droite « verticale » orientée par k.

1. Dire qui est un sous-ensemble de qui.
2. Pour chaque ensemble donné, dire si c'est un groupe ou non, toujours pour la composition des application.
3. Définir, pour chaque ensemble donné (autre que G), une autre caractérisation faisant appel aux matrices.

Exercice 6 [Corrigé en ligne]

On étudie le groupe G des isométries du plan conservant quelques triangles. Le plan est orienté.

1. Soit ABC un triangle équilatéral de centre O et f une telle isométrie.

   a) Combien a-t-on d'images possibles pour A ? Et ensuite pour B ? Et pour C ? Combien cela fait-il au maximum d'isométries conservant un tel triangle ?

   b) Donner 3 symétries orthogonales conservant ABC.

   c) Donner 3 rotations conservant ABC.

   d) Conclure pour G : quel est son ordre, est-il commutatif ?

2. Reprendre le problème avec ABC isocèle, mais non équilatéral.
3. Qu'en est-t-il avec un triangle dont les trois côtés ont des longueurs différentes ?

Exercice 7

On cherche le centre Z du groupe multiplicatif G des matrices carrées réelles de dimension 2 inversibles, à savoir toutes les matrices inversibles $A = \begin{pmatrix} a & b \\ c & d \end{pmatrix}$ commutant avec n'importe quelle matrice inversible.

0. Montrer que Z est un groupe pour la multiplication des matrices. Dans la suite, A désigne un élément de Z.
1. Calculer $AM - MA$ pour $M = \begin{pmatrix} 1 & 0 \\ 0 & -1 \end{pmatrix}$ et en déduire que A est diagonale.
2. Trouver une matrice M permettant de montrer que A est de la forme aI_2.
3. Montrer que Z est isomorphe au groupe multiplicatif $\mathbb{R}^*$ des réels non nuls.

Exercice 8

[Corrigé en ligne]

On s'intéresse au groupe multiplicatif $G = \mathbb{Z}/49\mathbb{Z}^{\times}$ de l'anneau $\mathbb{Z}/49\mathbb{Z}$, à savoir au groupe multiplicatif des éléments inversibles de l'anneau $\mathbb{Z}/49\mathbb{Z}$. On fera attention dans la question 6 à ne pas confondre les générateurs du groupe additif $\mathbb{Z}/49\mathbb{Z}$ et ceux du groupe multiplicatif $\mathbb{Z}/49\mathbb{Z}^{\times}$.

1. Rappeler la CNS pour qu'un entier modulo 49 appartienne à G, et sans énumérer les éléments de G, dire quel est l'ordre de G.
2. Donner la liste des ordres possibles d'un élément g de G.

   On s'intéresse maintenant à l'ordre de $g = 3$. Rappelons que tous les calculs se font modulo 49, et que les nombres négatifs sont parfaitement légaux. On ne fera aucun calcul compliqué de puissances de 3, on utilisera un maximum de congruences modulo 49, et on pensera au binôme de Newton.
3. Montrer que $g = 3$ n'est ni d'ordre 2 ni 3 ni 6.
4. Montrer que g n'est ni d'ordre 7, ni 14 ni 21.
5. Conclure. Que peut-on dire du groupe G ?
6. Combien G contient-il de générateurs ? On fera un scan manuel/logiciel des entiers k de 1 à 41 pour avoir ceux tels que 3^k soit un générateur de G, puis on donnera (logiciel ou calculatrice) les entiers de 1 à 49 qui sont les générateurs de G.
7. Retrouver directement (sans calcul de congruence) le résultat « G est un groupe cyclique » en utilisant le gros théorème suivant : « soit G un groupe fini et p un nombre premier divisant l'ordre du groupe. Alors il existe un sous-groupe de G d'ordre p. »

Exercice 9

$ABCD$ est un carré avec $\overrightarrow{AB} = \overrightarrow{DC}$, les diagonales sont $[AC]$ et $[BD]$. On s'intéresse aux isométries du plan conservant le carré, i.e. telles que $f(A), f(B), f(C), f(D)$ soient encore les quatre sommets initiaux.

1. Montrer que $[f(A), f(C)]$ et $[f(B), f(D)]$ sont encore des diagonales.
2. Combien a-t-on de choix pour $f(A)$? Une fois $f(A)$ fixé, combien a-t-on de choix pour $f(C)$? Puis pour $f(B)$?
3. En déduire que l'ensemble des isométries conservant le carré est un groupe G à 8 éléments.
4. a) Identifier, de façon purement géométrique, les 8 isométries en question.

   b) Montrer que G est non commutatif.

Exercice 10 [Corrigé en ligne]

On rappelle qu'une matrice carrée A de dimension n est orthogonale lorsqu'elle est inversible et que son inverse est égale à sa transposée. Soit O_n l'ensemble des matrices orthogonales de dimension n.

1. a) Montrer que O_n est un groupe pour le produit des matrices.

   b) Montrer que le déterminant d'une matrice orthogonale vaut ± 1.

   On se donne un sous-groupe fini G de O_n, et on note G^+ l'ensemble des matrices de G dont le déterminant vaut 1 et G^- celui des matrices de déterminant -1. On suppose que G^- est non vide.
2. a) Justifier que G^+ est non vide et est un sous-groupe de G.

   b) Que peut-on dire du produit de 2 éléments de G^- ?

   c) Montrer que la relation « $A \sim B$ lorsque $AB^{-1} \in G^+$ » est une relation d'équivalence dans G.
3. a) Quelle est la classe d'équivalence d'une matrice $A \in G^+$?

   b) Quelle est la classe d'équivalence d'une matrice $B \in G^-$?
4. a) En déduire que G contient seulement deux classes d'équivalence.

   b) Montrer que la classe d'équivalence de $f \in G^-$ est exactement l'ensemble noté $f.G^+$ des produits de f par tous les éléments de G^+.
5. En déduire que G^+ et G^- contiennent le même nombre d'éléments. On donnera l'expression d'une bijection entre G^+ et G^-, en utilisant un élément quelconque f de G^-.
6. L'idée précédente se généralise avec G groupe infini. Soit G le groupe des matrices orthogonales de dimension 2. Rappeler l'expression d'une matrice de G^+ et celle d'une matrice de G^-, trouver la matrice la plus simple qui existe dans G^- et donner l'expression d'une bijection qui existe entre G^+ et G^-. *Cette question nécessite la connaissance des isométries du plan euclidien.*

Corrigés

Exercice 1

1. Sachant que $x, y \in]-1, 1[\Longrightarrow -1 < xy < 1$, on a $1+xy > 0$ et le quotient a un sens. Montrons que l'on a bien une loi de composition interne, i.e. que $-1 < \dfrac{x+y}{1+xy} < 1$. On a $\dfrac{x+y}{1+xy} + 1 = \dfrac{(1+x)(1+y)}{1+xy}$ et $1 - \dfrac{x+y}{1+xy} = \dfrac{(1-x)(1-y)}{1+xy}$, quantités positives : on a bien $x * y \in]-1, 1[$. La loi est clairement commutative. Regardons ensuite l'associativité de la loi :
$(x*y)*z = \dfrac{(x+y)/(1+xy)+z}{1+z(x+y)/(1+xy)} = \dfrac{x+y+z+xyz}{1+xy+yz+zx}$ est clairement égal à $x*(y*z)$.
On a $x * 0 = x$ et $x * (-x) = 0$ pour tout x : le 0 traditionnel est élément neutre, et l'opposé traditionnel $-x$ est l'inverse de x pour la loi $*$.
2. a) Sachant que $e^{2i\pi r}e^{-2i\pi s} = e^{2i\pi(r-s)}$, et que $r - s$ est un rationnel, on a la CNS pour que $\mathcal{W}$ soit un sous-groupe du groupe S^1 des complexes de module 1.
   b) Un élément de $\mathcal{W}$ se détaille en $z = e^{2i\pi m/n}$ où $m \in \mathbb{Z}$ et $n \in \mathbb{N}^*$: on a $z^n = 1$, et z est une racine $n$ème de l'unité. Comme n est quelconque, de même que m, un élément quelconque de $\mathcal{W}$ est un élément d'un certain U_n : on a $\mathcal{W} = \displaystyle\bigcup_{n=1}^{+\infty} U_n$, la réunion des sous-groupes U_n.

Exercice 2

1. a) Il s'agit de $(0,0)$ d'ordre 1, de $(1,0)$, $(0,1)$ et $(1,1)$ d'ordre 2.
   b) Le groupe additif $\mathbb{Z}/4\mathbb{Z}$ est cyclique d'ordre 4, et comporte donc au moins un élément d'ordre 4 (en fait 1 et 3 le sont). Il est impossible d'avoir un isomorphisme f entre ces deux groupes additifs, car f conserverait les ordres des éléments.
2. Il s'agit de $(0,0)$ d'ordre 1, de $(0,1)$ et $(0,2)$ d'ordre 3, de $(1,0)$ d'ordre 2, de $(1,1)$ et $(1,2)$ d'ordre $d = 6$. En effet, pour les deux derniers éléments, l'ordre d vérifie d multiple de 2 (dans $\mathbb{Z}/2\mathbb{Z}$) et d multiple de 3 dans $\mathbb{Z}/3\mathbb{Z}$. La plus petite valeur est $d = 6$. On est dans un groupe d'ordre 6, avec au moins un élément d'ordre 6 : on a un groupe cyclique d'ordre 6, ayant $\varphi(6) = (2-1)(3-1) = 2$ générateurs. Le théorème chinois dit que ce groupe produit est isomorphe à $\mathbb{Z}/6\mathbb{Z}$.

Exercice 3

1. et 2. On a $|G| = 3! = 6$, le nombre de permutations de 3 éléments. On définit a par $a(1) = 2, a(2) = 1$ et $a(3) = 3$. Puis $b(1) = 2, b(2) = 3, b(3) = 1$, d'ordre 3.

2. G contient déjà a, b, b^2 et I_d. Ces 4 éléments sont bien distincts : on a $b^2(1) = 3, b^2(2) = 1, b^2(3) = 2$, rien à voir avec les 3 autres.

3. a) Le groupe G contient obligatoirement les composées $ab = a \circ b$ et $ba = b \circ a$. On a $ab(1) = a(2) = 1, ab(2) = a(3) = 3, ab(3) = a(1) = 2$, qui ne figure pas dans la liste précédente. On a ensuite $ba(1) = b(2) = 3, ba(2) = b(1) = 2, ba(3) = b(3) = 1$ qui ne figure pas non plus dans la liste des 5 précédents.

   b) On a $G = \{I_d, a, b, b^2, ab, ba\}$. Comme $ab \neq ba$, le groupe n'est pas commutatif. Il n'a rien à voir avec l'unique groupe commutatif à 6 éléments, qui est $\mathbb{Z}/6\mathbb{Z}$.

Exercice 4

1. Il s'agit de $A = \{a = \overline{15}, 2a = \overline{30}, 3a = \overline{45}, 4a = \overline{60} = \overline{0}\}$. C'est un groupe à 4 éléments, et il est d'ordre 4. On a $B = \{\overline{12}, \overline{24}, \overline{36}, \overline{48}, \overline{0}\}$. C'est un groupe d'ordre 5. Ces deux groupes sont cycliques, puisque monogène.

2. a) La différence $(pa + qb) - (p'a + q'b) = (p - p')a + (q - q')b$ de deux éléments de H est encore dans H : c'est la CNS pour que H soit un sous-groupe de G. Par ailleurs, A est un sous-groupe d'ordre 4 de H (prendre $q = 0$) et l'ordre de H est donc un multiple de 4. De même, c'est un multiple de 5. Comme 4 et 5 sont premiers entre eux, l'ordre de H est un multiple de 20.

   b) G est l'archétype du groupe cyclique d'ordre 60. Tout sous-groupe d'un groupe cyclique est encore cyclique : nos groupes, H en particulier, sont cycliques.

3. a) Comme 4 et 5 sont premiers entre eux, le sous-groupe de $\mathbb{Z}$ formé des $5p + 4q$ est $\mathbb{Z}$ tout entier d'après Bézout : on a $1 = 5(1) + 4(-1)$ qui appartient à ce sous-groupe. Tous les entiers relatifs en font donc partie.

   b) H est l'ensemble des $\overline{x} = p\overline{15} + q\overline{12}$ lorsque p et q décrivent $\mathbb{Z}$, les congruences étant modulo 60, à savoir l'ensemble des classes modulo 60 des $x = 3(5p + 4q)$, lorsque p, q décrivent $\mathbb{Z}$. La question 3.a dit que les x en question sont exactement les entiers divisibles par 3. H est donc le sous-groupe cyclique de G engendré par $\overline{3}$. C'est un groupe cyclique d'ordre 20, puisque 20 est le plus petit entier h tel que $3h$ soit multiple de 60.

Exercice 7

0. On montre que Z est un sous-goupe de G : (i) si $AM = MA$ pour toute $M \in G$, on a $A^{-1}M^{-1} = M^{-1}A^{-1}$ pour toute $M \in G$, à savoir pour toute $M^{-1} \in G$, ce qui s'écrit encore $A^{-1}M' = M'A^{-1}$ pour toute $M' \in G$: A^{-1} est bien dans Z. (ii) Si $AM = MA$ et $BM = MB$ pour toute $M \in G$, on a $(AB)M = A(BM) = A(MB) = (MB)A = M(BA)$. Mais, en particulier $BA = AB$ et il vient $(AB)M = M(AB)$, ce qui montre que $AB \in Z$ pour toutes $A, B \in Z$. Les deux conditions montrent que Z est un sous-groupe de G, évidemment commutatif.

1. On trouve $AM - MA = \begin{pmatrix} 0 & -2b \\ -2c & 0 \end{pmatrix}$. Pour que $AM = MA$, on doit avoir $b = c = 0$, à savoir A diagonale.
2. Pour $M = \begin{pmatrix} 0 & 1 \\ 1 & 0 \end{pmatrix}$, $AM - MA = \begin{pmatrix} 0 & a-d \\ d-a & 0 \end{pmatrix}$ est nulle pour $a = d$. Il reste $A = aI_2$. Réciproquement, toute matrice aI_2 avec $a \neq 0$ convient.
3. L'application $a \in \mathbb{R}^* \mapsto f(a) = aI_d \in Z$ vérifie $f(ab) = abI_2 = (aI_2)(bI_2) = f(a)f(b)$: c'est un morphisme de groupes. De plus, elle est clairement bijective.

Exercice 9

1. La conservation des distances avec une isométrie impose que $f(A)f(C) = AC$ soit la longueur d'une diagonale, différente de la longueur des côtés. Donc $[f(A)f(C)]$ est une diagonale et $[f(B)f(D)]$ est l'autre diagonale.
2. On a quatre choix pour $f(A)$; ensuite, il y a un seul choix pour $f(C)$: le sommet diagonalement opposé à $f(A)$. Il reste à fixer les images de B et de D, parmi deux sommets diagonalement opposés. $f(B)$ est l'un des deux sommets (deux choix) et $f(D)$ est le dernier. Au total, on a 4×2 choix possibles pour fixer f.
3. G compte 8 éléments, et c'est un sous-ensemble du groupe des isométries du plan. L'inverse d'une isométrie conservant le carré conserve encore le carré, et de même pour la composée de deux telles isométries : G est un sous-groupe du groupe des isométries du plan, et donc un groupe d'ordre 8.
4. a) Il s'agit des symétries orthogonales par rapport aux deux diagonales et aux deux médiatrices des côtés (4 isométries indirectes) et des rotations de centre O (le centre du carré) et d'angle $\pi/2$, puis π (la symétrie de centre O), celle d'angle $3\pi/2$ puis celle d'angle 2π, à savoir l'identité (4 isométries directes).

   b) Soit s_1 la symétrie par rapport à la diagonale $[AC]$ et s_2 celle par rapport à la médiatrice de $[AB]$, droites faisant un angle de $\pi/4$. La composée $s_2 \circ s_1$ est la rotation de centre O et d'angle $\pi/2$ mais $s_1 \circ s_2$ est celle d'angle $-\pi/2$. Le groupe n'est pas commutatif.

Chapitre 19

Permutations

Domaines concernés

- On étudie les permutations d'un ensemble fini à n éléments, à savoir les bijections de cet ensemble sur lui-même. Elles forment un groupe, noté $\mathcal{S}_n$, non commutatif à partir de $n = 3$, et d'ordre $n!$ d'après la théorie des dénombrements. On peut toujours représenter un ensemble à n éléments par $\{1, 2, \cdots, n\}$. Une permutation s peut se représenter par la matrice $\begin{pmatrix} 1 & 2 & \cdots & n \\ s(1) & s(2) & \cdots & s(n) \end{pmatrix}$ où les images des éléments se lisent colonne par colonne. Mais pour les permutations les plus classiques, on simplifiera vite cette écriture un peu lourde.
- Un élément qui ne change pas par la permutation s (i.e. $s(k) = k$) est dit invariant, et souvent « on n'en parlera même pas ».
- Une permutation τ qui se contente d'échanger deux éléments (par exemple $\tau(2) = 5$ et $\tau(5) = 2$, les autres restant invariants) s'appelle transposition et se note $\tau = (2\ 5)$ ou $\tau = (5\ 2)$: elles sont vitales.
- Une permutation c du style $2 \mapsto 5 \mapsto 3 \mapsto 8 \mapsto 9 \mapsto 2$ s'appelle un cycle et se note $c = (2\ 5\ 3\ 8\ 9)$: elles sont tout aussi vitales (et simples). Attention : cette écriture sous-entend que les éléments qui ne sont pas mentionnés dans l'expression de c sont invariants par c. Une transposition est un cycle de longueur 2.
- Un cycle de la forme $c = (c_1\ c_2\ \cdots\ c_n)$ faisant intervenir tous les éléments de 1 à n s'appelle permutation circulaire de $\{1, 2, \cdots, n\}$.
- On appelle support de la permutation σ les entiers qui vérifient $\sigma(k) \neq k$. Ce sont ceux sur lesquels σ travaille véritablement, en les modifiant. Les autres ont peu d'intérêt.

Résultats fondamentaux utilisables

1 - Généralités

- Le groupe $\mathcal{S}_n$ n'est pas commutatif, mais deux permutations dont les supports sont disjoints commutent entre elles.
- Une permutation $\sigma \in \mathcal{S}_n$ est un élément d'un groupe fini et possède un ordre : c'est le plus petit entier $d \geq 1$ tel que $\sigma^d = I_d$. C'est donc un diviseur de $n!$
- Une transposition est d'ordre 2. Un cycle $c = (c_1 \ c_2 \ \cdots \ c_p)$ est d'ordre p. On parle, en abrégé de p-cycle.
- Danger : si c est un cycle, ses puissances c^k n'ont aucune raison d'être encore un cycle. Par exemple $(2\ 4\ 5\ 1)^2 = (1\ 4)(2\ 5) = (2\ 5)(1\ 4)$. C'est le produit de deux transpositions, et ce n'est pas un cycle.
- Toute permutation est une transposition ou un produit de transpositions. Ce résultat est intéressant de façon théorique mais assez rude à mettre en pratique, car le produit en question n'est pas commutatif et peut être immense !
- On a plus simple et plus intéressant : toute permutation est un cycle ou un produit commutatif de cycles à supports 2 à 2 disjoints. L'écriture est unique, à l'ordre des facteurs près. Par exemple $\begin{pmatrix} 1 & 2 & 3 & 4 & 5 & 6 & 7 & 8 & 9 \\ 3 & 7 & 8 & 9 & 4 & 5 & 2 & 1 & 6 \end{pmatrix} = (2\,7)(1\,3\,8)(4\,9\,6\,5)$.
- Quand on a décomposé une permutation en produit de cycles à supports disjoints, son ordre est le PPCM des longueurs des différents cycles intervenant.
- Le nombre d'inversions de la permutation σ est le nombre total de couples $[i, j]$ (avec $i < j$) présentant une inversion dans leur image : $\sigma(i) > \sigma(j)$. Une permutation σ est dite paire (ou de signature $\varepsilon(\sigma) = +1$) quand son nombre d'inversions est pair et est dite impaire (ou de signature $\varepsilon(\sigma) = -1$) quand ce nombre est impair.
- La signature d'un produit de permutations est égal au produit des signatures.
- Une transposition τ est impaire : $\varepsilon(\tau) = -1$. Un cycle c de longueur p est pair si p est impair et vice versa : $\varepsilon(c) = (-1)^{p-1}$.
- Quand on a décomposé une permutation en produit de cycles à supports disjoints, sa signature est le produit des signatures des différents cycles intervenant, et est donc immédiate à calculer.
- les permutations paires de $\{1, 2, \cdots, n\}$ forment un sous-groupe de $\mathcal{S}_n$, appelé groupe alterné $\mathcal{A}_n$, et d'ordre $n!/2$. Dans $\mathcal{S}_n$, il y a autant de permutations paires que de permutations impaires.
- Pour $n \geq 3$, toute permutation paire (tout élément de $\mathcal{A}_n$) est le produit d'un nombre pair de transpositions, à savoir un produit de 3-cycles (de la forme $(a_1\ a_2\ a_3)$).

2 - Conjugaison de deux permutations

— Il s'agit d'une notion qui fait toujours peur, mais en fait est simple : s et s' sont conjuguées quand il existe une permutation σ telle que $s = \sigma^{-1}s'\sigma$. La CNS est que s et s' se décomposent en le même nombre de cycles à supports disjoints, ces cycles ayant 2 à 2 la même longueur. On peut dire que s et s' ont la « même structure géométrique » : $s = c_1c_2\cdots c_k, s' = c'_1c'_2\cdots c'_k$, chaque c_i ayant la même longueur que c'_i.

— La relation de conjugaison est une relation d'équivalence dans $\mathcal{S}_n$.

— Pour conjuguer s et s', on conjugue cycle par cycle, par une simple écriture bien à la verticale, et les valeurs de σ se lisent sans aucun calcul.

Exemple : $s' = \begin{pmatrix} 1 & 2 & 3 & 4 & 5 & 6 & 7 & 8 & 9 \\ 3 & 7 & 8 & 9 & 4 & 5 & 2 & 1 & 6 \end{pmatrix} = (1,3,8)(2,7)(4,9,6,5)$

et $s = \begin{pmatrix} 1 & 2 & 3 & 4 & 5 & 6 & 7 & 8 & 9 \\ 2 & 9 & 5 & 8 & 3 & 7 & 4 & 6 & 1 \end{pmatrix} = (1,2,9)(3,5)(4,8,6,7)$, chacune décomposée en produits de cycles à supports disjoints.

— On écrit les deux décompositions bien l'une au-dessus de l'autre, en respectant les longueurs des cycles, et on lit les valeurs de σ de haut en bas :

$s =$ $(1,3,8)(2,7)(4,9,6,5)$	
	$\downarrow$ lecture de σ de haut en bas
$s' =$ $(1,2,9)(3,5)(4,8,6,7)$	

à savoir $\sigma(1) = 1, \sigma(3) = 2, \sigma(8) = 9, \sigma(2) = 3, \sigma(7) = 5, \sigma(4) = 4, \sigma(9) = 8, \sigma(6) = 6, \sigma(5) = 7$, qu'il vaut mieux réécrire naturellement :

$\sigma = \begin{pmatrix} 1 & 2 & 3 & 4 & 5 & 6 & 7 & 8 & 9 \\ 1 & 3 & 2 & 4 & 7 & 6 & 5 & 9 & 8 \end{pmatrix}.$

— En faisant par exemple la composée $\sigma^{-1}s'\sigma(3)$, on obtient $3 \mapsto 2$ par $\downarrow$ dans σ, puis $2 \mapsto 9$ (par s' $\rightarrow$ dans son expression) puis $9 \mapsto 8$ par $\uparrow$ en remontant σ de bas en haut (pour avoir σ^{-1}), et on a bien $s(3) = 8$ ($\rightarrow$ dans l'expression de s).

— On a $\sigma = (2,3)(5,7)(8,9)$, une fois décomposée en produit de 3 transpositions (2-cycles) à supports disjoints, mais cela n'apporte rien de plus.

— On aurait très bien pu écrire $(3,8,1)$ dans s, ça ne changeait pas le principe, on aurait eu une autre permutation σ, il n'y a pas unicité.

Ce que l'on vous demandera de montrer

— Décomposer une permutation en un produit de transpositions : exercice académique très désagréable, à faire une fois, mais sans débouché réel. Encore pire : la décomposer en produits de $(i, i+1)$, transpositions de deux éléments consécutifs. Attention, ces produits ne sont pas commutatifs, le clou !

— Ouf, décomposer une permutation en produit [obligatoirement] commutatif de cycles à supports 2 à 2 disjoints. Très simple, mécanique, et offrant plein de possibilités ensuite.
— Calculer l'ordre d'une permutation : facile après avoir décomposé en produit de cycles à supports 2 à 2 disjoints, juste une histoire de PPCM des longueurs [ordres] des cycles.
— Trouver la signature d'une permutation : idem, d'abord décompoer en produit de cycles à supports 2 à 2 disjoints.
— Décomposer une permutation paire en un produit de 3-cycles du style (a, b, c).
— Conjuguer deux permutations qui peuvent l'être : facile, voir l'exemple ci-dessus, moins stressant que prévu !

Les questions à se poser

— Elles sont nombreuses, et surtout sans vraie réponse !
— Je démarre comment pour décomposer en produit de transpositions ?
— Ouf plus aisé, je démarre comment pour décomposer en produit de cycles à supports 2 à 2 disjoints : partir d'un élément, le suivre avec ses images successives. Quand on retombe sur lui, recommencer à partir d'un nouvel élément hors du cycle. Assez aisé et même amusant.
— Je conjugue comment, je calcule la signature comment : idem décomposer en produit de cycles à supports 2 à 2 disjoints.
— Quel est le [grosso modo] seul cas où un produit de permutations est commutatif ?
— Si je veux vérifier ma décomposition en un produit souvent un peu long, je fais comment pour vérifier que je ne me suis pas planté ?
— Est-ce-que je peux faire une interprétation géométrique [permutation des sommets d'un polygone] me donnant une vision plus pratique de mes histoires de permutation ?

Exercices

Exercice 1 [très désagréable, mais à savoir faire une fois]

1. Écrire le cycle $c = (1\ 2\ 3)$ comme produit de deux transpositions.
2. Décomposer le cycle $c = (1\ 2\ 3\ 4\ 5\ 6)$ en un produit de cinq transpositions de deux entiers consécutifs.
3. Soit $j > i > 1$. Décomposer la transposition (i, j) en produit de transpositions contenant toutes 1.
4. Identifier $s = (5,6)(4,5)(3,4)(2,3)(1,2)(2,3)(3,4)(4,5)(5,6)$.

Exercice 2

Soit $a = \begin{pmatrix} 1 & 2 & 3 & 4 & 5 & 6 & 7 & 8 & 9 \\ 3 & 8 & 5 & 6 & 1 & 9 & 4 & 2 & 7 \end{pmatrix}$ et $b = \begin{pmatrix} 1 & 2 & 3 & 4 & 5 & 6 & 7 & 8 & 9 \\ 5 & 8 & 4 & 7 & 6 & 1 & 9 & 2 & 3 \end{pmatrix}$.

1. Décomposer a et b en produits de cycles à supports disjoints. Donner leur ordre et leur signature.
2. Trouver une permutation h paire et une impaire telle que $h^{-1}ah = b$.

Exercice 3

1. Montrer qu'un élément de $\mathcal{S}_n$ est le produit de au maximum $E(n/2)$ cycles à supports disjoints (E désigne la partie entière).
2. Quel est l'ordre de $\mathcal{S}_6$? Montrer que pour tout $\sigma \in \mathcal{S}_6$, on a $\sigma^{60} = I_d$.
3. Quelles valeurs peut prendre l'ordre d'un élément de $\mathcal{S}_7$?

Exercice 4 [Corrigé en ligne]

1. a) Quels sont les ordres possibles des éléments d'un groupe d'ordre 4 ?
   b) Montrer qu'un groupe à 4 éléments est nécessairement commutatif.
   c) Quels sont (congruences ?) les deux groupes bien connus d'ordre 4 ?
   On se place dans $\mathcal{S}_4$. Soit $\mathcal{V} = \{I_d, (1,2)(3,4),\ (1,3)(2,4),\ (2,3)(1,4)\}$.
2. Montrer que $\mathcal{V}$ est un sous-groupe de $\mathcal{S}_4$. Ordre de chacun de ses éléments ?
3. a) Combien a-t-on de transpositions dans $\mathcal{S}_4$?
   b) Montrer que $\forall s \in \mathcal{V}, \forall \sigma \in \mathcal{S}_4$, alors $\sigma^{-1} s \sigma \in \mathcal{V}$.
4. Sachant qu'à un isomorphisme près, les deux groupes additifs de la question 1.c sont les uniques groupes d'ordre 4, auquel des deux $\mathcal{V}$ est-il isomorphe ?

Corrigés

Exercice 1

1. Le cycle envoie 1 sur 2. On commence par la transposition (1 2). Elle envoie 2 sur 1, et il faut donc envoyer 1 sur 3 pour avoir $c(3) = 1$: effectuons la transposition (1 3), et regardons le produit (attention à l'ordre) (1 3)(1 2). Il envoie bien 1 sur 2 puis 2 sur 3 et 3 sur 1. On peut aussi commencer par envoyer 3 sur 1 et prendre (3 2)(1 3).
2. De façon analogue, $(1,2,3,4,5,6) = (1,2)(2,3)(3,4)(4,5)(5,6)$. Attention : quand on cherche, à partir du produit de transpositions, l'image de [par exemple] 3, on la cherche en partant de la première apparition du 3 dans le produit, i.e. le 3 se trouvant dans la troisième transposition à partir de la droite, et qui donne 4. Ensuite, comme le 4 n'apparaît pas à gauche de $(3,4)$, on en a terminé avec l'image de 3 : c'est 4, terminé. Hors de question de remonter vers la droite, on descend vers la gauche en permanence.
3. On pense d'abord à envoyer j sur 1 et 1 sur j par $(1,i)(1,j)$, mais ça ne marche pas, puisque i donne 1. Il faut ensuite repasser de 1 à j, soit $(i,j)=(1,j)(1,i)(1,j)$. Le 1 est bien invariant.
4. On calcule les images de $1,2,3,4,5,6$ et on arrive à $s = (1,6)$ seulement.

Exercice 2

1. On commence par décomposer nos deux permutations en produits de cycles à supports 2 à 2 disjoints (la formulation de la question 2 et l'exemple donné dans les récapitulatifs justifient que l'on mette b en première ligne ci-dessous) :
   $b = (1,5,6)(2,8)(3,4,7,9)$ $\quad\downarrow$ lecture de h vers le bas (question 2)
   $a = (1,3,5)(2,8)(4,6,9,7)$
   À chaque fois, on a une transposition, un 3-cycle et un 4-cycle. Le PPCM des ordres des cycles intervenant dans chacune est 12, ce qui est l'ordre de chaque permutation. Un 2-cycle est impair, un 3-cycle est pair et un 4-cycle est impair. Chaque permutation est donc paire.
2. Avec $b = h^{-1}ah$, h doit envoyer $(1,5,6)$ (cycle de b en haut) sur $(1,3,5)$ (cycle de a en bas). On prend $h(1) = 1, h(5) = 3, h(6) = 5$. De même, h doit envoyer $(3,4,7,9)$ sur $(4,6,9,7)$. On prend $h(3) = 4, h(4) = 6, h(7) = 9, h(9) = 7$. On ne touche ni à 2 ni à 8. Finalement $h = \begin{pmatrix} 1 & 2 & 3 & 4 & 5 & 6 & 7 & 8 & 9 \\ 1 & 2 & 4 & 6 & 3 & 5 & 9 & 8 & 7 \end{pmatrix} = (3,4,6,5)(7,9)$ convient.
   C'est une permutation paire. On peut avoir une permutation impaire en composant par $(2,8)$, ce qui ne change rien au final, puisque la transposition $(2,8)$ est commune aux 2 permutations a et b et commute avec tout le monde.

Exercice 3

1. Tout cycle étant au moins de longueur deux, et les supports deux à deux disjoints, on en a au maximum $n/2$ dans la décomposition d'une permutation quelconque.
2. S_6 est d'ordre $6! = 720$. Une permutation quelconque y est le produit de au maximum trois cycles à supports disjoints. Regardons les cas possibles pour l'ordre d de σ :

   — un cycle d'ordre six : $d = 6$.

   — un cycle d'ordre cinq : $d = 5$.

   — un cycle d'ordre quatre : $d = 4$ quoi qui se passe hors de ce cycle (une transposition ou deux invariants).

   — deux cycles d'ordre trois : $d = 3$.

   — un cycle d'ordre trois et trois invariants : $d = 3$. Un cycle d'ordre 3 et une transposition $d = 6$.

   — uniquement des transpositions : $d = 2$.

   Dans tous les cas, d est un diviseur de 60. Il n'existe aucun élément d'ordre 60, le plus grand ordre possible est 6. Attention à ne pas dire que le produit d'un cycle d'ordre 6 par un d'ordre 5 est d'ordre 30 : deux tels cycles ne sont pas à support disjoints et ne commutent donc pas. L'ordre du produit n'est donc pas égal au PPCM des ordres.

3. Le même raisonnement conduit aux valeurs possibles suivantes. La première colonne signifie qu'il existe au moins un cycle de la longueur indiquée et aucun de longueur supérieure :

longueur	ordres possibles	longueur	ordres possibles
sept	7	six	6
cinq	5 ou 10	quatre	4 ou 12
trois	3 ou 6	deux	2

Analyse

Chapitre 21

Les suites numériques

A priori, une suite d'éléments d'un ensemble E est une application u de $\mathbb{N}$ dans E, l'image de l'entier n étant notée u_n. Ici, on se contente de $E = \mathbb{R}$ ou $E = \mathbb{C}$.

Domaines concernés

— Les suites $\{u_n\}$ à termes réels ou complexes, définies explicitement à partir de $n = 0$ ou $n = 1$ (généralement), ou alors par une relation de récurrence $u_{n+1} = f(u_n)$ et la donnée du premier terme u_0, ou même la donnée de u_0, u_1 et la relation de récurrence $u_{n+2} = au_{n+1} + bu_n$.

— Etude de la convergence de la suite vers une certaine limite ℓ.

— Les résultats théoriques permettant d'affirmer qu'une suite converge, tout en étant incapables de trouver la limite.

— Les termes « majorée, minorée, monotone » s'appliquent évidemment uniquement aux suites à valeurs réelles. L'étude de la monotonie d'une suite est souvent très enrichissante.

— La suite en elle-même, à savoir le processus $n \in \mathbb{N} \mapsto u_n$ (ou bien l'ensemble de tous les termes de la suite) sera notée $\{u_n\}$ ou (u_n), la notation u_n étant réservée au terme d'ordre n de la suite.

Résultats fondamentaux utilisables

1 - Théorèmes généraux

— La définition de la convergence vers ℓ « avec $\forall \varepsilon, \exists n_0 \cdots$ » Les définitions analogues vers $\pm\infty$.

— Les théorèmes classiques sur la somme, le produit, le quotient, la suite $f(u_n)$ où f est une fonction continue là où il faut...

— Les manipulations sur les formes indéterminées, techniques analogues à celles utilisées avec les fonctions.

— Les définitions de suite bornée ($\mathbb{R}$ ou $\mathbb{C}$), de suite croissante, décroissante, majorée, minorée ($\mathbb{R}$ uniquement).

  — Les théorèmes de convergence relatifs aux suites croissantes et aux suites décroissantes.

  — L'application des suites monotones aux suites adjacentes : $a_n \leq b_n$ pour tout n ; $\{a_n\}$ croissante et $\{b_n\}$ décroissante ; $\lim_{n\to+\infty}(b_n - a_n) = 0$. Alors les deux suites convergent et ont la même limite ℓ vérifiant $a_n \leq \ell \leq b_n$ pour tout n. Il s'agit du théorème des segments emboîtés, qui est la version plus géométrique.

  — Cauchy : $\{u_n\}$ converge ssi $\forall \varepsilon > 0, \exists n_0 \in \mathbb{N}, \forall p, q > n_0, |u_p - u_q| < \varepsilon$.

  — En comprenant bien que les trois résultats précédents permettent d'affirmer que la suite (les suites) converge(nt), mais ne donnent pas la limite.

— Si la suite récurrente définie par $u_{n+1} = f(u_n)$ converge vers ℓ, alors cette limite potentielle vérifie $\ell = f(\ell)$, dans l'hypothèse où f est continue là où il faut (notion floue à préciser !) La relation $\ell = f(\ell)$ permet d'écrire, avec les accroissements finis, $u_{n+1} - \ell = f(u_n) - f(\ell) = f'(\zeta)(u_n - \ell)$ et d'en tirer des conclusions en itérant : mais on doit être sur un intervalle stable par f et où l'on a des informations sur la dérivée f'.

— Une fonction g est continue en x_0 si et seulement si pour toute suite (u_n) convergeant vers x_0, alors la suite $\{g(u_n)\}$ converge vers $g(x_0)$.

— Bolzano-Weierstraß : toute suite réelle ou complexe bornée contient une sous-suite convergente.

— Tout réel est limite d'une suite de rationnels (densité de $\mathbb{Q}$ dans $\mathbb{R}$).

2 - Suites fondamentales

— Une suite géométrique réelle ou complexe de raison q (à savoir $u_{n+1} = qu_n = q^n u_0$ avec $q \neq 1$) converge si et seulement si $|q| < 1$, et sa limite est nulle. Une suite arithmético-géométrique ($u_{n+1} = au_n + b$) converge ssi $|a| < 1$; sa limite vérifie $\ell = a\ell + b$ et la suite de terme général $u_n - \ell$ est géométrique de raison a.

— L'ensemble des suites vérifiant $u_{n+2} = au_{n+1} + bu_n$ forme un espace vectoriel de dimension 2 sur $\mathbb{R}$ ou $\mathbb{C}$. On a $u_n = \lambda r_1^n + \mu r_2^n$ où r_1, r_2 sont les racines distinctes *réelles ou complexes* de $r^2 = ar + b$ ou bien on a $u_n = r_1^n(\lambda n + \mu)$ lorsque cette équation $r^2 = ar + b$ admet une racine double r_1.

— Les formules $1 + 2 + \cdots + n = \dfrac{n(n+1)}{2}$ et $1 + q + \cdots + q^n = \dfrac{1 - q^{n+1}}{1 - q}$.

— Si α est irrationnel, alors la suite de terme général $z_n = \exp(2i\pi n\alpha)$ est dense sur le cercle trigonométrique (tout petit arc du cercle contient une infinité de termes de la suite) ; sinon la suite est périodique.

Ce que l'on vous demandera de montrer

— Calculer d'une façon ou d'une autre la limite d'une suite, quelle que soit son mode de définition.

— Donner un majorant de n_0 en fonction de ε : quand on souhaite trouver à partir de quel n on est assuré que $|u_n - \ell| < \varepsilon$.

— Etudier la monotonie éventuelle d'une suite, et en tirer ou non des conclusions sur la convergence.

— Montrer qu'une suite converge en introduisant une seconde suite, telle que les deux suites sont adjacentes.

— S'attaquer au « redoutable cas » $u_{n+1} = f(u_n)$, où il faut suivre de près les indications, tout est possible !

Les questions à se poser

— Bien comprendre que les premiers termes d'une suite ne servent à rien au niveau de la convergence. Par exemple, si la suite est croissante à partir de seulement $n = 587$, le théorème de convergence des suites croissantes s'applique encore !

— Quels résultats relatifs aux limites des fonctions s'étendent-ils sans souci aux suites ?

— Dans quelles circonstances dois-je utiliser la définition de la limite faisant appel à ε et n_0 ? Quand puis-je me contenter des opérations sur les limites ?

— Ai-je fait le tour des identités remarquables qui peuvent simplifier l'écriture et permettre de conclure ?

— Est-ce que je maîtrise bien les suites adjacentes ?

— Les suites adjacentes sont-elles plus faciles à conceptualiser que le théorème des segments emboîtés ?

— Danger : même avec une fonction continue f simple (par exemple $f(x) = 2x^2 - 1$), le comportement de la suite récurrente $u_{n+1} = f(u_n)$ peut se révéler « catastrophique et compliqué » suivant la valeur de u_0. Je dois donc faire très attention, et suivre les indications de l'énoncé.

— Si j'ai plusieurs suites récurrentes dépendant l'une de l'autre, n'ai-je pas un cas « simple » où je peux me ramener à une histoire de matrice et de puissance de matrice (voir une certaine fiche d'algèbre) ?

— Est-ce que je maîtrise bien la notion de sous-suite, entre-autre avec Bolzano-Weierstraß ?

Exercices

Exercice 1

1. En revenant à la définition, montrer que $\lim_{n\to+\infty}(\sqrt{n^2+3n+5}-n) = 3/2$. Pour tout $\varepsilon > 0$ on donnera une valeur minimale de n assurant que $|u_n - 3/2| < \varepsilon$.
2. Montrer par l'absurde que la suite (u_n) définie par récurrence par $u_0 > 0$ et ensuite $u_{n+1} = u_n + 1/u_n$ ne peut pas converger vers une limite finie.

Exercice 2

Pour $n \geq 1$, soit $a_n = 1 - 1/2 + 1/3 - 1/4 + \cdots + 1/(2n-1) - 1/(2n)$ et $b_n = 1 - 1/2 + 1/3 - 1/4 + \cdots + 1/(2n-1)$.

1. Montrer que les suites sont adjacentes et conclure.
2. a) Donner un encadrement « grossier » de la limite commune ℓ.

   b) Donner un entier n tel que a_n soit une valeur approchée de ℓ à 10^{-3} près.

   c) Que peut-on dire de la suite de terme général $u_n = \sum_{k=0}^{n} \frac{(-1)^{k-1}}{k}$?
3. Cette question demande la connaissance de la notion de série. Exprimer le résultat de la question 2.c à l'aide de la série de terme général $w_n = (-1)^n/n$.

Exercice 3

On va montrer explicitement que la suite de terme général $u_n = \sum_{k=0}^{n} \frac{(-1)^{k-1}}{k}$ de l'exercice 2 converge vers $\ln 2$.

1. Ecrire la formule de MacLaurin pour la fonction $t \mapsto \ln(1+t)$.
2. En déduire que $\left|\ln 2 - \left(1 - \frac{1}{2} + \frac{1}{3} - \frac{1}{4} + \cdots + \frac{(-1)^{n-1}}{n}\right)\right| < \frac{1}{n+1}$ et conclure.

Exercice 4

Soit $u_n = 1 + \frac{1}{2^2} + \cdots + \frac{1}{n^2}$, somme des inverses des carrés des entiers de 1 à n.

1. Etudier la monotonie de la suite (u_n).
2. Montrer que $\forall n \geq 2$ on a $\frac{1}{n^2} < \frac{1}{n(n-1)}$ puis que $\frac{1}{n(n-1)} = \frac{1}{n-1} - \frac{1}{n}$.
3. Comparer $1/n^2$ et $1/(n-1) - 1/n$, pour $n \geq 2$.
4. En déduire que $u_n < 2 - 1/n$ et conclure.

Exercice 5

Pour $n \geq 1$, on note $u_n = \left(1 + \dfrac{1}{n}\right)^n$. On suppose connues les fonctions logarithme et exponentielle. On pose $w_n = \ln u_n$.

1. Donner un majorant de la suite (w_n), et en déduire un majorant de (u_n).
2. A partir du développement asymptotique de $\ln(1 + 1/n)$, donner un développement asymptotique de w_{n+1} à un ordre permettant de déterminer le signe de $w_{n+1} - w_n$ pour n assez grand.
3. Conclure à la convergence de la suite (u_n).

Exercice 6 [Corrigé en ligne]

Pour $n \geq 3$, on note $u_n = \left(1 + \dfrac{1}{n}\right)^n$. Attention, contrairement à l'exercice précédent, il est interdit d'utiliser les fonctions logarithme ou exponentielle. On va travailler uniquement avec les rationnels et les 4 opérations de l'école primaire !

1. Montrer que l'on peut écrire $u_n = 2 + \displaystyle\sum_{k=2}^{n} \frac{A_{n,k}}{k!}$ où $A_{n,k}$ est un rationnel de $]0, 1]$ vérifiant $A_{n,k} \leq A_{n+1,k}$ pour tout $2 \leq k \leq n$.
2. Quelle propriété de la suite (u_n) peut-on en déduire ?
3. a) Comparer, pour $k \geq 2$, les nombres $k!$ et 2^{k-1}.
   b) En déduire que $2 < u_n < 2 + \dfrac{1}{2} + \dfrac{1}{2^2} + \cdots + \dfrac{1}{2^n}$.
4. a) En déduire que la suite (u_n) converge vers une limite $\ell \leq 3$.
   b) En regardant à partir de quand on a $k! \geq 2^k$, trouver une majoration plus fine de u_n et un majorant de ℓ plus petit que 3.
   c) En regardant à partir de quand on a $k! \geq 3^k$, trouver une majoration plus fine de u_n et un majorant de ℓ encore meilleur.

Remarque : un gros théorème sur les séries de fonctions appliqué à l'exponentielle, montre que cette limite est égale à e. Mais on peut aussi définir l'exponentielle par $e^x = \displaystyle\lim_{n \to +\infty} \left(1 + \frac{x}{n}\right)^n$.

Exercice 7

On étudie la suite (u_n) définie par la donnée de u_0 et la relation $u_{n+1} = 2u_n^2 - 1$. On note $f(x) = 2x^2 - 1$.

1. a) En supposant que la suite converge, donner les valeurs de ses limites possibles.
   b) Supposons qu'il existe un entier m tel que $u_m = -1/2$ ou $u_m = 1$: que peut-on dire de la suite (u_n) ?

2. Montrer que si $|u_0| > 1$, alors la suite tend vers $+\infty$.
3. Montrer que si $u_0 \in [-1, 1]$, alors tous les u_n sont encore dans $[-1, 1]$.

On suppose maintenant que $u_0 \in [-1, 1]$, et on va montrer que la suite ne peut pas converger. On raisonne par l'absurde, en montrant qu'elle ne peut pas converger vers $\ell = -1/2$, sauf dans le cas où elle est stationnaire égale à ℓ (voir 1.b). La démonstration pour l'autre limite possible est exactement la même.

4. Trouver un intervalle $\mathcal{I}$ de centre $-1/2$ sur lequel $|f'(x)| \geq 3/2$.
5. a) Montrer que si $u_n \in \mathcal{I}$, alors $|u_{n+1} - \ell| \geq (3/2)|u_n - \ell|$.
   b) Supposons que la suite converge vers ℓ (sans être stationnaire égale à ℓ) : montrer que $|u_n - \ell|$ tend vers $+\infty$ et conclure à l'impossibilité.

Exercice 8

Dans le Beau Pays, une ville est divisée en un quartier A au nord de la rivière et un quartier B au sud. Chaque année, 2/3 des habitants de A restent en A mais les autres franchissent les ponts et vont en B. De même, 3/4 des habitants de B restent en B mais 1/4 file en A. L'an 2000 étant l'année « 0 », on note p_n la probabilité qu'un habitant de la ville habite en A à l'année n : p_0 est connue.

1. Montrer (ou admettre, si l'on est nul en probabilité) que $p_n = \dfrac{5}{12}p_{n-1} + \dfrac{1}{4}$.
2. Justifier sans calcul que (p_n) admet une limite finie ℓ, dont on donnera la valeur.
3. a) Que peut-on dire de la suite de terme général $v_n = p_n - \ell$?
   b) Donner l'expression de p_n en fonction de n. Vérifier que (p_n) converge bien vers la valeur attendue (ou crainte) par les conseillers municipaux.

Exercice 9

On pose $u_0 = 2$ et ensuite $u_{n+1} = \dfrac{3u_n + 1}{u_n + 3}$.

1. Justifier que l'on peut calculer u_n pour tout n. On pose $v_n = \dfrac{u_n - 1}{u_n + 1}$.
2. Exprimer v_{n+1} en fonction de v_n. Quelle est la nature de la suite (v_n) ? En déduire l'expression de v_n en fonction de n.
3. Exprimer u_n en fonction de v_n. En déduire l'expression de u_n et conclure.
4. Etudier la monotonie de la suite (u_n).

Exercice 10 [Corrigé en ligne]

Donner l'expression du terme général de la suite de Fibonacci définie par $u_0 = u_1 = 1$ et $u_{n+2} = u_{n+1} + u_n$ ensuite. Que vaut $\lim_{n \to +\infty} (u_{n+1}/u_n)$?

Corrigés

Exercice 1

1. On applique la quantité conjuguée à $u_n - 3/2 = \sqrt{n^2+3n+5} - (n+3/2)$, à savoir $u_n - 3/2 = \dfrac{(n^2+3n+5)-(n+3/2)^2}{\sqrt{n^2+3n+5}+n+3/2} = \dfrac{11/4}{\sqrt{n^2+3n+5}+n+3/2}$.
   Le dénominateur est plus grand que n et on a ainsi $|u_n - 3/2| < 11/(4n)$. Soit $\varepsilon > 0$: pour réaliser $|u_n - 3/2| < \varepsilon$, il suffit d'avoir $11/(4n) < \varepsilon$, i.e. $n > 11/(4\varepsilon)$.

2. Comme $u_0 > 0$, on peut calculer $u_1 > 0$ et u_2 a un sens et ainsi de suite : la suite est bien définie. Tous les termes étant positifs, la suite est croissante : soit elle admet une limite finie, soit elle tend vers $+\infty$. Supposons qu'elle admette une limite finie ℓ : par passage à la limite, la relation de récurrence donne $\ell = \ell + 1/\ell$, mais cette équation n'a pas de solution. C'est impossible, et la suite tend vers $+\infty$.

Exercice 2

1. Notons que $a_1 = 1 - 1/2$ et $b_1 = 1 - 1/2 + 1/3$. Plus généralement, on a $b_n = a_n + 1/(2n) > a_n$, ce qui montrer que $a_n < b_n$ pour tout $n \geq 1$. Comme $b_n = a_n + 1/(2n)$ on a tout de suite $\lim\limits_{n\to+\infty}(b_n - a_n) = 0$. Ensuite, $a_{n+1} - a_n = \frac{1}{2n+1} - \frac{1}{2n+2}$, quantité positive : la suite (a_n) est strictement croissante. On a finalement $b_{n+1} - b_n = -\frac{1}{2n} + \frac{1}{2n+1}$, quantité clairement négative : la suite (b_n) est strictement décroissante. Les trois propriétés des suites adjacentes sont vérifiées, et elles convergent vers une limite commune ℓ vérifiant $a_n < \ell < b_n$ pour tout n, inégalités strictes.

2. a) On a $a_1 < \ell < b_1$, soit $1/2 < \ell < 5/6$.

   b) Comme $b_n - a_n = \frac{1}{2n}$ et $a_n < \ell < b_n$, on a $0 < \ell - a_n < \frac{1}{2n}$. Il suffit de prendre $n = 500$ pour que a_{500} approche ℓ à moins de 0.001 près par défaut. Un logiciel donne $a_{500} = 0.6926474306 < \ell < 0.6936474306 = b_{500}$. La formule de Taylor (voir exercice 3 ci-dessous) dit que $\ell = \ln 2$, de valeur approchée 0.6931471806, avec donc $\ell - a_{500} = 0.00049\cdots$, inférieure à 0.001 comme prévu.

   c) On a $u_{2n-1} = b_n$ et $u_{2n} = a_n$. Sachant que la sous-suite des termes d'indice impair extraite de (u_n) converge vers ℓ et qu'il en va de même de la sous-suite des termes d'ordre pair, la suite (u_n) elle-même converge vers ℓ.

3. u_n est la somme partielle d'ordre n de cette série : le résultat de la question 2.c signifie que la suite des sommes partielles de $\sum w_n$ converge vers $\ln 2$, et donc que la série $\sum w_n$ est convergente, et que sa somme est égale à $\ell = \ln 2$.

Exercice 3

1. Sur $[0,+\infty[$, les dérivées successives de $f : t \mapsto \ln(1+t)$ sont $f'(t) = \frac{1}{1+t}$, $f''(t) = -\frac{1}{(1+t)^2}$, $f^{(3)}(t) = \frac{2}{(1+t)^3}$ et plus généralement $f^{(k)}(t) = (-1)^{k-1}\dfrac{(k-1)!}{(1+t)^k}$.
   La valeur de $\dfrac{f^{(k)}(0)}{k!}$ est donc $\dfrac{(-1)^{k-1}}{k}$. MacLaurin à l'ordre n s'écrit donc
   $\ln(1+x) = \dfrac{x}{1} - \dfrac{x^2}{2} + \dfrac{x^3}{3} - \dfrac{x^4}{4} + \cdots + (-1)^{n-1}\dfrac{x^n}{n} + (-1)^n \dfrac{x^{n+1}}{(n+1)(1+\theta_{n,x}x)^{n+1}}$
   où $\theta_{n,x} \in]0,1[$ dépend de x et de n.
2. On prend $x = 1$. On a donc $\left| \ln 2 - \displaystyle\sum_{k=1}^{n} \frac{(-1)^{k-1}}{k} \right| < \dfrac{1}{(n+1)(1+\theta_{n,1})^{n+1}}$.
   Comme $1 < 1 + \theta_{n,1} < 2$, son inverse est plus petit que 1
   et $\dfrac{1}{(n+1)(1+\theta_{n,1})^{n+1}} < \dfrac{1}{n+1}$.
   Ceci s'écrit $|\ln 2 - u_n| < 1/n+1$, qui tend vers 0, et on a la limite demandée.

Exercice 4

1. On a $u_{n+1} = u_n + 1/(n+1)^2$, ce qui implique $u_{n+1} > u_n$ pour tout n : la suite est strictement croissante.
2. Comme $n(n-1) < n^2$, on a $1/n^2 < 1/[n(n-1)]$ par passage à l'inverse. L'égalité suivante est immédiate en réduisant au même dénominateur.
3. Simple conséquence et autre formulation de la question précédente.
4. On écrit chaque petite inégalité et on en fait la somme, les termes s'annulant deux à deux sauf le premier et le dernier :
   $u_n < 1 + [1 - 1/2] + [1/2 - 1/3] + \cdots + [1/(n-2) - 1/(n-1)] + [1/(n-1) - 1/n]$
   soit $u_n < 2 - 1/n$. On a une suite croissante majorée par 2 : elle converge vers une limite finie inférieure ou égale à 2 (*Elle vaut $\pi^2/6$, assez rude à montrer.*)

Exercice 5

1. On a $0 < \ln(1+x) < x$ pour tout $x > 0$ et donc $0 < n\ln(1+1/n) < 1$ pour tout $n \geq 1$. La suite (w_n), de terme général $n\ln(1+1/n)$, est positive et majorée par 1. Il en résulte que $u_n = e^{w_n}$ est toujours compris entre $e^0 = 1$ et $e^1 = e$.
2. Notre comparaison doit, très vraisemblament, contenir dans les développements asymptotiques, au moins les termes en $1/n$ et $1/n^2$. Avec le n en facteur, on va donc prendre l'ordre 3 : $\ln(1+1/n) = \dfrac{1}{n} - \dfrac{1}{2n^2} + \dfrac{1}{3n^3} + \dfrac{\varepsilon_1(n)}{n^3}$.

Avec $\dfrac{1}{n+1} = \dfrac{1}{n} \times \dfrac{1}{1+1/n} = \dfrac{1}{n} \times \left(1 - \dfrac{1}{n} + \dfrac{1}{n^2} + \dfrac{\eta(n)}{n^2}\right)$
et $\dfrac{1}{(n+1)^2} = \dfrac{1}{n^2} - \dfrac{2}{n^3} + \dfrac{\varepsilon_3(n)}{n^3}$,
il vient finalement $\ln\left(1 + \dfrac{1}{n+1}\right) = \dfrac{1}{n} - \dfrac{3}{2n^2} + \dfrac{7}{3n^3} + \dfrac{\varepsilon_2(n)}{n^3}$.
On en tire $w_{n+1} = 1 - \dfrac{1}{2n} + \dfrac{5}{6n^2} + \dfrac{\varepsilon_4(n)}{6n^2}$ et $w_{n+1} - w_n = \dfrac{1}{2n^2} + \dfrac{\varepsilon(n)}{n^2}$. Cette quantité est positive pour n assez grand, puisque $\lim\limits_{n\to+\infty} \varepsilon(n) = 0$.

3. La suite (w_n) est croissante, et il en va de même de la suite (u_n) puisque la fonction exponentielle est croissante : c'est donc une suite croissante majorée par e, et elle converge vers une limite $\ell \leq e$.

Remarque : la limite classique $\lim\limits_{x\to 0} \dfrac{\ln(1+x)}{x} = 1$ *montrait dès le départ que la suite* (w_n) *converge vers* 1*, et donc que la suite* (u_n) *converge vers* e*. L'intérêt de l'exercice est de montrer que la suite* (u_n) *est croissante !*

Exercice 7

1. La fonction f est continue sur $\mathbb{R}$. Si par hasard la suite converge vers une limite finie ℓ, alors la relation $u_{n+1} = f(u_n)$ passe à la limite en $\ell = f(\ell)$, soit $\ell = 2\ell^2 - 1$, soit finalement $\ell = 1$ ou $\ell = -1/2$.
2. On a $u_0^2 > 1$ et donc $u_1 > 1$. Il vient alors $u_2 > 1, u_3 > 1$ et ainsi de suite : tous les u_n sont strictement plus grands que 1 et surtout on a $u_{n+1} - u_n = (u_n - 1)(2u_n + 1) > 0$ puisque $u_n > 1$. La suite (u_n) est donc croissante à partir de $n = 1$: soit elle tend vers $+\infty$, soit elle tend vers une limite finie **strictement** plus grande que 1. C'est totalement impossible, puisque les deux limites possibles sont $-1/2$ ou 1. La suite tend donc vers $+\infty$.
3. Une étude de la fonction f montre qu'elle envoie le segment $[-1, 1]$ sur lui-même : si $u_0 \in [-1, 1]$ alors $u_1 = f(u_0) \in [-1, 1]$ et idem pour les suivants : tous les termes de la suite sont dans $[-1, 1]$.
4. On a $f'(x) = 4x$, fonction croissante vérifiant $f(\ell) = -2$. On a $f(-1/2 + 1/8) = -3/2$ et $f(-1/2 - 1/8) = -5/2$. On prend $I = [-5/8, -3/8]$.
5. a) On a $u_{n+1} - \ell = f(u_n) - f(\ell)$, qui s'écrit aussi $u_{n+1} - \ell = f'(\zeta)(u_n - \ell)$ d'après les accroissements finis. Si $u_n \in I$, alors $[u_n, \ell] \subset I$ et $|f'(\zeta)| \geq 3/2$: on a $|u_{n+1} - \ell| \geq (3/2)|u_n - \ell|$.

   b) Si la suite converge vers $\ell = -1/2$, alors tous les u_n sont dans $\mathcal{I}$, qui est un voisinage de ℓ, pour $n \geq n_0$ assez grand. On a donc $|u_{n_0+1} - \ell| \geq (3/2)|u_{n_0} - \ell|$, ce qui se généralise par itération en $|u_{n_0+2} - \ell| \geq (3/2)^2 |u_{n_0} - \ell|$ et plus généralement en $|u_{n_0+p} - \ell| \geq (3/2)^p |u_{n_0} - \ell|$ pour tout $p \geq 0$.

   Comme $u_{n_0} \neq \ell$, la quantité $|u_{n_0+p} - \ell|$ tend vers $+\infty$ quand p tend vers $+\infty$ (de façon plus claire, $|u_n - \ell|$ tend vers $+\infty$), ce qui signifie que u_n sort de l'intervalle

$[-1, 1]$ pour n grand, chose impossible. La suite converge vers ℓ si et seulement si, tôt ou tard, elle est égale à ℓ, auquel cas elle reste constamment égale à ℓ ensuite.

Exercice 8

1. On utilise $(A \text{ en } n) = (A \text{ en } n-1 \text{ et y rester}) \sqcup (B \text{ en } n-1 \text{ et en partir})$ et les probabilités conditionnelles : $p_n = p_{n-1} \times \dfrac{2}{3} + (1 - p_{n-1}) \times \dfrac{1}{4} = \dfrac{5}{12} p_{n-1} + \dfrac{1}{4}$.
2. Il s'agit d'une suite arithmético-géométrique de raison $5/12 < 1$: elle est donc obligatoirement convergente. La limite ℓ vérifie $\ell = \frac{5}{12}\ell + \frac{1}{4}$, soit $\ell = 3/7$.
3. a) En soustrayant $p_n = \frac{5}{12}p_{n-1} + \frac{1}{4}$ et $\ell = \frac{5}{12}\ell + \frac{1}{4}$, il vient $p_n - \ell = \dfrac{5}{12}(p_{n-1} - \ell)$. La suite (v_n) est géométrique de raison $5/12$.

   b) On a donc $p_n - \ell = \left(\dfrac{5}{12}\right)^n (p_0 - \ell)$. On a $\lim\limits_{n \to +\infty} \left(\dfrac{5}{12}\right)^n = 0$ et donc $\lim\limits_{n \to +\infty} p_n = \ell = 3/7$ quelle que soit la valeur initiale p_0. Les proportions de population finissent donc par tendre vers une limite, $3/7$ habitent A et $4/7$ habitent B.

Exercice 9

1. u_1 est positif, et on peut calculer u_2 qui est positif. Plus généralement, chaque u_n est positif, et on peut calculer le terme suivant u_{n+1}.
2. On a $v_{n+1} = \dfrac{u_{n+1} - 1}{u_{n+1} + 1} = \dfrac{3u_n + 1 - u_n - 3}{3u_n + 1 + u_n + 3} = \dfrac{1}{2}\dfrac{u_n - 1}{u_n + 1}$, soit $v_{n+1} = v_n/2$. La suite (v_n) est géométrique de raison $1/2$. On a donc $v_n = v_0/2^n = 2^{-n}/3$, suite qui converge vers 0.
3. On a $u_n = \dfrac{1 + v_n}{1 - v_n} = \dfrac{3 + (1/2)^n}{3 - (1/2)^n}$, où numérateur et dénominateur tendent vers 3 : la suite (u_n) converge vers 1.
4. On a $u_n - u_{n+1} = \dfrac{8 \times 2^n}{(3 \times 2^n + 1)(3 \times 2^{n+1} + 1)} > 0$: la suite (u_n) est décroissante.

Chapitre 22

Intégrale généralisée de Riemann

Étant donnée une fonction f continue (ou continue par morceaux) sur $]a,b[$ mais pas sur $[a,b]$ il s'agit de donner un sens à $\int_a^b f(t)dt$. Les valeurs $a=-\infty$ ou $b=+\infty$ sont autorisées. En général f n'a pas de limite ou tend vers l'infini quand x tend vers a^+ et/ou b^- ; elle est bornée ou non sur $]a,b[$.

Domaines concernés

— Quand f présente uniquement un problème en b, on note $F(x)=\int_a^x f(t)dt$ pour $a<x<b$. On étudie $\lim\limits_{x\to b^-} F(x)$. On dit que l'intégrale généralisée (IG en abrégé) $\int_a^b f(t)dt$ converge lorsque F a une limite finie en b^-.

— Quand f présente uniquement un problème en a, on note $F(x)=\int_x^b f(t)dt$, pour $a<x<b$. On étudie $\lim\limits_{x\to a^+} F(x)$. On dit que l'intégrale généralisée $\int_a^b f(t)dt$ converge lorsque F a une limite finie en a^+.

— Ne pas confondre « l'IG $\int_a^b f(t)dt$ converge » (affirmation vraie ou fausse) avec la valeur numérique de $\int_a^b f(t)dt$ quand elle converge (c'est un nombre).

— Dire que l'intégrale généralisée $\int_a^b f(t)dt$ diverge signifie que F n'admet pas de limite quand x tend vers a^+ ou b^-, ou bien qu'elle tend vers l'infini.

— Ne pas confondre « l'IG $\int_a^b f(t)dt$ converge » et « f est intégrable sur $[a,b]$. »
Dire que f est intégrable sur $[a,b]$ signifie que l'IG $\int_a^b |f(t)|dt$ converge.

Résultats fondamentaux utilisables

— Quand f présente un problème en a et en b, on étudie séparément les intégrales sur $]a,c]$ et $[c,b[$ où $a<c<b$ est fixé arbitrairement. Cette règle souffre une exception : quand $0 \leq f(x) \leq g(x)$ sur $]a,b[$ et que $\int_a^b g(x)dx$ converge, alors $\int_a^b f(x)dx$ converge.

1 - Intégrales généralisées convergentes de référence

— l'IG $\int_0^1 \frac{dt}{t^\alpha}$ converge ssi $\alpha < 1$. L'IG $\int_1^{+\infty} \frac{dt}{t^\alpha}$ converge ssi $\alpha > 1$.

[Intégrales de Riemann.]

— L'IG $\int_2^{+\infty} \frac{dt}{t^\alpha (\ln t)^\beta}$ converge ssi $(\alpha > 1)$ ou bien $(\alpha = 1$ et $\beta > 1)$.
L'IG $\int_0^{1/2} \frac{dt}{t^\alpha (|\ln t|)^\beta}$ converge ssi $(\alpha < 1)$ ou bien $(\alpha = 1$ et $\beta > 1)$.

[Intégrales de Bertrand.]

— L'IG $\int_0^{+\infty} e^{-t}dt$ converge (elle vaut 1). L'IG $\int_1^{+\infty} e^{-t}t^\alpha dt$ converge pour tout α.
L'IG $\int_0^{+\infty} \frac{dt}{1+t^2}$ converge (elle vaut $\pi/2$).

2 - Cas des fonctions positives

Dans ce paragraphe, f et g sont des fonctions positives ou nulles sur $]a,b[$.

— $\int_a^b f(t)dt$ converge ssi la fonction $F(x)$ définie précédemment est bornée sur $]a,b[$ (que le souci de f soit en a ou en b.) Si F n'est pas bornée, alors $F(x)$ tend vers $+\infty$ quand x tend vers la borne à problème : on note quand même $\int_a^b f(t)dt = +\infty$.

— Si $0 \leq f(t) \leq g(t)$ sur $]a, b[$, alors la convergence de l'IG $\displaystyle\int_a^b g(t)dt$ implique la convergence de l'IG $\displaystyle\int_a^b f(t)dt$ (que le souci soit en a et/ou en b) et on a $0 \leq \displaystyle\int_a^b f(t)dt \leq \int_a^b g(t)dt$. Si $\displaystyle\int_a^b f(t)dt$ diverge, alors $\displaystyle\int_a^b g(t)dt$ diverge aussi, et les deux intégrales sont égales à $+\infty$.

— Soient f et g deux fonctions positives équivalentes en l'extrémité de l'intervalle d'intégration $[a, b[$ ou $]a, b]$ posant un problème. Alors les intégrales généralisées $\displaystyle\int_a^b f(t)dt$ et $\displaystyle\int_a^b g(t)dt$ sont de même nature. *Rappelons que f et g sont équivalentes au voisinage de x_0 lorsqu'il existe une fonction ε définie au voisinage de x_0 telle que $f(t) = g(t) \times (1 + \varepsilon(t))$ avec* $\lim\limits_{t \to x_0} \varepsilon(t) = 0$.

— Danger : l'erreur courante en utilisant les équivalents est de travailler avec deux fonctions qui ne sont pas de signe constant au voisinage de l'extrémité a ou b à problème.

3 - Intégrale généralisée absolument convergente

Il s'agit d'une condition suffisante pour montrer que l'IG $\displaystyle\int_a^b f(t)dt$ converge, que la fonction présente un problème en a ou en b ou aux deux extrémités, en se ramenant à une fonction positive.

— Si l'IG $\displaystyle\int_a^b |f(t)|dt$ converge, alors l'IG $\displaystyle\int_a^b f(t)dt$ converge.

On a alors $\left|\displaystyle\int_a^b f(t)dt\right| \leq \displaystyle\int_a^b |f(t)|dt$. On dit que l'IG $\displaystyle\int_a^b f(t)dt$ est absolument convergente.

— Attention, c'est une condition suffisante seulement : $\displaystyle\int_0^{+\infty} \frac{\sin t}{t}dt$ converge (elle vaut $\pi/2$) mais $\displaystyle\int_0^{+\infty} \frac{|\sin t|}{t}dt$ diverge (elle vaut $+\infty$).

— En particulier si $|t^2 f(t)|$ est bornée au voisinage de $+\infty$, l'IG $\displaystyle\int_1^{+\infty} f(t)dt$ est absolument convergente.

— Une IG convergente mais non absolument convergente est dite semi-convergente.

— Danger : on a $\displaystyle\int_0^{+\infty} \left(\frac{\sin t}{t}\right)^2 dt = \int_0^{+\infty} \frac{\sin t}{t}dt = \frac{\pi}{2}$. L'intégrale de gauche est évidemment absolument convergente, mais celle de droite est semi-convergente. Attention aux conclusions trop rapides.

— Dire que f (limitons-nous au cas continue par morceaux au niveau L2) est intégrable sur $[a, b]$ signifie donc que l'IG $\int_a^b f(t)dt$ est absolument convergente, à savoir que l'IG $\int_a^b |f(t)|dt$ converge.

Voici les trois techniques importantes avec une fonction qui n'est pas de signe constant, et où on n'a pas pu (ou su) montrer la convergence absolue de l'IG.

4 - Intégration par parties

— On revient à la fonction $F(x) = \int_a^x f(t)dt$ ou $F(x) = \int_x^b f(t)dt$, et on effectue une IPP sur le segment $[a, x]$ ou $[x, b]$ et on passe ensuite à la limite en faisant tendre x soit vers a^+ soit vers b^-. Il n'y a pas de théorème spécial, on regarde ce qui se passe sur chaque exemple. Exemple fondamental : pour tout $\alpha > 0$ les intégrales $\int_1^{+\infty} \frac{\sin t}{t^\alpha} dt$ et $\int_1^{+\infty} \frac{\cos t}{t^\alpha} dt$ sont convergentes (de façon précise, elles sont semi-convergentes pour $0 < \alpha \leq 1$ et absolument convergentes pour $\alpha > 1$).

5 - Développement limité (asymptotique)

— Cette technique est essentiellement utile pour étudier $\int_a^{+\infty} f(t)dt$: on effectue un développement asymptotique de f (DL en $1/t$) au voisinage de l'infini.

— On développe suffisamment loin pour obtenir un terme qui est de signe constant ou qui donne naissance à une intégrale absolument convergente. On doit avoir au maximum une IG divergente.

6 - Changement de variable.

— Si ϕ est une bijection de classe C^1 de l'intervalle $]\alpha, \beta[$ sur l'intervalle $]a, b[$ avec $a = \lim_{t \to \alpha^+} \phi(t)$ et $b = \lim_{t \to \beta^-} \phi(t)$, alors les IG $\int_a^b f(u)du$ et $\int_\alpha^\beta f(\phi(t))\phi'(t)dt$ sont de même nature. Si elles convergent, elles sont égales.

— ϕ est monotone (bijection continue) : on fera attention que α et β ne sont pas nécessairement dans le même ordre que a et b.

— Souvent, on connaît plutôt ϕ^{-1} au lieu de ϕ, aucune importance, on inverse !

Ce que l'on vous demandera de montrer

- Essentiellement, montrer de façon théorique et sans en calculer l'éventuelle valeur numérique (en cas de convergence), qu'une IG est convergente ou divergente. Afin de bien vous exercer aux techniques.
- Calculer certaines sommes, comme par exemple $\sum_{n=1}^{+\infty} \frac{1}{n^2} = \frac{\pi^2}{6}$.
- Appliquer le résultat à un problème physique : certains phénomènes ont une durée de vie finie ou infinie, suivant la convergence ou non d'une certaine IG.
- Etudier (un peu plus tard) si une intégrale dépendant d'un paramètre est une fonction continue ou C^1 de ce paramètre.
- Applications en probabilités, avec les lois à densité continues sur $\mathbb{R}$, comme par exemple la loi normale ou celle du χ^2.

Les questions à se poser

- La principale question est : parmi les techniques/méthodes rappelées ci-dessus, dans que ordre doit-on les tester, comment essayer de trouver la bonne du premier coup ?
- Le signe de f au voisinage de l'extrémité a/b à problème est-il constant ou change-t-il une infinité de fois ?
- Si j'ai un $\sin t$ ou $\cos t$, ai-je intérêt à le majorer en valeur absolue par 1 et essayer la convergence absolue, ou bien n'est-il pas plus astucieux de tenter une IPP (intégration par parties) ?
- Si je fais une IPP, est-ce que je peux la faire directement et sans me poser de question sur (par exemple) $[1, +\infty[$?
- Si je fais une IPP, puis-je, au moment de prendre une primitive, ajouter astucisuesement une constante à cette primitive ?
- A quel ordre développer, si j'utilise un DL ?
- Si je fais un changement de variables sur une fonction f ayant un problème aux deux extrémités a et b, est-ce que je peux le faire d'un seul coup ?
- Avoir réussi à montrer qu'une IG converge me permet-il d'en calculer la valeur numérique ?
- Mes bricolages me disent que la valeur numérique d'une IG A semi-convergente est égale à la valeur numérique d'une IG B absolument convergente : y a-t-il une contradiction ?
- Quand aucune des techniques rappelées ne marche (ce sont souvent des conditions suffisantes de convergence, mais pas nécessaires), comment montrer qu'une IG est divergente ?

Exercices

Exercice 1

En revenant à la définition, étudier si les IG suivantes ont un sens ou non et donner leur éventuelle valeur. A chaque fois, on sait effectuer le calcul de la primitive intervenant :

$(a) \displaystyle\int_{-\infty}^{4} \frac{dt}{t^2+16}$, $(b) \displaystyle\int_{\sqrt{3}/2}^{1} \frac{dt}{\sqrt{1-t^2}}$, $(c) \displaystyle\int_{0}^{+\infty} t^n e^{-t} dt$, $(d) \displaystyle\int_{0}^{2} \frac{dt}{\sqrt{2t-t^2}}$

Exercice 2

1. En linéarisant $(\sin t)^2$, montrer que l'IG $\displaystyle\int_1^{+\infty} \frac{(\sin t)^2}{t} dt$ diverge.
2. En déduire la nature de $\displaystyle\int_1^{+\infty} \frac{|\sin t|}{t} dt$ puis de $\displaystyle\int_1^{+\infty} \frac{|\sin t|}{t^\alpha} dt$ pour $0 < \alpha < 1$.

Exercice 3

1. Etudier l'intégrale généralisée $\displaystyle\int_0^{+\infty} \frac{\sin t}{\sqrt{t}+\sin t} dt$.
2. Les fonctions $\dfrac{\sin t}{\sqrt{t}}$ et $\dfrac{\sin t}{\sqrt{t}+\sin t}$ sont équivalentes au voisinage de $+\infty$. Mais pourquoi leurs deux IG sur $]0, +\infty[$ sont-elles de natures différentes ?

Exercice 4

Étudier la convergence de chacune des intégrales généralisées suivantes :

$(a) \displaystyle\int_1^{+\infty} \frac{dt}{t\sqrt{t+2}}$, $(b) \displaystyle\int_0^{+\infty} \frac{(\sin t)^2}{t^3+1} dt$, $(c) \displaystyle\int_0^{1} \frac{\sin t}{\sqrt{t^3-t^5}} dt$, $(d) \displaystyle\int_1^{+\infty} \frac{t^\alpha}{\sqrt{t^2-1}} dt$

Exercice 5

1. Étudier la convergence de l'IG $\displaystyle\int_2^{+\infty} \frac{\sin \pi t}{\ln t} dt$, puis celle de $\displaystyle\int_0^{+\infty} \frac{\sin \pi t}{\ln t} dt$.
2. Étudier l'intégrale généralisée $\displaystyle\int_0^{+\infty} \frac{\sin t}{\sqrt{t}+\cos t} dt$.

Exercice 6 [Corrigé en ligne]

1. Montrer que les IG $\displaystyle\int_1^{+\infty} \frac{\sin t}{t^\alpha} dt$ sont convergentes pour $\alpha > 0$.
2. Montrer que pour $\alpha \in]0, 1]$, elles sont semi-convergentes seulement.
3. Montrer, en détaillant bien, que $\displaystyle\int_0^{+\infty} \frac{\sin t}{t} dt = \int_0^{+\infty} \left(\frac{\sin u}{u}\right)^2 du$.

Exercice 7 [Corrigé en ligne]

1. Etudier l'IG $\displaystyle\int_1^{+\infty} \cos(t) dt$.
2. Etudier l'IG $\displaystyle\int_1^{+\infty} \cos(t^2) dt$.

Exercice 8 [Corrigé en ligne]

Etudier l'IG $\displaystyle\int_{2\pi}^{+\infty} \frac{t \sin t}{t^2 + 1} dt$. On utilisera une méthode constructive permettant de montrer que l'intégrale converge, et que sa valeur est un nombre positif plus petit que π.

Corrigés

Exercice 1

a. $F(x) = \displaystyle\int_x^4 \frac{dt}{t^2+4^2} = \frac{1}{4}\Big[\text{Arctan}\,\frac{t}{4}\Big]_x^4$ tend vers $3\pi/16$ quand x tend vers $-\infty$. L'IG est convergente et vaut $3\pi/16$.

b. $F(x) = \displaystyle\int_{\sqrt{3}/2}^x \frac{dt}{\sqrt{1-t^2}} = \Big[\text{Arcsin}\,t\Big]_{\sqrt{3}/2}^x$ tend vers $\pi/6$ quand x tend vers 1^-. L'IG est convergente et est égale à $\pi/6$.

c. I_0 converge et vaut clairement 1. Montrons que si I_{n-1} converge, il en va de même de I_n et trouvons une relation entre leurs valeurs. Une IPP conduit à $\displaystyle\int_0^x t^n e^{-t}dt = -x^n e^{-x} + n\int_0^x t^{n-1}e^{-t}dt$. Le passage à la limite montre que la convergence de I_{n-1} implique celle de I_n et que l'on a $I_n = nI_{n-1}$. L'IG I_n converge et vaut $n!$

d. Nous devons étudier deux IG puisque la fonction $t \mapsto f(t) = \dfrac{1}{\sqrt{2t-t^2}} = \dfrac{1}{\sqrt{1-(t-1)^2}}$ tend vers $+\infty$ lorsque t tend vers 0^+ et lorsque t tend vers 2^-. Nous étudions donc (par exemple) $F(x) = \displaystyle\int_x^1 f(t)dt = \Big[\text{Arcsin}(t-1)\Big]_x^1$ qui tend vers $\pi/2$ quand x tend vers 0^+, puis $G(x) = \displaystyle\int_1^x f(t)dt = \Big[\text{Arcsin}(t-1)\Big]_1^x$ qui tend vers $\pi/2$ quand x tend vers 2^-. Chacune des deux petites IG $\displaystyle\int_0^1 f(t)dt$ et $\displaystyle\int_1^2 f(t)dt$ est convergente. Notre IG $\displaystyle\int_0^2 f(t)dt$ est convergente et est égale à π.

Exercice 2

1. $F(x) = \displaystyle\int_1^x f(t)dt = \frac{1}{2}\int_1^x \frac{dt}{t} - \frac{1}{2}\int_1^x \frac{\cos 2t}{t}dt$ fait apparaître une première intégrale qui tend vers $+\infty$ quand x tend vers $+\infty$, et une seconde qui admet une limite finie (IG semi-convergente). F tend vers $+\infty$, et l'IG diverge.

2. On a $|\sin t| \geq \sin^2 t$, puisque l'on a des nombres dans $[0,1]$. Le théorème de comparaison dit que l'intégrale généralisée diverge. Ensuite, puisque $t > 1$, on a $|\sin t|/t^\alpha \geq |\sin t|/t$ et le même théorème dit que les IG indiquées divergent.

Exercice 3

1. La fonction f à intégrer se prolonge par continuité en 0 par $f(0) = 1$, et notre IG présente un unique souci à $+\infty$. Un développement à l'ordre 1 conduit à
$$\frac{\sin t}{\sqrt{t} + \sin t} = \frac{\sin t}{\sqrt{t}} \times \frac{1}{1 + (\sin t/\sqrt{t})} = \frac{\sin t}{\sqrt{t}} - \frac{\sin^2 t}{t}(1 + \varepsilon(t))$$
qui fait apparaître la fonction $\dfrac{\sin t}{\sqrt{t}}$ donnant une IG convergente en $+\infty$, et ensuite une fonction positive minorée (puisque $\lim\limits_{t\to+\infty} \varepsilon(t) = 0$ et donc $1/2 < 1 + \varepsilon(t) < 3/2$ au voisinage de $+\infty$) par $\dfrac{\sin^2 t}{2t} = \dfrac{1}{4t} - \dfrac{\cos 2t}{4t}$ (avec $\cos 2t = 1 - 2\sin^2 t$). La première fonction donne une IG divergente et la seconde donne une IG convergente : la différence des deux IG est donc divergente. Il en résulte au final que notre IG de départ est divergente.

2. Elles sont équivalentes au voisinage de $+\infty$, mais aucune n'est de signe constant, elles changent indéfiniment de signe. Le théorème sur les équivalents ne s'applique qu'à deux fonctions de signe constant au voisinage de l'extrémité à problème.

Exercice 4

a. Fonction positive équivalente à $+\infty$ à $1/t^{3/2}$: intégrale convergente.

b. Fonction positive majorée par $\dfrac{1}{t^3 + 1}$, elle-même équivalente en $+\infty$ à $\dfrac{1}{t^3}$: intégrale convergente.

c. L'intégrale donnée présente un problème en 0 et un problème en 1, et la fonction est positive. Il faut étudier séparément les intégrales sur $]0, 1/2]$ et $[1/2, 1[$. On remarquera que $\dfrac{\sin t}{\sqrt{t^3 - t^5}} = \dfrac{\sin t}{t^{3/2}} \dfrac{1}{\sqrt{1 - t}\sqrt{1 + t}}$. Au voisinage de 0^+, la fonction est équivalente à $\dfrac{\sin t}{t^{3/2}}$, c'est-à-dire à $\dfrac{1}{\sqrt{t}}$: l'intégrale sur $]0, 1/2]$ est donc convergente. Au voisinage de 1^-, la fonction est équivalente à $\dfrac{\sin 1}{\sqrt{2}\sqrt{1 - t}}$: l'intégrale sur $[1/2, 1[$ est convergente. Finalement, l'intégrale sur $]0, 1[$ est convergente.

d. On a une fonction positive. En écrivant $\sqrt{t^2 - 1} = \sqrt{t - 1}\sqrt{t + 1}$, on voit que la fonction est équivalente à $\dfrac{1}{\sqrt{2}\sqrt{t - 1}}$ à droite de 1. L'intégrale sur l'intervalle $]1, 2]$ est donc convergente. Au voisinage de $+\infty$, la fonction est équivalente à $\dfrac{1}{t^{1-\alpha}}$. L'intégrale sur $[2, +\infty[$ converge si et seulement si $1 - \alpha > 1$, soit $\alpha < 0$. Il en va de même pour l'intégrale sur $]1, +\infty[$.

Exercice 5

1. Dans l'IG $\int_2^{+\infty} \frac{\sin \pi t}{\ln t} dt$, on a un sinus et une fonction positive qui décroît vers 0. Il s'agit d'un cas typique où une IPP permet de montrer la convergence. Posons $F(x) = \int_2^x \frac{\sin \pi t}{\ln t} dt$ et intégrons par parties avec $u = 1/\ln t, u' = -1/(t(\ln t)^2)$ et $v' = \sin \pi t, v = -\cos \pi t/\pi$: $F(x) = \left[-\frac{\cos \pi t}{\pi \ln t}\right]_2^x - \frac{1}{\pi}\int_2^x \frac{\cos \pi t}{t(\ln t)^2} dt$. Le terme tout intégré admet une limite finie quand x tend vers $+\infty$.
   D'après Bertrand, l'IG $\int_2^{+\infty} \frac{\cos \pi t}{t(\ln t)^2} dt$ est absolument convergente : $\int_2^x \frac{\cos \pi t}{t(\ln t)^2} dt$ a une limite finie quand x tend vers $+\infty$. La fonction F a une limite finie quand x tend vers $+\infty$ et l'IG $\int_2^{+\infty} \frac{\sin \pi t}{\ln t} dt$ est convergente. La fonction $t \in]0, 1[\cup]1, +\infty[\mapsto f(t) = \frac{\sin \pi t}{\ln t}$ admet une limite finie nulle en 0^+. Quand t tend vers 1, la fonction est équivalente à $\frac{-\pi(t-1)}{t-1}$ et admet une limite finie égale à $-\pi$.
   On peut ainsi prolonger f en une fonction continue sur $[0, +\infty[$. La convergence de $\int_2^{+\infty} \frac{\sin \pi t}{\ln t} dt$ assure donc celle de $\int_0^{+\infty} \frac{\sin \pi t}{\ln t} dt$.
2. La fonction est prolongeable par continuité en 0 et il y a un seul problème en $+\infty$. Un développement à l'ordre 2 conduit à
   $$\frac{\sin t}{\sqrt{t} + \cos t} = \frac{\sin t}{\sqrt{t}} \times \frac{1}{1 + (\cos t/\sqrt{t})} = \frac{\sin t}{\sqrt{t}} - \frac{\sin t \cos t}{t} + \frac{\sin t \cos^2 t}{t\sqrt{t}}(1 + \varepsilon(t))$$
   où l'on fait apparaître trois fonctions dont les intégrales sur $[1, +\infty[$ convergent : les deux premières sont semi-convergentes ($\sin t \cos t = (\sin 2t)/2$) et la dernière est absolument convergente. En conclusion, $\int_0^{+\infty} \frac{\sin t}{\sqrt{t} + \cos t} dt$ est convergente.

Chapitre 23

Séries numériques

Il s'agit de la notion de « somme d'une infinité de nombres réels ou complexes », chose bien connue dans la vie réelle : quand on mange la moitié de la tarte, puis la moitié de ce qui reste et ainsi de suite (en mangeant les miettes), on finit par manger toute la tarte, d'où l'idée de dire que $\frac{1}{2} + \frac{1}{2^2} + \frac{1}{2^3} + \cdots = 1$.

Étant donnée une suite $u_0, u_1, u_2, \cdots$ de nombres, la somme partielle d'ordre n est la quantité $s_n = u_0 + u_1 + \cdots + u_n$, somme finie qui a toujours un sens.

Domaines concernés

- Donner une définition rigoureuse à $u_1 + u_2 + \cdots + u_n + \cdots$, somme d'une infinité de réels ou complexes.
- Avoir des conditions suffisantes permettant d'affirmer que ladite somme infinie existe.
- Eventuellement en calculer la somme (pas toujours réalisable).
- Faire le lien avec les intégrales généralisées, beaucoup de résultats se ressemblent.

Résultats fondamentaux utilisables

- La « série de terme général u_n » (abrégé en $\sum u_n$) converge lorsque la suite $\{s_n\}$ de ses sommes partielles converge vers une limite finie S : on note $S = \sum_{n=0}^{+\infty} u_n$, c'est la somme de la série, la somme infinie de tous les u_n. Sinon on dit qu'elle diverge.
- Ne pas confondre la suite $\{u_n\}$ et la série $\sum u_n$. Etudier la convergence d'une série, c'est étudier la suite $\{s_n\}$ de ses sommes partielles. A priori, tous les résultats relatifs aux suites sont donc utilisables, mais on dispose de résultats bien plus puissants au niveau des séries.

— Pour une série $\sum u_n$ convergente de somme S, on appelle reste d'ordre n la quantité $R_n = S - s_n = \sum_{k=n+1}^{\infty} u_k$. C'est « ce que l'on néglige en approchant la somme S par la somme partielle s_n. » Ce reste R_n tend vers 0 quand n tend vers $+\infty$.

— Si une série $\sum u_n$ converge, alors son terme général tend obligatoirement vers 0. Attention, c'est une condition nécessaire mais en aucun cas suffisante !

1 - Cas des séries à termes positifs

— Une série $\sum u_n$ est dite positive lorsque $u_n \geq 0$ à partir d'un certain rang. Les premiers termes d'une série ne jouent aucun rôle pour savoir si elle converge ou non, pour savoir si elle peut être considérée comme positive ou non.

— Avec une série positive, la suite $\{s_n\}$ des sommes partielles est une suite croissante. La série converge donc ssi la suite des sommes partielles est majorée. Une série positive diverge ssi la suite de ses sommes partielles tend vers $+\infty$.

— Majoration $0 \leq u_n \leq v_n$: si la série $\sum v_n$ converge, alors la série $\sum u_n$ converge aussi et $\sum_{n=1}^{+\infty} u_n \leq \sum_{n=1}^{+\infty} v_n$. Si la série $\sum u_n$ diverge (la suite des sommes partielles tend vers $+\infty$), il en va de même de la série $\sum v_n$.

— Deux séries positives $\sum u_n$ et $\sum v_n$ sont équivalentes lorsque $v_n = u_n(1 + \varepsilon(n))$ où $\lim\limits_{n \to +\infty} \varepsilon(n) = 0$. Deux séries positives équivalentes sont de même nature. Attention, si les u_n, v_n changent une infinité de fois de signe, ce résultat tombe à l'eau !

2 - Séries avec $u_n = f(n)$ où f est positive décroissante vers 0

— On est dans le cadre où f est une fonction continue positive sur $]0, +\infty[$, décroissante vers 0. On regarde la série de terme général $u_n = f(n)$, et on va la comparer à une intégrale généralisée. La série est définie à partir de $n = 1$, c'est plus pratique.

— La série $\sum u_n$ avec $u_n = f(n)$ où f est une fonction continue positive décroissante vers 0 est de même nature que l'intégrale généralisée $\displaystyle\int_1^{+\infty} f(t)dt$. Elle est convergente si et seulement si cette intégrale généralisée est convergente.

— Si la série diverge, la somme partielle s_n est équivalente, quand n tend vers l'infini, à $\displaystyle\int_1^{n} f(t)dt$, quantité qui tend vers $+\infty$.

— Si la série converge, on a un encadrement du reste : $R_n = \sum_{k=n+1}^{+\infty} u_k$ vérifie $\displaystyle\int_{n+1}^{+\infty} f(t)dt \leq R_n \leq \int_{n}^{+\infty} f(t)dt$.

Par exemple, pour $f(t) = 1/t^2$, on a $\displaystyle\frac{1}{n+1} \leq \sum_{k=n+1}^{+\infty} \frac{1}{k^2} \leq \frac{1}{n}$.

3 - Séries de Riemann et de Bertrand (disons $n \geq 2$)

— La série $\sum \frac{1}{n^\alpha}$ converge ssi $\alpha > 1$.

— La série $\sum \frac{1}{n^\alpha (\ln n)^\beta}$ converge ssi $(\alpha > 1)$ ou bien $(\alpha = 1$ et $\beta > 1)$.

4 - Règle de d'Alembert et de Cauchy pour les séries positives.

— d'Alembert :
Si $\lim_{n\to+\infty} \left(\frac{u_{n+1}}{u_n}\right) < 1$, alors la série converge.
Si $\lim_{n\to+\infty} \left(\frac{u_{n+1}}{u_n}\right) > 1$, alors u_n tend vers $+\infty$ et la série diverge.
Si $\lim_{n\to+\infty} \left(\frac{u_{n+1}}{u_n}\right) = 1$, on ne peut pas conclure.

— Cauchy :
Si $\lim_{n\to+\infty} \sqrt[n]{u_n} < 1$, alors la série converge.
Si $\lim_{n\to+\infty} \sqrt[n]{u_n} > 1$, alors u_n tend vers $+\infty$ et la série diverge.
Si $\lim_{n\to+\infty} \sqrt[n]{u_n} = 1$, on ne peut pas conclure.

— Ce sont des conditions suffisantes uniquement. En particulier, les règles supposent l'existence des limites indiquées, ce qui n'a aucune raison d'être vrai en général. D'Alembert est plus aisé que Cauchy, surtout quand il y a uniquement des produits et des quotients dans u_n. Cauchy est plus puissant dans les cas compliqués.

5 - Séries absolument convergentes.

— Si la série $\sum |u_n|$ est convergente, alors la série $\sum u_n$ est convergente, et on a $\left|\sum_{n=1}^{+\infty} u_n\right| \leq \sum_{n=1}^{+\infty} |u_n|$ et $|R_n| \leq \sum_{k=n+1}^{+\infty} |u_k|$. On dit que la série est absolument convergente.

— Une série qui est convergente sans être absolument convergente est dite semi-convergentes. Le cas typique est $\sum (-1)^n/n$.

6 - Convergence absolue et d'Alembert/Cauchy

- Si $\lim_{n\to+\infty}(|u_{n+1}|/|u_n|) < 1$ alors la série $\sum u_n$ est absolument convergente.
- Si $\lim_{n\to+\infty}(|u_{n+1}|/|u_n|) > 1$, alors $|u_n|$ tend vers $+\infty$: u_n ne tend pas vers 0 et la série $\sum u_n$ diverge.
- Si $\lim_{n\to+\infty}(|u_{n+1}|/|u_n|) = 1$, en général on ne peut pas conclure.

On a la même chose avec la règle de Cauchy et le comportement de $\sqrt[n]{|u_n|}$.

7 - Critère de convergence des séries alternées (CSA)

- Une série est dite alternée quand son terme général u_n est alternativement positif et négatif. Autrement dit $(-1)^n u_n$ est de signe constant.
- Pour qu'une série alternée converge, il suffit que la valeur absolue de son terme général décroisse vers 0.
- Trois choses à vérifier : l'alternance des signes et la convergence vers 0 sont en général évidents. Il faut s'attarder sur la décroissance de $|u_n|$. L'exemple type est $\sum(-1)^n/n$.
- Si la série $\sum u_n$ vérifie le CSA dès son premier terme u_1, alors la somme $\sum_{n=1}^{+\infty} u_n$ est du signe de ce premier terme u_1.
- La somme $\sum_{n=1}^{+\infty} u_n$ d'une série vérifiant le CSA est comprise entre deux sommes partielles consécutives s_n et s_{n+1}.
- **Si la série $\sum u_n$ vérifie le CSA, alors on a $|R_n| \leq |u_{n+1}|$.**

8 - Utilisation des développements limités [asymptotiques]

On développe à un ordre suffisamment élevé pour obtenir un reste (au sens des développements limités) qui est le terme général d'une série absolument convergente (très souvent en $1/n^\alpha$ avec $\alpha > 1$) ou bien qui est de signe constant.

9 - Le critère [transformation] d'Abel

- Si l'on peut écrire $u_n = a_n \times b_n$ où (i) la suite b_n est positive décroissante vers 0 et (ii) il existe une constante M telle que, pour tout n, on ait $\left|\sum_{k=1}^{n} a_k\right| \leq M$, alors la série $\sum u_n$ est convergente. On a $|R_n| \leq M b_{n+1}$.
- Il s'applique le plus souvent avec $a_n = \cos(nx)$ ou $a_n = \sin(nx)$, où x est un réel. Les sommes $C_n = \sum_{k=0}^{n} \cos kx$ et $S_n = \sum_{k=0}^{n} \sin kx$ sont données pour $x \neq 0$, par $C_n = \cos(nx/2)\dfrac{\sin[(n+1)x/2]}{\sin(x/2)}$ et $S_n = \sin(nx/2)\dfrac{\sin[(n+1)x/2]}{\sin(x/2)}$.

  Lorsque $x \neq 0[2\pi]$, on a donc $\left|1 + \cos x + \cos 2x + \cdots + \cos nx\right| \leq \dfrac{1}{\sin(x/2)}$ et $\left|\sin x + \sin 2x + \cdots + \sin nx\right| \leq \dfrac{1}{\sin(x/2)}$, majorations indépendantes de n.

10 - Sommation par paquets et ordre de sommation

- Pour une série positive, on peut faire une permutation quelconque des termes : cela ne change rien à la convergence ni à la valeur de la somme.
- On peut sommer une série de signes quelconques par paquets consécutifs : soit $\sum u_n$ une série dont le terme général u_n tend vers 0, et $p \geq 2$ un entier fixé. Pour étudier la série et calculer sa somme, on peut regrouper les termes p à p de façon consécutive (i.e. $u_n + u_{n+1} + \cdots + u_{n+p}$), et étudier la nouvelle série ainsi obtenue.

11 - Critère de Cauchy pour les séries

- $\sum u_n$ converge ssi $(\forall \varepsilon > 0)(\exists m \in \mathbb{N})(\forall m < p < q)(|u_{p+1} + \cdots + u_q| < \varepsilon)$.

Ce que l'on vous demandera de montrer

- Essentiellement, qu'une série précise est convergente ou divergente, dans le but de vous familiariser avec les techniques possibles, bien plus riches qu'avec les suites.
- Dans les bons cas, calculer la somme de la série. Ne pas oublier que la série typique dont on sait calculer la somme est la série géométrique de raison $q \in]-1, 1[$ (la tarte à manger en entier) : $\displaystyle\sum_{n=0}^{+\infty} \frac{1}{q^n} = 1 + \frac{1}{q} + \frac{1}{q^2} + \cdots = \frac{1}{1-q}$. La seconde est la série exponentielle $\displaystyle\sum_{n=0}^{+\infty} \frac{x^n}{n!} = e^x$ pour tout x réel ou complexe.

— Savoir dire à partir de quel n la somme partielle s_n approche la somme de la série à ε près, i.e. savoir encadrer le reste R_n de la série.
— Etudier une suite $\{u_n\}$ en se ramenant à la série de terme général $u_{n+1} - u_n$.

Les questions à se poser

— Evidemment, quelle technique utiliser, en plus de la définition qui nous ramène aux suites via les sommes partielles.
— Ai-je pensé à comparer avec les séries fondamentales Riemann/Bertrand ?
— Suis-je dans le cadre de la comparaison avec une intégrale généralisée ? Si oui, est-ce que je maîtrise bien les encadrements de la somme partielle ou du reste ?
— Ai-je bien regardé l'alternances (ou non) des signes des u_n, suis-je dans le cadre génial du CSA ? Si oui, ai-je bien compris l'encadrement de s_n et la majoration de la valeur absolue du reste ?
— J'ai montré la convergence, mais suis-je capable de calculer la somme ?
— Si je n'ai pas réussi à montrer la convergence absolue, quelle est la meilleure méthode à utiliser ? En particulier si j'ai des sinus/cosinus ?
— A quel ordre développer, si je dois faire un DL ?
— Si j'écris $u_n = v_{n+1} - v_n$, quel rapport entre la série $\sum u_n$ et la suite (v_n) ?

Exercices

Exercice 1

Soit $\sum u_n$ une série réelle. Montrer que si la série est absolument convergente, alors la série $\sum_{n=1}^{+\infty} u_n^2$ converge. Cela reste-t-il vrai en supposant simplement que la série $\sum u_n$ converge ?

Exercice 2

1. Montrer que la série (dite série harmonique) $\displaystyle\sum \frac{(-1)^{n-1}}{n}$ converge : on donnera au moins 2 démonstrations différentes, et si possible trois, l'une se ramenant à une série positive.
2. Montrer qu'elle est semi-convergente seulement.

Exercice 3 [Les corrigés de 13 à 16 sont en ligne]

Étudier la convergence des séries dont on donne ci-dessous le terme général u_n. Les séries (6) et (15) dépendent d'un paramètre a et on discutera suivant sa valeur. Les (8), (13) et (14) font *entre autre* intervenir le critère d'Abel.

(1) $\dfrac{1}{n(n-2)}$,	(2) $\dfrac{n+3}{(n^2+1)(\ln n)^{3/2}}$,	(3) $\dfrac{n^4}{3^n}$,	(4) $\dfrac{n}{(\ln n)^3}$
(5) $\sin(1/n)$,	(6) $\dfrac{a^n}{\ln n}$,	(7) $\dfrac{2^n \ln n}{3^n}$,	(8) $\dfrac{\sin n}{(\ln n)^3}$
(9) $\ln(1+1/n)$,	(10) $\ln\left(1+(-1)^n/\sqrt{n}\right)$,	(11) $\sqrt[n^2]{n}-1$,	(12) $\sin^2(1/n)\sqrt{\ln n}$
(13) $\dfrac{\cos n}{n+2\cos n}$,	(14) $\dfrac{\cos n}{\sqrt{n}+2\sin n}$,	(15) e^{-n^a},	(16) $\dfrac{(-1)^n}{\sqrt[3]{n}+(-1)^n}$

Exercice 4

Montrer, en se ramenant à l'étude d'une série, que la suite de terme général $s_n = 1+\dfrac{1}{2}+\dfrac{1}{3}+\cdots+\dfrac{1}{n}-\ln n$ est convergente. Etudier la monotonie de cette suite.

Exercice 5

1. Montrer que $f(x) = \displaystyle\sum_{k=2}^{+\infty} \frac{(-1)^k}{x^2+\ln k}$ a un sens pour tout x, donner le signe de $f(x)$ et en donner un encadrement.

2. La fonction f est-elle majorée sur $[0, +\infty[$? Admet-elle une limite en $+\infty$? Calculer $\lim\limits_{x \to \pm\infty} xf(x)$.

3. Donner un majorant de $\left| f(x) - \sum\limits_{k=2}^{n} \frac{(-1)^k}{x^2 + \ln k} \right|$.

Exercice 6 [Corrigé en ligne]

1. Montrer que la série $\sum \frac{2}{n^2 - 1}$ converge (on a $n \geq 2$).
2. Calculer sa somme : on devra « deviner » la valeur de la somme partielle d'ordre n en faisant des essais, après avoir « dédoublé » chaque u_n.

Exercice 7 [Corrigé en ligne]

On considère (pour $n \geq 1$) les séries $\sum \frac{1}{n^2}$, $\sum\limits_{n \text{ pair}} \frac{1}{n^2}$, $\sum\limits_{n \text{ impair}} \frac{1}{n^2}$, $\sum \frac{(-1)^{n-1}}{n^2}$.

1. Montrer que les 4 séries convergent. On note (dans le même ordre) S, S_{pa}, S_{imp}, S_{al} leurs sommes.
2. Trouver une relation élémentaire entre S et S_{pa}, et en déduire les expressions de S_{pa} et S_{imp} en fonction de S.
3. a) Donner, en le justifiant rigoureusement, l'expression de S_{al} en fonction de S_{pa} et S_{imp}.

   b) En admettant que $S = \pi^2/6$, donner la valeur de S_{al}.

Corrigés

Exercice 1

La convergence d'une série $\sum u_n$ implique que le terme général tend vers 0, et est donc tôt ou tard compris entre -1 et 1. On a donc $0 \leq u_n^2 \leq |u_n|$ à partir d'un certain rang. Si la série $\sum |u_n|$ converge, alors la série $\sum u_n^2$ converge aussi. Ce n'est pas vrai pour une série quelconque : la série de terme général $\dfrac{(-1)^n}{\sqrt{n}}$, vérifie le CSA et converge , mais son carré $1/n$ est le terme général d'une série divergente.

Exercice 2

1. La série vérifie de façon évidente le CSA, puisque $1/n$ est décroissant vers 0. La série est convergente et sa somme (qui est $\ln 2 = 0.69314\cdots$) est comprise entre $s_1 = 1$ et $s_2 = 1 - 1/2 = 0.5$.
2. On utilise les sommes partielles : on a $s_{2n} = 1-1/2+1/3-1/4\cdots+1/(2n-1)-1/(2n)$ et $s_{2n+1} = s_{2n}+1/(2n+1)$. En posant $a_n = s_{2n}$ et $b_n = s_{2n+1}$ pour $n \geq 1$, on obtient deux suites adjacentes : elles convergent vers la même limite. Cela signifie que la suite des sommes partielles, tantôt égale à a_n, tantôt égale à b_n, est convergente.
3. On regroupe les termes 2 à 2 : la série $\sum u_n$ est de même nature et de même somme que la série $\sum(u_{2n-1} + u_{2n})$, à savoir la série de terme général $\dfrac{1}{2n-1} - \dfrac{1}{2n} = \dfrac{1}{2n(2n-1)}$. On a là une série positive dont le terme général est équivalent à $1/(4n^2)$, terme général d'une série de Riemann convergente.
4. Etudier la convergence absolue de la série consiste à étudier la série de terme général $1/n$: c'est une série positive de terme général $f(n) = 1/n$, où la fonction $f : t \mapsto 1/t$ est décroissante vers 0 en $+\infty$. On peut appliquer la comparaison avec les intégrales généralisées : $\sum f(n)$ est de même nature que l'IG $\displaystyle\int_1^{+\infty} \frac{dt}{t}$, qui diverge. Notre série $\sum 1/n$ diverge donc (on a $1 + 1/2 + 1/3 + 1/4 + \cdots = +\infty$), et la série $\sum u_n$ n'est pas absolument convergente.

Exercice 3

(1) Série définie à partir de $n = 3$. Elle est positive, et le terme général est équivalent à $1/n^2$: série convergente.

(2) Série positive définie à partir de $n = 2$, dont le terme général est équivalent à $\dfrac{1}{n(\ln n)^{3/2}}$: par comparaison avec Bertrand, il s'agit d'une série convergente.

(3) Il s'agit d'un cas où la règle de d'Alembert est très agréable : $\left|u_{n+1}/u_n\right| = (1 + 1/n)^4/3$, quantité tendant vers $1/3$ quand n tend vers $+\infty$. La série converge.

(4) Sachant que le terme général tend vers $+\infty$, la série ne risque pas de converger.

(5) Série positive dont le terme général est équivalent à $1/n$: elle diverge.

(6) Elle est définie pour $n \geq 2$. On a $\left|u_{n+1}/u_n\right| = |a|(\ln n)/\ln(n+1)$, qui tend vers $|a|$ quand n tend vers $+\infty$. La série converge (absolument) lorsque $a \in]-1,1[$ et diverge lorsque $|a| > 1$. Pour $a = 1$, on a une série divergente (comparaison avec une série de Bertrand) ; pour $a = -1$, on a une série vérifiant le CSA. Finalement, la série converge lorsque $a \in [-1,1[$.

(7) La règle de d'Alembert donne une limite de $2/3$, et la série est convergente.

(8) La série converge d'après le critère d'Abel : on prend $a_n = \sin n$, qui vérifie $|a_1 + a_2 + \cdots + a_n| \leq 1/\sin(1/2)$, et $b_n = 1/(\ln n)^3$ qui est bien décroissant vers 0.

(9) Il s'agit d'une série positive dont le terme général est équivalent à $1/n$: elle est divergente. On peut aussi remarquer que $u_n = \ln(n+1) - \ln(n)$, ce qui fait que la somme partielle d'ordre n est $s_n = \ln(n+1)$, qui tend vers $+\infty$.

(10) Attention ! Le terme général est équivalent à $(-1)^n/\sqrt{n}$, mais il n'est pas de signe constant. On ne peut donc pas utiliser la comparaison de séries équivalentes. On doit faire un développement limité à l'ordre 2 : $u_n = \dfrac{(-1)^n}{\sqrt{n}} - \dfrac{1}{2n}(1+\varepsilon(n))$. Le premier terme est celui d'une série vérifiant le CSA, mais le second est celui d'une série positive équivalente à $1/(2n)$, qui est divergente. La série diverge, bien qu'elle soit équivalente au terme général d'une série convergente.

(11) On écrit $\sqrt[n^2]{n} - 1 = \exp\left((\ln n)/n^2\right) - 1$, qui est équivalent à $(\ln n)/n^2$ au voisinage de $+\infty$. Il s'agit d'une série convergente (Bertrand).

(12) Série positive. Puisque $\sin x \sim x$ au voisinage de $x = 0$, on a $\sin^2(1/n) \sim 1/(n^2)$ en $+\infty$: on obtient encore une série convergente (Bertrand).

Exercice 4

La somme partielle d'ordre n d'une série $\sum u_n$ est donnée par $s_n = u_0 + \cdots + u_n$: on a donc $s_n - s_{n-1} = u_n$. L'étude de la suite (s_n) revient à l'étude de la série de terme général $u_n = s_n - s_{n-1}$. Ici, on a $u_n = 1/n - \ln(n) + \ln(n-1) = 1/n + \ln(1 - 1/n)$. Un développement limité à l'ordre 2 permet d'écrire $u_n = -\dfrac{1+\varepsilon(n)}{2n^2}$, ce qui montre que la série est convergente. La suite de terme général s_n est donc convergente. Comme $u_n < 0$ à partir d'un certain rang, la suite (s_n) est décroissante.

Exercice 5

1. Pour tout x réel **fixé**, la quantité $k \mapsto x^2 + \ln k$ est strictement positive à partir de $k = 2$ et est **croissante** vers $+\infty$. La série $\sum \dfrac{(-1)^k}{x^2 + \ln k}$ vérifie donc le CSA.

On peut ainsi affirmer que la somme $f(x)$ est positive puisque le premier terme de la série, à savoir $1/(x^2 + \ln 2)$ est positif. La somme $f(x)$ est comprise entre deux sommes partielles consécutives quelconques, par exemple s_2 et s_3, ce qui permet d'écrire $\dfrac{1}{x^2 + \ln 2} - \dfrac{1}{x^2 + \ln 3} \leq f(x) \leq \dfrac{1}{x^2 + \ln 2}$.

2. Cet encadrement montre que $\lim\limits_{x \to +\infty} f(x) = 0$ et que $\lim\limits_{x \to +\infty} x f(x) = 0$. Il montre aussi que $0 < f(x) \leq 1/(\ln 2)$. La fonction est majorée sur $\mathbb{R}$.

3. La valeur absolue du reste d'ordre n, à savoir $\left| f(x) - \sum\limits_{k=2}^{n} \dfrac{(-1)^k}{x^2 + \ln k} \right|$, est majorée par le premier terme « négligé », à savoir $1/(x^2 + \ln[n+1])$, lui-même plus petit que $1/(\ln n)$. Ce reste d'ordre n tend vers 0 indépendamment de x.

Chapitre 24

Suites et séries de fonctions

$f_1, f_2, \cdots, f_n, \cdots$ sont des fonctions définies sur un même domaine $\mathcal{I} \subset \mathbb{R}$ et à valeurs réelles ou complexes : on s'occupe de $f = \lim_{n \to +\infty} f_n$, limite dans un sens à préciser. De même on va donner un sens à $S = \sum_{n=1}^{+\infty} u_n$, où les u_n sont définies sur un même $\mathcal{I}$, à valeurs réelles ou complexes.

Pour $g : \mathcal{I} \mapsto \mathbb{R}$ ou $\mathbb{C}$, on note $\|g\|_{\mathcal{I}} = \sup_{x \in I} |g(x)|$, appelée norme de la convergence uniforme sur $\mathcal{I}$. Quand il n'y a pas de confusion possible sur le domaine $\mathcal{I}$, on peut omettre l'indice « $\mathcal{I}$ » au niveau de la norme.

Le complément en ligne contient des exemples et des représentations graphiques.

Domaines concernés

— Convergence simple sur $\mathcal{I}$: la suite de fonctions $\{f_n\}$ converge simplement vers la fonction f sur $\mathcal{I}$ lorsque, pour tout x fixé dans $\mathcal{I}$, la suite numérique $\{f_n(x)\}$ converge vers le nombre $f(x)$. La série de fonctions $\sum u_n$ converge simplement sur $\mathcal{I}$ et est de somme S lorsque pour tout $x \in \mathcal{I}$ fixé, la série numérique $\sum u_n(x)$ converge et que sa somme est $S(x)$.

— Convergence uniforme sur $\mathcal{I}$: la suite de fonctions $\{f_n\}$ converge uniformément vers f sur $\mathcal{I}$ lorsque $\lim_{n \to +\infty} \|f_n - f\|_{\mathcal{I}} = 0$. La série de fonctions $\sum u_n$ converge uniformément sur $\mathcal{I}$ et est de somme S lorsque la suite de ses sommes partielles converge uniformément sur $\mathcal{I}$ vers S.

— On regarde ce que l'on peut dire de certaines propriétés de f ou S lors de la convergence uniforme.

Résultats fondamentaux utilisables

— La convergence uniforme sur $\mathcal{I}$ implique la convergence simple sur $\mathcal{I}$.

— Dire que $\sum u_n$ est uniformément convergente signifie qu'elle est simplement convergente sur $\mathcal{I}$ (on a plein de techniques pour le vérifier, sans connaître la somme) et que la suite des restes converge uniformément vers 0 : $\lim\limits_{n\to+\infty} \|R_n\| = 0$.

— La convergence uniforme d'une série de fonctions est particulièrement aisée à montrer dans les cas où l'on sait majorer le reste. C'est en particulier le cas quand chaque $\sum u_n(x)$ vérifie le CSA : si $\lim\limits_{n\to+\infty} \|u_n\| = 0$, alors la série est uniformément convergente sur $\mathcal{I}$.

— Convergence normale d'une série de fonctions sur $\mathcal{I}$: lorsque $\sum \|u_n\|$ est une série convergente, alors la série de fonctions $\sum u_n$ est uniformément convergente sur $\mathcal{I}$. On parle alors de série de fonctions normalement convergente. On a évidemment $\|R_n\| \leq \sum_{k=n+1}^{\infty} \|R_k\|$.

— La convergence normale est une condition suffisante, pas du tout nécessaire. En général, on ne se fatigue pas à calculer explicitement $\|u_n\|$, on trouve au nez un majorant a_n (indépendant de x) de $|u_n(x)|$ lorsque x décrit $\mathcal{I}$, et tel que $\sum a_n$ converge. *La convergence normale généralise à la convergence uniforme la notion de série absolument convergente.*

— L'étude de la convergence normale peut (pour les fonctions compliquées) demander d'étudier (à n fixé), la fonction $x \mapsto u_n(x)$ sur $\mathcal{I}$ pour en calculer ses extrema et en déduire explicitement $\|u_n\|$, quitte à en déduire un majorant plus simple a_n.

1 - Limite et continuité

— Soit $\{f_n\}$ une suite de fonctions convergeant uniformément sur un intervalle $\mathcal{I}$ vers f, et $x_0 \in \overline{\mathcal{I}}$. On suppose que chaque f_n admet une limite ℓ_n quand x tend vers x_0. Alors la suite (ℓ_n) admet une limite ℓ et f tend vers ℓ quand x tend vers x_0. Ceci s'écrit $\lim\limits_{x\to x_0}\left(\lim\limits_{n\to+\infty} f_n(x)\right) = \lim\limits_{n\to+\infty}\left(\lim\limits_{x\to x_0} f_n(x)\right)$. Si $\mathcal{I} = [a, +\infty[$, le résultat s'applique en particulier avec $x_0 = +\infty$.

— La convergence uniforme permet donc d'intervertir « limite quand x tend vers x_0 » et « limite quand n tend vers $+\infty$ ».

— De façon plus simple, si les fonctions f_n sont continues sur $\mathcal{I}$, et si la suite $\{f_n\}$ converge uniformément sur $\mathcal{I}$ vers f, alors cette limite f est continue sur $\mathcal{I}$.

— Soit $\sum u_n$ une série de fonctions convergeant uniformément sur $\mathcal{I}$, et soit $x_0 \in \overline{\mathcal{I}}$. Alors $\lim\limits_{x\to x_0}\left(\sum\limits_{n=1}^{+\infty} u_n(x)\right) = \sum\limits_{n=1}^{+\infty}\left(\lim\limits_{x\to x_0} u_n(x)\right)$. La limite de la somme est égale à la somme des limites (sous-entendu, si ces limites existent !) Si $\mathcal{I} = [a, +\infty[$, le résultat s'applique en particulier avec $x_0 = +\infty$.

— De façon plus simple, si les fonctions u_n sont continues sur $\mathcal{I}$, et si la série $\sum u_n$ converge uniformément sur $\mathcal{I}$ et est de somme S, alors S est continue sur $\mathcal{I}$.

2 - Intégration

— Soit $\{f_n\}$ une suite de fonctions continues par morceaux sur $[a, b]$, convergeant uniformément sur $[a, b]$ vers f. Alors f est Riemann-intégrable sur $[a, b]$ et $\displaystyle\int_a^b f(x)dx = \lim_{n\to+\infty} \int_a^b f_n(x)dx$.

— Si les u_n sont continues (ou continues par morceaux) sur $[a, b]$ et que la série $\sum u_n$ converge uniformément sur $[a, b]$, alors $\displaystyle\int_a^b \left(\sum_{n=1}^{+\infty} u_n(x)\right) dx = \sum_{n=1}^{+\infty} \left(\int_a^b u_n(x)dx\right)$. En particulier, la somme de la série est une fonction Riemann-intégrable sur $[a, b]$, et la série des intégrales converge.

— En cas d'urgence [théorème de Beppo-Levi] : si $\{f_n\}$ est une suite croissante de fonctions positives ($0 \le f_n(x) \le f_{n+1}(x)$ pour tout n et tout $x \in \mathcal{I}$), alors $\displaystyle\lim_{n\to+\infty} \int_{\mathcal{I}} f_n(x)dx = \int_{\mathcal{I}} (\lim_{n\to+\infty} f_n(x))dx$, même en cas de convergence simple, peu importe que $\mathcal{I}$ soit borné ou non. En particulier, si $\sum u_n$ est une série de fonctions positives, alors $\displaystyle\int_{\mathcal{I}} \left(\sum_{n=1}^{+\infty} u_n(x)\right) dx = \sum_{n=1}^{+\infty} \left(\int_{\mathcal{I}} u_n(x)dx\right)$.

3 - Dérivation

— Soit $\{f_n\}$ une suite de fonctions de classe C^1 sur un intervalle $\mathcal{I}$ et vérifiant les deux conditions (i) Il existe au moins un point x_0 de $\mathcal{I}$ où la suite $\{f_n(x_0)\}$ converge (ii) La suite $\{f_n'\}$ des dérivées converge uniformément sur $\mathcal{I}$ vers une fonction g. Alors la suite de fonctions $\{f_n\}$ converge uniformément sur $\mathcal{I}$ vers une fonction dérivable f avec $f' = g$.

— Souvent on a le cas simple suivant : $\{f_n\}$ converge uniformément vers f et $\{f_n'\}$ converge uniformément vers g : alors f est dérivable avec $f' = g$.

— Si les u_n sont de classe C^1 sur $\mathcal{I}$, si la série $\sum u_n$ converge en au moins un point de $\mathcal{I}$, et si la série $\sum u_n'$ des dérivées converge uniformément sur $\mathcal{I}$, alors la série $\sum u_n$ converge uniformément sur $\mathcal{I}$, et la somme $S(x) = \displaystyle\sum_{n=1}^{+\infty} u_n(x)$ est C^1 sur $\mathcal{I}$ avec $\displaystyle\left(\sum_{n=1}^{+\infty} u_n\right)' = \sum_{n=1}^{+\infty} u_n'$.

4 - Restreindre le domaine d'étude

— Pour montrer que la limite/somme est continue ou C^1 sur $]0,+\infty[$, on le montre avec la convergence uniforme sur $[a,b]$ avec $0<a<b$ et les théorèmes ci-dessus. On n'a pas besoin de la convergence uniforme sur $]0,+\infty[$, souvent rare.

— L'exemple typique est $\sum \dfrac{(-1)^{n-1}}{1+nx}$ qui est uniformément convergente sur tout $[a,+\infty[$ avec $a>0$, C^1 sur tout $]a,+\infty[$ et donc C^1 sur $]0,+\infty[$, mais qui n'est pas uniformément convergente sur $]0,+\infty[$.

5 - Montrer qu'il n'y a pas convergence uniforme

— Pour montrer que la convergence de la suite $\{f_n\}$ vers f n'est pas uniforme sur $\mathcal{I}$, on essaye de trouver une suite de points (x_n) convergeant vers un point a dans $\mathcal{I}$ mais telle que la suite numérique $(f_n(x_n))$ ne converge pas vers $f(a)$. En général, il s'agit de l'une des deux extrémités de l'intervalle $\mathcal{I}$.

— Pour montrer que la série $\sum u_n$ ne converge pas uniformément, on peut essayer de montrer que la suite numérique $\|u_n\|_\infty$ ne tend pas vers 0, à savoir reste supérieure à une constante strictement positive. On essaye de trouver une valeur x_n dépendant de n où la suite $|u_n(x_n)|$ ne tend pas vers 0. Ceci est jouable si l'on a déjà une idée d'où vient le problème : par exemple, si on subodore que le problème est en $x=0$, trouver une suite (x_n) qui tend vers 0. Si l'on pense que le problème est en l'infini, trouver une suite (x_n) tendant vers l'infini.

— Dans l'exemple typique du paragraphe précédent, le problème est en 0 et on prend $x_n = 1/n$: on a alors $\|u_n\| \geq |u_n(1/n)| \geq 1/2$, et la suite des $\|u_n\|$ ne tend pas vers 0.

6 - Un théorème vital (Weierstrass)

Toute fonction continue sur un segment est limite uniforme, sur ce segment, d'une suite de polynômes.

7 - Critère de Cauchy

— On a le critère de Cauchy uniforme sur $\mathcal{I}$, et qui assure que la suite $\{f_n\}$ converge uniformément sur $\mathcal{I}$:

$$(\forall\varepsilon>0)(\exists m\in\mathbb{N})(\forall p,q>m)(\|f_p-f_q\|<\varepsilon)$$

— Pour les séries de fonction, il s'agit de :
$(\forall\varepsilon>0)(\exists m)$ tel que pour tous $m<p<q$ on ait $\|u_p+u_{p+1}+\cdots+u_q\|<\varepsilon$.

Ce que l'on vous demandera de montrer

— Savoir montrer la convergence simple sur un domaine $\mathcal{I}$ donné.

— Savoir montrer la convergence uniforme, par l'un des critères énoncés, sur un domaine $\mathcal{I}$.

— Etudier la continuité, la dérivabilité, l'intégrabilité d'une limite de suites ou d'une somme de série de fonctions. En n'oubliant pas que pour montrer (par exemple) qu'une fonction est continue sur $]0, \infty[$, il suffit de montrer qu'elle est continue sur tout segment $[a, b]$ avec $a > 0$.

— Montrer qu'il n'y a pas convergence uniforme sur un intervalle, en commençant par déterminer quelle extrémité pose un problème.

— Utiliser le théorème de Weierstraß et la convergence uniforme pour montrer qu'un certain résultat est vrai pour (par exemple) une fonction continue, quand on a montré qu'il est vrai pour un polynôme.

Les questions à se poser

— Quand « je fixe x », suis-je en convergence simple ou uniforme ?

— Est-il (en général) plus simple de montrer la convergence uniforme (quelque soit le critère utilisé) pour $x \in [a, b]$, un segment bien sécurisé ou sur un intervalle ouvert (sans doute moins sécurisé).

— Je voudrais dire que $f_n(x_n)$ tend vers ℓ quand n tend vers $+\infty$ et x_n tend vers a : de quoi ai-je besoin ? Est-ce unẹ condition suffisante et/ou nécessaire ?

— Pour montrer le CSA, i.e. essentiellement que $|u_n|$ est une suite décroissante vers 0, puis-je utiliser une étude de fonction, avec dérivation et sens de variation ?

— En cas de convergence uniforme sur un intervalle $\mathcal{I}$, puis-je dire (à une constante près) que je trouve une primitive de la limite (ou de la somme) en prenant une limite (ou somme) de primitives ?

— Comment faire, avec la convergence uniforme, pour montrer qu'une limite de suite de fonctions (somme de séries de fonctions) est une fonction de classe C^m ou même C^∞ ?

— Ai-je intérêt à ramener une série de fonctions vérifiant le CSA à une séries de fonctions positives (du moins à partir d'un certain rang) ?

— Si $\sum u_n$ vérifie le CSA uniquement à partir de (par exemple) $n = 5$, que puis-je dire du signe de $\sum_{n=1}^{+\infty} u_n(x)$?

— J'ai une série de fonctions $\sum u_n(x)$ qui vérifie à la fois le CSA et la convergence normale : si je veux approcher la valeur de $S(x)$ à 10^{-m} près, est-ce que je sais mieux faire avec le CSA ou la convergence normale ?

Exercices

Exercice 1

Pour $n \geq 1$, on pose $f_n(x) = \sqrt[n]{2 + \cos(x^2)}$ pour $x \in \mathbb{R}$.

1. Donner un encadrement de $f_n(x)$ indépendant de x, et permettant de montrer la convergence simple de la suite $\{f_n\}$ vers une fonction f que l'on précisera.
2. Etudier la convergence uniforme sur $\mathbb{R}$.

Exercice 2

Pour $n \geq 1$ et $x \geq 0$, on pose $f_n(x) = \sqrt[n]{x + n}$.

1. a) Etudier la convergence simple de la suite $\{f_n\}$ sur $[0, +\infty[$.
   b) Vérifier que $f_n(x) \geq 1$ pour tous x et n, et que chaque f_n est une fonction croisssante de x.
2. Etudier la convergence uniforme de la suite $\{f_n\}$ sur $[0, a]$ où $a > 0$ est donné.
3. Montrer qu'il n'y a pas convergence uniforme sur $[0, +\infty[$.

Exercice 3

On pose $f_n(x) = \dfrac{nx^2 + 1}{nx + 1}$ pour $n \geq 1$ et $x \geq 0$ réel.

1. Etudier la convergence simple de la suite de fonctions $\{f_n\}$ sur $[0, +\infty[$, et donner l'expression de la limite f.
2. La convergence peut-elle est uniforme vers f sur $[0, +\infty[$? Sur $[0, 1]$?
3. a) Etudier la convergence uniforme sur $[a, +\infty[$ où $a > 0$.
   b) Etudier la convergence uniforme sur $]0, 1]$.
4. a) Calculer $\displaystyle\int_0^1 f_n(x)dx$.
   b) Calculer $\displaystyle\int_0^1 f(x)dx$, et commentez.

Exercice 4 [Corrigé en ligne]

1. En utilisant la formule de MacLaurin (en précisant bien le reste dit de Taylor), montrer que $\displaystyle\sum_{n=1}^{+\infty} \frac{(-1)^{n-1}x^n}{n} = \ln(1+x)$ pour tout $x \in [0,1]$. Interpréter en terme de convergence simple/uniforme d'une série des fonctions.
2. Montrer que la série de fonctions $\displaystyle\sum \frac{(-1)^{n-1}x^{n-1}}{n}$ est uniformément convergente sur $[0,1]$ vers une fonction que l'on précisera.
3. Exprimer $\displaystyle\int_0^1 \frac{\ln(1+x)}{x}dx$ comme somme d'une série dont on donnera le terme général.
4. En se référant au résultat final de l'exercice 7 de la fiche « séries », donner la valeur de $\displaystyle\int_0^1 \frac{\ln(1+x)}{x}dx$.

Exercice 5

1. Étudier la convergence simple puis uniforme sur $[0,1]$ de la suite $\{f_n\}$ définie par $f_n(x) = n^2(x^n - x^{n+1})$.
2. Calculer, pour n assez grand, le maximum de f_n sur $[0,a]$, où $0 < a < 1$ est fixé. Étudier la convergence uniforme sur $[0,a]$.

Exercice 6

1. Pour $n \geq 1$, on pose $u_n(x) = (-1)^n x^n \ln x$ sur $]0,1]$, et $u_n(0) = 0$. Étudier sur $[0,1]$ la convergence simple, uniforme, normale de la série de fonctions $\sum u_n$. Donner l'expression de sa somme $S(x)$.
2. Exprimer $\displaystyle\int_0^1 \frac{x\ln x}{1+x}dx$ comme somme d'une série.
3. Reprendre, toujours sur $[0,1]$, l'exercice avec $v_n(x) = x^{2n+1}(\ln x)^2$ pour $n \geq 0$.

Exercice 7

Pour $n \geq 1$, on note $u_n(x) = \dfrac{1}{n^2 + x^4}$ pour x réel.

1. a) Etudier la convergence simple puis uniforme de la série de fonctions $\sum u_n$ (plusieurs solutions possibles).

   b) Calculer $\displaystyle\lim_{x\to\pm\infty} S(x)$ où $S(x) = \sum_{n=1}^{+\infty} u_n(x)$.

2. a) Montrer que la somme S est continue sur $\mathbb{R}$.
   b) Montrer *avec un minimum de calculs* que S est C^1 sur $\mathbb{R}$.
   c) Donner le tableau de variation de la fonction S
   (*On admettra que* $\sum_{n=1}^{+\infty} 1/n^2 = \pi^2/6$).
3. a) Donner un encadrement de $S(x)$ avec deux fonctions assez simples de x
   (*On utilisera le bon critère de convergence de certaines séries positives*).
   b) En déduire $\lim_{x\to\pm\infty} x^2 S(x)$.

Exercice 8 [Corrigé en ligne]

On considère la série $\sum \frac{(-1)^{n-1}}{n^x}$, pour $n \geq 1$ et $x > 0$.

1. Etudier la convergence simple, puis uniforme de la série : on précisera des domaines « de sécurité » où la convergence uniforme est assurée. On note $S(x)$ la somme de la série quand elle existe.
2. a) Montrer que S est continue sur $]0, +\infty[$. Donner la valeur de $S(1)$.
   b) Calculer $\lim_{x\to+\infty} S(x)$ en appliquant un théorème très général.
3. a) Donner un encadrement de $S(x)$ par deux fonctions « assez simples » de x.
   b) Quel résultat déjà démontré retrouve-t-on ainsi très facilement ?
4. Montrer que S est une fonction C^1 sur tout $[a, +\infty[$ (et donc sur $]0, +\infty[$) et donner l'expression de $S'(x)$ comme somme d'une série de fonctions. On sera amené à étudier une série de fonctions de signes alternés, mais vérifiant le CSA uniquement pour $n > e^{1/a}$.
5. En déduire que S est croissante sur $[2, +\infty[$.
6. On admet que $\frac{\ln 2}{2^x} - \frac{\ln 3}{3^x} + \frac{\ln 4}{4^x} - \frac{\ln 5}{5^x} > 0$ pour tout $x \geq 1$. Montrer que S est croissante sur $[1, +\infty[$.

Exercice 9 [Corrigé en ligne]

On considère la série positive $\sum \frac{1}{n^x}$, pour $n \geq 1$ et $x > 0$. *Attention aux contrefaçons et copiés/collés foireux avec l'exercice 8 !*

1. Etudier la convergence simple, puis uniforme de la série : on précisera l'intervalle où la série converge simplement et les domaines « de sécurité » où la convergence uniforme est assurée. On note $S(x)$ la somme de la série quand elle existe.
2. a) Montrer que la somme $S(x)$ de la série est continue sur $]1, \infty[$.
   b) Montrer que la somme $S(x)$ de la série est C^1 sur $]1, \infty[$, et donner le sens de variation de S sur $]1, +\infty[$.
   c) Donner la valeur de $\lim_{x\to+\infty} S(x)$.

3. a) Montrer que $S(x)$ tend vers $+\infty$ ou bien admet une limite finie ℓ quand x tend vers 1^+.

   b) Que vaut (rien à voir avec l'exercice) $\lim\limits_{n\to+\infty}\sum\limits_{k=1}^{n} 1/k$?

4. On suppose que S admet une limite finie ℓ en 1^+.

   a) Montrer alors que les sommes $\sum\limits_{k=1}^{n} 1/k$ sont bornées indépendamment de n.

   b) Conclure.

Exercice 10 [Corrigé en ligne]

On rappelle (cf exercice 4) que $\ln(1+x) = \sum\limits_{n=1}^{+\infty}(-1)^{n-1}\frac{x^n}{n}$ pour tout $x \in]-1,1]$, et que $\sum\limits_{n=1}^{+\infty} 1/n^2 = \pi^2/6$.

1. Écrire $f(x) = -\frac{\ln(1-x)}{x}$ comme somme d'une série de fonctions positives sur $[0,1[$.

2. a) En utilisant un résultat puissant des rappels, calculer $\int_0^1 f(x)dx$ comme somme d'une série positive.

   b) Justifier *après coup* que l'intégrale généralisée $\int_0^1 f(x)dx$ est convergente.

3. a) Calculer $\int_0^1 -\frac{\ln(1-x^2)}{x}dx$.

   b) Retrouver la valeur de $\int_0^1 \frac{\ln(1+x)}{x}dx$ calculée dans l'exercice 4.

Corrigés

Exercice 1

1. On a $1 \leq 2 + \cos(x^2) \leq 3$ pour tout x et donc $\sqrt[n]{1} \leq f_n(x) \leq \sqrt[n]{3}$. Comme $\sqrt[n]{1} = 1$ et que $\lim\limits_{n \to +\infty} \sqrt[n]{a} = 1$ pour tout $a > 0$ fixé, on a $\lim\limits_{n \to +\infty} f_n(x) = 1$ pour tout x réel. La suite de fonction converge simplement vers la fonction f constante égale à 1.
2. Comme $\sqrt[n]{3} > 1$, l'encadrement précédent s'écrit $\|f_n - f\| \leq \sqrt[n]{3} - 1$. La suite numérique $\sqrt[n]{3} - 1$ converge vers 0 et donc $\lim\limits_{n \to +\infty} \|f_n - f\| = 0$, définition de la convergence uniforme sur $\mathbb{R}$ de la suite de fonctions $\{f_n\}$.

Exercice 2

1. a) On a $\ln f_n(x) = \dfrac{\ln(x+n)}{n}$. Quand x est fixé, on est dans le cadre où le n du bas l'emporte sur le logarithme du haut, et le quotient tend vers 0. On a donc $\lim\limits_{n \to +\infty} \ln f_n(x) = 0$ et donc $\lim\limits_{n \to +\infty} f_n(x) = 1$. Il y a convergence simple vers la fonction constante $f(x) = 1$.

   b) La racine $n$ième d'un nombre ≥ 1 reste ≥ 1. Par ailleurs, à n fixé, la fonction $x \mapsto x + n$ est croissante, et la racine $n$ième est aussi croissante, et donc la composée donne une fonction $f_n(x)$ croissante en x.
2. Pour tout $x \in [0, a]$, on a donc $1 \leq f_n(x) \leq f_n(a)$, soit $0 \leq f_n(x) - f(x) \leq f_n(a) - f(a)$. Ceci s'écrit $\|f_n - f\|_{[0,a]} \leq f_n(a) - 1$, quantité qui tend vers 0 quand n tend vers $+\infty$. C'est la définition de la convergence uniforme sur le segment $[0, a]$.
3. Le souci vient évidemment de l'infini. Prenons $x_n = n^n - n$, et donc $f_n(x_n) = \sqrt[n]{n^n} = n$. On a $\|f_n - f\|_{[0,+\infty[} \geq |f_n(x_n) - 1| \geq n - 1$, quantité qui tend vers $+\infty$ et non vers 0. Il ne peut pas y avoir convergence uniforme sur $[0, +\infty[$.

Exercice 3

1. Pour $x = 0$, on a $f_n(x) = 1$ et donc à la limite $f(0) = 1$. Pour $x > 0$ fixé, on a $\lim\limits_{n \to +\infty} f_n(x) = x$ (rapport des termes de plus haut degré en n), et donc $f(x) = x$. La suite converge simplement sur $[0, +\infty[$ vers la fonction f définie par $f(0) = 1$ et $f(x) = x$ sinon.
2. Comme chaque fonction f_n est continue sur $[0, +\infty[$ mais que f ne l'est pas, il ne peut pas y avoir convergence convergence uniforme sur $[0, +\infty[$: en fait le souci vient de $x = 0$. Il n'y a jamais convergence uniforme sur $[0, a]$, quel que soit $a > 0$.

3. a) On calcule $|f_n(x) - f(x)| = \left|\frac{x-1}{nx+1}\right| \leq \frac{x+1}{nx+1} \leq \frac{1}{n} + \frac{1}{na}$ lorsque $x \geq a$. Sur $[a, +\infty[$, on a ainsi $\|f_n - f\| \leq (1 + 1/a)/n$, quantité qui tend vers 0 quand n tend vers $+\infty$. Il y a convergence uniforme sur tout $[a, +\infty[$.

   b) Le souci semble venir de $x = 0$. Prenons donc $x_n = 1/n$: il vient $|f_n(x_n) - f(x_n)| = \frac{1-1/n}{2}$, quantité qui tend vers $1/2$ quand n tend vers $+\infty$, et est en pratique $\geq 1/4$ pour $n \geq 2$. La norme $\|f_n - f\|$ (calculée sur $]0, 1]$) ne tend pas vers 0, puisqu'elle est $\geq 1/4$. Il n'y a pas convergence uniforme sur $]0, 1]$.

4. a) Une division euclidienne donne $f_n(x) = x - \frac{1}{n} + \frac{n+1}{n}\frac{1}{nx+1}$, et donc $\int_0^1 f_n(x)dx = \frac{1}{2} - \frac{1}{n} + \frac{n+1}{n^2}\ln(n+1)$.

   b) On a bien $\lim\limits_{n\to+\infty} \int_0^1 f_n(x)dx = \frac{1}{2} = \int_0^1 f(x)dx$, bien qu'il n'y ait pas convergence uniforme sur $[0, 1]$ ni même sur $]0, 1]$. Le théorème énoncé est une condition suffisante, mais pas nécessaire.

Exercice 4

1. On a $f_n(0) = f_n(1) = 0$. Pour $0 < x < 1$, on a $\lim\limits_{n\to+\infty} n^2x^n = 0$ puisque la puissance l'emporte sur le polynôme, et donc $\lim\limits_{n\to+\infty} f_n(x) = 0$. La suite de fonctions converge simplement vers la fonction nulle sur $[0, 1]$.
   On calcule $\|f_n - 0\|$ en étudiant les variations de f_n sur $[0, 1]$, fonction positive présentant un maximum absolu. On a $f_n'(x) = n^2x^{n-1}(n - x(n+1))$, et le maximum a lieu en $x_n = n/(n+1)$: il est égal à $\frac{n^2}{n+1}\left(\frac{n}{n+1}\right)^n$. Sachant que $(1 + 1/n)^n$ tend vers e, $\|f_n - 0\|$ est équivalent à n/e quand n tend vers $+\infty$. Cette quantité ne tend pas vers 0, et la convergence n'est pas uniforme sur $[0, 1]$.
2. Pour n assez grand, le point $x_n = n/(n+1)$ réalisant le maximum de f_n sur $[0, 1]$ est plus grand que a : la fonction f_n est croissante sur $[0, a]$ et réalise son maximum en $x = a$. Ce maximum vaut donc $n^2(a^n - a^{n+1})$. Sur $[0, a]$, on a alors $\|f_n - 0\| = n^2(a^n - a^{n+1})$, quantité qui tend vers 0 quand n tend vers $+\infty$. On a convergence uniforme sur tout segment $[0, a]$ avec $0 < a < 1$.

Exercice 5

1. Pour $x = 0$ et $x = 1$, on a $u_n(x) = 0$ et convergence. Pour $0 < x < 1$, on voit apparaître la série géométrique de raison $-x$: elle est convergente. On a donc $S(x) = \frac{-x\ln x}{1+x}$ sur $]0, 1[$, avec $S(0) = S(1) = 0$. La somme S est donc continue sur $[0, 1]$, puisque $\lim\limits_{x\to0^+} x\ln x = 0$. Par ailleurs, on a une série vérifiant le CSA, puisque

$|u_n(x)| = x^n |\ln x|$ décroît vers 0. Comme u_1 est positive, le CSA nous dit que $S(x)$ est positive, ce qui se vérifie avec $-\ln x > 0$.

On peut calculer $\|u_n\|$ en étudiant la fonction $x \mapsto x^n \ln x$, négative sur $]0, 1[$. Un calcul de dérivée nous dit qu'elle passe par un minimum en $x = e^{-1/n}$, valant $-1/(ne)$. On a donc $\|u_n\| = 1/(ne)$: cette quantité tend vers 0 quand n tend vers $+\infty$. Le CSA uniforme est vérifié, et la série est uniformément convergente sur $[0, 1]$. Il n'y a pas convergence normale, puisque la série de terme général $\|u_n\|$ diverge.

2. On a donc $\displaystyle\int_0^1 S(x)dx = \sum_{n=1}^{\infty}(-1)^n \int_0^1 x^n \ln x dx$. Une IPP donne $\displaystyle\sum_{n=1}^{+\infty} \frac{(-1)^{n-1}}{(n+1)^2}$. On montre qu'elle vaut $1 - \pi^2/12$.

3. On a la série géométrique de raison x^2, convergente sur $]0, 1[$. On a $T(x) = \dfrac{x(\ln x)^2}{1 - x^2}$ et $T(0) = T(1) = 0$. La fonction est bien continue à droite de 0 et à gauche de 1, puisque $\displaystyle\lim_{x \to 0^+} x(\ln x)^2 = 0$ et $\ln x \sim x - 1$ au voisinage de $x = 1$. Une dérivation montre que v_n présente un maximum lorsque $\ln x = -2/(2n + 1)$, et ce maximum est $\|v_n\| = e^{-2}/(2n + 1)^2$. C'est le terme général d'une série positive convergente : la série est normalement convergente sur $[0, 1]$. On peut intégrer terme à terme, et $\displaystyle\int_0^1 T(x)dx = \sum_{n=0}^{+\infty} \int_0^1 x^{2n+1}(\ln x)^2 dx = \frac{1}{4}\sum_{n=0}^{+\infty} \frac{1}{(n+1)^3}$ après deux IPP.

Exercice 6

1. a) On a $0 < u_n(x) \leq 1/n^2$, terme général d'une série de Riemann convergente. La série de fonction est normalement convergente sur $\mathbb{R}$ tout entier. Elle est donc simplement et uniformément convergente partout. Par parité, on peut se contenter de travailler sur $[0, +\infty[$.

   À x fixé, on peut aussi dire que $u_n(x)$ est de la forme $n \mapsto g(n)$ où $g(t) = \dfrac{1}{t^2 + x^4}$ est une fonction positive décroissante (en t) vers 0. On se ramène à la comparaison avec l'intégrale généralisée $\displaystyle\int_1^{+\infty} \frac{dt}{t^2 + x^4}$, qui est convergente.

   b) Comme $\displaystyle\lim_{x \to +\infty} u_n(x) = 0$ et que la série de fonctions est uniformément convergente sur $[0, +\infty[$, on peut appliquer le théorème « d'inversion somme et limite » : $\displaystyle\lim_{x \to +\infty} S(x) = \sum_{n=1}^{+\infty} \lim_{x \to +\infty} u_n(x) = \sum_{n=1}^{+\infty} 0 = 0$. La somme S tend vers 0 en $\pm\infty$.

2. a) La somme d'une série uniformément convergente sur $\mathbb{R}$ de fonctions continues est une fonction continue sur $\mathbb{R}$.

   b) L'idée est de montrer que la série de fonction $\sum u_n'(x)$ (on dérive en x) est uniformément convergente. Mais sur quoi ? Il est sans doute délicat de le montrer sur $\mathbb{R}$ tout entier (l'infini pose souvent des problèmes). Mais si on montre que la séries des dérivées est uniformément convergente sur tout segment $[-a, a]$, alors la somme S sera C^1 sur tout segment $[-a, a]$ et au final sera C^1 sur $\mathbb{R}$ tout entier avec $S'(x) = \sum_{n=1}^{+\infty} u_n'(x)$.

- On a $u_n'(x) = -\dfrac{4x^3}{(n^2+x^4)^2}$ et donc $|u_n'(x)| \leq 4\dfrac{a^3}{n^4}$ lorsque $x \in [-a, a]$. La série de fonctions des dérivées est donc normalement convergente sur tout segment $[-a, a]$, ce qui assure que S est dérivable sur $[-a, a]$ avec $S'(x) = -4\displaystyle\sum_{n=1}^{+\infty} \frac{x^3}{(n^2+x^4)^2}$.
- La convergence normale sur $[-a, a]$ de la série des dérivées et le fait que chaque dérivée $u_n'(x)$ soit continue, implique que S est C^1 sur tout segment $[-a, a]$.
- S est donc C^1 sur $\mathbb{R}$ tout entier, avec $S'(x) = -4\displaystyle\sum_{n=1}^{+\infty} \frac{x^3}{(n^2+x^4)^2}$, fonction positive pour $x < 0$ et négative pour $x > 0$.

c) La fonction paire S est croissante sur $]-\infty, 0]$ de 0 à $S(0) = \sum_{n=1}^{+\infty} \frac{1}{n^2} = \frac{\pi^2}{6}$ (valeur admise) puis décroissante jusqu'à 0 sur $[0, +\infty[$.

3. a) On utilise ici la fameuse comparaison entre série et intégrale généralisée, évoquée en première question. L'encadrement du reste R_1 (en fait un vulgaire dessin !) nous dit que $\displaystyle\int_2^{+\infty} \frac{dt}{t^2+x^4} \leq \sum_{n=2}^{+\infty} \frac{1}{n^2+x^4} \leq \int_1^{+\infty} \frac{dt}{t^2+x^4}$, i.e. en ajoutant $u_1(x)$:

$$\frac{1}{1+x^4} + \frac{1}{x^2}\left(\frac{\pi}{2} - \operatorname{Arctan}\frac{2}{x^2}\right) \leq S(x) \leq \frac{1}{1+x^4} + \frac{1}{x^2}\left(\frac{\pi}{2} - \operatorname{Arctan}\frac{1}{x^2}\right)$$

b) Une multiplication par x^2 et un passage à la limite donne $\displaystyle\lim_{x\to\pm\infty} x^2 S(x) = \frac{\pi}{2}$.

Chapitre 25

Séries entières

Ce sont les séries $\sum a_n z^n$ où les a_n sont réels ou complexes et z est réel ou complexe. Quand tout sera réel, on notera plus volontiers $\sum a_n x^n$. De façon générique, pour l'étude du domaine de convergence de la série, on travaille dans les complexes.

Une telle série entière converge au moins en $z = 0$. Mais il existe des séries entières comme $\sum n! z^n$ qui convergent uniquement en 0. L'étude se concentre sur celles qui convergent en des $z \neq 0$, bien sûr !

On se s'occupe pas ici de la possibilité, pour une fonction f « très régulière au voisinage de $z_0 \neq 0$ », d'écrire $f(z) = \sum_{n=0}^{\infty} b_n (z - z_0)^n$ au voisinage de z_0.

Domaines concernés

— Les valeurs de z, autres que $z = 0$, où la série converge.

— Etude de la convergence uniforme et même normale.

— La régularité de la somme $S(z)$: continuité, dérivabilité, intégration...

— Les 6 formules fondamentales à connaître par ♡.

— Applications, par exemple, à des calculs de sommes infinies ou la résolution de certaines équations différentielles.

Résultats fondamentaux utilisables

1 - Domaine de convergence et propriétés

— Lemme d'Abel (fondamental) : Si la série entière $\sum a_n z^n$ converge en $z_0 \neq 0$, alors elle est absolument convergente pour tout complexe z tel que $|z| < |z_0|$.

— Rayon de convergence : il existe un nombre réel $R > 0$, appelé rayon de convergence de la série entière, tel que :

Lorsque $|z| < R$, la série $\sum a_n z^n$ est absolument convergente.

Lorsque $|z| > R$, la série $\sum a_n z^n$ diverge.

Lorsque $|z| = R$, la série fait ce qu'elle peut !

— Si la série converge pour tout $z \in \mathbb{C}$, on pose $R = +\infty$. Pour une série convergeant uniquement en $z = 0$, on pose $R = 0$, cas sans intérêt.

— Le disque de centre O et de rayon R s'appelle disque de convergence. A l'intérieur de ce disque, la série est absolument convergente. A l'extérieur de ce disque, elle diverge car son terme ne tend pas vers 0. Sur le cercle $|z| = R$, il peut se passer un peu tout. Les seuls z pour lesquels la série est semi-convergente sont nécessairement sur ce cercle de convergence.

— Quand on se limite aux réels, ce disque se réduit à l'intervalle $[-R, R]$: pour $|x| < R$, la série est absolument convergente, pour $|x| > R$ elle diverge, pour $x = \pm R$, on ne sait pas trop.

— Dans tout disque $|z| \leq a$ avec $0 < a < R$ (strict), la série $\sum a_n z^n$ est normalement convergente. Dans le cas des réels, c'est sur tout segment inclus strictement dans $]-R, R[$.

— Une technique assez efficace pour trouver R est l'utilisation de la règle de d'Alembert ou de Cauchy : comparer $\left(|z| \times \lim\limits_{n\to+\infty} \left|\dfrac{a_{n+1}}{a_n}\right|\right)$ ou $\left(|z| \lim\limits_{n\to+\infty} \sqrt[n]{|a_n|}\right)$ avec 1. Lorsque $\ell = \lim\limits_{n\to+\infty} \left|\dfrac{a_{n+1}}{a_n}\right|$ ou $\ell = \lim\limits_{n\to+\infty} \sqrt[n]{|a_n|}$ existe, on a $R = 1/\ell$. Evidemment, il y a des cas tordus où il faut bricoler au système D.

2 - Régularité de $f(z) = \sum\limits_{n=0}^{+\infty} a_n z^n$.

— Dans le disque ouvert de convergence $|z| < R$, la somme f est une fonction C^∞. En particulier, les séries entières $\sum a_n z^n$ et $\sum n a_n z^{n-1}$ (qui définit la dérivée f') ont le même rayon de convergence.

— On a donc $a_n = \dfrac{f^{(n)}(0)}{n!}$ pour tout n : $f(z) = \sum\limits_{n=0}^{+\infty} \dfrac{f^{(n)}(0)}{n!} z^n$, ce qui rappelle grandement Taylor-MacLaurin .

— Dans le disque ouvert de convergence, on intègre une série entière terme à terme.

3 - Les grandes séries entières à connaître

Les formules suivantes sont à connaître par coeur. Ces séries entières ont un sens dans les complexes, mais ce sont les réels qui permettent de les interpréter avec des fonctions classiques connues.

$$\frac{1}{1-z} = 1+z+z^2+z^3+\cdots+z^n+\cdots = \sum_{n=0}^{+\infty} z^n \quad [R=1]$$

$$e^z = 1+\frac{z}{1!}+\frac{z^2}{2!}+\cdots+\frac{z^n}{n!}+\cdots = \sum_{n=0}^{+\infty}\frac{z^n}{n!} \quad [R=+\infty]$$

$$\sin z = z-\frac{z^3}{3!}+\frac{z^5}{5!}\cdots+(-1)^n\frac{z^{2n+1}}{(2n+1)!}\cdots = \sum_{n=0}^{+\infty}(-1)^n\frac{z^{2n+1}}{(2n+1)!} \quad [R=+\infty]$$

$$\cos z = 1-\frac{z^2}{2!}+\frac{z^4}{4!}\cdots+(-1)^n\frac{z^{2n}}{(2n)!}\cdots = \sum_{n=0}^{+\infty}(-1)^n\frac{z^{2n}}{(2n)!} \quad [R=+\infty]$$

$$\ln(1+z) = z-\frac{z^2}{2}+\frac{z^3}{3}-\frac{z^4}{4}\cdots+(-1)^{n-1}\frac{z^n}{n}\cdots = \sum_{n=1}^{+\infty}(-1)^{n-1}\frac{z^n}{n} \quad [R=1]$$

$$\operatorname{Arctan} z = z-\frac{z^3}{3}+\frac{z^5}{5}-\frac{z^7}{7}\cdots+(-1)^n\frac{z^{2n+1}}{2n+1}\cdots = \sum_{n=0}^{+\infty}(-1)^n\frac{z^{2n+1}}{2n+1} \quad [R=1]$$

$$(1+z)^\alpha = 1+\alpha z+\frac{\alpha(\alpha-1)}{2}z^2\cdots+\binom{\alpha}{n}z^n\cdots = \sum_{n=0}^{+\infty}\binom{\alpha}{n}z^n \quad [R=1]$$

où $\binom{\alpha}{n} = \alpha(\alpha-1)\cdots(\alpha-n+1)/n!$ généralise les coefficients du binôme.

— Le logarithme d'un nombre complexe est un peu délicat, et il n'est pas l'objet de cette fiche : prendre z réel.

4 - Développer f en série entière ?

— Soit f une fonction C^∞ sur $]-h,h[$ pour laquelle il existe un réel positif M tel que $|f^{(n)}(x)| \leq M$ pour tout n et pour tout $x \in]-h,h[$. Alors sur $]-h,h[$ la fonction f est la somme de la série entière $f(x) = \sum_{n=0}^{+\infty}\frac{f^{(n)}(0)}{n!}x^n$. Le rayon de convergence de cette série entière est supérieur ou égal à h.

— Il s'agit évidemment d'une condition suffisante, mais non nécessaire.

— Attention, il existe des fonctions comme $f(x) = e^{-1/x^2}, f(0) = 0$, qui sont C^∞ sur $\mathbb{R}$, mais ne sont pas développables en série entière.

5 - Continuité de la somme en $\pm R$ (cas réel)

- Si la série $\sum a_n x^n$ converge en $x = R$ (ou $x = -R$), alors la somme $f(x) = \sum_{n=0}^{+\infty} a_n x^n$ est continue à gauche de R (ou à droite de $-R$). Voici l'exemple typique, pour $f(x) = \ln(1+x)$ sur $]-1,1]$:
- Pour $\sum(-1)^{n-1}x^n/n$, on a $R = 1$, et la série converge pour $x = 1$ car vérifiant le CSA. La somme est continue à gauche de $x = 1$, i.e. $\lim_{x\to 1^-}\left(\sum_{n=1}^{+\infty}(-1)^{n-1}\frac{x^n}{n}\right) = \sum_{n=1}^{+\infty}(-1)^{n-1}/n$. On retrouve $\ln 2 = \lim_{x\to 1^-}\ln(1+x) = \sum_{n=1}^{+\infty}(-1)^{n-1}/n$.

Ce que l'on vous demandera de montrer

- Calculer le rayon de convergence de séries entières, d'une façon ou d'une autre : ne pas oublier qu'il s'agit de regarder la convergence absolue de la série.
- A partir d'une série entière (connue par la donnée des a_n), retrouver la fonction f dont c'est le développement en série entière : utiliser les formules classiques de base, et les dérivations/intégration éventuelles. Pas de théorème général, c'est du bricolage à la main.
- Étant donné f de classe C^∞ au voisinage de 0, regarder si f est ou non la somme d'une série entière au voisinage de 0, et dans ce cas trouver le rayon de convergence. *L'exemple typique du danger est $f(x) = 1/(1+x^2)$ qui est C^∞ sur $\mathbb{R}$ tout entier, mais qui est la somme $\sum_{n=0}^{+\infty}(-1)^n x^{2n}$ sur $]-1,1[$ uniquement.*
- Trouver une fonction développable en série entière qui soit solution d'une équation différentielle donnée.

Les questions à se poser

- Je trouve au hasard que ma série entière est semi-convergente en x_0 : est-ce que je peux en déduire immédiatement son rayon de convergence ?
- Est-il possible qu'il existe z_1, z_2 de même module tels que $\sum a_n z_1^n$ est absolument convergente et $\sum a_n z_2^n$ est seulement semi-convergente.
- Ai-je le droit de raisonner de la façon suivante, avec une fonction f qui est C^∞ au voisinage de 0 : « Je fabrique la série entière $\sum x^n f^{(n)}(0)/n!$ et je trouve que son rayon R de convergence est non nul. Je peux alors en déduire que f est la somme de cette série entière sur au moins $]-R,R[$ » ?
- Pour étudier la série entière $\sum(a_n+b_n)z^n$, ai-je le droit de la couper en une somme de deux séries entières ?

Exercices

La notation $\sum a_n x^n$ signifie que l'on est dans $\mathbb{R}$ et $\sum a_n z^n$ dans $\mathbb{C}$.

Exercice 1

Trouver les rayons de convergence des séries entières suivantes. On essayera de regarder si l'on peut conclure lorsque $|z| = R$. A cet effet, dans le (4), on pourra utiliser la formule de Stirling $n! \sim \sqrt{2\pi n}(n/e)^n$.

$$(1) \sum \frac{n^5}{7^n} z^n \qquad (2) \sum \frac{3+\sin n}{n^8} z^n \qquad (3) \sum \frac{(-1)^n}{\sqrt{n}} x^n$$

$$(4) \sum \frac{n!}{(n+1)^n} x^n \qquad (5) \sum \sin \frac{n\pi}{3} x^n \qquad (6) \sum \frac{z^n}{7^n + n^5}$$

Exercice 2

On considère la série entière $\sum \frac{x^n}{n+2}$, pour $n \geq 0$.

1. a) Trouver son rayon de convergence R.

   b) Etudier la convergence de la série en $-R$ et en $+R$.

2. En utilisant l'une des grandes formules de développement en série entière, donner l'expression de la somme $S(x)$ de la série sur $]-R, R[$.

Exercice 3

Soit $R = 5$ le rayon de convergence de $\sum a_n z^n$. Trouver le rayon de convergence de chacune des séries entières suivantes.

$$(1) \sum n^2 a_n z^n \quad (2) \sum (n+3) a_n z^n \quad (3) \sum \frac{a_n}{n+3} z^n$$

$$(4) \sum 3^n a_n z^n \quad (5) \sum (-1)^n a_n z^n \quad (6) \sum \frac{a_n}{n!} z^n$$

Exercice 4

Soit $\sum a_n z^n$ une série entière de rayon de convergence $R = 5$. Calculer le rayon de convergence de $\sum (3+\cos n) a_n z^n$. On notera que $-1 \leq \cos n \leq 1$.

Exercice 5 [Le corrigé de f_3 est en ligne]

Donner les rayons de convergence et calculer les sommes de : $f_1(x) = \sum_{n=0}^{+\infty} a^{2n} x^{n+1}$, $f_2(x) = \sum_{n=0}^{+\infty} (n+1)x^n$, $f_3(x) = \sum_{n=0}^{+\infty} n^2 x^n$, $f_4(x) = \sum_{n=0}^{+\infty} (-1)^n \frac{2^n}{n+1} x^n$.

Exercice 6

1. Montrer que la fonction f définie sur $\mathbb{R}^*$ par $f(x) = \frac{x - \sin x}{x^3}$ se prolonge sur $\mathbb{R}$ tout entier en une fonction C^∞.
2. Donner l'expression de $f^{(n)}(0)$ en fonction de n.

Exercice 7

1. Donner les développements en série entière de $1/(1+x)$, de $1/(2+x)$ et $1/(3+x)$ en précisant à chaque fois l'intervalle de convergence.
2. En déduire le développement en série entière, sur un intervalle à préciser, de $f(x) = \frac{1-x}{(1+x)(2+x)(3+x)}$. On commencera par modifier l'écriture de f.

Exercice 8 [Corrigé en ligne]

On cherche, au voisinage de $x = 0$, une solution développable en série entière de l'équation différentielle $x^2y'' + y = g(x)$ avec $g(x) = \frac{3x^2 + 2x + 1}{(x+1)^3}$.

1. En partant de $y = \sum_{n=0}^{+\infty} a_n x^n$, donner les développements en série de y' et de y'', puis celui de $x^2y'' + y$.
2. A partir du développement en série entière de $1/(1+x)$ trouver, avec un minimum de calculs, celui de $1/(1+x)^2$ et celui de $1/(1+x)^3$.
3. En déduire que $\frac{3}{1+x} - \frac{4}{(1+x)^2} + \frac{2}{(1+x)^3} = \sum_{n=0}^{+\infty} (-1)^n (n^2 - n + 1) x^n$ sur $]-1, 1[$.
4. a) Décomposer $g(x)$ en éléments simples. Que reconnaît-on ?
   b) En déduire le développement en série entière de $g(x)$ sur $]-1, 1[$.
5. En comparant les développements en série entière de $x^2y'' + y$ et de $g(x)$, calculer les coefficients a_n et en déduire la solution y.

Corrigés

Exercice 1

1. D'Alembert donne $R = 7$ et la série diverge pour $|z| = 7$, puisque le terme général ne tend pas vers 0.
2. On a $2 \leq 3+\sin n \leq 4$. Comme $\lim_{n\to+\infty} \sqrt[n]{2} = \lim_{n\to+\infty} \sqrt[n]{4} = \lim_{n\to+\infty} \sqrt[n]{n} = 1$, on utilise la règle de Cauchy : on a $\lim_{n\to+\infty} \sqrt[n]{\dfrac{3+\sin n}{n^8}} = 1$. Il vient donc $R = 1$. La série est encore absolument convergente pour $|z| = 1$, grâce au n^8 du bas.
3. D'Alembert donne $R = 1$. La série converge pour $x = 1$ (CSA) et diverge pour $x = -1$.
4. On a $\left|\dfrac{u_{n+1}(z)}{u_n(z)}\right| = \left(\dfrac{n}{n+1}\right)^n |z|$, qui tend vers $\dfrac{|z|}{e}$ quand n tend vers $+\infty$. On a donc $R = e$. La formule de Stirling $n! \sim \sqrt{2\pi n}(n/e)^n$ montre que pour $x = \pm e$, on a $|u_n(x)| \sim \dfrac{\sqrt{2\pi n}}{e}$ qui ne tend pas vers 0 : la série diverge en $\pm e$.
5. Un sinus étant borné, la série converge lorsque $|x| < 1$. Pour $x = 1$, le terme général u_n est périodique et ne tend donc pas vers 0 : la série entière diverge pour $x = 1$. Il en résulte que le rayon de convergence ne peut pas être strictement plus grand que 1 (sinon la série convergerait pour $x = 1$) : il est donc égal à 1.
6. D'Alembert donne $R = 7$. La série diverge pour $|z| = 7$, puisque le terme général ne tend pas vers 0.

Exercice 2

1. a) Soit $x \neq 0$ fixé. On utilise d'Alembert : $\left|\dfrac{u_{n+1}(x)}{u_n(x)}\right| = |x|\dfrac{n+2}{n+3}$ tend vers $|x|$ quand n tend vers $+\infty$, ce qui signifie que si $|x| < 1$ la série converge absolument et que si $|x| > 1$, la série diverge : on a donc $R = 1$.
   b) Pour $x = 1$, on a la série harmonique $1/2 + 1/3 + 1/4 + \cdots$, bien connue pour diverger (sa somme est $+\infty$ en clair). Pour $x = -1$, on a la série $1/2 - 1/3 + 1/4 - \cdots$, archétype des séries vérifiant le CSA, et donc convergente (semi-convergente bien sûr ici). La série entière converge sur $[-1, 1[$.
2. Sur $]-1, 1[$ (restons sagement dans l'intervalle ouvert de convergence), on a $S(x) = \dfrac{1}{2} + \dfrac{x}{3} + \dfrac{x^2}{4} + \cdots$, qui rappelle furieusement $-\ln(1-x) = x + \dfrac{x^2}{2} + \dfrac{x^3}{3} + \dfrac{x^4}{4} + \cdots$, au premier coefficient près et à un x^2 près aussi : on a $-\ln(1-x) = x + x^2 S(x)$.
   - Pour $x \neq 0$, on a ainsi $S(x) = \dfrac{-\ln(1-x) - x}{x^2}$.

- Cette égalité reste valide en $x = 0$, puisque $\lim\limits_{x \to 0} \dfrac{\ln(1-x)+x}{x^2} = -\dfrac{1}{2}$ (soit par DL, soit en utilisant le développement en série).

Quitte à faire un prolongement par continuité en $x = 0$, on peut dire que $S(x) = -\dfrac{\ln(1-x)+x}{x^2}$, et que cette fonction est bien C^∞ sur $]-1,1[$ et même développable en série entière.

Remarque : *L'utilisation du développement en série entière est la seule façon de montrer que la fonction* $x \mapsto S(x) = -\dfrac{\ln(1-x)+x}{x^2}$ *pour* $x \neq 0$ *et* $S(0) = 1/2$ *est* C^∞ *sur* $]-1,1[$ *(l'unique souci étant évidemment en* $x = 0$.

Exercice 3

1. $\sum_{n\geq 1} na_n z^{n-1}$, série dérivée de $\sum_{n\geq 0} a_n z^n$, a aussi 5 comme rayon de convergence ; par multiplication, il en va de même de $\sum_{n\geq 1} na_n z^n$, puis de nouveau par dérivation de $\sum_{n\geq 1} n^2 a_n z^{n-1}$ et donc de $\sum_{n\geq 0} n^2 a_n z^n$.
2. Même principe, en notant que l'on a la série dérivée de $\sum a_n z^{n+3}$, dans laquelle on met z^2 en facteur.
3. Même principe, en intégrant la série $\sum a_n z^{n+2}$, et en mettant z^3 en facteur.
4. $\sum a_n (3z)^n$ converge absolument lorsque $3|z| < 5$ et diverge lorsque $3|z| > 5$: son rayon est donc $5/3$.
5. On a $|(-1)^n a_n z^n| = |a_n z^n|$, et soit R' le rayon de la nouvelle série entière. Si $|z| < 5$, la série $\sum |a_n z^n|$ converge, et il en va de même de $\sum |(-1)^n a_n z^n|$: on a donc $R' \geq 5$. Le même raisonnement en sens inverse montre que $5 \geq R'$, et finalement on a $R' = 5$.
6. La série $\sum a_n z^n$ est convergente pour $z = 1$, puisque le rayon de convergence vaut 5. Il en résulte que le terme général a_n tend vers 0. Pour n assez grand, on a donc $\left|a_n z^n / n!\right| < |z|^n / n!$. On sait que cette dernière série converge pour tout $z \in \mathbb{C}$. Il en résulte que notre série est absolument convergente sur $\mathbb{C}$: on a $R = +\infty$.

Exercice 4

Notons $u_n(z) = (3 + \cos n) a_n z^n$. On a donc $2|a_n z^n| \leq |u_n(z)| \leq 4|a_n z^n|$. Lorsque $|z| < 5$, la série $\sum |a_n z^n|$ converge, et il en va de même de la série $\sum |u_n(z)|$: son rayon de convergence est donc ≥ 5.

Si $\sum |u_n(z_0)|$ convergeait pour un certain z_0 avec $|z_0| > 5$, la partie gauche de l'encadrement impliquerait que $\sum |a_n z_0^n|$ convergerait et donc que $R > 5$: ce n'est pas le cas. Il n'existe donc aucun z de module > 5 tel que $\sum |u_n(z)|$ converge. Finalement le rayon reste égal à 5.

Exercice 5

1. Il s'agit de la série géométrique de raison a^2x, une fois x mis en facteur. Elle converge lorsque $|x| < 1/|a|^2$ et on a $f_1(x) = x/(1 - a^2x)$.
2. D'Alembert donne $R = 1$. On peut aussi écrire $f_2(x) = \sum_{n=1}^{+\infty} nx^{n-1}$, où l'on reconnaît la dérivée de $\sum_{n=0}^{+\infty} x^n = 1/(1-x)$. On a donc $f_2(x) = 1/(1-x)^2$ sur l'intervalle $]-1, 1[$.
4. D'Alembert donne $R = 1/2$. Faisons les calculs dans $]-1/2, 1/2[$. Le produit $xf_5(x) = \displaystyle\sum_{n=0}^{+\infty}(-1)^n \frac{2^n}{n+1} x^{n+1}$ est la primitive nulle en $x = 0$ de $\displaystyle\sum_{n=0}^{+\infty}(-2x)^n = 1/(1+2x)$. On a ainsi $xf_5(x) = \ln(1+2x)/2$ et $f_5(x) = \ln(1+2x)/(2x)$.

Exercice 6

1. On a $x - \sin x = x - \displaystyle\sum_{n=0}^{+\infty}(-1)^n \frac{x^{2n+1}}{(2n+1)!} = \sum_{n=1}^{+\infty}(-1)^{n-1} \frac{x^{2n+1}}{(2n+1)!}$

   $= x^3 \displaystyle\sum_{n=1}^{+\infty}(-1)^{n-1} \frac{x^{2n-2}}{(2n+1)!}$, somme d'une série entière de rayon de convergence infini.

   Pour $x \neq 0$, on a $f(x) = \displaystyle\sum_{n=1}^{+\infty}(-1)^{n-1} \frac{x^{2n-2}}{(2n+1)!}$, qui est encore la somme d'une série entière de rayon infini. La fonction f se prolonge donc à $\mathbb{R}$ tout entier en somme d'une série entière de rayon infini. La somme de cette série entière est une fonction C^∞ sur $\mathbb{R}$, et f se prolonge bien en une fonction C^∞ partout, avec $f(0) = 1/6$.

2. On peut encore écrire $f(x) = \displaystyle\sum_{p=0}^{+\infty}(-1)^p \frac{x^{2p}}{(2p+3)!}$. En tant que somme d'une série entière, on a aussi $f(x) = \displaystyle\sum_{n=0}^{+\infty} x^n \frac{f^{(n)}(0)}{n!}$. La comparaison donne $f^{(n)}(0) = 0$ pour n impair et $f^{(2p)}(0) = (-1)^p \dfrac{(2p)!}{(2p+3)!} = \dfrac{(-1)^p}{(2p+1)(2p+2)(2p+3)}$.

Chapitre 26

Intégrales dépendant d'un paramètre

On s'occupe des intégrales de la forme $\displaystyle\int_{\mathcal{I}} f(x,t)dt$ dépendant d'un paramètre x, et où $\mathcal{I}$ est un intervalle borné ou non. Ce paramètre x est soit un nombre réel destiné à tendre vers un x_0 fini ou non, soit un entier naturel n. Dans ce dernier cas, on notera $\displaystyle\int_{\mathcal{I}} f_n(t)dt$ ou bien $\displaystyle\int_{\mathcal{I}} \left(\sum u_n(t)\right) dt$ suivant que l'étude concerne a priori une suite ou une série de fonctions.

Pour un paramètre entier n, l'étude a été faite précédemment en utilisant la convergence uniforme. Maintenant, on va s'affranchir de cette notion, pour la remplacer par quelque chose de moins contraignant et plus puissant, mais avec des énoncés assez lourds.

Rappelons que f (continue par morceaux sur $\mathcal{I}$) est dite intégrable sur $\mathcal{I}$ lorsque l'intégrale généralisée $\displaystyle\int_{\mathcal{I}} |f(t)|dt$ converge.

Les énoncés donnés ici en L2 sont un peu plus lourds que ceux du L3, car on travaille avec l'intégrale de Riemann et non celle de Lebesgue, en se limitant aux fonctions continues par morceaux.

Domaines concernés

- Globalement, il s'agit d'intervertir l'intégration et le passage à la limite.
- Limite quand n tend vers $+\infty$ de $\displaystyle\int_{\mathcal{I}} f_n(t)$: les fonctions f_n sont définies sur $\mathcal{I}$.
- Calcul de $\displaystyle\int_{\mathcal{I}} \left(\sum_{n=1}^{+\infty} u_n(t)\right) dt$: les fonctions u_n sont définies sur $\mathcal{I}$.
- Limite quand x tend vers x_0 de $F(x) = \displaystyle\int_{\mathcal{I}} f(x,t)dt$. La fonction de deux variables f est définie en $x \in X$ (la variable paramètre) et en $t \in \mathcal{I}$ (variable d'intégration).

— Continuité et/ou dérivabilité de $x \mapsto F(x) = \int_{\mathcal{I}} f(x,t)dt$.

— Plus généralement, étude d'une fonction définie par une intégrale.

Résultats fondamentaux utilisables

1 - Théorème de convergence dominée pour les suites

Hypothèses :

(i) la suite de fonctions converge simplement sur $\mathcal{I}$ vers une fonction f continue par morceaux

(ii) il existe une fonction positive h intégrable sur $\mathcal{I}$ telle que $|f_n(t)| \leq h(t)$ pour tout $n \in \mathbb{N}$ et tout $t \in \mathcal{I}$.

Alors on a $\int_{\mathcal{I}} f(t)dt = \lim_{n \to +\infty} \int_{\mathcal{I}} f_n(t)dt$.

— Une telle fonction positive intégrable sur $\mathcal{I}$ est dite dominante. Son existence permet de se contenter de la convergence simple de la suite $\{f_n\}$ vers f sur $\mathcal{I}$.

2 - Théorème de convergence dominée pour les séries

Hypothèses :

(i) Chaque u_n est intégrable sur $\mathcal{I}$ et la série $\sum \int_{\mathcal{I}} |u_n(t)|dt$ converge.

(ii) La série de fonctions $\sum u_n$ converge simplement sur $\mathcal{I}$ vers une fonction continue par morceaux.

Alors $\sum u_n$ est intégrable et $\int_{\mathcal{I}} \left(\sum_{n=0}^{+\infty} u_n(t) \right) dt = \sum_{n=0}^{+\infty} \left(\int_{\mathcal{I}} u_n(t)dt \right)$.

3 - Limite de $\int_{\mathcal{I}} f(x,t)dt$

Hypothèses :

(i) Pour chaque x fixé, $t \mapsto f(x,t)$ est continue par morceaux sur $\mathcal{I}$.

(ii) Pour chaque t fixé, la fonction $x \mapsto f(x,t)$ a une limite $\ell(t)$ quand x tend vers x_0.

(iii) La fonction limite $t \mapsto \ell(t)$ est continue par morceaux sur $\mathcal{I}$.

(iv) Il existe une fonction h positive et intégrable sur $\mathcal{I}$ telle que $|f(x,t)| \leq h(t)$ pour tout t et tout x.

Alors, $\lim\limits_{x \to x_0} \int_{\mathcal{I}} f(x,t)dt = \int_{\mathcal{I}} \ell(t)dt$.
Les conditions (i) et (iii) sont évidentes à l'œil, le vrai travail concerne (ii) et (iv).

4 - Continuité de $\int_{\mathcal{I}} f(x,t)dt$

Hypothèses :

(i) Pour chaque x fixé, $t \mapsto f(x,t)$ est continue par morceaux sur $\mathcal{I}$.
(ii) Pour tout t fixé, la fonction $x \mapsto f(x,t)$ est continue sur X.
(iii) Il existe une fonction h positive et intégrable sur $\mathcal{I}$ telle que $|f(x,t)| \leq h(t)$ pour tout t et tout x.

Alors, $x \mapsto \int_{\mathcal{I}} f(x,t)dt$ est une fonction continue sur X.
Remarque : ne pas confondre (i) et (ii) pour la continuité. Dans le (i), et par morceaux elle intervient juste pour dire que les $t \mapsto f(x,t)$ sont intégrables en t pour chaque x. Le (ii) est le plus important, la continuité par rapport au paramètre x, et ceci pour chaque t.

5 - Dérivabilité de $\int_{\mathcal{I}} f(x,t)dt$

On suppose d'abord que $x \mapsto f(x,t)$ admet, pour chaque t, une dérivée partielle en x notée f'_x.
Hypothèses :

(i) Pour chaque x fixé, $t \mapsto f(x,t)$ est continue par morceaux et intégrable.
(ii) Pour chaque x, la dérivée $t \mapsto f'_x(x,t)$ est continue par morceaux.
(iii) pour chaque t, la fonction $x \mapsto f'_x(x,t)$ est continue sur X.
(iv) Il existe h positive intégrable sur $\mathcal{I}$ telle que $|f'_x(x,t)| \leq h(t)$ pour tout x et tout t.

Alors $x \mapsto F(x,t) = \int_{\mathcal{I}} f(x,t)dt$ est de classe C^1 sur X et $F'(x) = \int_{\mathcal{I}} f'_x(x,t)dt$.

6 - Le cas élémentaire

Si la fonction $f : (x, t) \mapsto f(x, t)$ est de classe C^1 en tant que fonction de deux variables, que $\mathcal{I}$ et X sont des intervalles bornés, alors toutes les hypothèses de régularité sont vérifiées et $F(x) = \int_{\mathcal{I}} f(x, t)dt$ est de classe C^1 sur X.

Ce que l'on vous demandera de montrer

— Calculer des limites de suites d'intégrales ou des sommes de séries d'intégrales, dans les cas où la convergence uniforme n'est pas applicable, ou bien est est trop compliquée à établir.

— Etudier des fonctions définies par des intégrales $F(x) = \int_{\mathcal{I}} f(x, t)dt$.

Les questions à se poser

— Ai-je bien identifié qui est la variable t d'intégration et qui est le paramètre x dont dépend l'intégrale.

— Ai-je bien compris que, hormis le cas particulier élémentaire évoqué en 6 ci-dessus, les propriétés de $f(x, t)$ en t et celles en x se vérifient indépendamment les unes des autres. Et que la fonction $t \mapsto f(x, t)$ (à x donné) sera toujours intégrable, dans les applications.

— Ai-je bien compris, du coup, que les « vraies régularités » (continuité, dérivabilité) ne concernent que le paramètre x.

— Ai-je bien compris la notion de fonction dominante, pour dominer $|f(x, t)|$ ou $|f'_x(x, t)|$, et surtout que la fonction dominante dépend uniquement de la variable d'intégration t et que le x « a disparu ».

— Est-ce que j'arrive plus ou moins à retenir les 4 points clés à vérifier pour chacun des plus gros théorèmes.

— Ai-je bien compris que, pour montrer que l'intégrale $F(x)$ est C^1 (ou même seulement continue) sur $]0, +\infty[$ (par exemple), il suffit de le montrer avec $x \in [a, b]$ où $0 < a < b$, car souvent la fonction dominante se trouve aisément sur un segment, mais n'existe pas toujours sur $]0, +\infty[$ tout entier.

Exercices

Exercice 1

Calculer les limites suivantes :

(1) $\lim\limits_{n\to+\infty}\displaystyle\int_0^1 \frac{1-\sin^n(t\pi/2)}{1+\sin^n(t\pi/2)}dt$ (2) $\lim\limits_{n\to+\infty}\displaystyle\int_0^1 \frac{\sin(n\sqrt{t})}{n\sqrt{t}+t^2}dt$

(3) $\lim\limits_{n\to+\infty}\displaystyle\int_1^{+\infty} \frac{\sin(n\sqrt{t})}{n\sqrt{t}+t^2}dt$ (4) $\lim\limits_{n\to+\infty}\displaystyle\int_0^{+\infty} \frac{1+3\sin(t/n)}{\sin^2(1/n)+e^{t/n}(t^2+4)}dt$

Exercice 2

Pour $n \geq 1$ et $t \in [0,1]$, on pose $f_n(t) = \dfrac{1}{\sqrt[n]{1+t^2+nt}}$ et $I_n = \displaystyle\int_0^1 f_n(t)dt$. On ne cherchera pas à calculer I_n.

1. a) Montrer que l'on a $\dfrac{1}{\sqrt[n]{2+n}} \leq f_n(t) < 1$ pour tout n et tout $t \in [0,1]$.

   b) En déduire, pour chaque t fixé, $\lim\limits_{n\to+\infty} f_n(t)$.
2. En déduire $\lim\limits_{n\to+\infty} I_n$.

Exercice 3

1. Soit h définie sur $]0,+\infty[$ par $h(t) = \dfrac{t}{e^t-1}$. Montrer que h se prolonge par continuité en $t=0$, et que l'intégrale généralisée $\displaystyle\int_0^{+\infty} h(t)dt$ converge.
2. Montrer que $F(x) = \displaystyle\int_0^{+\infty} \frac{\sin tx}{e^t-1}dt$ a un sens pour tout $x \in \mathbb{R}$, et que F est continue sur $\mathbb{R}$: on se placera sur un segment $[-a,a]$ quelconque et on extrapolera.
3. Montrer que F est de classe C^1 sur $\mathbb{R}$, et donner l'expression de F'.

Exercice 4 [Corrigé en ligne]

Soit $f(t) = \dfrac{t\ln t}{1-t}$ pour $0<t<1$. Pour $n \geq 1$, on note $u_n(t) = t^n \ln t$ sur $]0,1]$.

1. Montrer que f et les u_n se prolongent en fonctions continues sur $[0,1]$.
2. Exprimer f sur $]0,1[$ comme somme d'une série simplement convergente.

3. Calculer $\int_0^1 |u_n(t)|dt$. Que peut-on dire de la série $\sum \int_0^1 |u_n(t)|dt$?

4. a) En déduire la valeur de $\int_0^1 f(t)dt$ comme somme d'une série.

   b) Sachant que $\sum_{n=1}^{+\infty} \frac{1}{n^2} = \frac{\pi^2}{6}$, donner la valeur précise de cette intégrale.

Exercice 5

Pour $t > 0$, on note $f(t) = \frac{\sin t}{e^t - 1}$. *Attention, cet exercice n'a rien à voir avec l'exercice 3.*

1. Montrer que f se prolonge par continuité en $t = 0$.
2. Ecrire f comme somme d'une série simplement convergente sur $]0, +\infty[$.
3. a) Montrer que la série ($n \geq 1$) de terme général $a_n = \int_0^{+\infty} e^{-nt}|\sin t|dt$ converge : *attention à la majoration à utiliser !*

   b) Calculer explicitement $\int_0^{+\infty} e^{-nt} \sin t dt$.

4. Ecrire $\int_0^{+\infty} \frac{\sin t}{e^t - 1}dt$ comme somme d'une série numérique (dont on ne cherchera pas à calculer la somme).

Exercice 6

1. Montrer que la suite de fonctions définie pour $n \geq 2$ par $f_n(t) = \left(\frac{\sin t}{t}\right)^n$ converge simplement vers une fonction très simple sur $]0, +\infty[$. On précisera ce qui se passe en $t = 0$.
2. En coupant $I_n = \int_0^{+\infty} \left(\frac{\sin t}{t}\right)^n dt$ en une intégrale sur $[0, 1]$, puis une sur $[1, +\infty[$, calculer $\lim_{n\to+\infty} I_n$. On sera amené à utiliser des fonctions dominantes différentes sur chacun des deux intervalles.

Exercice 7 [Corrigé en ligne]

1. Calculer $\lim_{n\to+\infty} \int_1^{+\infty} \left(\sin \frac{1}{t}\right)^n dt$.

   On va maintenant calculer $\lim_{n\to+\infty} I_n$ avec $I_n = \int_0^1 \left(\sin \frac{1}{t}\right)^{2n} dt$.

2. a) Se ramener, via un changement de variable, à des intégrations sur $[1, +\infty[$ (On notera u la nouvelle variable d'intégration).

   b) Montrer que la suite de fonctions intervenant converge simplement vers une fonction nulle lorsque $u \neq k\pi + \pi/2$ (pour k entier) et vers $1/u^2$ sinon. Cette fonction f continue par morceaux est évidemment intégrable sur $[1, +\infty[$, et d'intégrale nulle.

3. En déduire que la suite (I_n) converge vers 0.

Exercice 8 [Corrigé en ligne]

Pour $x \geq 0$, on pose $F(x) = \displaystyle\int_0^{+\infty} \frac{\cos(tx)}{1+t^2}\,dt$.

1. Montrer que cette définition a bien un sens, calculer $F(0)$ et montrer que F est bornée sur $[0, +\infty[$.
2. Les « théorèmes de convergence dominée » permettent-ils de répondre aux questions suivantes :

   a) F est-elle continue sur $[0, +\infty[$?

   b) F est-elle C^1 sur $]0, +\infty[$?

   c) F a-t-elle une limite quand x tend vers $+\infty$?

3. Effectuer une intégration par parties modifiant l'écriture de $F(x)$ et permettant de répondre aux interrogations n'ayant pas trouvé de réponse en question 2.
4. On admet qu'un calcul bien tordu permet de montrer que $F'(x) = -F(x)$ sur $]0, +\infty[$.

   a) Quelle est la solution de l'équation différentielle $y' + y = 0$ sur $[0, +\infty[$, sachant que y est continue en $x = 0$, et connaissant la valeur de $y(0)$?

   b) En déduire l'expression de $F(x)$ sur $[0, +\infty[$, puis celle sur $\mathbb{R}$ tout entier.

   c) Commenter ce qui se passe en $x = 0$.

Corrigés

Exercice 1

1. On a une suite $\{f_n\}$ de fonctions continues qui converge simplement sur $[0,1]$ vers f définie par $f(1)=0$ et $f(t)=1$ sinon, puisque $0<\sin(t\pi/2)<1$ et donc $(\sin(t\pi/2))^n$ tend vers 0 lorsque $0<t<1$. Cette limite est continue par morceaux. Par ailleurs $|f_n(t)|\leq 1$ pour tous n et $t\in[0,1]$: la fonction constante égale à 1 domine les f_n. On peut appliquer le théorème de convergence dominée : la limite est $\displaystyle\int_0^1 f(t)dt=1$.
2. Chaque f_n est continue sur $]0,1]$. À n donné, quand t tend vers 0^+, $\sin(n\sqrt{t})$ est équivalent à $n\sqrt{t}$ et $n\sqrt{t}+t^2$ aussi : $f_n(t)$ est équivalente à 1. On peut prolonger f_n en une fonction continue sur $[0,1]$ avec $f_n(0)=1$. Quand n tend vers $+\infty$, la suite (f_n) converge simplement vers la fonction f définie par $f(0)=1$ et $f(t)=0$ pour $0<t\leq 1$. Par ailleurs, on a $|f_n(t)|\leq 1/(n\sqrt{t})\leq 1/\sqrt{t}$. La fonction $h : t\mapsto 1/\sqrt{t}$ est intégrable sur $]0,1]$ et domine les f_n. On peut appliquer le théorème : la limite est $\displaystyle\int_0^1 f(t)dt=0$. *On peut aussi dominer par $h(t)=1$, en utilisant $|\sin u|\leq|u|$.*
3. La suite de fonctions converge simplement vers la fonction nulle sur $[1,+\infty[$. On a ensuite $|f_n(t)|\leq 1/t^2$, fonction dominante intégrable sur $[1,+\infty[$. Le théorème conclut que la limite est nulle.
4. La suite de fonctions converge simplement vers $1/(t^2+4)$ sur $[0,\infty[$. Les fonctions sont dominées par la fonction $4/(t^2+4)$, intégrable sur $[0,+\infty[$. On a donc $\displaystyle\lim_{n\to+\infty}\int_0^{+\infty}\frac{1+3\sin(t/n)}{\sin^2(1/n)+e^{t/n}(t^2+4)}dt=\int_0^{+\infty}\frac{dt}{t^2+4}=\pi/4.$

Exercice 2

1. a) Pour $n\geq 1$ fixé, la fonction $t\mapsto\sqrt[n]{1+t^2+nt}$ est clairement croissante sur $[0,1]$ et on a donc $1<\sqrt[n]{1+t^2+nt}\leq\sqrt[n]{1+1^2+n}$. Le passage à l'inverse donne l'encadrement voulu.

   b) Un passage par le logarithme montre que $\displaystyle\lim_{n\to+\infty}\sqrt[n]{2+n}=1$, et l'encadrement nous dit que $\displaystyle\lim_{n\to+\infty}f_n(t)=1$, pour chaque t fixé (convergence simple).
2. La suite $\{f_n\}$ converge simplement sur $[0,1]$ vers la fonction constante f égale à 1. Par ailleurs on a $0<f_n(t)\leq 1$ pour tous n et t, ce qui dit que f est aussi une fonction domimante pour la suite $\{f_n\}$. Le théorème de convergence dominée implique $\displaystyle\lim_{n\to+\infty}\int_0^1 f_n(t)dt=\int_0^1 f(t)dt=1$.

Exercice 3

1. On a $\lim\limits_{t \to 0} h(t) = 1$ par limite classique de l'exponentielle : on pose $h(0) = 1$, et on a une fonction continue sur $[0, +\infty[$. Quand t tend vers $+\infty$, $h(t)$ est équivalente à te^{-t}. les croissances comparées disent que $\lim\limits_{t \to +\infty} t^3 e^{-t} = 0$, et donc que, pour t assez grand, $te^{-t} < 1/t^2$. Ceci assure la convergence de l'intégrale généralisée.
2. Soit $f(x,t) = \dfrac{\sin tx}{e^t - 1}$ pour $t > 0$, x quelconque. Pour $x \in [-a, a]$, on a $|f(x,t)| \leq \dfrac{|tx|}{e^t - 1}$ soit $|f(x,t)| \leq ah(t)$. La continuité, pour chaque x fixé, de la fonction $t \mapsto f(x,t)$ et cette domination assurent que l'intégrale généralisée $\displaystyle\int_0^{+\infty} f(x,t)dt$ converge pour tout x. La continuité, pour chaque $t > 0$ fixé, de $x \mapsto f(x,t)$ et la domination précédente assurent que $F(x)$ est une fonction continue de x sur $[-a, a]$. Comme a est quelconque, F est continue sur $\mathbb{R}$.
3. On a $f'_x(x,t) = \dfrac{t \cos tx}{e^t - 1} = h(t)\cos(tx)$, et donc $|f'_x(x,t)| \leq h(t)$ pour tout x et tout $t > 0$. Les fonctions $x \mapsto f'_x(x,t)$ sont continues pour tout $t > 0$: on peut appliquer la dérivation de l'intégrale et il vient $F'(x) = \displaystyle\int_0^{+\infty} \frac{t \cos tx}{e^t - 1} dt$.

Exercice 5

1. Les équivalents $\sin t \sim t$ et $e^t - 1 \sim t$ au voisinage de $t = 0$ montrent que l'on peut poser $f(0) = 1$ et avoir une fonction continue en $t = 0$.
2. On écrit $f(t) = e^{-t}\sin t \times \dfrac{1}{1 - e^{-t}} = e^{-t} \sin t \times \displaystyle\sum_{k=0}^{+\infty} e^{-kt} = \sum_{n=1}^{+\infty} e^{-nt} \sin t$. On a le droit de le faire puisque $0 < e^{-t} < 1$ pour $t > 0$, et on utilise la série géométrique de raison e^{-t}.
3. a) Bonne indication de l'énoncé ! Si on utilise $|\sin t| \leq 1$, il vient $a_n = 1/n$, terme d'une série divergente. Le problème vient de $t = 0$ (pas de $+\infty$) et on doit majorer $|\sin t|$ par t. On écrit donc $0 < a_n < \displaystyle\int_0^{+\infty} te^{-nt} dt$, intégrale qui vaut $1/n^2$, et est donc le terme général d'une série convergente.

   b) Calcul piège très classique, on doit faire deux IPP successives, et on obtient $\displaystyle\int_0^{+\infty} e^{-nt} \sin t dt = \frac{1}{n^2 + 1}$.
4. Les conditions d'application du théorème de convergence dominée pour les séries sont donc vérifiées, et $\displaystyle\int_0^{+\infty} \frac{\sin t}{e^t - 1} dt = \sum_{n=1}^{+\infty} \int_1^{+\infty} e^{-nt} \sin t\, dt = \sum_{n=1}^{+\infty} \frac{1}{n^2 + 1}$ (environ 1.076674047).

Exercice 6

1. Pour $t > 0$ on a $|\sin t| < |t|$, inégalité **stricte**. Pour $t > 0$ fixé, la suite de fonctions (f_n) définie par $f_n(t) = (\sin t/t)^n$converge vers la fonction nulle. Pour $t = 0$, où l'on prolonge par continuité avec $f_n(0) = 1$, la suite $\{f_n(1)\}$ converge vers 1. La suite (f_n) converge simplement vers la fonction f valant 1 en 0 et nulle ailleurs, fonction continue par morceaux.

2. a) Sur $[0, 1]$, en utilisant $|\sin t| \leq |t|$, on a $|f_n(t)| \leq 1$ pour tout n et tout t : la fonction constante égale à 1 domine les f_n et est intégrable sur $[0, 1]$. Le théorème affirme que $\displaystyle\int_0^1 f_n(t)dt$ tend vers 0 quand n tend vers $+\infty$.

   b) Sur $[1, +\infty[$, en majorant $|\sin t|^n$ par 1 et $1/t^n$ par $1/t^2$ (pour $n \geq 2$), on obtient la fonction dominante intégrable $h(t) = 1/t^2$. Le théorème affirme que $\displaystyle\int_1^{+\infty} f_n(t)dt$ tend vers 0 quand n tend vers $+\infty$.

   c) Cette découpe prouve d'abord que chaque intégrale généralisée I_n est convergente. Par addition, en regroupant les questions précédentes, $\displaystyle\lim_{n\to+\infty} I_n = 0$.

Chapitre 27

Séries de Fourier

La fonction f est définie sur $\mathbb{R}$, 2π-périodique, à valeurs dans $\mathbb{R}$ ou $\mathbb{C}$, et on essaye de l'écrire « en un maximum de points possibles » comme somme d'une série trigonométrique : $f(x) = \sum_{n=0}^{+\infty}(a_n \cos nx + b_n \sin nx) = \sum_{n=-\infty}^{+\infty} c_n e^{inx}$.

Pour x_0 réel, on notera $f(x_0^-)$ et $f(x_0^+)$ les limites de f lorsque x tend vers x_0 par valeurs inférieures et par valeurs supérieures. On suppose *au moins* que f est continue par morceaux sur $\mathbb{R}$, et que ces limites existent en tout point x_0.

Domaines concernés

- Étant donnée f, trouver les coefficients de Fourier a_n et b_n ou c_n. En quels réels x a-t-on convergence (au moins simple) de la série de Fourier vers f. Qu'en est-il d'une éventuelle convergence uniforme ?
- Étant donnés deux suites (a_n) et (b_n) de réels, étudier la convergence de la série $\sum(a_n \cos nx + b_n \sin nx)$, et essayer d'avoir des informations sur sa somme S. Idem avec une suite (c_n) de complexes et $\sum c_n e^{inx}$.
- En quels points a-t-on l'égalité entre f et la somme de sa série de Fourier.
- Déduire de cette égalité ou de la formule de Parseval la valeur de certaines sommes (par exemple $\sum_{n=1}^{+\infty} 1/n^2$, qui vaut $\pi^2/6$) incalculables autrement.
- Résoudre certaines équations différentielles, éventuellement en dérivées partielles avec des fonctions de deux variables (cordes, chaleur...)
- Choisir une autre période T que 2π.

Résultats fondamentaux utilisables

0 - Saisie de la fonction f

- On se donne l'expression de f sur un intervalle $\mathcal{I} = [\alpha, \alpha + 2\pi[$ de longueur 2π, souvent $]-\pi, \pi]$ ou $[0, 2\pi[$, et on prolonge par périodicité à $\mathbb{R}$. Attention la formule explicite ainsi entrée est valide uniquement sur cet intervalle.
- La saisie de f avec « les fonctions basiques » implique que f est continue par morceaux et même C^1 par morceaux sur l'intervalle ouvert $]-\alpha, \alpha[$.
- Pour avoir une fonction continue sur $\mathbb{R}$ tout entier, on doit vérifier la continuité aux bornes de $\mathcal{I}$, par exemple en π si on est sur $]-\pi, \pi]$, ce qui se traduit, compte-tenu de la périodicité, par $\lim_{x \to -\pi^+} f(x) = \lim_{x \to \pi^-} f(x) = f(\pi)$.
- Cette vérification utilise uniquement l'expression entrée de f sur $\mathcal{I}$. Par exemple, prendre $f(x) = x$ sur $]-\pi, \pi]$ donne une fonction discontinue en tous les points $(2k+1)\pi$, et prendre $f(x) = x^2$ sur $]-\pi, \pi]$ donne une fonction continue sur $\mathbb{R}$ tout entier, mais seulement C^1 par morceaux. Prendre $f(x) = x^2$ sur $[0, 2\pi[$ donne une fonction discontinue aux points $2k\pi$, attention à l'intervalle où l'on définit f.

1 - Résultats trigonométriques vitaux

$$1 + e^{ix} + e^{2ix} + \cdots + e^{inx} = \frac{1 - e^{i(n+1)x}}{1 - e^{ix}} = e^{inx/2} \frac{\sin[(n+1)x/2]}{\sin(x/2)}$$

$$1 + 2(\cos x + \cos 2x + \cdots + \cos nx) = \frac{\sin[(n+1/2)x]}{\sin(x/2)}$$

$\frac{1}{\pi} \int_{-\pi}^{\pi} \cos(nx)\cos(px)dx$ et $\frac{1}{\pi} \int_{-\pi}^{\pi} \sin(nx)\sin(px)dx$ valent 0 pour $n \neq p$ et valent 1 pour $n = p$.

$\frac{1}{\pi} \int_{-\pi}^{\pi} \cos(nx)\sin(px)dx = 0$ pour tous n, p.

$\frac{1}{\pi} \int_{0}^{\pi} \frac{\sin[(n+1/2)x]}{\sin(x/2)} dx = 1$ pour tout n.

$2\cos a \cos b = \cos(a+b) + \cos(a-b)$ et $2\sin a \sin b = \cos(a-b) - \cos(a+b)$.

$2\sin a \cos b = \sin(a+b) + \sin(a-b)$.

2 - Coefficients et série de Fourier de f et inégalité de Bessel

— Si f est à valeurs complexes, seuls les c_n ont un véritable sens. Si f est à valeurs réelles, on peut calculer les a_n, b_n ou les c_n, suivant la difficulté de l'intégration.

— Pour $n \in \mathbb{Z}$, le coefficient de Fourier c_n est $c_n = \dfrac{1}{2\pi}\displaystyle\int_0^{2\pi} f(t)e^{-int}dt$.

— On appelle série de Fourier de f, et on note S_f, la série de fonctions $\sum c_n e^{inx}$, dans laquelle n décrit $\mathbb{Z}$.

— Pour $n \geq 0$, les coefficients de Fourier réels de f sont définis par
$a_n = \dfrac{1}{\pi}\displaystyle\int_0^{2\pi} f(t)\cos(nt)dt$ et $b_n = \dfrac{1}{\pi}\displaystyle\int_0^{2\pi} f(t)\sin(nt)dt$. On a toujours $b_0 = 0$.

— La série de Fourier S_f de f est la série de fonctions $a_0/2 + \sum(a_n \cos nx + b_n \sin nx)$ avec $n \geq 1$ seulement. ATTENTION à cette constante $a_0/2$.

— La série de Fourier complexe avec les c_n et la série de Fourier réelle avec les a_n, b_n sont identiques, heureusement.

— Pour une fonction 2π-périodique, on peut intégrer sur tout intervalle de longueur 2π, aussi bien $[0, 2\pi]$ que $[-\pi, \pi]$ ou un autre. On choisit suivant la tête de f.

— Lemme de Riemann : Les coefficients de Fourier ne font pas n'importe quoi : pour f 2π-périodique continue par morceaux, la suite des coefficients de Fourier tend vers 0 quand n tend vers l'infini : $\lim\limits_{n\to+\infty} a_n = \lim\limits_{n\to+\infty} b_n = \lim\limits_{n\to\pm\infty} c_n = 0$.

— La somme partielle d'ordre n de la série de Fourier de f est

$$s_n(x) = \sum_{k=-n}^{n} c_k e^{ikx} = a_0/2 + \sum_{k=1}^{n} a_k \cos kx + b_k \sin kx.$$

— Inégalité de Bessel : on a (avec les complexes) : $\displaystyle\sum_{k=-n}^{n} |c_k|^2 \leq \dfrac{1}{2\pi}\int_0^{2\pi} |f(t)|^2 dt$ ou encore (avec les réels) : $a_0^2/2 + \displaystyle\sum_{k=1}^{n}(a_k^2 + b_k^2) \leq \dfrac{1}{\pi}\int_0^{2\pi} |f(t)|^2 dt$.

3 - Convergence de la série de Fourier de f (Dini-Dirichlet).

— Soit f une fonction définie sur $\mathbb{R}$, 2π-périodique, C^1 par morceaux. Alors, pour tout réel x_0, la série de Fourier de f converge et $S_f(x_0) = \dfrac{f(x_0^-) + f(x_0^+)}{2}$, où $f(x_0^-)$ désigne la limite à gauche de f en x_0 et $f(x_0^+)$ est sa limite à droite. Explicitons :

Dini réel : $\dfrac{a_0}{2} + \displaystyle\sum_{n=1}^{+\infty}(a_n \cos nx_0 + b_n \sin nx_0) = \dfrac{f(x_0^-) + f(x_0^+)}{2}$.

Dini complexe : $\displaystyle\sum_{n=-\infty}^{+\infty} c_n e^{inx_0} = \dfrac{f(x_0^-) + f(x_0^+)}{2}$.

- Si f est C^1 par morceaux sur $\mathbb{R}$, alors en tout point x_0 où f est continue on a $S_f(x_0) = f(x_0)$.
- Si f est C^1 par morceaux sur $\mathbb{R}$ (ce qui est toujours vraie en pratique avec f basique !), et continue sur $\mathbb{R}$ tout entier, alors on a $S_f(x) = f(x)$ pour tout x réel.

4 - Formule de Parseval (et calculs de sommes)

Soit f 2π-périodique continue par morceaux sur $\mathbb{R}$:

Parseval réel : $$\frac{1}{\pi}\int_0^{2\pi} |f(t)|^2\, dt = \frac{a_0^2}{2} + \sum_{n=1}^{+\infty}(a_n^2 + b_n^2)$$

Parseval complexe : $$\frac{1}{2\pi}\int_0^{2\pi} |f(t)|^2\, dt = \sum_{n=-\infty}^{+\infty} |c_n|^2$$

5 - Fonction continue sur $\mathbb{R}$ et C^1 par morceaux

- Si f est une fonction **continue sur** $\mathbb{R}$ et C^1 par morceaux, alors les séries $\sum |a_n|$, $\sum |b_n|$ et $|\sum |c_n|$ sont convergentes, et la série de Fourier de f est normalement convergente vers f sur $\mathbb{R}$.
- Pour f « classique » continue sur $\mathbb{R}$ et C^1 par morceaux, les coefficients de Fourier sont en $1/n^2$, archétype de la série normalement convergente.
- En définissant f avec les fonctions basiques, on a deux cas de figure : si f est continue sur $\mathbb{R}$ tout entier, alors les coefficients de Fourier sont généralement en $1/n^2$ (série normalement convergente sur $\mathbb{R}$). Si f n'est pas continue sur $\mathbb{R}$ tout entier, ils sont en $1/n$ (pour avoir une série de Fourier qui n'est pas normalement convergente sur $\mathbb{R}$).

6 - Dérivée et Fourier

- Soit f 2π-périodique, continue sur $\mathbb{R}$ et C^1 par morceaux. Pour tout $n \geq 1$ on a $a_n(f) = -\dfrac{b_n(f')}{n}$ et $b_n(f) = \dfrac{a_n(f')}{n}$ ou $c_n(f) = \dfrac{c_n(f')}{in}$.
- Ces résultats s'itèrent. Par exemple, si f est 2π-périodique, de classe C^1 sur $\mathbb{R}$ tout entier, et C^2 par morceaux, on peut appliquer deux fois le théorème de dérivation et $c_n(f'') = -n^2 c_n(f)$ et $a_n(f'') = -n^2 a_n(f)$ et $b_n(f'') = -n^2 b_n(f)$.

7 - Fourier en période T quelconque

— Les phénomènes périodiques physiques sont rarement de période 2π, mais de période T quelconque, à savoir de pulsation $\omega = 2\pi/T$: on cherche un développement en série avec des $\cos(n\omega t)$ et $\sin(n\omega t)$, qui sont des fonctions de période T. La théorie de Fourier reste valable, il faut simplement changer les formules de calcul. Les coefficients de Fourier sont donnés par :

$$c_n = \frac{1}{T}\int_0^T f(t)e^{-in\omega t}dt, a_n = \frac{2}{T}\int_0^T f(t)\cos(n\omega t)dt,\ b_n = \frac{2}{T}\int_0^T f(t)\sin(n\omega t)dt.$$

— La série de Fourier est $S_f(x) = a_0/2 + \sum_{n=1}^{+\infty}(a_n\cos(n\omega x) + b_n\sin(n\omega x))$

ou $S_f(x) = \sum_{n=-\infty}^{+\infty} c_n e^{in\omega x}$.

— La formule de Parseval devient $\frac{1}{T}\int_0^T |f(x)|^2dx = \sum_{n=-\infty}^{+\infty} |c_n|^2$ ou bien

$\frac{2}{T}\int_0^T |f(x)|^2dx = a_0^2/2 + \sum_{n=1}^{+\infty}(a_n^2 + b_n^2)$.

Ce que l'on vous demandera de montrer

— Calculer sans se tromper les coefficients de Fourier, réels ou complexes, pas toujours aussi évident que ça ! Un bon logiciel de calcul formel peut aider.

— Etudier la convergence, a priori simple, de la série de Fourier vers quelque chose.

— Avoir les bonnes hypothèses sur f assurant que la série de Fourier converge partout vers f. Et peut-être en convergence uniforme.

— Calculer certaines sommes de séries numériques, que ce soit avec la convergence simple de la série de Fourier ou la fameuse formule de Parseval.

— Ramener une relation fonctionnelle ou une équation différentielle à un problème de série de Fourier.

Les questions à se poser

— La grosse question : suivant la façon dont on considère le coefficient a_0 (la constante de la série de Fourier), ai-je bien les bonnes formules de calcul des a_n, b_n et surtout de ce a_0 à souci ?

— Comment vérifier que je ne me suis pas planté en calculant les a_n, b_n ou c_n ?
— Est-ce que je sais passer des a_n, b_n aux c_n ?
— Vaut-il mieux raisonner en c_n complexes ou en a_n, b_n réels ?
— Suivant les définitions des a_n, b_n, la fameuse formule de Parseval a différentes têtes possibles : ai-je bien la bonne ?
— Ai-je bien vérifié les bonnes hypothèses assurant la convergence simple de la série de Fourier, et vers quelle limite ?
— Ai-je bien les bonnes hypothèses assurant une convergence uniforme ?
— Puis-je faire la relation entre les coefficients de Fourier de f et de sa dérivée f', et sous quelles conditions ?
— Est-ce que je sais passer de la période 2π (la plus simple au niveau des calculs et de la conception) à une autre période T ?
— Comment traduire une relation fonctionnelle ou une équation différentielle en terme de séries/coefficients de Fourier ?

Exercices

Exercice 0 [Les questions se trouvent dans les exercices suivants]

On considère les fonctions $2\pi-$périodiques sur $\mathbb{R}$, définies par les données initiales suivantes :

$f_1(x) = 0$ sur $]-\pi, 0[$ et $f_1(x) = 1$ sur $[0, \pi[$; $f_2(x) = x$ sur $[0, 2\pi[$

$f_3(x) = 0$ sur $]-\pi, 0[$ et $f_3(x) = x$ sur $[0, \pi[$; $f_4(x) = |x|$ sur $]-\pi, \pi]$

$f_5(x) = x$ sur $]-\pi, \pi]$; $f_6(x) = x^2$ sur $]-\pi, \pi]$

Exercice 1

1. Justifier « de façon philosophique et globale » que toutes ces fonctions sont C^1 par morceaux sur $\mathbb{R}$.
2. a) Parmi ces fonctions, quelles sont celles qui sont continues sur $\mathbb{R}$ tout entier ?

   b) Quelles sont celles dont les coefficients de Fourier seront en $1/n$? En $1/n^2$?

Exercice 2

Calculer les coefficients de Fourier, et donc la série de Fourier, de f_1, f_2, f_3. Pour chaque fonction, on essayera de donner à x une ou deux valeurs particulières permettant de calculer quelques sommes classiques.

Exercice 3 [Corrigé en ligne]

Calculer les coefficients de Fourier, et donc la série de Fourier, de f_4, f_5, f_6. Pour chaque fonction, en essayera de donner à x une ou deux valeurs particulières permettant de calculer quelques sommes classiques.

Pour f_6 on vérifiera que $\dfrac{n^2x^2\sin(nx) - 2\sin(nx) + 2\,nx\cos(nx)}{n^3}$ (calcul long avec IPP) est une primitive de $x^2\cos nx$ pour $n \neq 0$.

Exercice 4

Soit f $2\pi-$périodique définie par $f(x) = 0$ sur $]-\pi, 0]$ et $f(x) = \sin x$ sur $[0, \pi]$.

1. Que peut-on dire de la régularité (continuité, C^1) de f ?
2. Calculer les coefficients de Fourier réels de f : on fera attention à certaine(s) valeur(s) particulière(s) de n. Donner l'expression de la série de Fourier de f.

Exercice 5

Soit f la fonction $2\pi-$périodique définie par $f(x) = |\sin(x/2)|$ sur $]-\pi, \pi]$.

1. Que peut-on dire de la régularité (continuité, C^1) de f ?
2. Calculer les coefficients de Fourier réels de f. Donner l'expression de S_f.
3. Qu'obtient-on pour $x = \pi$ dans $S_f(x)$?

Exercice 6

1. En reprenant la fonction f_5, vérifier que $\displaystyle\sum_{n=1}^{+\infty} 1/n^2 = \pi^2/6$.
2. En reprenant la fonction f_4, vérifier que $\displaystyle\sum_{n=0}^{+\infty} 1/(2n+1)^4 = \pi^4/96$.

Exercice 7 [Corrigé en ligne]

Soit f la fonction 2π périodique définie par $f(x) = x\sin(x/2)$ sur $[0, 2\pi[$.

1. Que peut-on dire de la fonction f ? De la convergence de sa série de Fourier ? calculer ses coefficients de Fourier complexes, puis réels.
2. En déduire la valeur de $\displaystyle\sum_{n=1}^{+\infty} \frac{(-1)^{n-1}}{4n^2-1}$.

Exercice 8 [Corrigé en ligne]

1. Trouver, avec Fourier complexe, les fonctions 2π-périodiques, de classe C^2 sur $\mathbb{R}$, et qui vérifient $f'' + f = 0$. On supposera que f existe, et on calculera ses coefficients de Fourier ; on montrera ensuite que la fonction trouvée est bien de classe C^2.
2. Montrer qu'il n'existe pas de fonction 2π périodique de classe C^2 vérifiant $f'' + f = \cos x$ sur $\mathbb{R}$.
3. Résoudre $f'' + f = \cos 2x$ dans les mêmes conditions.

Exercice 9 [Corrigé en ligne]

Soit $a \notin \mathbb{Z}$, et f la fonction 2π périodique définie par $f(x) = \cos ax$ sur $[-\pi, \pi[$.

1. Calculer les coefficients de Fourier complexes, puis réels, de f. Quelle relation a-t-on entre f et la somme de la série de Fourier ?
2. En déduire la valeur de $\displaystyle\sum_{n=1}^{+\infty} \frac{2a}{a^2-n^2}$.

Corrigés

Exercice 1

1. Chaque expression, sur l'intervalle $]a, b[$ de définition, fait intervenir au maximum trois points où f et la dérivée f' ne sont peut-être pas continues, mais admettent des limites à gauche et/ou à droite. Les fonctions f et f' sont continues par morceaux sur $[a, b]$ et donc sur $\mathbb{R}$ tout entier : elles sont C^1 par morceaux sur $\mathbb{R}$.
2. Ce sont uniquement f_4 et f_6 qui sont continues sur $]a, b[$ ouvert et qui vérifient $\lim_{x \to a^+} f(x) = \lim_{x \to b^-} f(x) = f(b)$, et qui sont continues sur $\mathbb{R}$ tout entier.
3. Les fonctions f_4 et f_6, continues sur $\mathbb{R}$ et C^1 par morceaux ont des séries de Fourier normalement convergentes sur $\mathbb{R}$, et donc (au vu des calculs par IPP), des coefficients de Fourier en $1/n^2$ ou plus. Les autres sont seulement en $1/n$.

Exercice 2

1. f_1 est C^1 par morceaux sur $\mathbb{R}$, les discontinuités ayant lieu en $x = 0[\pi]$. On a $a_0 = \frac{1}{\pi}\int_0^{\pi} dx = 1$, $a_n = \frac{1}{\pi}\int_0^{\pi} \cos nx dx = 0$, $b_n = \frac{1}{\pi}\int_0^{\pi} \sin nx dx = \frac{1-(-1)^n}{n\pi}$. Le coefficient b_n est nul lorsque n est pair et l'on a $b_{2n+1} = \frac{2}{\pi(2n+1)}$.

   La série de Fourier est $S_{f_1}(x) = \frac{1}{2} + \frac{2}{\pi}\sum_{n=0}^{+\infty} \frac{\sin(2n+1)x}{2n+1}$. Le théorème de Dirichlet affirme que $S_{f_1}(x) = f_1(x)$ lorsque $x \neq 0[\pi]$. En particulier, pour $x = \pi/2$, on obtient $S_{f_1}(\pi/2) = 1 = \frac{1}{2} + \frac{2}{\pi}\sum_{n=0}^{+\infty} \frac{(-1)^n}{2n+1}$ ce qui donne $\sum_{n=0}^{+\infty} \frac{(-1)^n}{2n+1} = \frac{\pi}{4}$. Pour $x = 0[\pi]$, on a $S_{f_1}(x) = \frac{f_1(x^-) + f_1(x^+)}{2} = \frac{1}{2}$, facile à constater sur la série.
2. La fonction f_2 est C^1 par morceaux sur $\mathbb{R}$, les discontinuités de f_2 et de ${f_2}'$ ayant lieu en $x = 0\ [2\pi]$. On a $a_0 = \frac{1}{\pi}\int_0^{2\pi} x dx = 2\pi$,

$$a_n = \frac{1}{\pi}\int_0^{2\pi} x \cos nx dx = \frac{1}{\pi}\left[\frac{\cos nx + nx \sin nx}{n^2}\right]_0^{2\pi} = 0$$

$$b_n = \frac{1}{\pi}\int_0^{2\pi} x \sin nx dx = \frac{1}{\pi}\left[\frac{\sin nx - nx \cos nx}{n^2}\right]_0^{2\pi} = -\frac{2}{n}.$$

   On a $S_{f_2}(x) = \pi - 2\sum_{n=1}^{+\infty} \frac{\sin nx}{n}$. Dirichlet donne $S_{f_2}(0) = [f_2(0^-) + f_2(0^+)]/2 = \pi$, ce que l'on vérifie sur la série. Pour $x = \pi/2$, on a $\sin(n\pi/2) = (-1)^k$ lorsque

$n = 2k+1$ est impair et zéro sinon. On a alors $S_{f_2}(\pi/2) = \dfrac{\pi}{2} = \pi - 2\displaystyle\sum_{k=0}^{+\infty} \frac{(-1)^k}{2k+1}$ ce qui donne $\displaystyle\sum_{k=0}^{+\infty} \frac{(-1)^k}{2k+1} = \frac{\pi}{4}$.

3. La fonction f_3 est C^1 par morceaux sur $\mathbb{R}$, les discontinuités de f_3 ayant lieu en $x = \pi[2\pi]$ et celles de f_3' en $x = 0[\pi]$. On a $a_0 = \dfrac{1}{\pi}\displaystyle\int_0^{\pi} x dx = \frac{\pi}{2}$,

$$a_n = \frac{1}{\pi}\int_0^{\pi} x \cos nx dx = \frac{1}{\pi}\Big[\frac{\cos nx + nx \sin nx}{n^2}\Big]_0^{\pi} = \frac{(-1)^n - 1}{\pi n^2}$$

$$b_n = \frac{1}{\pi}\int_0^{\pi} x \sin nx dx = \frac{1}{\pi}\Big[\frac{\sin nx - nx \cos nx}{n^2}\Big]_0^{\pi} = \frac{(-1)^{n+1}}{n}.$$

On a $a_n = 0$ lorsque $n \geq 2$ est pair et l'on a $a_{2n+1} = -\dfrac{2}{\pi(2n+1)^2}$. On a $S_{f_3}(x) = \dfrac{\pi}{4} - \dfrac{2}{\pi}\displaystyle\sum_{n=0}^{+\infty}\Big[\frac{\cos(2n+1)x}{(2n+1)^2} + (-1)^{n+1}\frac{\sin nx}{n}\Big]$. Dirichlet affirme que $S_{f_3}(x) = f_3(x)$ lorsque $x \neq \pi[2\pi]$. En particulier, pour $x = 0$ on a $S_{f_3}(0) = f_3(0) = 0 = \dfrac{\pi}{4} - \dfrac{2}{\pi}\displaystyle\sum_{n=0}^{+\infty}\frac{1}{(2n+1)^2}$, ce qui implique que $\displaystyle\sum_{n=0}^{+\infty}\frac{1}{(2n+1)^2} = \frac{\pi^2}{8}$. Pour $x = \pi$, on a $S_{f_3}(\pi) = [f_3(\pi^-) + f_3(\pi^+)]/2 = \pi/2$. Cela implique que $\dfrac{\pi}{4} + \dfrac{2}{\pi}\displaystyle\sum_{n=0}^{+\infty}\frac{1}{(2n+1)^2} = \frac{\pi}{2}$, et on retrouve $\displaystyle\sum_{n=0}^{+\infty}\frac{1}{(2n+1)^2} = \frac{\pi^2}{8}$. Pour $x = -\pi/2$, on a $\displaystyle\sum_{n=0}^{+\infty}\frac{(-1)^n}{2n+1} = \frac{\pi}{4}$.

Exercice 4

1. La fonction est C^1 par morceaux sur $\mathbb{R}$, mais continue sur $\mathbb{R}$ tout entier : les a_n, b_n vont être en $1/n^2$ au moins, et S_f sera normalement convergente sur $\mathbb{R}$.

2. Le calcul des coefficients de Fourier donne $a_0 = 2/\pi$ et, pour $n \geq 1$, $a_n = \dfrac{1}{\pi}\displaystyle\int_0^{\pi} \sin x \cos nx \, dx = -\frac{1+(-1)^n}{\pi}\frac{1}{n^2-1}$, évidemment pour $n \neq 1$. Mais le calcul direct de a_1 donne $a_1 = 0$. Les a_n sont nuls quand $n > 1$ est impair. On a ensuite $b_n = \dfrac{1}{\pi}\displaystyle\int_0^{\pi} \sin x \sin nx \, dx = \frac{1}{2\pi}\int_0^{\pi}[\cos(n+1)x - \cos(n-1)x]dx = 0$ pour $n \geq 2$, mais avec le cas particulier $b_1 = \dfrac{1}{\pi}\displaystyle\int_0^{\pi} \sin^2 x dx = 1/2$.

On a donc $S_f(x) = \frac{1}{\pi} + \frac{\sin x}{2} - \frac{2}{\pi}\sum_{n=1}^{+\infty}\frac{\cos 2nx}{4n^2-1}$ qui converge partout vers f, puisque f est continue sur $\mathbb{R}$. Pour $x=0$, on retrouve l'évident $\sum_{n=1}^{+\infty}\frac{1}{4n^2-1} = \frac{1}{2}$.

Exercice 5

1. f est C^1 par morceaux sur $\mathbb{R}$, et même continue sur $\mathbb{R}$: S_f est normalement convergente sur $\mathbb{R}$, avec des coefficients de Fourier en $1/n^2$ au moins.
2. Par parité, les b_n sont nuls. Un calcul donne $a_n = \frac{2}{\pi}\int_0^{\pi}\sin(x/2)\cos(nx)dx = -\frac{4}{\pi(4n^2-1)}$ pour $n \geq 0$. On a $S_f(x) = f(x) = \frac{2}{\pi} - \frac{4}{\pi}\sum_{n=1}^{\infty}\frac{\cos nx}{4n^2-1}$ pour tout x.
3. Avec $x=\pi$, on trouve $\sum_{n=1}^{+\infty}\frac{(-1)^{n-1}}{4n^2-1} = \pi/4 - 1/2$.

Exercice 6

1. On avait $\sum_{n=1}^{+\infty}\frac{(-1)^{n-1}\sin nx}{n} = \frac{x}{2}$ pour tout $x \in]-\pi,\pi]$. Parseval donne $\frac{1}{\pi}\int_{-\pi}^{\pi}(x/2)^2dx = \sum_{n=1}^{+\infty}\frac{1}{n^2}$, et l'intégrale vaut $\pi^2/6$ (attention, on a $a_0 = 0$).
2. On avait $|x| = \frac{\pi}{2} - \frac{4}{\pi}\sum_{n=0}^{+\infty}\frac{\cos(2n+1)x}{(2n+1)^2}$ sur $[-\pi,\pi]$. Parseval (avec $a_0 = \pi$) donne $\frac{\pi^2}{2} + \frac{16}{\pi^2}\sum_{n=0}^{+\infty}\frac{1}{(2n+1)^4} = \frac{1}{\pi}\int_{-\pi}^{\pi}|t|^2\,dt = \frac{2\pi^2}{3}$ d'où $\sum_{n=0}^{+\infty}\frac{1}{(2n+1)^4} = \frac{\pi^4}{96}$.

Chapitre 29

$f : \mathbb{R}^n \to \mathbb{R}$: limites, continuité, dérivées partielles

On étudie les limites, la continuité et la notion de dérivée partielle pour une fonction f de $\mathbb{R}^n$ dans $\mathbb{R}$. L'idée de base *semble ressembler* aux fonctions réelles de la variable réelle, mais la pratique réserve infiniment de différences, voire même de mauvaises surprises ! Dans $\mathbb{R}$, on a seulement une façon de s'approcher de x_0 (on est en dimension 1, sur une droite), alors que dans $\mathbb{R}^n$ on en a une infinité, et tout est bien plus compliqué. Même la simple notion de limite peut devenir un vrai cauchemar.

Travailler dans $\mathbb{R}^2$ donne toute l'ampleur de la différence, ensuite c'est toujours pareil. Bien comprendre $\mathbb{R}^2 \to \mathbb{R}$ est la base de tout. Les paragraphes seront souvent pris avec f de $\mathbb{R}^2$ dans $\mathbb{R}$, ça clarifie les choses. En particulier, étudier $f : \mathbb{R}^2 \to \mathbb{R}$, c'est se promener sur la montagne $z = f(x, y)$, avec tous ses dangers.

Pour obtenir de jolies propriétés comparables à « f est dérivable de $\mathbb{R}$ dans $\mathbb{R}$ », il faut aller plus loin à la notion de fonction différentiable de $\mathbb{R}^n$ dans $\mathbb{R}$.

Les notions basiques de cette fiche sont absolument vitales, ne les sautez pas.

Domaines concernés

— La notion bien compliquée de limite de $\mathbb{R}^2$ dans $\mathbb{R}$. Surtout, se méfier de la notion de limite suivant une direction, laquelle ne prouve strictement rien, et implique (en montagne) qu'on a intérêt à suivre le balisage de la piste de ski bien sagement avant de finir aux urgences.

— La notion de continuité en x_0, assez puissante, on peut skier un peu plus relax.

— La notion de dérivée suivant une direction, et donc de dérivée partielle, qui ne prouve pas grand-chose, et n'implique pas nécessairement la continuité (alors que c'est vrai de $\mathbb{R}$ dans $\mathbb{R}$).

— L'idée de vecteur gradient en x_0 et la notion de plus grande/faible pente en x_0, sur la surface $z = f(x, y)$, autre illustration montagnarde bien connue.

— Par exemple, en montagne, si celle-ci n'est pas différentiable (voir plus loin) en x_0, on risque de se casser la figure, peu de chances de se promener en x_0 le nez en l'air en toute sécurité, alors que c'est vrai si la montagne est belle et différentiable !

Résultats fondamentaux utilisables

1 - Limite or not limite en un point ?

— Dans $\mathbb{R}^n$, toutes les normes sont équivalentes. Pour exprimer que $M(x, y)$ tend vers $M_0(x_0, y_0)$, on utilise « $\|M - M_0\|$ tend vers 0 », à savoir « $d(M, M_0)$ tend vers 0 », peu importe la norme utilisée et sa distance associée.

— Montrer que $\lim\limits_{M \to M_0} f(x, y) = \ell$ demande souvent de revenir à la définition.

— Montrer que f ne tend pas vers ℓ (ou n'admet pas de limite) quand (x, y) tend vers (x_0, y_0) consiste à trouver deux directions (souvent des droites) s'approchant de M_0, mais avec deux limites différentes en M_0 : ça demande un peu d'imagination, mais c'est assez amusant. L'exemple typique est $f(x, y) = (x^2 - y^2)/(x^2 + y^2)$ qui n'a pas de limite en $M_0 = (0, 0)$, *voir le dessin en fin de feuille de route.*

— Il est souvent intéressant de passer en polaires, $x = x_0 + r\cos t$, $y = y_0 + r\sin t$. La fonction f admet la limite ℓ en (x_0, y_0) quand on peut écrire $|f(x, y) - \ell| \leq h(r)$ où h est une fonction uniquement de r avec $\lim\limits_{r \to 0} h(r) = 0$. Cela se rencontrera majoritairement en $(0, 0)$, avec des calculs simples.

— Dans l'exemple ci-dessus, on a $f(x, y) = \cos(2\theta)$ qui n'a pas de limite quand r tend vers 0, et de façon claire !

— Cet exemple montre que f peut avoir une limite en s'approchant de M_0 suivant chaque direction, mais ne pas avoir de limite au sens de la définition.

2 - Continuité en un point M_0 ?

— Soit on revient à la définition avec ε et α, éventuellement en passant en polaires en (x_0, y_0).

— Soit on montre que f n'a pas de limite en M_0, et n'y est donc pas continue.

— La continuité de f en M_0 implique que les limites de f suivant des directions quelconques sont égales à $f(M_0)$. Mais la réciproque est archi-fausse.

— L'image continue d'un compact (fermé borné) est encore un compact. Une fonction continue sur un compact présente un minimum et un maximum : elle est bornée.

— L'image continue d'un connexe de $\mathbb{R}^n$ est un connexe de $\mathbb{R}$, à savoir un intervalle (théorème des valeurs intermédiaires.)

— Soit $f : \mathbb{R}^n \to \mathbb{R}$ définie sur $\mathbb{R}^n$ tout entier. Alors f est continue sur $\mathbb{R}^n$ si et seulement si l'image réciproque de tout ouvert de $\mathbb{R}$ est un ouvert de $\mathbb{R}^n$.
— Soit $f : \mathbb{R}^n \to \mathbb{R}$ une fonction définie sur $\mathbb{R}^n$ tout entier. Alors f est continue sur $\mathbb{R}^n$ ssi l'image réciproque de tout fermé de $\mathbb{R}$ est un fermé de $\mathbb{R}^n$.

3 - Dérivées partielles en un point $M_0(x_0, y_0)$

— La fonction f admet une dérivée partielle en x au point (x_0, y_0) lorsque la fonction $x \mapsto f(x, y_0)$ est dérivable en x_0. Cette dérivée se note $f'_x(M_0)$ ou bien $\dfrac{\partial f}{\partial x}(x_0, y_0)$, et est égale à $\lim\limits_{x \to x_0} \dfrac{f(x, y_0) - f(x_0, y_0)}{x - x_0}$ (ou analogue en dimension supérieure) : seule la variable x bouge, les autres sont fixées en leurs valeurs en M_0.
— Définition analogue en les autres variables.
— Attention, l'existence des dérivées partielles en M_0 n'implique absolument pas que f est continue en M_0. Elle signifie simplement que si l'on skie en M_0 en restant parallèle à l'axe des abscisses et/ou l'axe des ordonnées, ça se passera bien. Mais il peut y avoir des crevasses en M_0 dans les autres directions.

4 - Vecteur gradient de f en un point M

— C'est le vecteur $\left(\dfrac{\partial f}{\partial x_1}(M), \dfrac{\partial f}{\partial x_2}(M), \cdots, \dfrac{\partial f}{\partial x_n}(M)\right) = \sum\limits_{k=1}^{n} \dfrac{\partial f}{\partial x_k}(M)\overrightarrow{e_k}$ en notant $\{\overrightarrow{e_1}, \cdots, \overrightarrow{e_n}\}$ la base canonique de $\mathbb{R}^n$.

5 - Dérivée suivant la direction $\overrightarrow{u}$

— La dérivée de f suivant la direction $\overrightarrow{u} = (u_1, u_2, \cdots, u_n)$ au point a est la dérivée en $t = 0$ (si elle existe) de la fonction réelle de la variable réelle

$$t \mapsto f(a + t\overrightarrow{u}) = f(a_1 + tu_1, a_2 + tu_2, \cdots, a_n + tu_n).$$

— On la note $f'_{\overrightarrow{u}}(a)$. C'est la généralisation à une direction quelconque des dérivées partielles (qui se font suivant les axes de coordonnées).

Ce que l'on vous demandera de montrer

— Que f a ou non une limite en x_0, et donc un éventuel prolongement par continuité.
— Calcul des éventuelles dérivées partielles en un point. Chose très importante pour la suite, avec la notion de différentielle.
— Bien maîtriser le vecteur gradient, très utile plus loin pour la différentielle.
— Chercher les lignes de plus grande ou plus faible pente (surtout pour $n = 2$).
— En fait, cette fiche est plus une préparation à la suite qu'une fin en soi.

Les questions à se poser

- Comment montrer que la limite existe.
- Encore plus important, comment faire pour montrer que la limite n'existe pas.
- Ai-je pensé à m'approcher de M_0 suivant quelques directions différentes simples ? Qu'ai-je constaté ?
- Suis-je en train de commettre la grosse bourde consistant à ne travailler qu'en m'approchant de M_0 sur des directions précises, au lieu de m'y prendre globalement ?
- Ai-je pensé aux coordonnées polaires ?
- Ai-je compris que l'existence des dérivées partielles, ou de la dérivée suivant une direction quelconque, ne prouve à peu près rien, et surtout pas la continuité.
- Ai-je pensé qu'au lieu de la norme x^2+y^2, je peux utiliser (par exemple) $3x^2+8y^2$, toutes les normes étant équivalentes en dimension finie. En d'autres termes, ai-je bien saisi qu'il existe deux constantes strictement positives telles que (même exemple) $a \leq 3\cos^2\theta + 8\sin^2\theta \leq b$ pour tout θ.

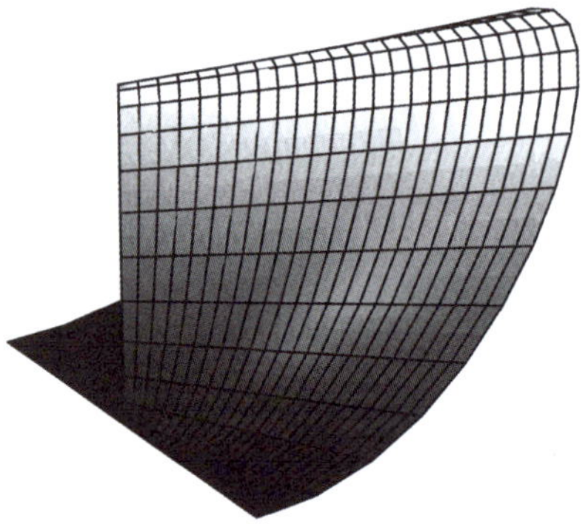

La surface ci-dessus représente $z = \dfrac{x^2-y^2}{x^2+y^2} = \cos 2\theta$ (en polaire), qui n'a pas de limite quand (x, y) tend vers $(0, 0)$. Les segments « horizontaux » que l'on observe correspondent à θ constant, et donc z constant : se sont les marches d'un escalier en colimaçon (châteaux d'autrefois), et le segment vertical correspond au pilier central de l'escalier, à savoir l'ensemble des « limites » de la fonction sur les droites $y/x =$ constante. Comme ce segment vertical n'est pas réduit à un point, il n'y a aucune chances que la fonction ait une limite à l'origine !

Exercices

Exercice 1

Soit f définie par $f(x,y) = \dfrac{xy^2}{x^2+y^2}$ sur $\mathbb{R}^2 \setminus \{(0,0)\}$.

1. Montrer que f a une limite en $(0,0)$ et prolonger f en une fonction continue sur $\mathbb{R}^2$ tout entier.
2. a) Calculer les dérivées partielles de f en $(0,0)$.

   b) Calculer les dérivées partielles f'_x, f'_y de f en $(x_0, y_0) \neq (0,0)$.
3. Etudier si f'_x et f'_y sont continues en $(0,0)$.
4. a) Etudier les limites de la fonction $f(x,x)$ en $\pm\infty$.

   b) Montrer que pour tout d réel, l'équation $f(x,y) = d$ admet au moins une solution.

Exercice 2

Reprendre l'exercice précédent en remplaçant f par $g : (x,y) \mapsto \dfrac{y^3}{2x^2+y^2}$.

Exercice 3

On reprend la fonction f de l'exercice 1 : $f(x,y) = xy^2/(x^2+y^2)$ et $f(0,0) = 0$, qui est continue sur $\mathbb{R}^2$ tout entier.

1. Que peut-on dire de l'image par f du disque unité $D = \{(x,y) \mid x^2+y^2 \leq 1\}$?
2. Etudier la fonction $t \in [0, 2\pi] \mapsto u(t) = \cos t \sin^2 t$, et déterminer son maximum et son minimum.
3. Déterminer exactement $f(D)$.

Exercice 4

Reprendre l'exercice 3 précédent avec la fonction g de l'exercice 2. On écrira (passage en polaire $x = r\cos t, y = r\sin t$)) de nouveau $g(x,y) = ru(t)$. On essaiera de voir pourquoi les variations de u sur $[0,\pi]$ sont évidentes à l'œil, et ne nécessitent pas obligatoirement le calcul de u'.

Exercice 5

Calculer les dérivées partielles des fonctions suivantes.

$$f_1(x,y) = 3x^2 - 6xy^3 + \sin(x^2+y) \qquad f_2(x,y) = \frac{x+2y}{2x+y}$$

$$f_3(x,y,z) = \ln(2x+3y+6z) \qquad f_4(x,y) = e^{x-2y}\cos(3y)$$

Exercice 6 [Corrigé en ligne]

1. Soit $f(x,y) = x^2 + y^2 - 2x + 2y$. Calculer $\overrightarrow{\text{grad}}\, f$. Identifier l'ensemble C des points du plan vérifiant $f(x,y) = 0$, puis identifier $\overrightarrow{\text{grad}}\, f$ en un point de C.
2. On définit dans l'espace le champ de scalaire $V(x,y,z) = 3x+4y-5z$. Pour chaque C, on appelle surface équipotentielle l'ensemble des points vérifiant $V(M) = C$. Identifier ces surfaces équipotentielles, calculer le gradient de V. Que peut-on dire du gradient par rapport aux surfaces équipotentielles ?
3. Soit K une constante, $A(a,b,c) \in \mathbb{R}^3$, et $D = \mathbb{R}^3 \setminus \{A\}$. En chaque $M \in D$, on pose $V(M) = \dfrac{K}{AM}$, (le potentiel électrique créé en M par une charge ponctuelle placée en A) et $\overrightarrow{E}(M) = K\dfrac{\overrightarrow{AM}}{AM^3}$ (le champ électrique ainsi créé en M.)

Calculer le gradient de V en $M(x,y,z) \in D$ et conclure.

Exercice 7 [Corrigé en ligne]

1. Calculer la dérivée de $f(x,y) = x^2 + xy + 5y^2$ en (x_0,y_0) suivant la direction $\overrightarrow{u} = (\cos\theta, \sin\theta)$.
2. Achever le calcul de ce vecteur au point $A(9,1)$, et trouver (en valeur absolue) la plus grande et la plus petite pente de la surface $z = f(x,y)$ au point A.

Exercice 8

Pour chaque ensemble suivant du plan, défini par la relation indiquée, dire (avec un minimum de justification), s'il s'agit d'un ouvert, d'un fermé (éventuellement d'un compact) ou alors de rien du tout.

$$(1) : x^3 - y^4\sin x + xy = 0 \qquad (2) : x^3 - y^4\sin x + xy > 0$$

$$(3) : 1 \leq x^3 - y^4\sin x + xy < 8 \qquad (4) : x^2 + 3y^4 \leq 5$$

Corrigés

Exercice 1

1. Passons en polaires $x = r\cos\theta, y = r\sin\theta$ avec $r > 0$ et $\theta \in [0, 2\pi[$. On a $f(x,y) = \dfrac{r^3\cos\theta\sin^2\theta}{r^2}$ et donc $|f(x,y)| \leq r$ ou encore $|f(x,y)| \leq \sqrt{x^2+y^2}$.
   Quand (x,y) tend vers $(0,0)$, à savoir quand x^2+y^2 tend vers 0, on voit que $f(x,y)$ tend vers 0. On prolonge f par continuité en posant $f(0,0) = 0$.
2. a) Comme f « présente une difficulté en $(0,0)$ », on revient à la définition de la notion de dérivée :
   $f'_x(0,0) = \lim\limits_{x\to 0} \dfrac{f(x,0)-f(0,0)}{x-0} = \lim\limits_{x\to 0} \dfrac{0-0}{x-0} = 0$. On montre de même que $f'_y(0,0) = 0$. La fonction admet des dérivées partielles à l'origine, nulles toutes les deux.

   b) On applique les formules classiques de dérivation : $f'_x(x,y) = \dfrac{y^2(y^2-x^2)}{(x^2+y^2)^2}$ et
   $f'_y(x,y) = \dfrac{2x^3y}{(x^2+y^2)^2}$.
3. On passe de nouveau en polaire : $f'_x(x,y) = -\cos 2\theta$ et $f'_y(x,y) = 2\cos^3\theta\sin\theta$, après simplification par r^4. Ces expressions n'ont pas de limite quand r tend vers 0, puisqu'il a disparu ! Les dérivées partielles f'_x et f'_y n'ont pas de limite quand (x,y) tend vers $(0,0)$: elles ne sont donc pas continues à l'origine.
4. a) On a $f(x,x) = x/2$, expression variant de $-\infty$ à $+\infty$.

   b) Le plan est connexe par arcs et f est continue sur le plan. L'image du plan est donc une partie connexe de $\mathbb{R}$, i.e. un intervalle. Les limites de la question 4.a. indiquent que cet intervalle est $\mathbb{R}$ tout entier. La fonction f est surjective de $\mathbb{R}^2$ sur $\mathbb{R}$, et l'équation $f(x,y) = d$ admet au moins une solution.

Exercice 2

On notera que $x^2+y^2 \leq 2x^2+y^2 \leq 2(x^2+y^2)$, ce qui permet d'encadrer le dénominateur par r^2 et $2r^2$ si besoin, en polaires.

1. On a de nouveau $|g(x,y)| \leq r$ et donc $\lim\limits_{x\to 0} g(x,y) = 0$. On pose $g(0,0) = 0$.
2. a) On a $g(x,0) = 0$ pour tout x, et donc $g'_x(0,0) = 0$. Mais $g(0,y) = y$ et donc $g'_y(0,0) = 1$.

   b) On a $g'_x(x,y) = -4\,\dfrac{y^3x}{(2\,x^2+y^2)^2}$ et $g'_y(x,y) = \dfrac{y^2\,(6\,x^2+y^2)}{(2\,x^2+y^2)^2}$ pour $(x,y) \neq (0,0)$.

3. Le passage en polaires donne des expressions trigonométriques (le r a encore disparu) $-4\dfrac{\cos t\sin^3 t}{(2\cos^2 t+\sin^2 t)^2}$ et $\dfrac{\sin^2 t(6\cos^2 t+\sin^2 t)}{(2\cos^2 t+\sin^2 t)^2}$ qui ne sont pas des constantes, et qui n'ont donc aucune limite quand r (disparu) tend vers 0. Les dérivées partielles g'_x et g'_y n'ont pas de limite quand (x,y) tend vers $(0,0)$: elles ne sont donc pas continues à l'origine.
4. Même raisonnement que dans l'exercice précédent, avec $g(x,x)=x/3$.

Exercice 3

1. La fonction f est continue sur le compact D, et $f(D)$ est donc un compact de $\mathbb{R}$. Mais D est aussi une partie connexe de $\mathbb{R}^2$ (connexe par arcs, ou encore « d'un seul tenant »), et $f(D)$ est un connexe réel, à savoir un intervalle. Au final, $f(D)$ est un intervalle *fermé borné, à savoir un segment.*
2. La fonction u est paire, et on se contente de l'étudier sur $[0,\pi]$, avec $u'(t)=\sin t(3\cos^2 t-1)$. La dérivée s'annule en 0, π et surtout lorsque $\cos t_1=1/\sqrt{3}$ et donc $\sin t_1=\sqrt{2/3}$ ou bien $\cos t_2=-1/\sqrt{3}, \sin t_2=\sqrt{2/3}$ (on est sur $[0,\pi]$ où le sinus est positif). La fonction u est croissante depuis 0, passe par un maximum $M=2/(3\sqrt{3})$, puis décroissante jusqu'à un mimimum égal à $-M$ puis croissante jusque 0. On a donc $-M\leq u(t)\leq M$, les extrema étant atteints en t_1 et t_2 (environ $\pm 0.3849\cdots$).
3. En passant en polaires $x=r\cos t, y=r\sin t$, on a $f(x,y)=ru(t)$, et donc $-rM\leq f(x,y)\leq rM$.
   - On a donc $f(x,y)\in[-M,M]$ puisque $r\leq 1$.
   - On a $f(x,y)=-M$ pour $(x,y)=(\cos t_2,\sin t_2)$ et $f(x,y)=M$ pour $(x,y)=(\cos t_1,\sin t_1)$.

   Le segment $f(D)$ est donc exactement le segment $[-M,M]$.

Exercice 4

1. L'image $g(D)$ est de nouveau un segment réel.
2. On a $g(x,y)=r\dfrac{\sin^3 t}{\cos^2 t+1}$, et il est mieux de prendre $t\in[-\pi,\pi]$: la fonction u est impaire, et elle est positive sur $]0,\pi[$, négative sur $]-\pi,0[$. Sur $]0,\pi[$, elle est maximale lorsque le sinus vaut 1 et le cosinus est nul, à savoir en $t_1=\pi/2$, le maximum valant 1. Globalement, elle présente un minimum égal à -1 en $t_2=-\pi/2$ et un maximum égal à 1 en $t_1=\pi/2$.
3. On a donc $-1\leq g(x,y)\leq 1$, puisque $r\leq 1$. Les extrema -1 et 1 sont atteints en $(0,-1)$ et en $(0,1)$, et $g(D)=[-1,1]$ tout entier.

Exercice 5

À chaque calcul, on fixe les autres variables, et on applique les règles classiques de dérivation des fonctions d'une seule variable.

1. $\dfrac{\partial f_1}{\partial x}(x,y) = 6x - 6y^3 + 2x\cos(x^2+y)$, $\dfrac{\partial f_1}{\partial y}(x,y) = -18xy^2 + \cos(x^2+y)$
2. $\dfrac{\partial f_2}{\partial x}(x,y) = \dfrac{-3y}{(2x+y)^2}$, $\dfrac{\partial f_2}{\partial y}(x,y) = \dfrac{3x}{(2x+y)^2}$. On est sur l'ouvert du plan complémentaire de la droite $2x+y=0$.
3. $\dfrac{\partial f_3}{\partial x} = \dfrac{2}{2x+3y+6z}$, $\dfrac{\partial f_3}{\partial y} = \dfrac{3}{2x+3y+6z}$, $\dfrac{\partial f_3}{\partial z} = \dfrac{6}{2x+3y+6z}$. On est sur le demi-espace ouvert $2x+3y+6z>0$.
4. $\dfrac{\partial f_4}{\partial x} = e^{x-2y}\cos 3y$, $\dfrac{\partial f_4}{\partial y} = e^{x-2y}(-2\cos 3y - 3\sin 3y)$

Exercice 8

A chaque fois, on a une fonction continue sur le plan. On utilise l'image réciproque d'un ouvert ou d'un fermé. Le « = » correspond à un fermé comme les « $\leq$ ou $\geq$ » alors que les inégalité strictes concernent un ouvert.

1. Un fermé, sans doute non borné.
2. Un ouvert.
3. Intersection d'un fermé et d'un ouvert, on ne sait pas conclure (sans doute rien du tout)
4. Un fermé borné, puisqu'obligatoirement on a $|x| \leq 3$ et $|y| \leq 2$: on a un compact.

Chapitre 30

Différentielle

Pour $f : \mathbb{R} \to \mathbb{R}$, l'existence de la dérivée en a permet d'écrire $f(a+h) = f(a) + hf'(a) + h\varepsilon(h)$, d'approcher la courbe représentative par une droite, la tangente en a, et d'avoir un développement limité à l'ordre 1 au voisinage de a.

La notion de différentielle, pour $f : \mathbb{R}^n \to \mathbb{R}$, va permettre une situation analogue à plusieurs variables, en introduisant une forme linéaire (application linéaire de $\mathbb{R}^n$ dans $\mathbb{R}$) appelée différentielle de f en un point.

Domaines concernés

— Avoir $f(a + \overrightarrow{h}) = f(a) + \mathcal{L}(a)(\overrightarrow{h}) + \|\overrightarrow{h}\|\varepsilon(\overrightarrow{h})$, où $\mathcal{L}(a)$ est une forme linéaire et $\overrightarrow{h}$ un « petit accroissement » autour de M_0. On dit que f est différentiable en a quand cette forme linéaire existe, et cette forme linéaire $\mathcal{L}(a)$ s'appelle différentielle de f en a et se note souvent df_a.

— Pouvoir écrire $f(a_1 + h_1, \cdots, a_n + h_n) = f(a_1, \cdots, a_n) + A_1h_1 + \cdots + A_nh_n + \|h\|\varepsilon(h)$, et savoir calculer les réels $A_1, A_2, \cdots, A_n$, à savoir avoir un développement limité à l'ordre 1 de f au voisinage de $a = (a_1, \cdots, a_n)$.

— En dimension $n = 2$, interpréter en terme de plan tangent à la surface $z = f(x, y)$ au point a.

— Les compositions ou les changements de variable au niveau de la différentielle, pour (par exemple) résoudre certaines équations aux dérivées partielles.

Résultats fondamentaux utilisables

1 - Généralités

— Si f est différentiable au point a, alors elle admet des dérivées partielles par rapport à chaque variable au point a, et on peut écrire, au voisinage de $h = 0$:

$$f(a+h) = f(a) + \sum_{k=1}^{n} h_k \frac{\partial f}{\partial x_k}(a) + \|h\|\varepsilon(h).$$

— La différentielle de f en a est la forme linéaire $(h_1, \cdots, h_n) \in \mathbb{R}^n \mapsto \sum_{k=1}^{n} h_k \frac{\partial f}{\partial x_k}(a)$.

Le réel précédemment noté A_k est en pratique la dérivée partielle en a de la fonction f par rapport à la variable x_k.

— La simple existence des dérivées partielles en a n'est pas suffisante pour impliquer que f est différentiable en a.

2 - Montrer que f est différentiable

— Quand on est en un point a où « la formule définissant f a un problème » (par exemple $f(x,y) = xy^3/(x^2+y^2)$ en $a = (0,0)$), on doit impérativement revenir à la définition pour regarder si f est différentiable ou non, à savoir :

- Calculer les dérivées partielles de f au point a. Si l'une d'elle n'existe pas, c'est fini, f n'est pas différentiable.
- Si les dérivées partielles de f existent toutes au point a, on regarde si la quantité compliquée $\dfrac{f(a+h) - f(a) - \sum_{k=1}^{n} h_k \frac{\partial f}{\partial x_k}(a)}{\|h\|}$ tend ou non vers 0 quand $h = (h_1, \cdots, h_n)$ tend vers 0. C'est en général très pénible, et se rencontre heureusement assez rarement.

— Aux points « plus normaux », on utilise la définition et la condition suffisante suivantes :

- On dit que f est de classe C^1 sur U lorsqu'elle admet des dérivées partielles $\frac{\partial f}{\partial x_1}(x), \cdots, \frac{\partial f}{\partial x_n}(x)$ en tout point $x \in U$ et que ces dérivées partielles sont continues sur U.
- Une fonction C^1 sur un ouvert U de $\mathbb{R}^n$ est différentiable en tout point de U et sa différentielle au point $a \in U$ est la forme linéaire df_a définie par :

$$h = (h_1, h_2, \cdots, h_n) \mapsto df_a(h) = h_1 \frac{\partial f}{\partial x_1}(a) + h_2 \frac{\partial f}{\partial x_2}(a) + \cdots + h_n \frac{\partial f}{\partial x_n}(a).$$

— Cette condition suffisante permet de se ramener à des calculs de dérivées partielles sur U, mais attention on doit démontrer que toutes ces dérivées partielles sont continues sur U. Ceci dit, pour une fonction sympathique $\Big($par exemple $f(x,y) = \dfrac{x\cos y + x^2y^8}{1+2x^2+5y^4}\Big)$, l'existence et la continuité des dérivées partielles est évidente d'après les théorèmes généraux (une phrase en français suffit), et f est différentiable (pour notre exemple) sur $\mathbb{R}^2$ tout entier.

3 - Autres propriétés

— Une fonction différentiable en a est continue en a. Mais, comme pour $f : \mathbb{R} \to \mathbb{R}$, la réciproque est archi-fausse !

— Au point a où f est différentiable, on a $df_a(h) = \langle \text{grad} f(a), h\rangle$, produit scalaire (le canonique de $\mathbb{R}^n$) du vecteur gradient de f en a par le vecteur h.

— On a aussi $df_a = \dfrac{\partial f}{\partial x_1}(a)dx_1 + \dfrac{\partial f}{\partial x_2}(a)dx_2 + \cdots + \dfrac{\partial f}{\partial x_n}(a)dx_n$, où dx_k est la $k$ème forme linéaire coordonnée sur $\mathbb{R}^n$, définie par $dx_k(h_1, \cdots, h_n) = h_k$.

— Si f est différentiable en a, alors elle admet une dérivée dans toute direction $\overrightarrow{u} = (u_1, \cdots, u_n)$, donnée par
$f'_{\overrightarrow{u}}(a) = \dfrac{\partial f}{\partial x_1}(a)u_1 + \dfrac{\partial f}{\partial x_2}(a)u_2 + \cdots + \dfrac{\partial f}{\partial x_n}(a)u_n = df_a(u) = \langle \text{grad} f(a), u\rangle$.
La valeur $f'_{\overrightarrow{u}}$ est simplement la valeur de la différentielle df_a en $\overrightarrow{u}$.

4 - Plan tangent à la surface $z = f(x,y)$

— Pour $n = 2$, et en représentant f par la surface d'équation $z = f(x,y)$ dans l'espace courant, si f est différentiable en (x_0, y_0), alors la surface admet au point $M_0 = (x_0, y_0, f(x_0, y_0))$ un plan tangent d'équation

$$z = f(x_0, y_0) + (x - x_0)\frac{\partial f}{\partial x}(x_0, y_0) + (y - y_0)\frac{\partial f}{\partial y}(x_0, y_0).$$

— Ce plan est celui « qui approche le mieux » la surface au voisinage du point M_0.

5 - Petites variations et calcul approché

— Si f est différentiable au point $a = (a_1, \cdots, a_n)$, et si l'on se place en un point $a + h = (a_1 + h_1, \cdots, a_n + h_n)$ où les accroissements h_i sont « petits », on peut approcher $f(a+h)$ par $f(a) + h_1\dfrac{\partial f}{\partial x_1}(a) + h_2\dfrac{\partial f}{\partial x_2}(a) + \cdots + h_n\dfrac{\partial f}{\partial x_n}(a)$, en espérant que le terme $\|h\|\varepsilon(h)$ omis est effectivement « négligeable ». Cette démarche relève du bon sens, avec des accroissements petits.

— Les physiciens notent Δx et Δy les petits accroissements des variables x et y. On a donc

$$f(x_0+\Delta x, y_0+\Delta y) \simeq f(x_0,y_0) + \Delta x\frac{\partial f}{\partial x}(x_0,y_0) + \Delta y\frac{\partial f}{\partial y}(x_0,y_0).$$

6 - Dérivation de $t \in \mathbb{R} \mapsto f\left(x_1(t), x_2(t), \cdots, x_n(t)\right)$

Soit $f : \mathbb{R}^n \to \mathbb{R}$ de classe C^1 sur un ouvert U, et $x_1(t), x_2(t)\cdots, x_n(t)$ des fonctions réelles de la variable réelle t de classe C^1 sur un intervalle $\mathcal{I}$. Alors la fonction $t \in \mathcal{I} \mapsto f[x_1(t), x_2(t), \cdots, x_n(t)] \in \mathbb{R}$ est dérivable sur $\mathcal{I}$ avec

$$\left(f[x_1(t), x_2(t), \cdots, x_n(t)]\right)'(t) = \sum_{k=1}^{n} \frac{\partial f}{\partial x_k}[x_1(t), \cdots, x_n(t)]x_k'(t).$$

7 - Différentielle de $(u,v) \mapsto f(x(u,v), y(u,v))$

— Soit f de classe C^1 sur un ouvert Ω où les variables sont notées x, y. On a deux fonctions $(u,v) \mapsto x(u,v)$ et $(u,v) \mapsto y(u,v)$ de classe C^1 définies sur un ouvert U, à valeurs réelles, telles que $(x(u,v), y(u,v)) \in \Omega$. On définit ainsi une fonction $g : U \to \mathbb{R}$ par $g(u,v) = f(x(u,v), y(u,v)$, qui est C^1 sur U. Les fonctions f et g représentent la même chose, mais écrites avec des variables différentes.

— On a alors $\dfrac{\partial g}{\partial u} = \dfrac{\partial f}{\partial x}\dfrac{\partial x}{\partial u} + \dfrac{\partial f}{\partial y}\dfrac{\partial y}{\partial u}$, $\dfrac{\partial g}{\partial v} = \dfrac{\partial f}{\partial x}\dfrac{\partial x}{\partial v} + \dfrac{\partial f}{\partial y}\dfrac{\partial y}{\partial v}$.

— Plutôt que de se planter en retenant mal ces formules, on peut procéder de la façon suivante, avec l'écriture des différentielles : on utilise quatre fois de suite la même expression formelle de la différentielle, ça va très vite :

$$\begin{array}{lll} \text{fonctions } f,\ g : & df = \dfrac{\partial f}{\partial x}dx + \dfrac{\partial f}{\partial y}dy & dg = \dfrac{\partial g}{\partial u}du + \dfrac{\partial g}{\partial v}dv \\ \text{variables } x,\ y : & dx = \dfrac{\partial x}{\partial u}du + \dfrac{\partial x}{\partial v}dv & dy = \dfrac{\partial y}{\partial u}du + \dfrac{\partial y}{\partial v}dv \end{array}$$

On remplace dx et dy dans df, et on identifie.

— Abus d'écriture : souvent, on note f et g avec la même lettre f, ce n'est pas très correct, mais vaguement tolérable ... au brouillon ou dans sa tête.

8 - Petites équations aux dérivées partielles

Si f de classe C^1 sur un ouvert $U \subset \mathbb{R}^2$ vérifie $\dfrac{\partial f}{\partial x} = 0$, elle ne dépend que de la variable y et s'écrit $f(x,y) = \phi(y)$ où ϕ est une fonction réelle de la variable réelle, de classe C^1. Idem en permutant x et y.

Ce que l'on vous demandera de montrer

- Montrer que f est différentiable, d'une façon ou d'une autre (définition, condition C^1 sur un ouvert, somme, produit, quotient...), soit en un point soit sur un ouvert.
- Ecrire un développement limité de f à l'ordre 1 au voisinage d'un point. S'en servir pour calculer des petites variations.
- Trouver le plan tangent à une surface $z = f(x, y)$ dans l'espace. Chercher des lignes de plus grande pente.
- Faire un changement de variables « x et y fonctions de u, v », calculer les dérivées partielles en x, y en fonction de celles en u, v ou inversement.
- Résoudre de petites équations aux dérivées partielles.

Les questions à se poser

- Quelle méthode utiliser pour montrer la différentiablité en un point ? Et sur un ouvert ?
- Quelles précautions à prendre pour faire des somme, produit, quotient... de fonctions différentiables, en un point ou sur un ouvert ?
- Ai-je bien montré que les dérivées partielles sont continues, entre-autre en un « point à problème », si j'utilise la condition suffisante « C^1 » ?
- Ai-je bien vérifié que mon « changement de variables $(x, y) \longleftrightarrow (u, v)$ » permet d'exprimer (x, y) en fonction de (u, v) et vice-versa, i.e. qu'il est bien bijectif et C^1 dans les deux sens, et que j'ai bien défini mes ouverts de départ et d'arrivée ?
- Ai-bien compris la signification de « $\dfrac{\partial f}{\partial y}$ est identiquement nulle sur un ouvert », véritable chausse-trappe (ou chausse-trape) de première ?
- Plus généralement, si je connais $\dfrac{\partial f}{\partial y}$ sur l'ouvert U, comment faire pour récupérer f, c'est quoi une « constante d'intégration » dans ce cas ?
- Danger ! Avec une fonction réelle de la variable réelle, C^1 sur un ouvert U, la relation « $f'(x)$ identiquement nulle sur U » implique seulement que f est constante sur chaque intervalle composante connexe de U. C'est bien pire en dimension ≥ 2, les notions de connexité sont bien plus compliquées, attention donc. Si $U = \mathbb{R}^2$, tout marche bien, heureusement.

Exercices

Exercice 1

Soit $f : (x,y) \mapsto \dfrac{xy^3}{x^2+y^2}$ pour $(x,y) \neq 0$, réutilisée dans l'exercice 2.

1. Prolonger f par continuité en $(0,0)$.
2. Montrer que f ainsi prolongée est différentiable en $(0,0)$.
3. Calculer f'_x, f'_y sur $\mathbb{R}^2$. La fonction f est-elle C^1 sur le plan ?

Exercice 2

On pose $g(x,y) = f(x,y) \times \sin\left(\dfrac{1}{x^2+y^2}\right)$ et $g(0,0) = 0$, où f est la fonction de l'exercice précédent. On réutilisera les expressions des dérivées partielles de f.

1. Montrer que g est différentiable en $(0,0)$ et donner l'expression de $dg_{(0,0)}$.
2. a) Calculer $g'_x(x,y)$ en un point (x,y) quelconque.
   b) Etudier si la dérivée partielle g'_x est continue ou non à l'origine.
3. La fonction g est-elle de classe C^1 sur le plan ?

Exercice 3

Soit $f : \mathbb{R}^2 \to \mathbb{R}$ de classe C^1 sur le plan. On « pose » $x = 3u+2v, y = u+v$ (isomorphisme C^1 de $\mathbb{R}^2$ sur lui-même) et on appelle $g : \mathbb{R}^2 \to \mathbb{R}$ la fonction de classe C^1 définie par $g(u,v) = f(x,y) = f(3u+2v, u+v)$.

1. Exprimer les dérivées partielles de g par rapport à u et v en fonction de celles de f par rapport à x et y, et vice versa. On essaiera de donner deux solutions.
2. Trouver les f telles que $3\dfrac{\partial f}{\partial x}(x,y) + \dfrac{\partial f}{\partial y}(x,y) = 0$ en tout point (x,y) du plan.

Exercice 4 [Corrigé en ligne]

Soit $f : \mathbb{R}^2 \to \mathbb{R}$ de classe C^1, S la surface $z = f(x,y)$ la représentant, et $A(x_0, y_0, f(x_0,y_0))$ un point de S où le gradient de f est le vecteur $g = (-3,4)$.

1. Calculer la dérivée de f en A suivant le vecteur $u = (\cos\theta, \sin\theta)$ où $\theta \in [0,\pi]$. On introduira un angle $\alpha \in]0,\pi/2[$ défini par son cosinus et son sinus, mais que l'on ne sait pas calculer de façon exacte.

2. Trouver, au point A, la ligne de plus grande pente (que ce soit en montant ou descendant la montagne $z = f(x, y)$).

Exercice 5 [Corrigé en ligne]

Un certain volume V est une fonction C^1 de 3 variables a, b, c.

1. a) Ecrire que V est différentiable en (a, b, c).
   b) Quelle valeur approchée de $V(a+h, b+k, c+l)$ peut-on prendre lorsque les accroissements (positifs ou non) h, k, l sont « petits » ?

   On prend maintenant simplement $V(a, b, c) = abc$ (parallélépipède rectangle).
2. a) Calculer de façon exacte $V(a+h, b+k, c+l)$ et comparer avec la valeur approchée prise en question 1.b.
   b) Donner l'expression du « reste » venant de la question 1.a, et vérifier qu'il est bien de la forme voulue par la définition de la différentiabilité en (a, b, c).
3. On prend $a = 3, b = 2, c = 5; h = 0.1, k = 0.05, l = 0.15$. Calculer la vraie valeur $V_1 = V(a+h, b+k, c+l)$ et la valeur approchée V_2 suivant la question 1.b.

Exercice 6 [Corrigé en ligne]

On définit f sur $\mathbb{R}^2$ privé de l'origine par $f(x, y) = \dfrac{2x^2 + xy^3 + 5x^6y^3}{(x^2 + y^2)^\alpha}$. On discutera suivant la valeur du réel α strictement positif.

1. Étudier la possibilité de prolonger f par continuité à l'origine. Dans les cas où l'on pense que f ne se prolonge pas par continuité en $(0, 0)$, on fera tendre le point (x, y) vers l'origine suivant des droites simples issues de O.
2. Étudier l'existence des dérivées partielles à l'origine. En déduire que pour $\alpha \geq 1/2$, il est impossible que f soit différentiable en O.
3. Étudier si f est différentiable ou non à l'origine pour $0 < \alpha < 1/2$.

Exercice 7

Soit $f : (x, y) \mapsto f(x, y) \in \mathbb{R}$ de classe C^1 sur le plan, et dont les deux dérivées partielles sont identiquement nulles. En se ramenant à une fonction réelle de la variable réelle, montrer que f est constante.

Exercice 8

La fonction $(x, y) \mapsto f(x, y)$ est de classe C^1 sur le plan. Donner l'expression générale de f dans les cas suivants

$$1 : \frac{\partial f}{\partial x} = 0 \quad ; \quad 2 : \frac{\partial f}{\partial y} = 5 \quad ; \quad 3 : \frac{\partial f}{\partial y} = 4xy + y^2 \quad ; \quad 4 : \frac{\partial f}{\partial x} = \frac{xy}{\sqrt{x^2 + 7y^2 + 1}}$$

Corrigés

Exercice 1

1. Le passage en polaires $x = r\cos t, y = r\sin t$ avec $r > 0$ et $t \in [0, 2\pi[$ donne $f(x, y) = r^2 \cos t \sin^3 t$, et donc $|f(x, y| \leq x^2 + y^2$:
   ceci montre que $\lim\limits_{(x,y)\to(0,0)} f(x, y) = 0$ et on pose $f(0, 0) = 0$ pour prolonger par continuité.
2. Comme $f(x, 0) = f(0, y)$ sont identiquement nuls (pour $x \neq 0$ et $y \neq 0$), f admet en $(0, 0)$ deux dérivées partielles nulles. La fonction sera donc différentiable à l'origine si et seulement si
   $\lim\limits_{(x,y)\to(0,0)} \dfrac{f(x, y) - f(0, 0) - 0x - 0y}{\sqrt{x^2 + y^2}} = 0$. Le passage en polaire dit que ce quotient est majoré par $r = \sqrt{x^2 + y^2}$, et tend bien vers 0. La fonction est différentiable à l'origine, avec $df_{(0,0)} = 0$ (la forme linéaire identiquement nulle sur $\mathbb{R}^2$.)
3. On a $f'_x(x, y) = -\dfrac{y^3\left(x^2 - y^2\right)}{\left(x^2 + y^2\right)^2}$ et $f'_y(x, y) = \dfrac{xy^2\left(3x^2 + y^2\right)}{\left(x^2 + y^2\right)^2}$.

Un passage en polaires dit encore une fois que $|f'_x(x, y)| \leq \sqrt{x^2 + y^2}$ et (en majorant $3x^2+y^2$ par $3(x^2+y^2)$) que $|f'_y| \leq 3\sqrt{x^2 + y^2}$. Les deux dérivées partielles tendent vers 0 quand (x, y) tend vers l'origine, et elles sont donc continues en $(0, 0)$. Les quotients et autres théorèmes généraux sur les fonctions continues disent qu'elles sont continues en tout autre point du plan, et finalement sont continues partout. La fonction f est C^1 sur le plan.

Exercice 2

1. Les fonctions $x \mapsto g(x, 0)$ et $y \mapsto g(0, y)$ sont identiquement nulles, ce qui implique que g admet des dérivées partielles en $(0, 0)$ avec $g'_x(0, 0) = g'_y(0, 0) = 0$. On notera que l'exercice précédent montre que g est continue à l'origine, comme produit de la fonction f qui tend vers 0 par une fonction bornée : le produit tend bien vers 0.
2. a) L'exercice 1 donne, en dehors de l'origine :
   $$g'_x(x, y) = -\frac{y^3\left(x^2 - y^2\right)}{\left(x^2 + y^2\right)^2} \sin\frac{1}{x^2 + y^2} - 2\frac{x^2y^3}{(x^2 + y^2)^3} \cos\frac{1}{x^2 + y^2}.$$
   b) On passe en polaire :
   - Premier terme : le passage en polaires donne $-r\cos(2\theta)\sin(1/r^2)$, après simplification par r^4. C'est le produit de r qui tend vers 0 par une quantité bornée. Ce premier terme tend vers 0 quand (x, y) tend vers l'origine.

- Second terme : le passage en polaire laisse un r au dénominateur, signe que ça va mal se passer. Pour être rigoureux, il vaut mieux regarder ce qui se passe quand le point (x, y) s'approche de l'origine :
  - En s'approchant sur les axes de coordonnées, le second terme est identiquement nul et tend donc vers 0.
  - En s'approchant sur la droite $y = x$, on obtient (aux constantes multiplicatives près) un terme en $\dfrac{1}{x}\cos(1/2x^2)$, produit d'un terme qui oscille indéfiniment entre -1 et 1 par un terme qui tend vers l'infini : ce produit ne peut pas avoir de limite quand x tend vers 0.

Finalement, la dérivée partielle g'_x n'a pas de limite quand (x, y) tend vers $(0, 0)$. Elle n'est donc pas continue à l'origine.

3. Au moins une des dérivées partielles n'est pas C^1 au voisinage de l'origine, ce qui fait que g n'est pas C^1 sur le plan ni sur aucun voisinage de l'origine. La fonction g est bien différentiable en $(0, 0)$, mais sans être C^1. La condition suffisante de différentiabilité n'est pas vérifiée, mais peu importe, g est différentiable en $(0, 0)$.

   Remarque : on a, en dimension 2, la généralisation (par exemple) du cas de la fonction réelle de la variable réelle $x \mapsto x^2 \sin(1/x^2)$ qui est dérivable sur $\mathbb{R}$ tout entier, mais dont la dérivée n'est pas continue en 0.

Exercice 3

1. a) La relation $g(u, v) = f(3u + 2v, u + v)$, en utilisant la formule directe rappelée, donne $\dfrac{\partial g}{\partial u} = \dfrac{\partial f}{\partial x}\dfrac{\partial(3u + 2v)}{\partial u} + \dfrac{\partial f}{\partial y}\dfrac{\partial(u + v)}{\partial u} = 3\dfrac{\partial f}{\partial x} + \dfrac{\partial f}{\partial y}$: à gauche, avec g, la dérivée partielle est calculée en (u, v) et à droite, les dérivées partielles sont calculées en (x, y), chose lourde à assimiler. On a de même $\dfrac{\partial g}{\partial v} = 2\dfrac{\partial f}{\partial x} + \dfrac{\partial f}{\partial y}$.

   b) Il est plus sécurisant d'écrire $dx = 3du + 2dv, dy = du + dv$ et $df = \dfrac{\partial f}{\partial x}dx + \dfrac{\partial f}{\partial y}dy$, à savoir $df = \left(3\dfrac{\partial f}{\partial x} + \dfrac{\partial f}{\partial y}\right) du + \left(2\dfrac{\partial f}{\partial x} + \dfrac{\partial f}{\partial y}\right) dv$. Là, on a l'écriture en (u, v), à savoir $\dfrac{\partial g}{\partial u}du + \dfrac{\partial g}{\partial v}dv$. On retrouve les expressions précédentes. Surtout, le risque d'erreur est nul avec cette méthode, où l'on a « $df = dg$ », du moins moralement.

   Une résolution de système donne $\dfrac{\partial f}{\partial x} = \dfrac{\partial g}{\partial u} - \dfrac{\partial g}{\partial v}$ et $\dfrac{\partial f}{\partial y} = -2\dfrac{\partial g}{\partial u} + 3\dfrac{\partial g}{\partial v}$.

2. On a $0 = 3\dfrac{\partial f}{\partial x} + \dfrac{\partial f}{\partial y} = \dfrac{\partial g}{\partial u}$. La fonction g ne dépend pas de u, puisque sa dérivée partielle en u est identiquement nulle. On a donc $g(u, v) = \phi(v)$ uniquement, où ϕ est une fonction réelle de la variable réelle de classe C^1.

   Finalement $f(x, y) = \phi(v) = \phi(-x + 3y)$, puisque $u = x - 2y$ et $v = -x + 3y$.

Exercice 7

Soit $A(a, b)$ un point quelconque : on va montrer que $f(a, b) = f(0, 0)$, ce qui dira que f est constante. Considérons la fonction réelle de la variable réelle g définie par $g(t) = f(ta, tb)$ (surtout pour $t \in [0, 1]$). Les résultats du cours disent que g est dérivable sur $\mathbb{R}$ avec $g'(t) = x'(t)f'_x(x(t), y(t)) + y'(t)f'_y(x(t), y(t)) = af'_x(ta, tb) + bf'_y(ta, tb) = 0$. La fonction g est donc constante sur le segment $[0, 1]$, ce qui se traduit par $f(a, b) = g(1) = g(0) = f(0, 0)$.

Exercice 8

1. La fonction f ne dépend pas de la variable x, puisque sa dérivée partielle en x est nulle. On a donc $f(x, y) = \psi(y)$ où ψ est une fonction réelle de la variable réelle de classe C^1. En langage imagé : f est constante en x, i.e. cette constante dépend uniquement de y.
2. On récupère $f(x, y)$ en intégrant en y, et donc avec une constante dépendant de x : $f(x, y) = 5y + \psi(x)$.
3. Même principe, et $f(x, y) = 2xy^2 + y^3/3 + \psi(x)$.
4. Même principe, et $f(x, y) = y\sqrt{x^2 + 7y^2 + 1} + \psi(y)$.

Attention : ce raisonnement simpliste marche car nous sommes sur le plan tout entier. Si on était sur un ouvert très tordu, il pourrait tomber à l'eau. On a au moins besoin d'être sur un ouvert connexe par arcs. Cette remarque est aussi valable pour l'exercice 7.

Chapitre 31

$\mathbb{R}^n \to \mathbb{R}$, $\dfrac{\partial^2 f}{\partial x_i \partial x_j}$, formule de Taylor, extrema

On passe maintenant aux dérivées partielles secondes, avec le théorème assurant l'égalité $\dfrac{\partial^2 f}{\partial x_i \partial x_j} = \dfrac{\partial^2 f}{\partial x_j \partial x_i}$, puis on se limite très vite à $n = 2$, pour la formule de Taylor et les extrema des fonctions réelles de deux variables.

Attention, le terme abrégé « extremum » désigne un extremum local, et pas nécessairement un extremum absolu (minimum ou maximum de f sur son domaine de définition).

Domaines concernés

— Dérivées secondes, formule de Taylor et développement limité à l'ordre 2.

— Utilisation éventuelle des formules de développement limité en une variable, pour simplifier les calculs de DL en deux variables.

— Utilisation, en sens inverse, du DL à l'ordre deux pour trouver les valeurs numériques des dérivées partielles secondes en un point donné.

— Extrema d'une fonction $(x, y) \mapsto f(x, y)$ et visualisation sur la surface représentative $z = f(x, y)$ dans l'espace ordinaire de dimension 3. Cette recherche d'extrema se fait sur un ouvert en (x, y) mais aussi éventuellement sur le « bord » de cet ouvert, en se ramenant à une fonction d'une seule variable.

— Application des extrema à l'optimisation de certaines contraintes (volumes ...)

Résultats fondamentaux [Taylor]

1 - Dérivées partielles secondes

— [Lemme de Schwarz] : pour une fonction f définie sur un ouvert U, et dont toutes les dérivées partielles d'ordre 1 et 2 existent et sont continues en tout point de U, alors on a $\dfrac{\partial^2 f}{\partial x_j \partial x_k}(M) = \dfrac{\partial^2 f}{\partial x_k \partial x_j}(M)$ en tout point M de U, et ceci pour tous indices $i \neq j$. On dit que f est de classe C^2 sur U. Peu importe que l'on dérive d'abord en x_j puis en x_k ou le contraire, le résultat est le même.

— Pour une fonction $(x, y) \mapsto f(x, y)$ de classe C^2, il y a seulement trois dérivées partielles secondes à calculer, $\dfrac{\partial^2 f}{\partial x^2}$ et $\dfrac{\partial^2 f}{\partial y^2}$ « en carrés » et $\dfrac{\partial^2 f}{\partial x \partial y}$ « en rectangle ». Pour une fonction $(x, y, z) \mapsto f(x, y, z)$ de classe C^2, il y a seulement six dérivées partielles secondes à calculer, les trois dérivées $\dfrac{\partial^2 f}{\partial x^2}$, $\dfrac{\partial^2 f}{\partial y^2}$ et $\dfrac{\partial^2 f}{\partial z^2}$ « en carré » et les dérivées $\dfrac{\partial^2 f}{\partial x \partial y}$, $\dfrac{\partial^2 f}{\partial y \partial z}$ et $\dfrac{\partial^2 f}{\partial z \partial x}$ « en rectangle ».

— Pour $f : \mathbb{R}^2 \to \mathbb{R}$ de classe C^2, on a (dérivation en t) :

$$\Big[f(x_0 + th, y_0 + tk)\Big]'' =$$

$$h^2 \frac{\partial^2 f}{\partial x^2}(x_0 + th, y_0 + tk) + 2hk \frac{\partial^2 f}{\partial x \partial y}(x_0 + th, y_0 + tk) + k^2 \frac{\partial^2 f}{\partial y^2}(x_0 + th, y_0 + tk).$$

2 - Formule de Taylor à l'ordre 2 en dimension 2

— Formule exacte de Taylor-Lagrange : Il existe un point c du segment joignant (x_0, y_0) à $(x_0 + h, y_0 + k)$ tel que $f(x_0 + h, y_0 + k) =$

$$f(x_0, y_0) + h\frac{\partial f}{\partial x}(x_0, y_0) + k\frac{\partial f}{\partial y}(x_0, y_0) + \frac{1}{2}\left(h^2 \frac{\partial^2 f}{\partial x^2}(c) + 2hk \frac{\partial^2 f}{\partial x \partial y}(c) + k^2 \frac{\partial^2 f}{\partial y^2}(c)\right).$$

— Formule en développement limité à l'ordre 2 :

$$f(x_0 + h, y_0 + k) = f(x_0, y_0) + h\frac{\partial f}{\partial x}(x_0, y_0) + k\frac{\partial f}{\partial y}(x_0, y_0) +$$

$$\frac{1}{2}\left(h^2 \frac{\partial^2 f}{\partial x^2}(x_0, y_0) + 2hk \frac{\partial^2 f}{\partial x \partial y}(x_0, y_0) + k^2 \frac{\partial^2 f}{\partial y^2}(x_0, y_0)\right) + (h^2 + k^2)\varepsilon(h, k).$$

— Mais cette formule théorique (qui sert entre-autre pour identifier les extrema de f) sert assez peu pour faire des calculs de DL. Pour faire des développements limités, les formules basiques en dimension 1 permettent presque toujours de conclure.

— Cette formule fait apparaître le terme

$$H(h, k) = h^2 \frac{\partial^2 f}{\partial x^2}(x_0, y_0) + 2hk \frac{\partial^2 f}{\partial x \partial y}(x_0, y_0) + k^2 \frac{\partial^2 f}{\partial y^2}(x_0, y_0)$$

que l'on considérera comme une forme quadratique de $\mathbb{R}^2$ en (h,k) ou tout bêtement comme un polynôme du second degré avec le signe de son discriminant, cela revient au même en dimension 2.

Résultats fondamentaux [extrema sur un ouvert]

- [Condition nécessaire] : la fonction f ne peut présenter un maximum/minimum en (x_0,y_0) que s'il s'agit d'un point critique, à savoir $\dfrac{\partial f}{\partial x}(x_0,y_0) = \dfrac{\partial f}{\partial y}(x_0,y_0) = 0$.
- La nature d'un point critique (extremum ou non) dépend de la nature de la forme quadratique/trinôme $H(h,k)$ définie ci-dessus puisqu'au voisinage de (x_0,y_0), on a $f(x_0+h,y_0+k) - f(x_0,y_0) = \dfrac{1}{2}H(h,k) + (h^2+k^2)\varepsilon(h,k)$.
- on note souvent, en un point critique (x_0,y_0) :
$$r = \frac{\partial^2 f}{\partial x^2}(x_0,y_0)\ ,\ s = \frac{\partial^2 f}{\partial x \partial y}(x_0,y_0)\ ,\ t = \frac{\partial^2 f}{\partial y^2}(x_0,y_0)$$
- En un point critique, si $s^2 - rt$ est strictement négatif, ce qui revient à dire que les valeurs propres de la matrice de H sont de même signe (ou plus simplement que le trinôme $rh^2 + 2shk + tk^2$ a un discriminant négatif), alors f présente un extremum local en (x_0,y_0).
Si $s^2 - rt < 0$ avec $r < 0$, alors f présente un maximum local.
Si $s^2 - rt < 0$ avec $r > 0$, alors f présente un minimum local.
- En un point critique, si $s^2 - rt$ est strictement positif, ce qui revient à dire que les valeurs propres de la matrice de H sont de signes opposés (ou plus simplement que le trinôme $rh^2 + 2shk + tk^2$ a un discriminant positif et change donc de signe), tout voisinage de (x_0,y_0) contient des points où $f(x,y) > f(x_0,y_0)$ et des points où $f(x,y) < f(x_0,y_0)$. La fonction ne présente pas d'extremum en (x_0,y_0) (dessin de gauche pour $f(x,y) = x^2 - y^2$, avec le plan tangent à l'origine).

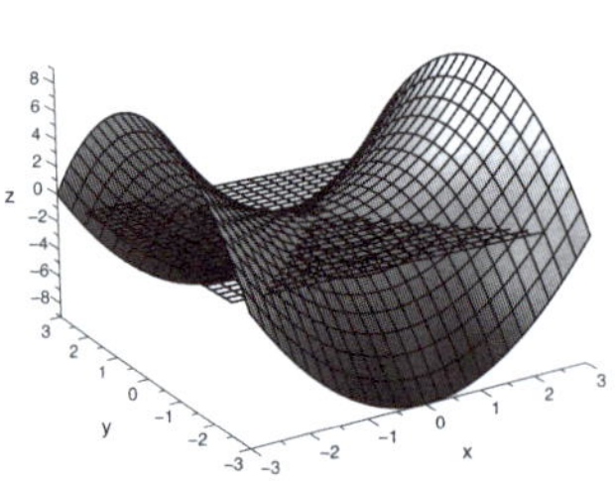

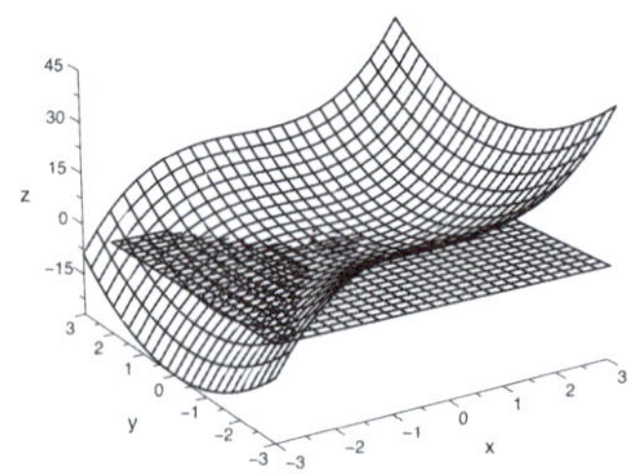

- En un point critique, si $s^2 - rt = 0$, on ne peut pas conclure directement, il faut travailler plus. Pour montrer qu'il n'y a pas d'extremum en (x_0,y_0), l'idée générale est de trouver une droite passant par ce point et sur laquelle on a $f(x,y) >$

$f(x_0, y_0)$ et une autre sur laquelle on a $f(x, y) < f(x_0, y_0)$ (dessin de droite pour $f(x, y) = x^3 + 2y^2$, avec le plan tangent à l'origine).

Résultats [extrema sur un compact]

- Soit f continue sur un compact K de $\mathbb{R}^2$. L'image de K par f est un compact de $\mathbb{R}$. La fonction présente un minimum absolu et un maximum absolu sur K. Elle peut aussi présenter des extrema locaux.
- Plaçons-nous dans le cas où K est défini par des conditions simples : un rectangle, un triangle... C'est la réunion d'un ouvert U (sur lequel on suppose évidemment que f est de classe C^2) et de quelques « courbes ou segments » simples, chacun d'entre eux pouvant être paramétré par une courbe $t \mapsto (x(t), y(t))$.
- Dans l'ouvert U, on cherche les extrema éventuels par les méthodes des paragraphes précédents, via les points critiques. Sur les courbes « frontières », on doit faire l'étude d'une ou plusieurs fonctions d'une seule variable $t \mapsto f(x(t), y(t))$. On compare ensuite tous les extrema ainsi trouvés.

Ce que l'on vous demandera de montrer

- Changeons de paradigme et soyons pragmatique : on ne vous demandera jamais de philosopher sur des fonctions telles que $\dfrac{\partial f^2}{\partial x \partial y} \neq \dfrac{\partial f^2}{\partial y \partial x}$.
- Mais on vous demandera de calculer les dérivées premières et secondes de f en vue de tester les points critiques de f et de regarder s'ils correspondent à des extrema (relatifs/locaux) ou non. Pour certaines fonctions $\mathbb{R}^2 \to \mathbb{R}$, les formules de développement limité basiques des fonctions réelles de la variable réelle peuvent être extraordinairement utiles et simples, et peuvent bien simplifier les calculs de ce qui est noté r, s, t, H ci-dessus.
- Essentiellement, on vous demandera de trouver les éventuels points où f peut présenter (sur un ouvert) un extremum relatif : ce sont les points critiques. Et ensuite il vous faudra calculer r, s, t et ensuite H afin de pouvoir conclure.
- Il y a un rapport entre la nature des points critiques de f (une histoire de forme quadratique sur $\mathbb{R}^2$) et les extrema/ou non, mais on peut toujours se contenter de la notion de trinôme et du signe de son discriminant, restons simples !
- Finalement, on pourra vous demander (en fonction du théorème fondamental concernant les fonctions continues sur un compact), de trouver les extrema de f sur un tel compact. On ajoute donc l'étude d'une ou plusieurs fonctions réelles de la variable réelle C^1 sur un segment, chose bien connue et sécurisante.

Les questions à se poser

- Est-ce que je dois calculer chaque dérivée partielle première/seconde directement à partir de l'expression de f, ou bien est-ce qu'un développement limité à l'ordre 2 à partir des formules bestiales en dimension 1 ferait mieux les choses, en donnant d'un seul coup les 2+3 valeurs en question ?
- Suis-je sur un ouvert (avec la notion *restrictive mais sécurisante* de point critique suceptible d'être un extremum local) ou bien suis-je sur un compact où la notion d'extremum est plus théorique, et est plus générale que la simple théorie des points critiques, entre-autre sur le bord du domaine.
- En cas de point critique qui n'est pas en extremum local, ai-je bien compris l'allure générale de la surface, col alpin ou selle de singe ? Est-ce que je sais choisir des directions suivant lesquelles j'ai des valeurs au-dessus et en dessous du plan tangent ?
- Ai-je bien compris qu'une dérivée seconde positive signifie a priori une courbe convexe, regardant vers le haut, et donc a priori un minimum local en cas d'extremum ? Et l'analogue pour un maximum et une dérivée seconde négative ?
- Ai-je bien compris que j'ai besoin du signe de H mais aussi du signe de r (ou de t) pour les extrema ?
- N'ai-je pas fait de confusion entre le signe du discriminant du trinôme H et le signe du déterminant de la matrice de H comme forme quadratique ?
- N'ai-je pas confondu condition suffisante d'extremum avec condition nécessaire ?

Exercices

Exercice 1

On utilise $f(x, y) = xy^2$.

1. Justifier que l'origine est un point critique de f mais n'est pas un extremum.
2. Trouver tous les points critiques de f, et les étudier (extremum ou non).
3. Donner une description de la surface $z = f(x, y)$ en notant que : pour chaque $x_0 \neq 0$ fixé, le plan $x = x_0$ coupe la surface suivant une parabole $z = x_0 y^2$.

Exercice 2

Reprendre l'exercice 1 avec $f(x, y) = x^2 y^2$.

Exercice 3

1. Trouver les points critiques de $f(x, y) = xy^2 - xy + 7$ dans le plan.
2. Etudier les éventuels extrema de f sur le plan.

Exercice 4 [Corrigé et dessins en ligne]

Soit $f(x, y) = y^2 - x^3$ sur le plan.

1. Montrer que l'origine est l'unique point critique de f. Sait-on conclure directement à la nature de ce point ?
2. a) Déterminer le signe de $f(x, y)$ suivant certaines régions du plan à décrire.
   b) Expliciter ce qui se passe pour f autour de l'origine.
3. *Essayer de donner des exemples concrets de surface/situations courantes pouvant correspondre à cette équation, mathématiquement appelée selle de singe.*
4. Trouver les extrema de f sur le disque unité fermé $x^2 + y^2 \leq 1$.

Exercice 5

1. Trouver les points critiques de $f(x, y) = xy - x^2 y + 2y^2 + 1$ dans le plan.
2. Etudier les éventuels extrema de f sur le plan.
3. En se promenant sur certaines droites simples du plan, montrer que f ne peut pas présenter de minimum ou de maximum absolu.

Exercice 6

1. Etudier les extrema de $f(x, y) = x^3 + y^3 - 3xy$ sur le plan.
2. Montrer que f ne possède ni minimum absolu ni maximum absolu sur le plan.

Exercice 7 [Corrigé en ligne]

Etudier les extrema de $f(x, y) = x^4 + y^4 - 2(x - y)^2$. On donnera le développement limité à l'ordre 2 de la fonction au voisinage de chacun des points critiques.

Exercice 8

Vérifier que $(0, 0)$ est un point critique de $f : (x, y) \mapsto x^3y + 6x^6 - xy^5$, et que $s^2 - rt = 0$. En tendant vers $(0, 0)$ sur une droite et/ou une parabole bien choisie(s), montrer que f ne présente pas d'extremum à l'origine.

Exercice 9

Trouver les extrema absolus de $f(x, y) = x^2 - y^2$ sur le disque fermé de centre O et de rayon 1. On les cherchera dans le disque ouvert, puis sur le cercle unité.

Exercice 10 [Corrigé en ligne]

On va déterminer le maximum du volume d'un parallélépipède rectangle dont les sommets sont sur la sphère unité de $\mathbb{R}^3$.

1. Montrer que cela revient à chercher le maximum absolu de la fonction $(x, y) \mapsto 8xy\sqrt{1 - x^2 - y^2}$ sur l'ouvert $x > 0, y > 0, x^2 + y^2 < 1$.
2. Avant de faire les calculs, montrer que si f admet un unique point critique, c'est automatiquement là qu'est réalisé ce maximum. Trouver ce maximum.

Exercice 11

1. En utilisant les formules de DL classiques à une variable, calculer le DL à l'ordre 3 au voisinage de $(0, 0)$ de f définie par $f(x, y) = (1 + x - y)\Big/(1 + x + y)$.
2. Donner les valeurs des dérivées partielles premières et secondes en $(0, 0)$.

Exercice 12

Soit $f : (x, y) \mapsto e^{-x^2/10 - y^2/5}(2 + \sin xy)$.

1. Écrire (à l'aide des DL en dimension 1) le DL à l'ordre 2 de f au voisinage de $(0, 0)$, et en déduire les valeurs des dérivées premières et secondes de f à l'origine.
2. L'origine $(0, 0)$ réalise-t-elle un extremum local de f ?

Corrigés

Exercice 1

1. L'écriture $f(x, y) = xy^2$, expression de degré 3 de la forme $(x^2 + y^2)\varepsilon(x, y)$ signifie que f admet au voisinage de l'origine un développement limité à l'ordre 2 dont la partie principale est nulle. L'origine est bien un point critique de f, et (avec les notations de la feuille de route), on a $r = s = t = H = 0$ à l'origine. Les conditions suffisantes d'extremum/non extremum ne sont pas vérifiées, et il faut bricoler à la main. Mais on voit bien que $f(x, y) > 0$ sur le demi-plan $x > 0$ et $f(x, y) < 0$ sur le demi-plan $x < 0$. Tout voisinage de $(0, 0)$ contient des poins où $f(x, y) > f(0, 0)$ et des points où $f(x, y) < f(0, 0)$: l'origine n'est pas un extremum de f.

2. On a $f'_x(x, y) = y^2$ et $f'_y(x, y) = 2xy$. Les points critiques sont exactement les points $(x_0, 0)$ de l'axe horizontal. Regardons ce qui se passe lorsque $x_0 \neq 0$. On a encore $f(x_0, 0) = 0$ et $H(x_0, 0) = 0$, et il faut de nouveau bricoler, mais c'est facile. Pour $x_0 > 0$, on a $f(x, y) \geq 0 = f(x_0, 0)$ au voisinage de $(x_0, 0)$ et f présente en ce point un minimum relatif. Pour $x_0 < 0$, on a $f(x, y) \leq 0 = f(x_0, 0)$ au voisinage de $(x_0, 0)$ et f présente en ce point un maximum relatif.

   En résumé, hormis l'origine, tous les points de l'axe horizontal sont des extrema relatifs, sauf l'origine qui n'en est pas un.

3. On a une famille de paraboles verticales, toutes parallèles au plan (Oy, Oz) et dont le sommet est situé sur l'axe Ox. Elles montent très vite à $+\infty$ lorsque $x_0 > 0$ est grand, puis elles s'applatissent de plus en plus quand x_0 se rapproche de 0, jusqu'à se transformer en l'axe Oy pour $x_0 = 0$. Ensuite pour $x_0 < 0$, ces paraboles regardent vers le bas et descendent de plus en plus vite vers $-\infty$ quand x_0 tend vers $-\infty$.

Exercice 2

1. Le même principe de DL dit que f admet au voisinage de l'origine un DL dont la partie pricipale est nulle, i.e. que $(0, 0)$ est un point critique avec $H(0, 0) = 0$. Mais, évidemment $f(x, y) \geq 0$ partout et donc $f(x, y) \geq f(0, 0)$ partout dans le plan : l'origine réalise le minimum absolu de f sur le plan.

2. On a $f'_x(x, y) = 2xy$, $f'_y(x, y) = 2yx^2$: les points critiques sont les points des deux axes de coordonnée. En un tel point, on a $f(x_0, y_0) = 0$, et $f(x, y) \geq f(x_0, y_0)$ partout. Tous les points critiques réalisent le minimum absolu de f sur le plan !

3. On a la même idée d'une famille de paraboles qui viennent s'écraser sur l'axe Oy quand x_0 tend vers 0, mais elles regardent toutes vers le haut grâce au x_0^2.

Exercice 3

1. On a $f'_x = y^2 - y = y(y-1)$ et $f'_y = 2xy - x = x(2y-1)$. La possibilité $y = 0$ donne $x = 0$; la possibilité $y = 1$ donne $x = 0$ et la possibilité $y = 1/2$ ne donne rien du tout ! Il y a donc 2 points critiques : $(0, 0)$ et $(0, 1)$.
2. Le calcul des dérivées partielles secondes donne $r = 0, s = 2y-1, t = 2x$ et finalement $H = (2y-1)^2$. Comme H est strictement positif aux points critiques, aucun d'eux n'est un extremum relatif.

Exercice 5

1. On a $f'_x = y(1-2x), f'_y = x - x^2 + 4y$. La première possibilité est avec $y = 0$, qui donne les deux points $(0, 0)$ et $(1, 0)$. La seconde possibilité est avec $x = 1/2$, qui donne le point $(1/2, -1/16)$. Il y a 3 points critiques.
2. On a $r = -2y$, $s = 1 - 2x$ et $t = 4$, soit $H(x, y) = (2x-1)^2 + 8y$.
   - Points critiques $(0, 0)$ et $(1, 0)$: on a $H = 1$, et donc pas d'extremum.
   - Point critique $(1/2, -1/16)$: on a $H = -1/2$, qui est négatif. Il y a donc un extremum en $(1/2, -1/16)$. Comme r (ou bien t) est positif, il s'agit d'un minimum relatif (local) de valeur $f(1/2, -1/16) = 127/128$.
3. On a $f(1, y) = 2y^2 + 1$, qui tend vers $+\infty$ quand y tend vers l'infini : f ne peut donc pas admettre de maximum absolu sur le plan. On a $f(x, x) = -x^3 + 2x^2 + 1$, qui tend vers $-\infty$ quand x tend vers $+\infty$: f ne peut donc pas admettre de minimum absolu sur le plan. L'unique extremum trouvé est donc purement local.

Exercice 6

1. On a $f'_x = 3(x^2 - y)$ et $f'_y = 3(y^2 - x)$. En un point critique, on a $y = x^2$ et $x = y^2$, soit $x = x^4$ et donc $x = 0$ ou $x = 1$. Il y a deux points critiques $(0, 0)$ et $(1, 1)$.

   Les dérivées partielles secondes sont données (à un coefficient 3 près simplifié) par $r = 2x$, $s = -1$, $t = 2y$ et nous avons $H = s^2 - rt = 1 - 4xy$. À l'origine, $s^2 - rt = 1$: il y a donc un point de selle, et pas d'extremum. En $(1, 1)$, on a $s^2 - rt < 0$, ce qui correspond à un extremum local. Comme $r > 0$, il s'agit d'un minimum local.
2. On a $f(x, x) = 2x^3 - 3x^2$, variant de $-\infty$ à $+\infty$ quand $x \in \mathbb{R}$. La fonction n'est ni minorée ni majorée, et ne possède aucun minimum ou maximum absolu.

Exercice 8

Inutile de faire des calculs compliqués : l'écriture de f avec les puissances élevées en x, y montre que f admet au voisinage de 0 un DL à l'ordre 2 dont la partie principale est nulle, toutes les dérivées premières et secondes sont nulles.

On a $f(x,x) = x^4(1+5x^2) > 0$ pour tout x. Le long de cette droite, on approche l'origine avec des valeurs $f(x,y)$ strictement positives. Sur la parabole $y = x^2$, on a $f(x,x^2) = x^5(1+6x-x^6)$, quantité qui change de signe au passage de l'origine. Tout voisinage de $(0,0)$ contient des points où $f(x,y) > 0$ et des points où $f(x,y) < 0$: on n'a pas d'extremum à l'origine.

Exercice 9

La fonction f est continue sur le compact, et y présente donc un minimum et un maximum absolus, qui peuvent être réalisés soit en un point intérieur soit sur le « bord », à savoir le cercle unité. Les deux processus de recherche sont différents.

1. L'étude classique des extrema sur un ouvert de $\mathbb{R}^2$ montre que f possède un unique point critique, qui est l'origine. On y a $r = 2, s = 0, t = -2$ et $s^2 - rt > 0$: l'origine est un point de selle (ou col) et n'est pas un extremum local de f.
2. Les extrema absolus de f ne sont pas dans le disque ouvert, et doivent être cherchés sur le bord, qui est le cercle unité. On le paramètre par $x = \cos t, y = \sin t$, et on étudie la fonction $t \in [0, 2\pi] \mapsto \cos^2 t - \sin^2 t = \cos 2t$. Elle présente un minimum égal à -1 pour $t = \pm\pi/2$ et un maximum égal à 1 pour $t = 0$ ou π.
3. Le minimum absolu de f sur le disque fermé vaut -1, atteint aux points $(0, \pm 1)$. Le maximum absolu vaut 1, atteint aux points $(\pm 1, 0)$. La fonction f a un minimum absolu égal à -1 sur le disque unité fermé, un maximum absolu égal à 1 sur ce disque, mais ne présente aucun extremum local à l'intérieur de ce disque. On fera cependant très attention que le minimum et le maximum local trouvés sur le cercle unité ne sont pas des extrema locaux sur le plan ! Belle différence entre le « local sur tout le plan » et le « global sur un compact ».

Exercice 11

1. $f(x,y) = (1+x-y)\left[1-(x+y)+(x+y)^2-(x+y)^3\right]+(x^2+y^2)^{3/2}\varepsilon(x,y)$ d'après le classique $1/(1+u) = 1-u+u^2-u^3+u^3\varepsilon(u)$. On ne garde que les mônomes $x^a y^b$ de degré ≤ 3 (à savoir $a+b \leq 3$). Il reste $f(x,y) = 1-2y+2xy+2y^2-2x^2y-4xy^2-2y^3+(x^2+y^2)^{3/2}\varepsilon(x,y)$
2. L'identification avec l'expression théorique donne $f'_x(0,0) = 0$, $f'_y(0,0) = -2$, $f''_{x^2}(0,0) = 0$, $f''_{xy}(0,0) = 2$, $f''_{y^2}(0,0) = 4$. Bien sûr, pour avoir ces valeurs, il suffisait d'un DL à l'ordre 2.

Chapitre 32

Applications de $\mathbb{R}^n$ dans $\mathbb{R}^p$

Une application f de $\mathbb{R}^n$ dans $\mathbb{R}^p$ associe à chaque x d'un certain domaine $D \subset \mathbb{R}^n$ le vecteur/point $(f_1(x), f_2(x), \cdots, f_p(x)) \in \mathbb{R}^p$. C'est donc la donnée de p applications de $\mathbb{R}^n$ dans $\mathbb{R}$. Elle est continue/C^1/différentiable si et seulement chaque f_k est continue/C^1/différentiable. A priori, aucun mystère, mais on exprime les choses de façon plus globale, surtout pour la différentielle.

Il y a une certaine « assimilation » entre $\mathbb{R}^q$ espace vectoriel et $\mathbb{R}^q$ espace affine, mais cela se comprend bien à chaque fois, n'ayons pas d'état d'âme trop poussé. Disons simplement que pour deux points a, x, la notation $x - a$ désignera le vecteur $\overrightarrow{ax}$, et donc que la notation $a + \overrightarrow{h}$ désignera le point $(a_1 + h_1, \cdots, a_q + h_q)$.

Domaines concernés

- Limites, continuité, mais essentiellement différentiabilité et classe C^1.
- Différentielle en un point, qui est une application linéaire de $\mathbb{R}^n$ dans $\mathbb{R}^p$, et sa matrice jacobienne qui est de dimensions $p \times n$.
- Fonctions de classe C^1, condition suffisante de différentiabilité.
- Différentielle d'une composée de fonctions, produits de matrices jacobiennes.
- Changement de variables, équations aux dérivées partielles.

Résultats fondamentaux utilisables

1 - Limites et continuité

— Dire que $f(x)$ tend vers $\ell = (\ell_1, \cdots, \ell_p)$ quand x tend vers a dans $\mathbb{R}^n$ signifie que pour tout $\varepsilon > 0$, il existe $\alpha > 0$ tel que $\|x - a\| < \alpha$ implique $\|f(x) - \ell\| < \varepsilon$. Cela équivaut à dire que pour tout $1 \leq k \leq p$, la $k$ème fonction coordonnée f_k tend vers ℓ_k quand x tend vers a. Dire que f est bornée sur D signifie que chaque f_k est bornée sur D.

— Dire que f est continue en un point $a \in \mathbb{R}^n$ signifie que chaque f_k est continue en a. L'image d'un compact K (fermé borné de $\mathbb{R}^n$) est un compact de $\mathbb{R}^p$. Cela équivaut à dire que l'image $f_i(K)$ est un fermé borné réel pour chaque $1 \leq i \leq p$. La fonction f est continue si et seulement si l'image réciproque $f^{-1}(U)$ de tout ouvert U de $\mathbb{R}^p$ est un ouvert de $\mathbb{R}^n$. Ceci équivaut à dire que, pour tout $1 \leq k \leq p$, l'image réciproque par f_k de tout intervalle ouvert réel est un ouvert de $\mathbb{R}^n$.

— L'image par une fonction continue d'une partie connexe par arcs de $\mathbb{R}^n$ est une partie connexe par arcs de $\mathbb{R}^p$.

— Un homéomorphisme d'un ouvert U de $\mathbb{R}^n$ sur un ouvert V de $\mathbb{R}^p$ est une bijection f de U sur V telle que f et f^{-1} sont continues.

— Toute application linéaire de $\mathbb{R}^n$ dans $\mathbb{R}^p$ est continue.

2 - Différentiabilité, matrice jacobienne

— f est différentiable en $a \in \mathbb{R}^n$ lorsqu'il existe une application linéaire L_a de $\mathbb{R}^n$ dans $\mathbb{R}^p$ telle que $f(a+h) = f(a) + L_a(h) + \|h\|\varepsilon(h)$ où ε est une application de $\mathbb{R}^n$ dans $\mathbb{R}^p$ vérifiant $\lim\limits_{h \to 0} \varepsilon(h) = 0$. Cette application linéaire L_a s'appelle différentielle de f au point a et se note tantôt df_a, tantôt $d_f(a)$.

— f est différentiable au point $a \in \mathbb{R}^n$ si et seulement si elle admet un développement limité à l'ordre 1 au voisinage de a.

— f est différentiable au point $a \in \mathbb{R}^n$ ssi chaque application coordonnée $f_1, \cdots, f_p$ est différentiable en a. Ceci signifie que pour tout $1 \leq k \leq p$, il existe une forme linéaire df_k sur $\mathbb{R}^n$ telle que $f_k(a+h) = f_k(a) + df_k(h) + \|h\|\varepsilon_k(h)$.

— La différentielle df_a de f en a est l'application linéaire de $\mathbb{R}^n$ dans $\mathbb{R}^p$ définie par $h \in \mathbb{R}^n \mapsto (df_1(h), df_2(h), \cdots, df_p(h)) \in \mathbb{R}^p$.

— La matrice $J_f(a)$ de la différentielle df_a de la fonction f au point a est

$$J_f(a) = \begin{pmatrix} \dfrac{\partial f_1}{\partial x_1}(a) & \dfrac{\partial f_1}{\partial x_2}(a) & \cdots & \dfrac{\partial f_1}{\partial x_n}(a) \\ \dfrac{\partial f_2}{\partial x_1}(a) & \dfrac{\partial f_2}{\partial x_2}(a) & \cdots & \dfrac{\partial f_2}{\partial x_n}(a) \\ \vdots & \vdots & \ddots & \vdots \\ \dfrac{\partial f_p}{\partial x_1}(a) & \dfrac{\partial f_p}{\partial x_2}(a) & \cdots & \dfrac{\partial f_p}{\partial x_n}(a) \end{pmatrix}$$

— Le nombre de lignes est la dimension p de l'espace d'arrivée et le nombre de colonnes est la dimension n de l'espace de départ.

3 - Condition suffisante de différentiabilité : classe C^1

— f est de classe C^1 sur un ouvert U de $\mathbb{R}^n$ lorsque ses p coordonnées $f_1, \cdots, f_p$ sont de classe C^1 sur U, à savoir lorsque toutes les dérivées partielles $\dfrac{\partial f_k}{\partial x_i}$, pour $1 \leq k \leq p$ et $1 \leq i \leq n$ existent et sont continues sur U.
— Une fonction C^1 sur un ouvert U est différentiable en chaque point de U.
— Pour montrer que f est différentiable en un point donné a, il suffit de trouver un voisinage de a où f est de classe C^1.

4 - Composition de fonctions différentiables

— Soit $u : \mathbb{R}^n \to \mathbb{R}^q$ différentiable en a et $f : \mathbb{R}^q \to \mathbb{R}^p$ différentiable en $u(a)$. Alors la composée $f \circ u$ est différentiable en a et on a $d_{f \circ u}(a) = d_f[u(a)] \circ d_u(a)$, à savoir $J_{f \circ u}(a) = J_f[u(a)] \times J_u(a)$.
— De façon plus rapide et plus courante :
— Soit $u : \mathbb{R}^n \to \mathbb{R}^q$ de classe C^1 et $f : \mathbb{R}^q \to \mathbb{R}^p$ de classe C^1. Alors la composée $f \circ u : \mathbb{R}^n \to \mathbb{R}^p$ est de classe C^1 et on a $d_{f \circ u}(a) = d_f[u(a)] \circ d_u(a)$, à savoir $J_{f \circ u}(a) = J_f[u(a)] \times J_u(a)$.

5 - Autre formulation dans $\mathbb{R}^2$: changement de variable .

— On a $f : (x, y) \in \mathbb{R}^2 \mapsto f(x, y) \in \mathbb{R}$, et on exprime x et y à l'aide de u et v, par $(u, v) \in \mathbb{R}^2 \mapsto x(u, v) \in \mathbb{R}$ et $(u, v) \in \mathbb{R}^2 \mapsto y(u, v) \in \mathbb{R}$. En fait, on se donne une application ϕ de $\mathbb{R}^2$ dans $\mathbb{R}^2$ par $(u, v) \mapsto (x(u, v), y(u, v))$.
— On note $f(x, y) = f[\phi(u, v)] = g(u, v)$, et on exprime f'_x, f'_y en fonction de g'_u, g'_v et/ou vice versa. On a $g = f \circ \phi$ soit $d_g(u, v) = d_f[x(u, v), y(u, v)] \circ d_\phi(u, v)$ ou

$$\begin{pmatrix} \dfrac{\partial g}{\partial u} & \dfrac{\partial g}{\partial v} \end{pmatrix} = \begin{pmatrix} \dfrac{\partial f}{\partial x} & \dfrac{\partial f}{\partial y} \end{pmatrix} \begin{pmatrix} \dfrac{\partial x}{\partial u} & \dfrac{\partial x}{\partial v} \\ \dfrac{\partial y}{\partial u} & \dfrac{\partial y}{\partial v} \end{pmatrix}.$$

6 - Jacobien et intégrales multiples

— Quand on fait le changement de variables $(x, y) = \phi(u, v)$ dans $\displaystyle\iint_D f(x, y)dxdy$, on doit trouver le nouveau domaine d'intégration Δ en u, v et on doit remplacer « $dxdy$ » par $|J(u, v)|$, qui est la valeur absolue du déterminant $\begin{vmatrix} \dfrac{\partial x}{\partial u} & \dfrac{\partial x}{\partial v} \\ \dfrac{\partial y}{\partial u} & \dfrac{\partial y}{\partial v} \end{vmatrix}$:

$$\iint_D f(x, y)dxdy = \iint_\Delta f[\phi(u, v)] \times |J(u, v)|dudv.$$

— En polaires, on remplace donc $dxdy$ par $rdrd\theta$.

Ce que l'on vous demandera de montrer

— Ne pas oublier qu'on peut se ramener à p applications de $\mathbb{R}^n$ dans $\mathbb{R}$, le cas échéant. En particulier quand f présente un problème en un point (souvent l'origine).
— Les fonctions seront toujours C^1, et il est facile de montrer la différentiablilité.
— Calculer la matrice jacobienne, utile dans les compositions ou les changements de variable et même les intégrales multiples.
— Exprimer les dérivées partielles secondes lors de composition, assez désagréable sauf si le changement est linéaire.
— Montrer que f est un difféomorphisme (f et sa réciproque f^{-1} différentiables).
— Résoudre de petites équations aux dérivées partielles.

Les questions à se poser

— Ai-je bien compris que la différentielle est une application linéaire de $\mathbb{R}^n$ dans $\mathbb{R}^p$, représentable par la matrice jacobienne.
— Ai-je retenu la définition du difféomorphisme ?
— Pour écrire la jacobienne, comment répartir les dérivées partielles, en ligne et en colonne ? Quelle est la bonne astuce mnémotechnique pour ne pas se planter ?
— Ai-je compris qui est la différentielle d'une application linéaire ?
— Lors de la composition de fonctions, ai-je bien compris en quels points calculer chacune des différentielles/jacobiennes.
— Quand j'écris un peu légèrement $g(u,v) = f(x,y)$, ai-je compris qui est la composée de qui et par quoi, est-ce que j'écris le produit des jacobiens dans le bon ordre ?
— Si cela doit me simplifier la vie et les notations, ai-je compris que je peux, par abus de langage et de notation, noter par la même lettre f la fonction en (x,y) et celle en (u,v) ? Et en prime, que je peux le faire dans ma tête et sur mon brouillon, mais surtout pas sur ma copie ?
— Est-ce que je ne confonds pas, au niveau de la jacobienne du changement de variable, le changement $(u,v) \mapsto (x,y)$ et le changement $(x,y) \mapsto (u,v)$? Au niveau des matrices, quel est le rapport entre les jacobiennes des deux changements ?
— Est-ce que je sais rapidement retrouver la jacobienne du changement de variable en polaires ?
— Quand je fais un changement de variable dans une intégrable double, est-ce que j'ai bien pris le bon $|J(u,v)|$, et pas son inverse ?

Exercices

Exercice 1

Soient f et g de $\mathbb{R}^2$ dans $\mathbb{R}^2$ définies par $f(x,y) = (2x+3y, \sin(x+y))$ et $g(x,y) = (y^2, 3x)$.

1. Justifier rapidement que f et g sont différentiables en tout point, et écrire leurs matrices jacobiennes.
2. Justifier rapidement que $f \circ g$ est différentiable partout, et calculer de deux façons différentes sa matrice jacobienne en un point quelconque.
3. Quels sont les points du plan où la différentielle de $f \circ g$ (qui est, rappelons-le, une application linéaire de $\mathbb{R}^2$ dans lui-même) est non inversible ? On précisera en particulier la nature (ouvert, fermé, rien du tout) de cet ensemble.

Exercice 2

Soit U l'ouvert du plan défini par $0 < v < u$, dont on vérifiera avec un dessin qu'il représente $1/8$ du plan ! On définit sur U l'application $f : U \to \mathbb{R}^2$ par $f(u,v) = (2\sqrt{uv}, u+v)$. *Les variables dans U sont notées u et v.*

1. a) Justifier rapidement que f est différentiable en tout point de U et donner sa matrice jacobienne en (u,v).

   b) Montrer que df_a (qui est une application linéaire de $\mathbb{R}^2$ dans lui-même) est inversible en tout point a de U.
2. Montrer que f est une bijection de U sur un ouvert Ω que l'on précisera ; on notera x, y les coordonnées dans Ω, par clarté.
3. a) Montrer que $g = f^{-1}$ est C^1 sur Ω (f est un difféomorphisme de U sur Ω).

   b) Calculer la matrice jacobienne de g en (x,y).
4. Vérifier la relation obligatoire que l'on doit trouver entre J_f et J_g, à condition de se trouver aux bons points (quelle est cette condition sur u, v, x, y ?)

Exercice 3

Soit $f : \mathbb{R}^2 \to \mathbb{R}$ de classe C^1, et a, b, c, d quatre constantes réelles. On définit $F : \mathbb{R}^2 \to \mathbb{R}$ par $F(x,y) = f(ax+by, cx+dy)$, qui est elle-aussi de classe C^1 sur tout le plan.

1. Introduire une application $\phi : \mathbb{R}^2 \to \mathbb{R}^2$, de classe C^1, telle que $F = f \circ \phi$. On pourra introduire deux variables u, v pour simplifier les choses.
2. Quelle est la relation liant les matrices jacobiennes de F, de f et de ϕ, en des points que l'on précisera bien.

3. Exprimer les dérivées partielles de F au point (x, y) en fonction des dérivées partielles de f en des points que l'on précisera en fonction de x et y.
4. Illustrer les calculs (et les vérifier !) avec par exemple $f(u, v) = u^2 - v^2$.
5. Cette méthode par composition des jacobiens vous inspirerait-elle une quelconque réflexion par rapport à la bonne vieille méthode $df = \cdots$, $dF = \cdots$, $du = \cdots$, $dv = \cdots$, qui roule bien sans se poser de questions ?

Exercice 4 [Corrigé en ligne]

On reprend les notations de l'exercice 3, avec $F(x, y) = f(ax + by, cx + dy)$ qui ont conduit à $F'_x = af'_u + cf'_v$ et $F'_y = bf'_u + df'_v$, les calculs avec F se faisant au point (x, y) et ceux en f se faisant en $u = ax + by, v = cx + dy$.

1. En itérant ces deux résultats, exprimer $F''_{x^2}, F''_{xy}, F''_{y^2}$ à l'aide de $f''_{u^2}, f''_{uv}, f''_{v^2}$.
2. On prend $a = c = 1$, $b = k, d = -k$. Vérifier que l'équation $\dfrac{\partial^2 F}{\partial y^2} - k^2 \dfrac{\partial^2 F}{\partial x^2} = 0$ équivaut à $\dfrac{\partial^2 f}{\partial u \partial v} = 0$.
3. Résoudre cette équation aux dérivées partielles en « intégrant » sans se poser trop de questions.

Exercice 5 [Corrigé en ligne]

On pose $g(r, t) = f(x, y)$ sachant que $x = r\cos t, y = r\sin t$.

1. Ecrire de façon bien plus correcte cette réalité du changement de variable en polaires !
2. En déduire les dérivées partielles de g en fonction de celles de f et vice-versa.
3. En utilisant ce passage en polaire, résoudre l'équation $x\dfrac{\partial f}{\partial x} + y\dfrac{\partial f}{\partial y} = 0$ sur l'ouvert $\{x > 0, y > 0\}$.
4. Fabriquer une équation aux dérivées partielles « ressemblant à celle de la question 3 », et dont la solution est une fonction de la seule variable r (en polaires).

Exercice 6

Écrire les matrices jacobiennes des fonctions suivantes. On commencera par déterminer sur quel ouvert U de $\mathbb{R}^n$ la fonction f est de classe C^1.

$f_1(x, y) = \big(3x^4 + 2\sin y, x\cos y, \ln(1 + x^2 + \sin y)\big)$.

$f_2(x, y, z) = (5x - 2y, 3x + 7z)$ et $g = f_2 \circ f_1$.

$f_3(x, y) = (\sqrt{x^2 + y^2}, xy, e^{x+y})$.

Exercice 7

On va résoudre l'équation de transport : $\dfrac{\partial f}{\partial t} + k\dfrac{\partial f}{\partial x} = 0$.

1. Trouver un changement de variable $t = au + bv$, $x = cu + dv$ donnant une expression simple de $\dfrac{\partial f}{\partial t} + k\dfrac{\partial f}{\partial x}$: on notera $g(u, v) = f(x, y)$, et on fixera a et c.
2. On a le choix pour b et d : quelle est la condition à imposer à a, b, c, d pour que le changement de variable ait un sens ?
3. Montrer que f dépend uniquement de la variable $x - kt$.

Corrigés

Exercice 1

1. f et g sont clairement de classe C^1 sur le plan, leurs « composantes » étant somme, produit, composée de fonctions $\mathbb{R}^2 \to \mathbb{R}$ de classe C^1.
   On a $J_f(x,y) = \begin{pmatrix} 2 & 3 \\ \cos(x+y) & \cos(x+y) \end{pmatrix}$ et $J_b(x,y) = \begin{pmatrix} 0 & 2y \\ 3 & 0 \end{pmatrix}$: en 1ère ligne, les dérivées partielles de la « 1ère composante » et en 2ème ligne celles de la « 2ème composante ».
2. En tant que composée de deux fonctions C^1 sur le plan, $f \circ g$ l'est aussi, et est différentiable partout.
   - On peut calculer $f \circ g(x,y) = f[g(x,y)] = f(y^2, 3x) = (2y^2 + 9x, \sin(3x+y^2))$. On en déduit $J_{f \circ g}(x,y) = \begin{pmatrix} 9 & 4y \\ 3\cos(3x+y^2) & 2y\cos(3x+y^2) \end{pmatrix}$.
   - La différentielle d'une composée est le produit des différentielles, mais attention aux points où l'on fait les calculs : d_f est calculée au point $g(x,y)$.

   $J_{f \circ g}(x,y) = J_f(g(x,y)) \times J_g(x,y) = \begin{pmatrix} 2 & 3 \\ \cos(3x+y^2) & \cos(3x+y^2) \end{pmatrix} \begin{pmatrix} 0 & 2y \\ 3 & 0 \end{pmatrix}$, qui redonne heureusement la même chose.
3. Ce sont les (x,y) où $J_{f \circ g}(x,y)$ n'est pas inversible, à savoir a un déterminant nul, à savoir $y\cos(3x+y^2) = 0$. Il s'agit de la réunion de la droite $y = 0$ et des paraboles horizontales $3x + y^2 = \pi/2 + k\pi$, quand k décrit $\mathbb{Z}$. Comme la fonction $(x,y) = y\cos(3x+y^2)$ est continue sur $\mathbb{R}^2$, cet ensemble est un fermé. On a un exemple de la réunion d'une infinité de fermés (paraboles et une droite), qui reste un fermé, chose assez rare.

Exercice 2

1. a) Comme le produit uv est strictement positif sur U, la composante $2\sqrt{uv}$ est C^1 sur U, et il en va de même de la composante $u + v$: les deux composantes de f étant C^1 sur U, il en va de même de f comme application de U dans $\mathbb{R}^2$. On a $J_f(u,v) = \begin{pmatrix} \sqrt{v/u} & \sqrt{u/v} \\ 1 & 1 \end{pmatrix}$.

   b) Cela équivaut à dire que les matrices $J_f(u,v)$ sont inversibles en tout point de U, et donc à déterminant non nul. Ce déterminant vaut $\sqrt{v/u} - \sqrt{u/v}$, qui est du signe de $v/u - u/v = v^2 - u^2$, strictement négatif et donc non nul sur U.
2. On se donne $(x,y) \in \mathbb{R}^2$ (on peut se limiter au 1/4 de plan $x > 0, y > 0$ de façon évidente), et on cherche à trouver $(u,v) \in U$ tels que $f(u,v) = (x,y)$, à savoir $x = 2\sqrt{uv}, y = u + v, u > v > 0$. Comme tout est positif, la relation $x = 2\sqrt{uv}$

équivaut à $uv = x^2/4$. On est donc ramené à trouver deux réels positifs dont on connaît la somme $u + v = y$ et le produit $uv = x^2/4$, avec la condition $u > v$.

On sait que u et v sont les deux racines de l'équation $T^2 - yT + x^2/4 = 0$. Son discriminant est $\Delta = y^2 - x^2$, et on le veut strictement positif (on veut 2 racines $u \neq v$). Comme x et y sont strictement positifs, ceci a lieu si et seulement si $0 < x < y$. Et on choisit ensuite pour v la plus petite racine.

On a donc $\Omega = \{(x, y) \mid 0 < x < y\}$, qui est le 1/8 de plan analogue à U, mais au-dessus de U. On a $u = (y + \sqrt{y^2 - x^2})/2$ et $v = (y - \sqrt{y^2 - x^2})/2$.

3. a) Comme $y^2 - x^2$ est strictement positif sur Ω, les expressions de u et v en fonction de (x, y) sont de classe C^1, et l'application réciproque $(x, y) \mapsto (u, v)$ est bien de classe C^1 sur Ω.

   b) On a $g(x, y) = \Big((y + \sqrt{y^2 - x^2})/2, (y + \sqrt{y^2 - x^2})/2\Big)$,

   soit $J_g(x,y) = \dfrac{1}{2}\begin{pmatrix} -\frac{x}{\sqrt{y^2-x^2}} & 1 + \frac{y}{\sqrt{y^2-x^2}} \\ \frac{x}{\sqrt{y^2-x^2}} & 1 - \frac{y}{\sqrt{y^2-x^2}} \end{pmatrix} = \dfrac{1}{u-v}\begin{pmatrix} -\sqrt{uv} & u \\ \sqrt{uv} & -v \end{pmatrix}$,

   après remplacement de x par $2\sqrt{uv}$ et $y = u+v$, en n'oubliant pas que $\sqrt{y^2 - x^2} = \sqrt{(u-v)^2} = u - v$ puisque $u > v$ dans U.

4. f et g étant inverses l'une de l'autre, on doit avoir $J_j \times J_g = I_2$, mais à condition que les deux matrices jacobiennes soient calculées toutes les deux en (x, y) ou toutes les deux en (u, v). Cela se vérifie en (u, v), mais ce serait pareil en x, y :

$$\frac{1}{u-v}\begin{pmatrix} -\sqrt{uv} & u \\ \sqrt{uv} & -v \end{pmatrix}\begin{pmatrix} \sqrt{v/u} & \sqrt{u/v} \\ 1 & 1 \end{pmatrix} = \begin{pmatrix} \sqrt{v/u} & \sqrt{u/v} \\ 1 & 1 \end{pmatrix}\frac{1}{u-v}\begin{pmatrix} -\sqrt{uv} & u \\ \sqrt{uv} & -v \end{pmatrix} = I_2.$$

Exercice 3

1. On va « poser » $u = ax + by, v = cx + dy$, de façon à avoir $F(x, y) = f(u, v)$, ce qui est mieux écrit en $F(x, y) = f \circ \phi(x, y)$ où ϕ est l'application de $\mathbb{R}^2$ dans lui-même définie par $(x, y) \mapsto (ax + by, cx + dy)$, que l'on notera aussi (u, v). Les variables « formelles » en f sont notées (u, v) et celles en F sont notées (x, y).

2. On a $J_F(x, y) = \begin{pmatrix} \dfrac{\partial F}{\partial x} & \dfrac{\partial F}{\partial y} \end{pmatrix}$, $J_f(u, v) = \begin{pmatrix} \dfrac{\partial f}{\partial u} & \dfrac{\partial f}{\partial v} \end{pmatrix}$

   et $J_\phi(x, y) = \begin{pmatrix} \dfrac{\partial u}{\partial x} & \dfrac{\partial u}{\partial y} \\ \dfrac{\partial v}{\partial x} & \dfrac{\partial v}{\partial y} \end{pmatrix} = \begin{pmatrix} a & b \\ c & d \end{pmatrix}$.

   La relation de composition s'écrit

$$\begin{pmatrix} \dfrac{\partial F}{\partial x}(x,y) & \dfrac{\partial F}{\partial y}(x,y) \end{pmatrix} = \begin{pmatrix} \dfrac{\partial f}{\partial u}(u,v) & \dfrac{\partial f}{\partial v}(u,v) \end{pmatrix}\begin{pmatrix} \dfrac{\partial u}{\partial x} & \dfrac{\partial u}{\partial y} \\ \dfrac{\partial v}{\partial x} & \dfrac{\partial v}{\partial y} \end{pmatrix}.$$

3. On remplace u par $ax + by$, v par $cx + dy$. Il vient finalement :
$\dfrac{\partial F}{\partial x}(x, y) = a\dfrac{\partial f}{\partial u}(ax + by, cx + dy) + c\dfrac{\partial f}{\partial v}(ax + by, cx + dy)$
$\dfrac{\partial F}{\partial y}(x, y) = b\dfrac{\partial f}{\partial u}(ax + by, cx + dy) + d\dfrac{\partial f}{\partial v}(ax + by, cx + dy)$
4. On a $\dfrac{\partial f}{\partial u}(u, v) = 2u$, $\dfrac{\partial f}{\partial v}(u, v) = -2v$,
soit (en remplaçant u par $ax + by$ et v par $cx + dy$) :
$\begin{pmatrix} \dfrac{\partial f}{\partial u}(u, v) & \dfrac{\partial f}{\partial v}(u, v) \end{pmatrix} \begin{pmatrix} a & b \\ c & d \end{pmatrix} =$
$\big(2a(ax+by) - 2c(cx+dy) \quad 2b(ax+by) - 2d(cx+dy)\big)$. Par ailleurs, on a directement $F(x, y) = (ax + by)^2 - (cx + dy)^2$, et un calcul élémentaire redonne bien $F'_x(x, y) = 2a(ax + by) - 2c(cx + dy)$ et $F'_y(x, y) = 2b(ax + by) - 2d(cx + dy)$.
5. La bonne vieille méthode évoquée est plus simple et sans risque d'erreur ! Elle est privilégiée par les physiciens et autres scientifiques de terrain.

Exercice 6

1. La fonction f_1 est de classe C^1 sur $\mathbb{R}^2$, à valeurs dans $\mathbb{R}^3$. Sa différentielle en un point $(x, y) \in \mathbb{R}^2$ est une application linéaire de $\mathbb{R}^2$ dans $\mathbb{R}^3$, représentée par sa matrice jacobienne à trois lignes et deux colonnes :
$$J_1(x, y) = \begin{pmatrix} 12x^3 & 2\cos y \\ \cos y & -x \sin y \\ \dfrac{2x}{1 + x^2 + \sin y} & \dfrac{\cos y}{1 + x^2 + \sin y} \end{pmatrix}$$
2. La fonction f_2 est une application de classe C^1 de $\mathbb{R}^3$ dans $\mathbb{R}^2$. Sa matrice jacobienne est donc une matrice à deux lignes et trois colonnes : $J_2(x, y, z) = \begin{pmatrix} 5 & -2 & 0 \\ 3 & 0 & 7 \end{pmatrix}$. La fonction $g = f_2 \circ f_1$ est la composée d'une application de $\mathbb{R}^2$ dans $\mathbb{R}^3$, puis d'une application de $\mathbb{R}^3$ dans $\mathbb{R}^2$. C'est donc une application de $\mathbb{R}^2$ dans lui-même, de classe C^1 comme composée de deux telles applications. Sa différentielle au point (x, y) est la composée de $Df_1(x, y)$ et de $Df_2(f_1(x, y))$:
$$\begin{aligned} J_g(x, y) &= J_2(f_1(x, y)) \times \begin{pmatrix} 12x^3 & 2\cos y \\ \cos y & -x \sin y \\ \dfrac{2x}{1 + x^2 + \sin y} & \dfrac{\cos y}{1 + x^2 + \sin y} \end{pmatrix} \\ &= \begin{pmatrix} 5 & -2 & 0 \\ 3 & 0 & 7 \end{pmatrix} \times \begin{pmatrix} 12x^3 & 2\cos y \\ \cos y & -x \sin y \\ \dfrac{2x}{1 + x^2 + \sin y} & \dfrac{\cos y}{1 + x^2 + \sin y} \end{pmatrix} \\ &= \begin{pmatrix} 60x^3 - 2\cos y & 10\cos y + 2x \sin y \\ 36x^3 + \dfrac{14x}{1 + x^2 + \sin y} & 6\cos y + \dfrac{7\cos y}{1 + x^2 + \sin y} \end{pmatrix} \end{aligned}$$

3. La fonction f_3 est une application de classe C^1 de $\mathbb{R}^2$ privé de l'origine dans $\mathbb{R}^3$. Sa matrice jacobienne est $J_3(x,y) = \begin{pmatrix} \dfrac{x}{\sqrt{x^2+y^2}} & \dfrac{y}{\sqrt{x^2+y^2}} \\ y & x \\ e^{x+y} & e^{x+y} \end{pmatrix}$.

Exercice 7

1. On cherche $t = au + bv, x = cu + dv$ donnant une expression simple de $\dfrac{\partial f}{\partial t} + k\dfrac{\partial f}{\partial x}$.
   On a, par la méthode que l'on veut, $\dfrac{\partial g}{\partial u} = a\dfrac{\partial f}{\partial t} + c\dfrac{\partial f}{\partial x}$ et $\dfrac{\partial g}{\partial v} = b\dfrac{\partial f}{\partial t} + d\dfrac{\partial f}{\partial x}$.
   En prenant $a = 1$ et $c = k$, notre équation de transport devient $\dfrac{\partial g}{\partial u} = 0$.
2. Il faut bien sûr $ad - bc \neq 0$ pour que le changement de variable soit bijectif (et donc un automorphisme de $\mathbb{R}^2$). On fixe b et d comme on veut pour que ceci soit vrai, mais on voit plus loin qu'il faut $b - kd \neq 0$.
3. La relation $\dfrac{\partial g}{\partial u} = 0$ signifie que g ne dépend pas de la variable u, et est donc uniquement une fonction de la variable $v = \dfrac{x - kt}{d - kb}$ (d'où l'importance de $d - kb \neq 0$), i.e. de la variable $x - kt$ puisque $d - kb$ est une constante. On a $g(u,v) = \phi(v)$ où ϕ est une fonction réelle de la variable réelle de classe C^1. On a donc finalement $f(t,x) = \psi(x - kt)$ où $\psi : \mathbb{R} \to \mathbb{R}$ est C^1. La condition initiale $f(0,x) = \psi(x)$ détermine entièrement ψ.

Chapitre 33

Fonctions implicites

Soit $f : \mathbb{R}^2 \to \mathbb{R}$ de classe C^1. On peut imaginer que l'ensemble des points du plan vérifiant $f(x, y) = 0$ (s'il n'est pas vide) est une « courbe », comme l'exemple « simple » pour $f(x, y) = x^2 - y^2 - 4$. On essaye localement de se ramener à une courbe élémentaire $y = \phi(x)$ ou $x = \phi(y)$. Généralisation avec f de $\mathbb{R}^3$ dans $\mathbb{R}$.

Domaines concernés

- Ensemble $f(x, y) = 0$ ou surface $f(x, y, z) = 0$, étude locale sous la forme $y = \phi(x)$ ou $x = \phi(y)$ ou $z = \phi(x, y)$.
- Tangente en un point, plan tangent en un point.
- Développement limité au voisinage d'un point.
- Point par où passent 2 branches de la courbe.

Résultats fondamentaux utilisables

1 - Théorème des fonctions implicites :

soit f une application C^1 d'un ouvert U de $\mathbb{R}^2$, à valeurs dans $\mathbb{R}$. Soit $M_0 = (x_0, y_0) \in U$ tel que $f(x_0, y_0) = 0$ et $\dfrac{\partial f}{\partial y}(M_0) \neq 0$. Alors il existe un intervalle $\mathcal{I}$ de centre x_0, un intervalle J de centre y_0 et une unique application $x \in \mathcal{I} \mapsto y = \varphi(x) \in J$ de classe C^1 tels que $f(x, \varphi(x)) = 0$.

- On met donc localement l'équation $f(x, y) = 0$ sous la forme $y = \varphi(x)$.
- En un point M_0 où $\dfrac{\partial f}{\partial y}(M_0) = 0$, la courbe $f(x, y) = 0$ possède généralement une tangente verticale, et (penser au cas du cercle en un point à tangente verticale), on a deux solutions pour résoudre y en fonction de x (demi-cercle supérieur et demi-cercle inférieur). Il est alors impossible de résoudre sous la forme $y = \phi(x)$ au voisinage d'un point à tangente verticale.

2 - Expression de la dérivée $\varphi'(x)$

— Dans les conditions précédentes, on a $\varphi'(x) = -\dfrac{\partial f}{\partial x}(x,\varphi(x)) \Big/ \dfrac{\partial f}{\partial y}(x,\varphi(x))$.

— Inutile de retenir par cœur cette expression que l'on a une chance sur deux d'écrire à l'envers ! La fonction φ vérifie la relation $f(x,\varphi(x)) = 0$ et le théorème de dérivation des fonctions composées donne $\dfrac{\partial f}{\partial x}(x,\varphi(x)) + \varphi'(x)\dfrac{\partial f}{\partial y}(x,\varphi(x)) = 0$. On notera cependant que l'expression « explicite » de φ étant en général inconnue, l'expression de la dérivée est vraiment très compliquée.

3 - Que faire si $\dfrac{\partial f}{\partial y}(M_0) = 0$?

— Traditionnellement, on met une courbe sous la forme $y = \varphi(x)$, mais rien n'interdit de la mettre sous la forme $x = \varphi(y)$, comme par exemple la parabole couchée $x = y^2$.

— Lorsque $\dfrac{\partial f}{\partial y}(M_0) = 0$, mais $\dfrac{\partial f}{\partial x}(M_0) \neq 0$, on applique le théorème en exprimant x en fonction de y. On a $f(\varphi(y), y) = 0$ localement autour de M_0. Une dérivation donne $\dfrac{\partial f}{\partial x}(\varphi(y), y)\varphi'(y) + \dfrac{\partial f}{\partial y}(\varphi(y), y) = 0$ et l'expression de φ'.

— Le vrai souci est lorsque $M_0(x_0, y_0)$ est un point critique de f, là où les deux dérivées partielles sont nulles. A priori, on ne peut pas appliquer le théorème : il passe sans doute deux branches de la courbe en M_0.

4 - Tangente en un point d'une courbe implicite

— En M_0 où $\dfrac{\partial f}{\partial y}(M_0) \neq 0$, l'équation de la tangente est $y - y_0 = (x - x_0)\varphi'(x_0)$, à savoir $(x - x_0)\dfrac{\partial f}{\partial x}(M_0) + (y - y_0)\dfrac{\partial f}{\partial y}(M_0) = 0$. Cette équation est aussi valable si $\dfrac{\partial f}{\partial y}(M_0) = 0$ mais $\dfrac{\partial f}{\partial x}(M_0) \neq 0$.

— Cette relation traduit que le vecteur courant $\overrightarrow{M_0M}$ de la tangente en M_0 à la courbe est perpendiculaire au gradient $\left(\dfrac{\partial f}{\partial x}(M_0), \dfrac{\partial f}{\partial y}(M_0)\right)$:

— Si M_0 n'est pas un point critique de f, la courbe implicite $f(x,y) = 0$ admet en M_0 une tangente qui est la perpendiculaire en M_0 au gradient de f. Son équation est $(x - x_0)\dfrac{\partial f}{\partial x}(M_0) + (y - y_0)\dfrac{\partial f}{\partial y}(M_0) = 0$.

5 - Plan tangent en un point d'une surface implicite

— En point $M_0(x_0, y_0, z_0)$ non critique de la surface implicite $f(x, y, z) = 0$, la surface admet un plan tangent d'équation $(x-x_0)\dfrac{\partial f}{\partial x}(M_0)+(y-y_0)\dfrac{\partial f}{\partial y}(M_0)+(z-z_0)\dfrac{\partial f}{\partial z}(M_0) = 0$, qui est tout simplement le plan perpendiculaire en M_0 au gradient de f en M_0.

6 - Développement limité de $y = \varphi(x)$

— La relation $\dfrac{\partial f}{\partial x}(x, \varphi(x))+\varphi'(x)\dfrac{\partial f}{\partial y}(x, \varphi(x)) = 0$ se dérive et donne une expression [compliquée] de $\varphi''(x)$ au voisinage de (x_0, y_0). En itérant, on peut calculer les dérivées successives de φ et écrire le DL de $y = \varphi(x)$ au voisinage de x_0.

— Il y a une méthode éventuellement plus rapide : on pose $y = a_0 + a_1(x - x_0) + \cdots + a_n(x - x_0)^n + (x - x_0)^n\varepsilon(x)$, on remplace dans $f(x, y) = 0$ et on écrit que le polynôme de degré $\leq n$ ainsi obtenu est identiquement nul, ce qui permet de calculer les coefficients inconnus. C'est jouable pour $n \leq 3$, sinon c'est trop compliqué.

Ce que l'on vous demandera de montrer

— Trouver les points critiques de f, ceux où l'on ne sait pas conclure a priori que C peut se décrire localement sous la forme $y = \phi(x)$ ou $x = \phi(y)$.

— Trouver les points où C admet une tangente verticale ou horizontale.

— Calculer un DL (ordre 2) de la résolution au voisinage de (x_0, y_0) non critique. En déduire l'équation de la tangente en ce point (plan tangent avec $f(x, y, z) = 0$.)

— Essayer (mais c'est compliqué et sans garantie de succès), d'étudier C au voisinage d'un point critique : suivre les indications de l'énoncé.

Les questions à se poser

— Ai-je bien compris que le théorème des fonctions implicites ne permet en aucun cas de contruire la courbe $f(x, y) = 0$, mais permet de l'étudier au voisinage d'un point (x_0, y_0) dont on sait qu'il appartient à la courbe.

— C'est bien de trouver tous les points critiques de f, mais quels sont ceux qui m'intéressent pour une étude de $f(x, y) = 0$?

— Est-ce que trouver les points de C à tangente horizontale/verticale me permet d'avoir une meilleure idée de la courbe C ?

— En un point critique de f, il y a de grandes chances que passent deux branches de C, est-ce que je vais savoir me débrouiller ?

— Ai-je compris que dans la recherche d'un DL à l'ordre n de $y = \phi(x)$ ou $x = \phi(y)$ de la résolution de $f(x, y) = 0$, seuls les termes globalement de degré $\leq n$ en x et y importent, et que ce qui dépasse, y compris les restes de DL, ne joue aucun rôle ?

Exercices

Exercice 1

Soit $f(x, y) = e^y \sin x + y(x + 1)$.

1. Montrer que l'on peut résoudre l'équation $f(x, y) = 0$ sous la forme $y = \phi(x)$ au voisinage de $(0, 0)$.
2. Donner la valeur de $\phi'(x)$ et en déduire que ϕ est de classe C^∞.
3. Donner les valeurs de $\phi'(0)$ et $\phi''(0)$, et le DL à l'ordre 2 de ϕ à l'origine.
4. Retrouver bien plus rapidement et avec moins de risques d'erreurs ce DL.

Exercice 2 [Dessins en ligne]

Soit $f(x, y, z) = x^2 + y^2 - z^2 - 4$ et H l'ensemble (surface en bon français) des points de $\mathbb{R}^3$ vérifiant $f(x, y, z) = 0$.

1. a) Décrire l'intersection de H avec un plan horizontal (i.e. $z = k$).
   b) Décrire celle de H avec un plan vertical $x = k$ (parallèle au plan Oy, Oz).
2. Montrer que H s'obtient en faisant tourner autour de Oz une certaine courbe $\mathcal{H}$ assez bien connue et dont on donnera l'équation sous la forme $g(r, z) = 0$.
3. a) f admet-elle des points critiques situés sur H ?
   b) Montrer qu'en un point quelconque de H, la surface H admet un plan tangent et en donner son équation.

Exercice 3

Soit $f(x, y) = (x^2 + y^2)^2 - (x^2 + y^2)(x + y) + xy$, et C l'ensemble des points du plan vérifiant $f(x, y) = 0$. Le plan est divisé en 4 « quarts ouverts de plan » plus les axes de coordonnées.

1. a) Montrer qu'il existe un des quarts de plan ne contenant aucun point de C.
   b) Montrer par l'absurde que C est borné.
   c) Donner un axe de symétrie évident de C, au vu de la tête de f.
2. Donner un point critique évident de f. En partant ensuite du principe que f n'admet que deux points critiques, trouver le second *(indication : quelle relation évidente a-t-on entre les coordonnées de ce point ?)*
3. a) Montrer qu'au voisinage de $A(1, 0)$ et $B(0, 1)$ on peut caractériser C par une équation $y = \phi(x)$ ou $x = \phi(y)$.
   b) Préciser les tangentes en A et en B.

4. a) Ecrire la relation $g(r,t) = 0$ caractérisant l'appartenance du point $(r\cos t, r\sin t)$ à C (on passe donc en polaire, et on rappelle que $r > 0$ est égal à $\sqrt{x^2+y^2}$).
   b) Montrer que cette relation équivaut $r = g_1(t)$ ou $r = g_2(t)$, en précisant ces deux fonctions sur deux intervalles I_1 et I_2 pas nécessairement identiques.
5. a) En revenant en coordonnées cartésiennes, montrer que C est la réunion de deux courbes classiques dont on précisera les caractéristiques géométriques.
   b) Interpréter les deux points critiques de f.

Exercice 4 [Corrigé et dessin en ligne]

Soit $f(x,y) = x^3 + y^3 - 3xy$ et C l'ensemble des points du plan vérifiant $f(x,y) = 0$.

1. a) Donner un axe de symétrie évident de C.
   b) Trouver les points critiques de f : sont-ils sur C ?
   c) Trouver les points où l'on est sûr que C admet une tangente verticale ; puis ceux où l'on est sûr que C admet une tangente horizontale.
2. Montrer que toute droite verticale $x = x_0$ contient au moins un point de C, et de même pour toute droite horizontale $y = y_0$.
   On admet maintenant que l'équation $t^3 + pt + q = 0$ admet une unique solution réelle lorsque $4p^3 + 27q^2$ est positif, et en admet trois lorsque $4p^3 + 27q^2 < 0$.
3. a) Discuter, suivant x_0, le nombre de points de C se trouvant sur la droite verticale $x = x_0$. Qu'en est-il sur la droite horizontale $y = y_0$?
   b) Justifier que sur $]-\infty, 0[$ et sur $]\sqrt[3]{4}, +\infty[$, on peut écrire C sous la forme $y = \phi(x)$ où ϕ est C^1.
4. Les formules de Cardan montrent que si $4p^3 + 27q^2 > 0$, l'unique racine réelle de $y^3 + py + q = 0$ est donnée par (on pose $\Delta = (4p^3 + 27q^2)/27$) :
$$y = \sqrt[3]{\frac{-q+\sqrt{\Delta}}{2}} + \sqrt[3]{\frac{-q-\sqrt{\Delta}}{2}}$$
   A l'aide de plusieurs développements limités (à des ordres très faibles), montrer que la droite $y = -x - 1$ est asymptote oblique à C.
5. Impressions sans démonstration : que peut-on imaginer qu'il se passe sur $]0, \sqrt[3]{4}[$, là où une verticale coupe C en trois points ? Voir le dessin dans le corrigé.

Corrigés

Exercice 1

1. La fonction f est de classe C^1 au voisinage de $(0,0)$ et on a $f'_x(x,y) = \cos x e^y + y$, $f'_y(x,y) = \sin x e^y + x + 1$. Comme $f'_y(0,0) = 1$ est non nul, il existe une fonction $x \mapsto \phi(x)$ de classe C^1 sur un voisinage de $x = 0$ et telle que $f(x, \phi(x)) = 0$. Une dérivation en x de la relation $f(x, \phi(x)) = \sin x e^{\phi(x)} + (x+1)\phi(x) = 0$ nous donne $\cos x e^{\phi(x)} + \sin x \phi'(x) e^{\phi(x)} + \phi(x) + (x+1)\phi'(x) = 0$ soit $\phi'(0) = -1$.
2. L'expression $\phi'(x) = -\dfrac{\cos x e^{\phi(x)} + \phi(x)}{\sin x e^{\phi(x)} + x + 1}$ montre que ϕ' est de classe C^1, i.e. que ϕ est de classe C^2 et ainsi de suite : ϕ est C^∞ au voisinage de $x = 0$.
3. En dérivant la relation finale de la question 1, il vient
$\phi''(x) = \cos x \phi'(x) e^{\phi(x)} - \sin x e^{\phi(x)} + \cos x \phi'(x) e^{\phi(x)} +$
$\sin x e^{\phi(x)} [\phi''(x) + \phi'(x)] + 2\phi'(x) + \phi''(x)(x+1) = 0$ d'où l'on tire $\phi''(0) = 4$.
Le DL à l'ordre 2 de ϕ à l'origine est donc $\phi(x) = -x + 2x^2 + x^2 \varepsilon(x)$.
4. C'est simple, et on ne s'embête pas avec les restes. A l'ordre 2, on sait que $y = ax + bx^2$, on remplace dans $f(x,y) = 0$, en utilisant le DL à l'ordre 2 de l'exponentielle et celui du sinus (qui se réduit à x). On écrit que le polynôme du second degré en x ainsi obtenu est identiquement nul :
$e^{ax+bx^2} \sin x + y + xy = x(1+ax+bx^2+a^2x^2/2) + (1+x)(ax+bx^2) = x(1+a) + x^2(b+2a)$,
d'où $1 + a = 0$ et $b + 2a = 0$, soit $a = -1$ et $b = 2$, le même que ci-dessus. A l'ordre 2, on ne s'occupe pas des termes en x^3 et ultérieurs.

Exercice 2

1. a) Il s'agit du cercle horizontal $x^2 + y^2 = 4 + k^2$, situé dans le plan $z = k$. Plus $|k|$ est grand, plus le rayon $\sqrt{4 + k^2}$ de ce cercle est grand. Son rayon est minimal dans le plan horizontal et vaut 2.

   b) Il s'agit de l'hyperbole $y^2 - z^2 = 4 - k^2$.

   - Rappelons que l'hyperbole « basique » du plan Oyz est la courbe $yz = 1$, qui possède les axes de coordonnées Oy et Oz comme asymptotes et les deux bissectrices du plan Oyz comme axes de symétrie : la première bissectrice $y = z$ coupe l'hyperbole en deux points et est son axe principal. La seconde bissectrice $y = -z$ ne coupe pas l'hyperbole. Cette hyperbole basique, après rotation des axes de $\pi/4$ admet aussi comme équation $y^2 - z^2 = 1$ où l'axe Oz est axe principal ou bien (rotation de $\pi/2$) $y^2 - z^2 = -1$ où Oy est axe principal.

     L'allure de notre hyperbole intersection $y^2 - z^2 = 4 - k^2$ dépend donc de la valeur de k (en fait de $|k|$).

- Pour $k = \pm 2$, elle se réduit aux deux droites $y = \pm z$ (!).
- Pour $|k| > 2$, on est dans le cas $y^2 - z^2 = -1$.
- Pour $|k| < 2$, on est dans l'analogue de $y^2 - z^2 = 1$.

2. En passant en polaires $x = r\cos t, y = r\sin t$, il vient $r^2 - z^2 = 4$, et c'est toujours la même hyperbole, quel que soit t, hyperbole que l'on fait donc tourner autour de son axe vertical Oz, qui est son axe secondaire. Le résultat est une surface du style « tour de refroidissement d'une centrale nucléaire ou thermique », évasée en haut et en bas (si on allait loin vers l'infini en hauteur et profondeur) et « rétrécie à la taille », et surtout en un seul morceau (heureusement !)

   Dans la vie courante, on a aussi une corbeille à papier ou un coquetier d'autrefois ou un château d'eau au milieu des champs. Cette surface H est dite « réglée » car elle s'obtient mécaniquement avec des familles de droites. La construction est donc simple et solide, d'où son utilisation à une époque où la technique architecturale était moins performante que maintenant.

3. a) On a $f'_x = 2x, f'_y = 2y, f'_z = -2z$. Un point critique demande $x = y = z = 0$, ce qui n'appartient pas à H.

   b) En conséquence, au moins l'une des dérivées partielles $f'_x(M_0)$, $f'_y(M_0)$, $f'_z(M_0)$ est non nulle en chaque point de H. On peut donc toujours appliquer le théorème des fonctions implicites et écrire (au moins localement) $z = \phi(x, y)$ ou $y = \phi(x, z)$ ou $x = \phi(y, z)$.

   En un point quelconque $M_0(x_0, y_0, z_0)$ de H, la surface H admet un plan tangent d' équation $(x - x_0)f'_x(M_0) + (y - y_0)f'_y(M_0) + (z - z_0)f'_y(M_0) = 0$, soit $x_0(x - x_0) + y_0(y - y_0) - z_0(z - z_0) = 0$.

Exercice 3

1. a) Il est impossible, question de signes, que x et y soient tous les deux strictement négatifs. Le quart de plan $\{x < 0, y < 0\}$ ne contient aucun point de C.

   b) On suppose donc que C contient une suite de points (x_n, y_n) telle que $x_n^2 + y_n^2$ tende vers $+\infty$ (on utilise la norme euclidienne classique). Le relation $f(x_n, y_n) = 0$ s'écrit encore $1 - \dfrac{x_n + y_n}{x_n^2 + y_n^2} + \dfrac{x_n y_n}{(x_n^2 + y_n^2)^2} = 0$. Une évidence logique ou un passage en polaire montre que les deux fractions tendent vers 0 quand $x_n^2 + y_n^2$ tend vers l'infini, et on arrive à la contradiction $1 = 0$. Impossible.

   1.c. L'expression de f est symétrique en x et y : cela signifie géométriquement que la première bissectrice est axe de symétrie de C.

2. On a $f'_x(x, y) = 4x(x^2 + y^2) - 2x(x + y) - (x^2 + y^2) + y$ et l'analogue en f'_y, en permutant x et y. L'origine $(0, 0)$ est un point critique de f. L'origine appartient à C, mais on ne peut pas appliquer le théorème des fonctions implicites autour de l'origine : on ne peut donc même pas affirmer que $(0, 0)$ n'est pas un point isolé de C, elle pourrait être très loin du reste de C.

Si (a, b) est un autre point critique de f, il en va de même, par symétrie, de (b, a). Si $a \neq b$, cela donnerait 3 points critiques, ce qui n'est pas le cas. On doit donc chercher le second point critique en (x, x), ce qui simplifie les choses. Un report dans $f'_x(x, x)$ conduit à $(2x - 1)^2 = 0$ à savoir $(1/2, 1/2)$ comme second point critique.

3. a) Comme ce ne sont pas des points critiques, on peut appliquer le théorème des fonctions implicites à $f(x, y) = 0$, et on peut résoudre en $y = \phi(x)$ (lorsque $f'_y \neq 0$) ou $x = \phi(y)$ lorsque $f'_x \neq 0$.

   b) En $A(1, 0)$ on a $f'_y(A) = 0$ et $f'_x(A) = 1$. On peut résoudre $f(x, y) = 0$ sous la forme $x = \phi(y)$, fonction de classe C^1, et la tangente en A est verticale, d'équation $x = 1$. En B, par symétrie, c'est le contraire avec $f'_y(B) = 1$ et $f'_x(B) = 0$. On peut résoudre sous la forme $y = \phi(x)$ au voisinage de B, et la tangente en B est horizontale d'équation $y = 1$.

4. a) La relation $f(x, y) = 0$ équivaut à $r^4 - r^3(\cos t + \sin t) - r^2 \cos t \sin t = 0$, soit $r^2 - r(\cos t + \sin t) + \cos t \sin t = 0$ en dehors de l'origine.

   b) Le discriminant est $(\cos t - \sin t)^2$, et on en tire $r = g_1(t) = \cos t$ ou $r = g_2(t) = \sin t$. Comme $r > 0$, la première possibilité se fait pour $t \in]-\pi/2, \pi/2[$ seulement et la seconde possibilité se fait avec $t \in]0, \pi[$ seulement (le tout modulo 2π).

5. a) La première possibilité, après multiplication par r, équivaut à $r^2 = r \cos t$ sur $]-\pi/2, \pi/2[$, soit $x^2 + y^2 = x$, ou encore $(x - 1/2)^2 + y^2 = 1/4$, équation du cercle de centre $(1/2, 0)$ et de rayon $1/2$, qui passe bien par l'origine. La seconde équivaut à $x^2 + y^2 = y$, soit $x^2 + (y - 1/2)^2 = 1/4$, cercle de centre $(0, 1/2)$ et de rayon $1/2$, passant aussi par O. C est la réunion des deux cercles.

   b) On voit que ces cercles passent par les points critiques de f. En chacun de ces deux points, il passe deux courbes différentes, et il est normal que l'on ne puisse pas résoudre en $y = \phi(x)$ ou $x = \phi(y)$ puisqu'il y a deux choix possibles !

Chapitre 34

Equations différentielles du premier ordre

Il s'agit de trouver toutes les fonctions vérifiant une relation $p(x)y' + q(x)y = r(x)$. Cette recherche n'a de sens que sur un intervalle sur lequel $p(x)$ ne s'annule jamais. On peut donc faire la théorie, après division, sur la relation $y' = a(x)y + b(x)$, sur un intervalle où a et b sont de classe C^1.

Domaines concernés

- Résolution explicite pour trouver l'expression de $x \mapsto y(x)$.
- Unicité de la solution quand on a une donnée initiale $y_0 = y(x_0)$. Interprétation géométrique au niveau des courbes représentatives des solutions.
- Equation générale $y' = a(x)y + b(x)$ et équation sans second membre (dite homogène) $y' = a(x)y$.
- La solution générale dépend d'une constante λ.
- Applications dans nombre de domaines de la physique/chimie/médecine.

Résultats fondamentaux utilisables

1 - Principes généraux

- Sur un intervalle où a et b sont C^1, deux solutions n'ont aucun point en commun. Une condition initiale $y_0 = y(x_0)$ définit la solution de façon unique.
- La solution de l'équation homogène $y' = a(x)y$ est de la forme $y_h(x) = \lambda e^{A(x)}$ où $A(x)$ est une primitive de $a(x)$. En effet, $y_h'(x) = \lambda a(x)e^{A(x)} = a(x)y_h(x)$.

— Ceci implique qu'une solution non identiquement nulle de l'équation homogène ne s'annule jamais.
— On peut aussi écrire $y_h'/y_h = a(x)$ et intégrer via le logarithme, la démarche est correcte puisqu'on sait de façon théorique que y_h ne s'annule pas. Les valeurs absolues issues du logarithme fichent le camp dans la constante λ, puisque y_h est de signe constant (car elle est continue et ne s'annule pas). Plus clairement, dans notre contexte, $\ln|y_h(x)| = \ln|w(x)| + C$ équivaut à $y_h(x) = \lambda w(x)$ avec C et λ constantes de signes quelconques.
— Une solution particulière y_1 est une fonction vérifiant l'équation différentielle $y' = a(x)y + b(x)$, trouvée souvent « au pif » ou alors par le calcul et la méthode dite de variation de la constante.
— Si $b(x) = b_1(x) + b_2(x)$, une solution particulière de l'équation s'obtient en faisant la somme d'une solution particulière avec b_1 comme second membre et d'une solution particulière avec b_2 comme second membre.
— La solution générale de $y' = a(x)y' + b(x)$ est $y(x) = y_h(x) + y_1(x)$, somme de la solution générale de l'équation homogène et d'une solution particulière quelconque.

2 - Variation de la constante (VAC)

— Toujours commencer par calculer la solution générale de l'équation homogène, laquelle est de la forme $y_h(x) = \lambda u(x)$ avec $u(x) = e^{A(x)}$.
— On calcule alors la solution générale sous la forme $y(x) = \lambda(x)u(x)$ où $\lambda(x)$ est maintenant une fonction de x. On remplace et on arrive à $\lambda'(x) = b(x)/u(x)$, quotient qui a un sens puisque $u(x)$ ne s'annule jamais. Il reste un calcul de primitive ordinaire.
— Attention : si l'on part d'une équation initiale comme $2xy' + y = \frac{1}{1-x}$, on doit a priori faire un calcul sur $]-\infty, 0[$, puis sur $]0, 1[$ puis sur $]1, +\infty[$. La tête de la solution peut dépendre de l'intervalle sur lequel on se trouve (cf exercice).

3 - Cas particuliers de recherche de solutions particulières

— Comme dit l'autre, c'est plus facile de dériver que d'intégrer. Pour une équation $y' = ay + b(x)$ avec a constante réelle, il y a des cas particuliers de second membre $b(x)$ où l'on connaît a priori la tête d'une solution particulière. Voici les cas classiques, les lettres $\omega, \alpha, \beta, m, A, B, K$ désignent des constantes (éventuellement complexes) et P, Q des polynômes.

second membre $b(x)$ donné	solution particulière à chercher
sous la forme	sous la forme
$\alpha \cos \omega x + \beta \sin \omega x$	$A \cos \omega x + B \sin \omega x$
e^{mx} avec $m \neq a$	Ke^{mx}
$P(x)e^{mx}$ avec $m \neq a$	$Q(x)e^{mx}$ où degré(Q)=degré(P)
$P(x)e^{ax}$	$Q(x)e^{ax}$ où degré(Q)=1+degré(P)

4 - Série entière

On peut chercher s'il existe une solution particulière développable en série entière au voisinage de 0. On pose $y(x) = \sum_{n=0}^{+\infty} a_n x^n$, on dérive, on remplace, on développe le second membre en série entière et on identifie les coefficients à gauche et à droite. Ça peut marcher, mais c'est lourd.

Ce que l'on vous demandera de montrer

— Résoudre une équation différentielle, ce qui sous-entend de trouver sur quel(s) intervalle(s) on peut se ramener à la forme $y' = a(x)y + b(x)$ avec a et b de classe C^1. On doit alors les préciser.

— Trouver la solution de l'équation homogène, dans tous les cas : elle dépend d'une constante λ.

— Trouver, si possible directement au pif une solution particulière : dans ce cas, faire la somme de la solution générale et de la solution particulière.

— Sinon faire la variation de la constante pour déterminer d'un seul coup la solution générale, dépendant d'une constante. Le choix de la méthode sera laissé libre.

— Trouver la solution (unique) vérifiant $y(x_0) = y_0$, avec x_0 et y_0 donnés.

— Interpréter une expérience physique/chimique/médicale en la modélisant par une équation différentielle du 1er ordre ; résoudre et interpréter les variations de la solution : par exemple, radio-activité, décharge d'un condensateur, dilution d'une molécule dans le sang.

Les questions à se poser

— Ai-je fait le tour des allures de certaines solutions particulières et des techniques permettant de les calculer ?

— Les différents intervalles où je sais faire la résolution vont-ils m'obliger à faire plusieurs fois le même calcul un peu formel ?

— Ne pas faire de blague en allant trop rapidement avec certaines valeurs absolues.

— Ai-je bien compris que si j'ai la même expression des solutions sur plusieurs intervalles, il n'y a pas de moyen (en général) de les « relier entre elles ».

— Ai-bien compris que la solution de l'équation homogène ne peut pas s'annuler sur l'intervalle de travail, mais qu'une solution de l'équation complète peut très bien s'annuler.

— Ai-je bien compris que le taux de variation d'une concentration, ou charge électrique... passe à la limite en la dérivée de cette concentration ? Ai-je bien saisi la notion de demi-période de la radio-activité ou autre ?

Exercices

Exercice 1

Résoudre les équations différentielles suivantes. On précisera à chaque fois le ou les intervalles où le calcul a un sens. On pourra soit trouver une solution particulière évidente à l'œil (ou par astuce), soit utiliser la variation de la constante.

$$\begin{array}{llllll}(1) & y' - 3y = 6 & (2) & y' - 3y = e^x & (3) & y' - 3y = 12 - 4e^x \\ (4) & 2y' + 4y = 5 & (5) & 2xy' + 3y = 7 & (6) & y' \cos x - y \sin x = 1 \\ (7) & xy' + y = 3 & (8) & y' - 3y = 6e^{3x} & (9) & x(x-1)y' + (2x-1)y = 1\end{array}$$

Exercice 2

1. Trouver la solution générale de $(x^2+1)y' + xy = 5x$ en utilisant la VAC.
2. Pouvait-on procéder plus rapidement ?
3. Reprendre l'exercice avec $(x^2+1)y' - xy = 5x$.

Exercice 3

Résoudre l'équation $y' - y = -5x \sin x + x \cos x + 3 \sin x$, en partant de la tête *d'une solution particulière.*

Exercice 4

1. Résoudre $2xy' + y = 0$ sur $]0, +\infty[$.
2. Trouver, sur $]0, 1[\cup]1, +\infty[$, la solution générale de $2xy' + y = \dfrac{1}{1-x}$.
3. Reprendre les mêmes questions sur $]-\infty, 0[$. On fera attention à l'expression de x en fonction de $\sqrt{-x}$, puisque x est négatif.

Exercice 5

Cet exercice est indépendant du précédent.

1. Montrer directement que l'équation $2xy' + y = 1/(1-x)$ admet une solution particulière f développable en série entière sur $]-1, 1[$.
2. En se reportant aux développements classiques en série entières, donner l'expression de f séparément sur $]-1, 0[$ et sur $]0, 1[$.
3. Que faut-il faire au final, une fois cette série trouvée et identifiée ?

Exercice 6

1. Vérifier que les deux fonctions définies par $f(x) = \sin x + 2\cos x$ et $g(x) = \sin x + 3\cos x$ sont solutions sur $\mathbb{R}$ de l'équation différentielle $y' \cos x + y \sin x = 1$.
2. Les courbes représentatives de ces deux fonctions se coupent aux points $\pi/2 + k\pi$: expliquez cette apparente contradiction avec le théorème d'unicité affirmant que deux solutions ne se coupent jamais.

Exercice 7 [Corrigé et Complément en ligne]

Un parachutiste des SAS de Sa Majesté se laisse tomber d'un ballon immobile situé à une altitude H. Sa chute s'effectue donc suivant un axe vertical, que l'on orientera vers le bas, l'origine étant le ballon. Sa vitesse à l'instant t depuis le départ vérifie l'équation différentielle $v'(t) = 32 - v(t)^2/8$ avec $v(0) = 0$, l'unité de distance étant le pied, la vitesse étant donc en pied/seconde (noté ft/s).

1. Trouver une solution particulière très simple de $v' = 32 - v^2/8$.
2. a) On pose $v(t) = 16 + 1/z(t)$. Former l'équation différentielle vérifiée par $z(t)$.
   b) Donner la solution générale de cette équation différentielle.
3. a) Sachant que $v(0) = 0$, donner l'expression de $v(t)$ pour $t > 0$.
   b) Montrer que $v(t)$ reste inférieure à une valeur limite qui ne sera jamais atteinte.
   c) Au bout de combien de temps sa vitesse sera-t-elle à 0.1 ft/s de cette limite ?
4. Calculer la distance $h(t)$ parcourue à la verticale depuis le temps $t = 0$.
5. Sachant que le parachutiste se pose au bout d'une minute, que vaut H ?
6. Expliquer physiquement pourquoi la vitesse ne peut pas dépasser la valeur limite 16 ft/s trouvée à la fois en question 3.b et en question 1.
7. Question complémentaire en ligne.

Exercice 8 [Corrigé en ligne]

La concentration dans le sang d'un médicament injecté diminue avec le temps, et sa vitesse de diminution est proportionnelle à la concentration.

1. Former l'équation différentielle dont la concentration $q(t)$ est solution : on introduira une constante k positive.
2. Donner la valeur de $q(t)$ au temps t sachant que la concentration initiale en $t = 0$ est q_0 connue.
3. Au bout de 3 heures la concentration a diminué de moitié : donner la valeur de k.
4. Que fait la concentration entre les temps t et $t + 3$, quelle que soit la valeur de t ?

Corrigés

Exercice 1

1. La solution de l'équation homogène $y' = 3y$ est $y = \lambda e^{3x}$, et $y_1 = -2$ est une solution particulière. On a $y(x) = -2 + \lambda e^{3x}$.
2. L'équation homogène donne $y_h = \lambda e^{3x}$. Là, il y a deux façons de procéder :
   - La VAC, en cherchant $y(x) = \lambda(x)e^{3x}$, qui donne $\lambda'(x)e^{3x} = e^x$, ou encore $\lambda'(x) = e^{-2x}$ et $\lambda(x) = C - e^{-2x}/2$, et finalement $y(x) = Ce^{3x} - e^x/2$.
   - Au vu de la tête de l'équation, il y a de fortes chances que $y(x) = Ae^x$ (avec A constante) soit une solution. Le remplacement donne $-2Ae^x = e^x$ et donc $A = -1/2$: on a une solution particulière $y_1(x) = -e^x/2$.
3. On se ramène aux équations (1) et (2), avec un second membre $b(x) = 2b_1(x) - 4b_4(x)$: une solution particulière est donc $y_1(x) = 2(-2) - 4(-e^x/2) = -4 + 2e^x$ et la solution générale est $y(x) = \lambda e^{3x} - 4 + 2e^x$.
4. Même principe que pour 1 et 2 : $y(x) = 5/4 + \lambda e^{-2x}$.
5. L'équation a un sens sur $]-\infty, 0[$ et sur $]0, +\infty[$, si l'on veut appliquer les prinipes et théorèmes d'existence et unicité. L'équation homogène est $y'/y = x(-3/2)$ qui s'intègre (sur chaque intervalle) en $\ln|y| = -\frac{3}{2}\ln|x| + C = \ln(1/\sqrt{|x|^3}) + C$, et finalement $y_h(x) = \lambda/\sqrt{|x|^3}$. sur chaque intervalle. Attention en enlevant la valeur absolue : sur $]0, +\infty[$ on a $y_h(x) = \lambda_1/\sqrt{x^3} = \lambda_1/(x\sqrt{x})$; sur $]-\infty, 0[$, on a $y_h(x) = \lambda_2/(x\sqrt{-x})$. Heureusement, $y_1 = 7/3$ est solution particulière évidente, et on l'ajoute à y_h pour avoir la solution générale.
6. Cette équation se ramène au cadre général sur chaque intervalle $]-\pi/2+k\pi, \pi/2+k\pi[$ où l'on peut diviser par $\cos x$ qui ne s'annule pas. L'équation homgène se ramène à $y'/y = \sin x/\cos x$ et s'intègre (attention au signe – un peu vicieux) en $\ln|y| = -\ln|\cos x| + C$, soit finalement $y_h(x) = \lambda/\cos x$, le tout sur chaque intervalle indiqué seulement, pas globalement sur $\mathbb{R}$.

   Pas évident de trouver une solution particulière au pif, on fait la VAC $y(x) = \lambda(x)/\cos x$, qui conduit (après remplacement) à $\lambda' = 1$, soit $\lambda = x + C$. La solution générale est $y(x) = C/\cos x + x/\cos x$, qui fait apparaître une solution particulière pas évidente, $y_1 = x/\cos x$.
7. L'équation a un sens sur $]-\infty, 0[$ et sur $]0, +\infty[$, si l'on veut appliquer les prinipes et théorèmes d'existence et unicité. Le calcul est formel, et on n'a pas besoin de distinguer les intervalle. Sur chacun, l'équation homogène est $y'/y = -1/x$, qui s'intègre en $\ln|y| = -\ln|x| + C = \ln|1/x| + C$, soit bien mieux $y = \lambda/x$. Au final, $y(x) = 3 + \lambda/x$ sur chaque intervalle.
8. La solution de l'équation homogène est toujours $y_h = \lambda e^{3x}$. On pourrait avoir la fausse bonne idée de chercher une solution particulière $y_1 = Ce^{3x}$, mais ça sent

mauvais, ça va se confondre avec y_h et tout va foirer. On doit passer par la variation de la constante $y(x) = \lambda(x)e^{3x}$, dont le remplacement dans l'équation se ramène à $\lambda'(x) = 6$ et $\lambda(x) = 6x + C$. La solution générale est $y(x) = 6xe^{3x} + Ce^{3x}$.

9. L'équation a un sens sur $]-\infty, 0[\cup]0, 1[\cup]1 + \infty[$, puisqu'il faut diviser par $x(x-1)$ pour se ramener à la forme résoluble. A vue de nez, pas facile de trouver une solution particulière, on fera la variation de la constante.

   - L'équation homogène se ramène à $y'/y = -(2x-1)/(x^2-x)$ où le numérateur a le bon goût d'être la dérivée du dénominateur ! On a donc (sur chaque intervalle) $\ln|y| = -\ln|x^2-x| + C = \ln\big(1/|x^2-x|\big)$, à savoir en fait $y_h(x) = \lambda/(x^2-x)$, λ étant une constante de signe quelconque, y_h étant de signe constant sur chaque intervalle ci-dessus.
   - La VAC $y(x) = \lambda(x)/(x^2-x)$ conduit à $x(x-1)\lambda'(x)/(x^2-x) = 1$, à savoir $\lambda' = 1$ et $\lambda = x + C$ (sur chaque intervalle). Il vient $y(x) = \dfrac{1}{x-1} + \dfrac{C}{x(x-1)}$ sur chaque intervalle. Une solution particulière est donc $y_1(x) = 1/(x-1)$; mais si on prend $C = -1$, on a aussi $y_2(x) = 1/x$ comme solution particulière simple.

Exercice 2

1. L'équation homogène est $(x^2+1)y' + xy = 0$, soit $y'/y = -x/(x^2+1)$. Une intégration en x donne $\ln|y| = -\ln(x^2+1)/2 + C = \ln(1/\sqrt{x^2+1}) + C$ et finalement $y = \lambda/\sqrt{x^2+1}$ où λ est une constante. La variation de la constante dit de chercher la solution générale sous la forme $f(x) = \lambda(x)/\sqrt{x^2+1}$, avec donc $f'(x) = \lambda'(x)/\sqrt{x^2+1} - x\lambda(x)/(x^2+1)^{3/2}$. Le remplacement dans l'équation donne $(x^2+1)\lambda'(x)/\sqrt{x^2+1} = 5x$, soit $\lambda'(x) = 5x/\sqrt{x^2+1}$. On reconnaît la dérivée de $5\sqrt{x^2+1}$, et on a $\lambda(x) = 5\sqrt{x^2+1} + C$ et finalement la solution générale est $f(x) = 5 + \dfrac{C}{\sqrt{x^2+1}}$.
2. On voit que la fonction constante égale à 5 est une solution particulière, chose dont on pouvait se rendre compte dès le départ. On faisait alors la somme de cette solution particulière et de la solution homogène.
3. Le principe est le même. L'équation homogène $(x^2+1)y' - xy = 0$ conduit maintenant à $f_h(x) = \lambda\sqrt{x^2+1}$ où λ est une constante. La VAC $f(x) = \lambda(x)\sqrt{x^2+1}$ conduit à $(x^2+1)\lambda'(x)\sqrt{x^2+1} = 5x$: on a $\lambda'(x) = 5x(x^2+1)^{-3/2}$ et finalement $\lambda(x) = -5(x^2+1)^{-1/2} + C$ et $f(x) = -5 + C\sqrt{x^2+1}$. On pouvait de même s'apercevoir dès le départ que la fonction constante égale à -5 est une solution particulière, et lui ajouter simplement la solution homogène.

Exercice 3

1. La solution de l'équation homogène est $y_h(x) = \lambda e^x$.

2. Plutôt que de faire la VAC (et donc certainement 1 ou 2 IPP bien désagréables), on sait que l'équation admet une solution particulière de la forme $y_1(x) = (ax + b)\cos x + (cx + d)\sin x$: en effet, les sinus/cosinus sont des exponentielles complexes n'ayant rien à voir avec l'exponentielle réelle de la solution homogène, et on garde le degré du second membre, i.e. premier degré en x en facteur de sinus et cosinus. Le calcul de dérivation est un peu long mais peu compliqué, et il conduit à

$$y_1'(x) - y_1(x) = x\sin x(-a-c) + x\cos x(c-a) + (a+d-b)\cos x + (c-b-d)\sin x$$

soit $-a-c = -5, c-a = 1$ (ce qui donne $a = 2, c = 3$), $a+d-b = 0$ et $c-b-d = 3$, d'où l'on bricole pour tirer $b = 1, d = -1$. Une solution particulière est $y_1 = (2x+1)\cos x + (3x-1)\sin x$, et ensuite on ajoute la solution homogène λe^x.

Exercice 4

1. L'équation homogène se met sous la forme $\dfrac{y'}{y} = -\dfrac{1}{2x}$, ce qui s'intègre en $\ln|y| = -\dfrac{\ln x}{2} + C = \ln(1/\sqrt{x}) + C$ puisque x est positif, et finalement $f_h(x) = \dfrac{\lambda}{\sqrt{x}}$ où λ est une constante.
2. On cherche la solution générale sous la forme $f(x) = \dfrac{\lambda(x)}{\sqrt{x}}$, ce qui implique $f'(x) = \dfrac{\lambda'(x)}{\sqrt{x}} - \dfrac{\lambda(x)}{2x^{3/2}}$. Le remplacement dans l'équation différentielle (et sachant que $x^{3/2} = x\sqrt{x}$) conduit à $2x\dfrac{\lambda'(x)}{\sqrt{x}} = \dfrac{1}{1-x}$ soit $\lambda'(x) = \dfrac{1}{2\sqrt{x}(1-x)}$. Cette primitive se calcule en faisant le changement de variable $t = \sqrt{x}$, $dt = dx/(2\sqrt{x})$ et conduit à

$$\lambda(x) = \int \frac{dt}{1-t^2} = \frac{1}{2}\int\left(\frac{1}{1-t} + \frac{1}{1+t}\right)dt = \ln\left|\frac{1+\sqrt{x}}{1-\sqrt{x}}\right| + C$$

Finalement, $f(x) = \dfrac{C}{\sqrt{x}} + \dfrac{1}{2\sqrt{x}}\ln\left|\dfrac{1+\sqrt{x}}{1-\sqrt{x}}\right|$, attention sur chaque intervalle $]0,1[$ ou $]1,+\infty[$ séparément.
3. Attention au signe de x : on a ici $x = -(\sqrt{-x})^2 = -\sqrt{-x}\sqrt{-x}$. L'équation homogène $y'/y = -1/(2x)$ exige d'écrire $\ln|y| = -1/(2\ln|x|) = \ln(1/\sqrt{-x})$ et donc $f_h(x) = \dfrac{\lambda}{\sqrt{-x}}$, puisque x est négatif. La variation de la constante recherche la solution générale sous la forme $f(x) = \dfrac{\lambda(x)}{\sqrt{-x}}$, ce qui conduit, après dérivation et remplacement dans l'équation, à $2x\dfrac{\lambda'(x)}{\sqrt{-x}} = \dfrac{1}{1-x}$, soit $\lambda'(x) = -\dfrac{1}{2\sqrt{-x}(1-x)}$ (attention au signe $-$). On fait maintenant le changement de variable $x = -t^2$, soit

$t = \sqrt{-x}$, et il vient $\lambda(x) = \displaystyle\int \frac{dt}{1+t^2} = \text{Arctan}(t) + D = \text{Arctan}(\sqrt{-x}) + D$, puis finalement $f(x) = \dfrac{D}{\sqrt{-x}} + \dfrac{\text{Arctan}(\sqrt{-x})}{\sqrt{-x}}$ où D est une constante.

Exercice 5

1. Supposons qu'il existe $f(x) = \displaystyle\sum_{n=0}^{+\infty} a_n x^n$ solution sur un intervalle $]-h, h[$. Nous avons $f'(x) = \displaystyle\sum_{n=0}^{+\infty} n a_n x^{n-1}$ et $2xf'(x) + f(x) = \displaystyle\sum_{n=0}^{+\infty}(2n+1)a_n x^n$ .La comparaison avec $\dfrac{1}{1-x} = \displaystyle\sum_{n=0}^{+\infty} x^n$ donne $a_n = \dfrac{1}{2n+1}$ pour tout n : la seule solution possible est $f(x) = \displaystyle\sum_{n=0}^{+\infty} \frac{x^n}{2n+1}$. Il faut vérifier que la série entière trouvée possède bien un rayon de convergence non nul. D'Alembert donne $R = 1$: f est solution sur $]-1, 1[$, et c'est la seule.

   On note que dans la liste à savoir par ♡ des séries entières, seules les fonctions $\text{Arctan}\, x$ et $\ln(1 \pm x)$ ont un dénominateur « en $1/n$ ». Il faut les regarder de près.

2. a) Prenons $-1 < x < 0$. Pour $-1 < u < 1$, on a $\text{Arctan}\, u = \displaystyle\sum_{n=0}^{+\infty}(-1)^n \frac{u^{2n+1}}{2n+1}$,

   soit $\dfrac{\text{Arctan}\, u}{u} = \displaystyle\sum_{n=0}^{+\infty}(-1)^n \frac{u^{2n}}{2n+1}$.

   En faisant $u = \sqrt{-x}$ pour $-1 < x < 0$ (soit $u^2 = -x$), on reconnaît $\dfrac{\text{Arctan}\sqrt{-x}}{\sqrt{-x}}$ comme expression de $f(x)$.

   b) On a ensuite, sur $]0, 1[$: $\ln(1+u) = \displaystyle\sum_{n=1}^{+\infty} \frac{(-1)^{n-1}u^n}{n}$ et $\ln(1-u) = -\displaystyle\sum_{n=1}^{+\infty} \frac{u^n}{n}$. Notre expression de f ne contient que les n impairs, ce qui conduit à faire la différence $\ln(1+u) - \ln(1-u)$.

   On a $\ln \dfrac{1+u}{1-u} = \ln(1+u) - \ln(1-u) = 2\displaystyle\sum_{p=0}^{+\infty} \frac{u^{2p+1}}{2p+1}$.

   On a donc $\dfrac{1}{2u} \ln \dfrac{1+u}{1-u} = \displaystyle\sum_{p=0}^{+\infty} \frac{u^{2p}}{2p+1}$. En posant $u = \sqrt{x}$ et donc $u^{2p} = x^p$, on obtient $f(x)$ sur $]0, 1[$.

En résumé, l'unique solution développable en série entière sur $]-1,1[$ est égale à

$$\frac{1}{2\sqrt{x}}\ln\left(\frac{1+\sqrt{x}}{1-\sqrt{x}}\right) \text{ sur }]0,1[\quad \text{et à} \quad \frac{\operatorname{Arctan}\sqrt{-x}}{\sqrt{-x}} \text{ sur }]-1,0[$$

Par continuité, on a $f(0)=1$. On retrouve bien une partie de l'exercice 4.

c) Pour que le raisonnement soit bien correct, il faut vérifier que la fonction trouvée est solution de l'équation sur $]-1,0[$ et sur $]0,1[$. On a dit « si elle existe, alors c'est... » mais on n'a pas vraiment raisonné par équivalence.

Exercice 6

1. Calcul élémentaire laissé au lecteur.
2. Le théorème d'unicité a un sens pour une équation différentielle de la forme $y' = a(x)y + b(x)$ dans un intervalle où a et b sont continues. Ici, l'équation se met sous cette forme uniquement sur les intervalles ouverts $]-\pi/2+k\pi, \pi/2+k\pi[$ quand le cosinus ne s'annule pas et que l'on peut diviser, mais pas du tout sur $\mathbb{R}$ tout entier. Sur l'intervalle ouvert $]-\pi/2, \pi/2[$ nos deux solutions ne se coupent pas. Il n'y a donc pas de contradiction. Le théorème d'unicité ne peut pas s'appliquer sur un intervalle contenant $\pi/2$.

Chapitre 35

Equations $a(x)y'' + b(x)y' + c(x)y = d(x)$

Il s'agit d'essayer de résoudre les équations différentielles linéaire du second ordre, chose bien plus difficile que pour celles du premier ordre, sauf dans le cas « très algorithmique » où a, b, c sont des constantes.

On doit impérativement connaître au moins une solution de l'équation homogène $ay'' + by' + cy = 0$, sinon on ne sait pas débuter.

On se placera toujours sur un intervalle réel où a, b, c, d sont de classe C^1 et, chose vitale, $a(x)$ ne s'annule pas (et est donc de signe constant).

Domaines concernés

- L'espace vectoriel des solutions de l'équation homogène, et l'allure générale des solutions de l'équation homogène.
- Comment trouver les solutions de l'équation complète quand on connaît une solution de l'équation homogène.
- Comment trouver les solutions de l'équation complète quand on connaît deux solution linéairement indépendantes de l'équation homogène.
- Quelles conditions initiales doit-on connaître pour avoir l'expression exacte de la solution cherchée (en clair, pour calculer les constantes qui interviennent dans la résolution).
- Connaître quelques modélisations physiques (dynamique, électricité…) et savoir interpréter physiquement la tête des solutions mathématiques trouvées.

Résultats fondamentaux utilisables

1 - Résultats généraux

- Si par hasard/pif on connaît une solution particulière de l'équation avec second membre, la solution générale de l'équation avec second membre est la somme de cette solution particulière et de la solution générale de l'équation homogène.
- Dans un problème concret de physique, la « tête d'une solution particulière » est en général une évidence.
- L'ensemble des solutions de l'équation homogène (sans second membre) $ay'' + by' + cy = 0$ est un espace vectoriel de dimension 2.
- Quand on connaît deux solutions linéairement indépendantes u et v (à savoir que le quotient u/v n'est pas une fonction constante), toute solution de l'équation homogène est de la forme $y = \lambda u + \mu v$ où λ et μ sont des constantes.
- La solution d'une équation différentielle homogène ou avec second membre du second ordre dépend donc de deux constantes.
- Cette solution est définie de façon unique quand on se donne un point x_0 et les valeurs $y(x_0)$ et $y'(x_0)$ (position et vitesse initiales au temps x_0).

2 - Quand on connaît une seule solution u de l'équation homogène

- On peut résoudre directement l'équation avec ou sans second membre en cherchant la solution $y(x)$ sous la forme $y(x) = z(x)u(x)$ avec la fonction z en inconnue.
- On calcule $y' = z'u + u'z$ et $y'' = z''u + 2z'u' + zu''$ et on reporte dans l'équation initiale. Le terme en u disparaît obligatoirement, et il reste uniquement du z' et du z'', ce qui nous donne une équation différentielle linéaire du premier ordre en la fonction inconnue z', équation que l'on sait en principe résoudre et qui nous donne z' en fonction d'une constante.
- Ensuite, un calcul de primitive donne $z(x)$ à partir de $z'(x)$: le résultat dépend de deux constantes, et on multiplie par $u(x)$ pour avoir $y(x)$.
- Ça marche, mais c'est long et lourd, avec beaucoup de risques d'erreurs.

3 - Quand on connaît deux solution u et v de l'équation homogène

- Attention, il s'agit de deux solutions u et v non proportionnelles (linéairement indépendantes) et formant donc une base de l'espace vectoriel des solutions de l'équation homogène.
- La solution générale de l'équation homogène est donc $y_h = \lambda u + \mu v$ avec deux constantes λ, μ réelles ou complexes.
- Si on ne connaît pas a priori de solution particulière de l'équation avec second membre, on utilise la méthode de variation de la constante consistant à chercher $y(x) = \lambda(x)u(x) + \mu(x)v(x)$:
  -Le système linéaire aux inconnues λ', μ' :
  $$\begin{cases} \lambda' u & + & \mu' v & = & 0 \\ \lambda' u' & + & \mu' v' & = & d/a \end{cases}$$
  permet de calculer les dérivées λ' et μ'. Deux calculs de primitive donnent λ et μ.
- Attention, la condition $\lambda' u + \mu' v = 0$ est imposée par décret, alors que la seconde condition découle simplement du remplacement dans $ay'' + by' + cy = d$. Cette seconde condition est délicate à retenir par ♡, faites le remplacement et retrouvez-la par le calcul à chaque fois.

4 - Résoudre $ay'' + by' + cy = 0$ avec a, b, c constantes réelles

- Ouf, là tout devient simple et algorithmique, un vrai plaisir enfantin !
- On forme l'équation dite caractéristique, i.e. $ar^2 + br + c = 0$, et on regarde suivant les racines.
- Deux racines réelles distinctes r_1 et r_2 : les fonctions $u = e^{r_1 x}$ et $v = e^{r_2 x}$ sont deux solutions indépendantes.
- Deux racines complexes $r_1 = s + i\omega$ et $r_2 = s - i\omega$: les fonctions $u = e^{r_1 x}$ et $v = e^{r_2 x}$ sont deux solutions indépendantes, à valeurs complexes. On préfère souvent $u = e^{sx} \cos \omega x$ et $v = e^{sx} \sin \omega x$ qui sont indépendantes et à valeurs réelles.
- Une racine double $r = -b/(2a)$: les fonctions $u = e^{rx}$ et $v = xe^{rx}$ sont deux solutions indépendantes.
- Dans tous les cas, la solution générale de $ay'' + by' + cy = 0$ est $y_h = \lambda u + \mu v$ avec λ, μ constantes (réelles ou complexes).

5 - Solution particulière de $ay'' + by' + cy = e^{\alpha x}P(x)$ où a, b, c constantes.

- Ce cas particulier est fréquent en physique dans les applications pratiques (oscillateur harmonique amorti ou non).
- P est un polynôme et α est une constante réelle ou complexe. Il y a de nouveau trois cas possible, suivant α et les racines de l'équation caractéristique $ar^2 + br + c = 0$.
- Cas où α n'est pas racine de $ar^2 + br + c = 0$: on cherche $y_1(x) = e^{\alpha x}Q(x)$ où Q est un polynôme de même degré que le polynôme P intervenant dans $e^{\alpha x}P(x)$. C'est simple et sécurisant, même si les calculs vont être un peu long.
- Cas où α est racine simple de $ar^2 + br + c = 0$: on cherche $y_1(x) = e^{\alpha x}Q(x)$ où degré(Q) = 1+degré(P). On doit augmenter le degré du polynôme d'une unité, correspondant à la racine simple. Les calculs se compliquent en conséquence.
- Cas où α est racine double de $ar^2 + br + c = 0$: on cherche $y_1(x) = e^{\alpha x}Q(x)$ où degré(Q) = 2+degré(P). On doit augmenter le degré du polynôme de deux unités, correspondant à la racine double. Les calculs se compliquent encore plus. Ceci dit, ce cas est très rare dans les applications courantes !

6 - Solution générale de $ay'' + by' + cy = e^{\alpha x}P(x)$ où a, b, c constantes.

On fait la somme de la solution générale de l'équation homogène (trois cas possibles) et d'une solution particulière trouvée comme dans le paragraphe précédent (trois cas possibles aussi).

Ce que l'on vous demandera de montrer

- Une évidence : trouver la solution générale d'une équation différentielle donnée. Et trouver la solution vérifiant une condition initiale donnée.
- Savoir interpréter en termes d'algèbre linéaire la résolution de l'équation homogène.
- Vérifier la cohérence de la modélisation d'un phénomène physique avec la solution trouvée.
- On vous demandera aussi et surtout de savoir répondre aux questions du paragraphe suivant !

Les questions à se poser

— Ai-je bien identifié le type de l'équation (coefficients constants ou non au premier membre, tête du second membre).

— Est-ce que je sais immédiatement calculer la solution de l'équation homogène ?

— Si je travaille par identification + dérivation pour le calcul d'une solution particulière, ai-je bien compris quand augmenter le degré du polynôme au second membre ? Ai-je bien compris comment identifier les cas lorsque le second membre est en sinus, cosinus et pas en exponentielle ?

— Suis-je dans le cas où je connais deux solutions indépendantes de l'équation homogène ?

— Est-ce que j'en ai bien déduit le mode de résolution à adopter : recherche d'une solution particulière avec la même tête que le second membre (je dérive et je ne fais aucun calcul de primitive) ou bien application de la variation de la constante.

— Suis-je dans le cas où je connais une seule solution de l'équation homogène, et alors je procède comment ?

— Ai-je bien les deux constantes, au départ indéterminées, mais qui me permettent de calculer l'unique solution f vériant $f(x_0) = y_0$ et $f'(x_0) = z_0$ donnés ?

— Le comportement de la solution trouvé est-il compatible avec l'éventuelle origine physique du phénomène à la base de l'équation (comportement en $+\infty$) ?

Exercices

Exercice 1

1. Résoudre $y'' - 3y' + 2y = (6x + 1)e^{-x}$.
2. Résoudre $y'' - 3y' + 2y = 11 \cos x + 3 \sin x$.
3. Résoudre $y'' - 3y' + 2y = e^x(-6x + 5)$.

Exercice 2

1. Résoudre $y'' - 6y' + 25y = 16 \cos 3x + 18 \sin 3s$.
2. a) Résoudre $y'' + y = \cos x$ par identification d'une solution particulière.
   b) Résoudre $y'' + y = \cos x$ par variation de la constante.
   c) Justifier ce qui semble être une différence de résultat entre les deux méthodes, mais en fait ne l'est pas.
   d) Au final, quelle est la bonne méthode ?

Exercice 3

1. Trouver les solutions de $4y'' - 4y' + y = 0$.
2. Trouver une solution particulière de $4y'' - 4y' + y = -9 \cos x + 12 \sin x$.
3. a) Trouver une solution particulière de $4y'' - 4y' + y = 8e^{x/2}$.
   b) En déduire la solution générale de $4y'' - 4y' + y = 8e^{x/2} + 9 \cos x - 12 \sin x$.
4. En déduire celle vérifiant $f(0) = 1, f'(0) = 2$.

Exercice 4

On étudie l'équation physique $y'' + \omega^2 y = E \cos(\alpha x - \phi)$, que l'on écrira plus simplement $y'' + \omega^2 y = C \cos \alpha x + S \sin \alpha x$. Les réels α et ω sont positifs, et distincts.

1. a) Quelle est la solution de l'équation homogène associée ?
   b) Sous quelle forme va-t-on chercher une solution particulière ?
   c) Donner la solution la plus générale de l'équation initiale.
2. Que se passe-t-il quand « α est de plus en plus proche de ω » ?

Exercice 5 [Illustration numérique en ligne]

Nombre de situations physiques sont du type « oscillateur harmonique » et se modélisent par (E) : $ay'' + by' + cy = E_0 \cos(\omega t + \varphi)$ où a, b, c, ω sont des constantes positives et où E_0 et φ sont des constantes. On est sur $[0, +\infty[$.

1. Soit y_h la solution de l'équation homogène (elle dépend de 2 constantes λ, μ). Montrer que $\lim_{t \to +\infty} y_h(t) = 0$.
2. Montrer que E admet une solution particulière y_1 périodique de pulsation ω.
3. Décrire « globalement » le comportement d'une solution quelconque de E.

Exercice 6 [Corrigé en ligne]

On considère l'équation $2x^2y'' = xy' + 2y$, sur $]0, +\infty[$ uniquement (ou encore $y'' = \frac{1}{2x}y' + \frac{1}{x^2}y$ si l'on préfère).

1. Trouver une solution particulière u de la forme x^n avec n entier naturel.
   On cherche une autre solution particulière v de l'équation. Soit $w = u'v - uv'$.
2. a) Montrer que $w' = w/(2x)$ et en déduire l'expression générale de w (a priori en fonction d'une constante K).
   b) Ecrire l'équation différentielle du premier ordre vérifiée par la fonction v.
   c) Résoudre cette équation du premier ordre, et en déduire une solution particulière v : la résolution a fait apparaître deux constantes, et on leur donnera des valeurs simples pour avoir une expression simple de v.
3. a) Vérifier que u et v sont linéairement indépendantes (non proportionnelles).
   b) Quelle est la solution la plus générale de l'équation de départ ?

Exercice 7 [Corrigé en ligne]

On cherche à résoudre $2x^2y'' - xy' - 2y = 5/\sqrt{x}$ sur $]0, +\infty[$, sachant que $u(x) = x^2$ est solution [presque] évidente de l'équation homogène associée. Oubliez tout ce qui s'est passé dans l'exercice 6, c'est une autre méthode. On cherche la solution générale de l'équation complète sous la forme $f(x) = x^2\phi(x)$, autre méthode quand on connaît une seule solution de l'équation homogène, ici clairement x^2 l'est.

1. Effectuer les dérivations et les remplacements dans l'équation, et montrer que l'on a $x^3(7\phi' + 2x\phi'') = 5/\sqrt{x}$.
2. Résoudre cette équation différentielle du premier ordre en $z = \phi'$.
3. Effectuer le calcul de primitive donnant $\phi(x)$, et donner la solution générale de l'équation initiale.

Exercice 8

1. Trouver une solution très simple u de $x^2y'' - 2y = 0$.
2. Résoudre $x^2y'' - 2y = x^3$, en appliquant la méthode adaptée.
3. Existe-t-il des solutions de classe C^2 sur $\mathbb{R}$ tout entier ?

Corrigés

Exercice 1

1. L'équation caractéristique $r^2 - 3r + 2$ a deux racines simples 1 et 2, et la solution générale de l'équation homogène est $y_h = \lambda e^x + \mu e^{2x}$. Le second membre est de la forme $e^{\alpha x}P(x)$ avec P de degré 1 et $\alpha = -1$, qui n'est pas racine de l'équation caractéristique. On cherche donc une solution particulière de la forme $y_1 = (ax + b)e^{-x}$. On a $y_1' = (-ax + a - b)e^{-x}$ et $y_1'' = (ax - 2a + b)e^{-x}$. Le remplacement dans l'équation conduit à $e^{-x}(6ax + 6b - 5a) = e^{-x}(6x + 1)$, ce qui donne $a = b = 1$ et $y_2(x) = e^{-x}(x + 1)$. La solution la plus générale de l'équation est donc $f(x) = e^{-x}(x + 1) + \lambda e^x + \mu e^{2x}$.
2. On cherche une solution particulière $y_2 = a\cos x + b\sin x$. Les calculs de dérivation sont simples et conduisent à $(a - 3b)\cos x + (3a + b)\sin x = 11\cos x + 3\sin x$. L'identifiaction donne $a - 3b = 11, 3a + b = 3$, soit $a = 2, b = -3$. On a $y_2 = 2\cos x - 3\sin x$ puis $f(x) = 2\cos x - 3\sin x + \lambda e^x + \mu e^{2x}$.
3. Le second membre est de la forme $e^{\alpha x}P(x)$ avec P de degré 1 et $\alpha = 1$, qui est racine simple de l'équation caractéristique. On cherche donc une solution particulière de la forme $y_1 = (ax^2 + bx)e^x$. *Il est inutile de mettre une constante dans le polynôme, elle existe déjà dans la solution homogène.* On a $y_1' = e^x(ax^2 + (2a + b)x + b)$, et $y_1'' = e^x(ax^2 + x(4a + b) + 2a + 2b)$. Le remplacement conduit à $e^x(-2ax + 2a - b)) = e^x(-6x + 5)$, soit $a = 3, b = 1$ et $y_2 = e^x(3x^2 + x)$. On ajoute la solution homogène et $f(x) = e^x(3x^2 + x + \lambda) + \mu e^{2x}$.

Exercice 2

1. L'équation caractéristique $r^2 - 6r + 25$ a un discriminant négatif -16 : les racines sont complexes conjuguées $3 \pm 4i$, et la solution de l'équation homogène est $y_h = e^{3x}(\lambda\cos 4x + \mu\sin 4x)$. Le second membre de l'équation n'a rien à voir les racines complexes, et on cherche une solution particulière de la forme $y_2 = a\cos 3x + b\sin 3x$. Les calculs de dérivation et le remplacement conduisent à $(16a - 18b)\cos 3x + (18a + 16b)\sin 3x = 16\cos 3x + 18\sin 3x$ et donc $a = 1, b = 0$. On prend $y_2 = \cos 3x$ et la solution générale de l'équation est $f(x) = \cos 3x + e^{3x}(\lambda\cos 4x + \mu\sin 4x)$.
2. a) La solution de l'équation homogène est $y_h = \lambda\cos x + \mu\sin x$ puisque les racines de $r^2 + 1 = 0$ sont $\pm i$, complexes. Il vaut mieux travailler avec $\cos x, \sin x$ qu'avec e^{ix}, e^{-ix} complexes. Malheureusement, le second membre $\cos x$ est en e^{ix}, e^{-ix}, et il faut augmenter de 1 le degré du polynôme constant intervenant, à savoir chercher une solution particulière $y_1 = (ax + b)\cos x + (cx + d)\sin x$. *Mais les constantes b et d vont disparaître dans le calcul, elles sont « absorbées » dans la solution de l'équation homogène.* On prend donc $y_1 = ax\cos x + cx\sin x$, les calculs de dérivation (laissés au lecteur) conduisent à $-2a\sin x + 2c\cos x = \cos x$, à savoir $a = 0, c = 1/2$. On a donc $y_2 = (x\sin x)/2$ et $f(x) = (x\sin x)/2 + \lambda\cos x + \mu\sin x$ comme solution générale.

b) On cherche $y(x) = \lambda(x)\cos x + \mu(x)\sin x$, au vu de la tête de la solution homogène. On impose $\lambda'(x)\cos x + \mu'(x) = 0$ (par décret) ; ensuite, le calcul de y' puis y'' et le remplacement dans l'équation conduisent à $-\lambda'(x)\sin x + \mu'(x)\cos x = \cos x$. C'est un système aux deux inconnues λ', μ' et une résolution élémentaire donne $\lambda'(x) = -\sin x \cos x$ et $\mu'(x) = \cos^2 x$. Il reste deux calculs de primitive à faire, en utilisant les expressions de $\sin 2x$ et $\cos 2x$, et A, B désignant des constantes :

- $\lambda'(x) = -\sin(2x)/2 \Rightarrow \lambda(x) = \cos(2x)/4 + A$.
- $\mu'(x) = (1 + \cos 2x)/2 \Rightarrow \mu(x) = x/2 + \sin(2x)/4 = x/2 + (\sin x \cos x)/2 + B$.

La solution de l'équation générale est donc (a priori)
$f(x) = \lambda(x)\cos x + \mu(x)\sin x =$
$$= A\cos x + B\sin x + (x\sin x)/2 + \big((\sin^2 x\cos x)/2 + \cos x\cos(2x)/4\big)$$
ce qui semble bien lourd et bien plus compliqué que la solution prédemment trouvé $f(x) = \lambda\cos x + \mu\sin x + (x\sin x)/2$ avec λ, μ constantes.

c) *La seule explication possible est que le terme*
$H = (\sin^2 x\cos x)/2 + \cos x\cos(2x)/4$ *entre en fait dans la solution homogène* : il faut donc le simplifier au maximum. On utilise $\cos 2x = 1 - 2\sin^2 x$, et H se simplifie en $H = (\cos x)/4$, ouf, qui rentre bien dans la solution homogène !!!!

d) Il n'y a pas photo dans cet exemple a priori simple par identification mais qui est la grosse galère par variation de la constante ! Mais ne généralisons pas, on va voir plus bas des cas où la variation de la constante est indispensable.

Exercice 3

1. L'équation caractéristique est $4r^2 - 4r + 1$, qui admet $r = 1/2$ comme racine double. On a $y_h = e^{x/2}(\lambda x + \mu)$.
2. On cherche $y_1 = a\cos x + b\sin x$, de la même forme que le second membre, puisque $\alpha = \pm i$ n'a rien à voir avec $r = 1/2$. Un report donne $(-3a - 4b)\cos x + (4a - 3b)\sin x = -9\cos + 12\sin x$, soit $3a + 4b = 9, 4a - 3b = -12$. Un calcul évident donne $a = 3$ et $b = 0$, soit $y_1 = 3\cos x$.
3. a) C'est plus compliqué, puisque $\alpha = 1/2$ est racine double de l'équation caractéristique. On doit donc chercher y_2 de la forme $e^{x/2}(Ax + Bx + C)$. *Mais le terme* $e^{x/2}(Bx + C)$, *qui est solution de l'équation caractéristique, ne donnera rien : les inconnues* B, C *sont indéterminées.* On cherche simplement $y_2 = Ax^2e^{x/2}$. Le calcul de y_2' et y_2'' conduit à $8Ae^{x/2} = 8$, soit $A = 1$. On prend donc $y_2 = x^2e^{x/2}$.

   b) Il s'agit de $f(x) = e^{x/2}(\lambda x + \mu) + y_2 - y_1 = e^{x/2}(x^2 + \lambda x + \mu) - 3\cos x$.
4. On a $f(0) = \mu - 3$ et donc $\mu = 4$. Le calcul de f' conduit ensuite à $f'(0) = \lambda + \mu/2 = 5$, soit $\lambda = 3$, et donc $f(x) = e^{x/2}(x^2 + 3x + 4) - 3\cos x$.

Exercice 4

1. a) On a $y_h = \lambda \cos \omega x + \mu \sin \omega x$ puisque l'équation caractéristique $r^2 + \omega^2 = 0$ a pour racine $\pm i\omega$.

   b) Comme $\alpha \neq \pm\omega$, on cherche $y_1 = a \cos \alpha x + b \sin \alpha x$, où la pulsation α du signal entrée est acceptable par le système, car ce n'est pas sa pulsation ω propre.

   c) On part de $y_1 = a \cos \alpha x + b \sin \alpha x$ comme solution particulière, et un calcul élémentaire conduit à $a(\omega^2 - \alpha^2) \cos \alpha x + b(\omega^2 - \alpha^2) \sin \alpha x = C \cos \alpha x + S \sin \alpha x$, d'où $y_1 = \dfrac{C}{\omega^2 - \alpha^2} \cos \alpha x + \dfrac{S}{\omega^2 - \alpha^2} \sin \alpha x$ et finalement
   $$f(x) = \frac{C}{\omega^2 - \alpha^2} \cos \alpha x + \frac{S}{\omega^2 - \alpha^2} \sin \alpha x + \lambda \cos \omega x + \mu \sin \omega x.$$

2. Quand « α est de plus en plus proche de ω », la solution ci-dessus fait n'importe quoi, ça doit faire sauter le système, et n'a plus aucun sens physique.

Exercice 5

1. Il y a trois cas de figure suivant le discriminant $b^2 - 4ac$ de $ar^2 + br + c = 0$:
   - 2 racines réelles distinctes r_1, r_2. Leur somme vaut $-b/a$ et est négative et leur produit vaut c/a et est positif. Elles sont toutes les deux strictement négatives et $y_h = \lambda e^{r_1 t} + \mu e^{r_2 t}$. Cette fonction tend vers 0 quand t tend vers $+\infty$.
   - On a une racine double strictement négative $r = -b/(2a)$ (cas qui ne se produit jamais) et on a $y_h = e^r(\lambda t + \mu)$. Même limite en $+\infty$.
   - On a deux racines complexes conjuguées $r_1 = s + i\alpha, r_2 = s - i\alpha$, dont la somme $2s = -b/(2a)$ est strictement négative ; la partie réelle s est strictement négative. On a $y_h = e^{st}(\lambda \cos \alpha t + \mu \sin \alpha t)$, fonction qui tend encore vers 0 en $+\infty$.
2. Le second membre s'écrit aussi $A \cos \omega t + B \sin \omega t$ et même $A_1 e^{i\omega t} + \overline{A_1} e^{-i\omega t}$. Comme $\pm i\omega$ ne peut pas être racine de l'équation caractéristique (complexes de partie réelle nulle), il existe une solution particulière $y_1 = B \cos \omega t + C \sin \omega t$, qui est donc périodique de pulsation ω.
3. Une solution quelconque est donc la somme d'une fonction périodique et d'une fonction tendant vers 0 quand t tend vers $+\infty$. Au bout d'un certain temps (assez rapide), il ne reste plus guère que le régime « permanent » périodique, et l'oscillateur « oscille de façon périodique », sa pulsation étant ω, celle imposée par l'extérieur.

Exercice 8

1. $u(x) = x^2$ est clairement solution.

2. Comme on connaît une seule solution de l'équation homogène, on cherche la solution générale sous la forme $y(x) = x^2 z(z)$. Les dérivations et le remplacement donnent l'équation $x^4 z'' + 4x^3 z' = x^3$, soit $xz'' + 4z' = 1$. On a une solution particulière évidente $z' = 1/4$, et on en déduit $z' = 1/4 + \lambda/x^4$ (après avoir résolu l'équation homogène $z''/z' = -4$ en $z'_h = \lambda/x^4$.) On en tire $z = x/4 + A/x^3$ puis la solution générale $f(x) = x^2 z = x^3/4 + A/x + Bx^2$.
3. En prenant $A = 0$, on obtient les polynômes $x^3/4 + \lambda x^2$ qui sont C^∞ sur $\mathbb{R}$. Toutes ces solutions vérifient $f(0) = f'(0) = 0$, mais ce n'est pas contradictoire avec le théorème d'unicité de la solution. Ce théorème s'applique quand on peut écrire l'équation sous la forme $y'' = 2y/x^2 + x$, i.e. sur $]-\infty, 0[$ ou $]0, +\infty[$, mais pas sur un intervalle contenant 0.

Probabilités

Chapitre 37

Dénombrements, analyse combinatoire

On donne ici les outils nécessaires pour dénombrer un peu tout, ce qui est une condition vitale pour calculer des probabilités. Le cardinal d'un ensemble E, à savoir le nombre de ses éléments, sera noté $|E|$. Le simple dessin de deux pommes de terre qui se coupent donne la formule $|A \cup B| = |A| + |B| - |A \cap B|$.

Domaines concernés

— Nombre d'applications d'un ensemble dans un autre, nombre de parties vérifiant une certaine condition dans un ensemble, formules classiques utilisant factorielles et combinaisons, tirages avec ou sans remise, binôme de Newton.

— Dans un ensemble E, tous les éléments sont distincts. Pour dire qu'un sac contenant 10 boules rouges et 20 boules blanches a priori indiscernables est un ensemble, il faut moralement numéroter chaque boule, style $r_1, \cdots, r_{10}, b_1, \cdots b_{20}$.

Résultats fondamentaux utilisables

1 - Généralités, permutations d'un ensemble

— Le nombre d'applications d'un ensemble à n éléments dans un ensemble à p éléments est égal à p^n.

— Autre façon de dire : le nombre de suites finies $(a_1, a_2, \cdots, a_n)$ où les a_i prennent chacun p valeurs distinctes, est égal à p^n.

— Un ensemble E à n éléments possède 2^n parties (sous-ensembles), en incluant l'ensemble vide $\emptyset$ et E lui-même.

— Le nombre de permutations d'un ensemble E à n éléments, à savoir le nombre de bijections de E sur lui-même, est $n! = n \times (n-1) \times \cdots \times 2 \times 1$.

2 - Arrangement de n objets p à p

— Un arrangement p à p des n objets $e_1, \cdots, e_n$ est une suite ordonnée de p objets parmi les n. Attention à cet ordre : e_3, e_5, e_1 est un arrangement 3 à 3 différent de e_1, e_3, e_5.

— La modélisation basique est la suivante : on tire p objets les uns après les autres de l'ensemble, sans remise, et en notant leur ordre de sortie.

— Le nombre A_n^p d'arrangements de n objets p à p est $A_n^p = n(n-1)\cdots(n-p+1)$.

— Pour $p = n$, on a évidemment $A_n^n = n!$

3 - Combinaisons de n objets p à p

— Une combinaison de n objets p à p est un paquet sans ordre de p éléments choisis parmi les n.

— La modélisation basique est la suivante : on plonge la main dans le sac et on retire d'un seul coup p objets. Il n'y a pas de notion d'ordre dans cette façon de faire. On peut aussi tirer les p objets les uns après les autres, sans remise, et regarder globalement ce qu'on a sorti, sans se préoccuper de l'ordre de sortie.

— le nombre de combinaisons de n objets p à p se note $\binom{n}{p}$.

— Un paquet sans ordre de p objets donne naissance à $p!$ suites ordonnées de p objets, et on a donc la relation $A_n^p = p!\binom{n}{p}$, ce qui fait que le nombre $\binom{n}{p}$ de combinaisons de n objets p à p vaut $\binom{n}{p} = \dfrac{n(n-1)\cdots(n-p+1)}{k(k-1)\cdots 1}$.

— Cette formule est facile à retenir sous la forme

$$\binom{n}{p} = \frac{\text{produit des } p \text{ entiers décroissants à partir de } n}{\text{produit des } p \text{ entiers décroissants à partir de } p}$$

— On a les formules suivantes :

$$\binom{0}{0} = 1 \;;\; \binom{n}{0} = 1 \;;\; \binom{n}{1} = n \;;\; \binom{n}{n} = 1 \;;\; \binom{n}{p} = \binom{n}{n-p}$$

— Pour $1 \leq p \leq n-1$, on a $\binom{n}{p} = \binom{n-1}{p} + \binom{n-1}{p-1}$, formule très pratique donnant, entre-autre, naissance au célèbre triangle de Pascal permettant le calcul des combinaisons par addition, sans aucun produit.

— On a aussi $\binom{n}{p} = \frac{n!}{p!(n-p)!}$, formule utile dans les exercices théoriques, mais bien trop lourde dans les calculs numériques.

— Pour $p > n$, on pose par convention $\binom{n}{p} = 0$, convention assez utile pour simplifier les notations.

4 - Binôme de Newton, triangle de Pascal

— Les $\binom{n}{p}$ sont appelés aussi coefficients binomiaux, car ils interviennent dans la formule du binôme de Newton : $(a+b)^n = \sum_{p=0}^{n} \binom{n}{p} a^p b^{n-p}$.

— Le triangle de Pascal permet de calculer aisément les $\binom{n}{p}$ par addition seule :

$$
\begin{array}{ccccccccccccc}
 & & & 1 & & 1 & & & \\
 & & 1 & & 2 & & 1 & & \\
 & 1 & & 3 & & 3 & & 1 & \\
1 & & 4 & & 6 & & 4 & & 1 \\
\end{array}
$$

$$
\begin{array}{ccccccccccccc}
 & 1 & & 5 & & 10 & & 10 & & 5 & & 1 & \\
1 & & 6 & & 15 & & 20 & & 15 & & 6 & & 1
\end{array}
$$

— On passe de la ligne n à la ligne $n+1$ de la façon suivante : en dessous (et au milieu) de chaque intervalle défini par deux nombres de la ligne n, on met la somme de ces deux nombre. Par exemple en quatrième ligne, 4 est la somme de 1 et 3, et 6 est la somme de 3 et 3. En sixième ligne, 20 est la somme de 10 et 10 de la ligne cinq. Et on rajoute un chiffre 1 en début et en queue de chaque nouvelle ligne.

— Les coefficients de la ligne n se retrouvent dans le calcul de $(a+b)^n$. On a $(a+b)^2 = a^2 + 2ab + b^2$ qui fait intervenir la deuxième ligne. On a $(a+b)^3 = a^3 + 3a^2b + 3ab^2 + b^3$ qui fait intervenir la troisième ligne. On a $(a+b)^4 = a^4 + 4a^3b + 6a^2b^2 + 4ab^3 + b^4$ qui utilise la quatrième ligne et ainsi de suite.

Ce que l'on vous demandera de montrer

— En priorité, savoir trouver le contexte où l'on est : problème purement ensembliste, modélisation par tirage sans remise, par tirage avec remise.

— Dénombrer des tirages, avec ou sans remise, mais en étant conscient que quelquefois il faut enlever provisoirement l'ordre et remultiplier ensuite par « un $k!$ », ou quelquefois rajouter un ordre et ensuite diviser par un $k!$

— Savoir bien jouer entre les différentes expressions du nombre de combinaisons : tout dépend de l'exercice.
— Savoir que pour calculer $(a+b)^n$, le plus simple est de passer par le triangle de Pascal lorsque n n'est pas trop grand.
— Etre à l'aise dans des tirages sans remise de boules ou de cartes, avec ou sans ordre.

Les questions à se poser

— Ai-je bien compris la différence entre « tirer sans remise un $\spadesuit$ et un $\diamondsuit$ » et « tirer d'abord un $\spadesuit$ et ensuite un $\diamondsuit$ ».
— Ai-je bien compris comment passer de l'une à l'autre de ces deux situations.
— Ai-je bien compris que, pour me rassurer, je peux supposer que les 10 boules rouges a priori indiscernables peuvent être moralement discernables en les numérotant dans ma tête ?
— Ai-je compris qu'il y a les tirages possibles et les tirages favorables à la question, et que c'est complètement différent.
— Il y a deux façons de dénombrer ce que je veux : ne devrais-je pas faire les deux méthodes et vérifier qu'elles donnent la même chose (à savoir que je ne me suis pas planté quelque part) ?
— Quand on me demande de calculer certaines sommes faisant intervenir des combinaisons, n'y aurait-il pas un rapport avec le binôme de Newton $(a+b)^n$ pour des valeurs astucieuses de a et b (par exemple $a=b=1$ ou $a=1, b=-1$?)
— Dans un calcul évoqué plus haut, n'ai-je pas confondu p^n et n^p ?
— Ai-je compris l'astuce suivante : « je tire sans remise 3 cartes d'un jeu de 52 cartes. Le nombre de tirages où la 3e carte tirée est un $\heartsuit$ ne serait-il pas le même que lorsque la 1re carte tirée est un $\heartsuit$ (voir exercice) ? »

Exercices

Exercice 1

On a un sac contenant $n = 100$ boules indiscernables au toucher, dont 40 rouges et 60 blanches.

1. On tire $m = 15$ boules sans remise, et on ne s'occupe pas de l'ordre de sortie des couleurs.
   a) Combien peut-on tirer de paquets de 15 boules du sac ?
   b) Combien y en a-t-il contenant exactement $k = 4$ boules rouges ?
2. a) Généraliser au nombre A_k de tirages de 15 boules contenant exactement $0 \leq k \leq 15$ boules rouges.
   b) Que vaut $\sum_{k=0}^{15} A_k$?

Exercice 2

On tire sans remise 3 cartes les unes après les autres d'un jeu de 52 cartes.

1. Combien a-t-on de tirages où la 1re carte tirée est un ♣ ?
2. Combien a-t-on de tirages où la 2ème carte tirée est un ♣ ?
3. Combien a-t-on de tirages où la 3e carte tirée est un ♣ ?
4. On ne s'en est peut-être pas rendu compte dans les 3 raisonnements : a-t-on raisonné avec ordre ou sans ordre dans les tirages de cartes ?
5. Après les calculs compliqués des questions 2 et 3, donner une réponse évidente venant du bon français et de la logique de tirage.
6. Combien a-t-on de cas favorables, lors du tirage de la 1re carte, d'avoir un ♣, et combien de cas possibles de couleur ? Quelle est donc la probabilité (rapport nombre de cas favorables/nombre de cas possibles) que la 1re carte tirée soit un ♣ ? Et donc pour la 3e carte ?

Exercice 3 [Corrigé en ligne]

On appelle $k-$entier, pour $1 \leq k \leq 10$, un entier de la forme $e_1 e_2 \cdots e_k$ où les chiffres e_i sont dans $\{0, 1, 2, \cdots, 9\}$ et distincts.

1. Etant donnés k chiffres fixés entre 0 et 9, combien peut-on former de $k-$entiers ?
   On a un sac contenant 10 cartes portant les chiffres $0, 1, \cdots, 9$, indiscernables.

2. Soit $1 \leq k \leq 10$ donné : on tire au hasard et sans remise k cartes. Combien de $k-$entiers peut-on former ?
3. a) Combien peut-on former au total de $k-$entiers (en prenant toutes les possibilités pour k de 1 à 10), à partir des cartes du sac ?
   b) Pourquoi ce nombre total de $k-$entiers est-il relativement faible par rapport à ce que l'on pouvait imaginer ?

Exercice 4

Combien d'anagrammes des mots AVION, FOISON, BOISSONS, ASSASSINATS peut-on former ?

Exercice 5

Le conseil compte 56 conseillers dont 20 vont voter pour A et 36 pour B lors de l'élection du maire. On prend un échantillon de 15 conseillers.

1. Combien a-t-on d'échantillons possibles ?
2. Combien a-t-on d'échantillons où tout le monde va voter A ?
3. Soit $0 \leq k \leq 15$. Combien a-t-on d'échantillons où k personnes vont voter A et les autres B ?

Exercice 6 [Simulation en ligne]

Une urne contient 10 boules rouges, 5 noires, 3 jaunes et 2 vertes. On tire quatre boules sans remise.

1. Combien a-t-on de tirages possibles ?
2. Combien a-t-on de tirages avec une boule de chaque couleur ?
3. Combien a-t-on de tirages avec exactement 2 boules rouges ?
4. Combien a-t-on de tirages sans aucune boule rouge ?
5. Combien a-t-on de tirages avec au moins une boule rouge ?

Exercice 7 [Corrigé en ligne]

1. Calculer $\displaystyle\sum_{p=0}^{n} \binom{n}{p}$ puis $\displaystyle\sum_{p=0}^{n} (-1)^p \binom{n}{p}$ puis $\displaystyle\sum_{p=0}^{n} \frac{(-1)^p}{2^p} \binom{n}{p}$.
2. Soit p entier premier. Montrer que $\binom{p}{k}$ est divisible par p pour $1 \leq k \leq p-1$.

3. En développant de deux façons $(1+x)^{n+m}$, montrer que pour tout $0 \leq k \leq n+m$, on a $\binom{n+m}{k} = \sum_{i=0}^{n} \binom{n}{i}\binom{m}{k-i}$. On prendra $\binom{w}{h} = 0$ pour $h > w$, ce qui évite plein de soucis sur le domaine de variation de l'indice i de sommation.

Exercice 8

Une course hippique compte 20 partants. Les chevaux sont identifiés par leur numéro entre 1 et 20 bien visible de tous les parieurs. On appelle tiercé la liste ordonnée des trois premiers chevaux arrivant. On s'intéresse particulièrement au numéro 8.

1. Combien a-t-on de tiercés possibles ?
2. Combien a-t-on de tiercés où le 8 est gagnant ? Où le 8 est second ? Où le 8 est troisième ?
3. Combien a-t-on de tiercés où figure le 8 ?
4. Combien a-t-on de tiercés où le 8 ne figure pas ? On donnera deux démonstrations différentes.

Exercice 9 [Corrigé et Simulation en ligne]

Le centre de soins dispose de 3 médecins (M1, M2, M3). Un jour, n patients (numérotés de 1 à n), font appel indépendamment les uns des autres à l'un des médecins. Une situation de consultations est donc une suite $(m_1, m_2, \cdots, m_n)$ où m_k est le numéro du médecin consulté par le $k$ème patient. L'entier n est fixe dans tout l'exercice ; les lettres a, b, c désignent des entiers entre 0 inclus et n inclus.

1. Quel est le cardinal de l'ensemble E de toutes les situations de consultations ?

   On appelle $A(a, b, c)$ la partie de E formée des consultations où a est le nombre de patients voyant M1, b le nombre de patients voyant M2 et c le nombre de ceux voyant M3. On a donc $a + b + c = n$.
2. a) Calculer le cardinal (le nombre d'éléments) de chaque $A(a, b, c)$.

   b) Que vaut la somme de tous ces cardinaux, somme prise sur l'ensemble des a, b, c vérifiant $a + b + c = n$?
3. En déduire la valeur de $\displaystyle\sum_{a+b+c=n} \frac{n!}{a!b!c!}$.

Exercice 10 Enoncé = roman-fleuve mais solution concise ! [Corrigé en ligne]

On a un jeu de 52 cartes, bien battues, bien empilées en une seule pile ; on prend la carte du haut (notée C_1) que l'on pose toujours retournée sur la table sans la regarder, puis on prend la nouvelle carte du haut du paquet (notée C_2), que l'on regarde. On ne touche plus au paquet des 50 cartes restantes. On s'intéresse aux situations suivantes du paquet de 52 cartes avant les deux tirages : A_1 : « C_1 était un ♡ et de même pour C_2 », et A_2 : « C_1 n'était pas un ♡ mais C_2 était un ♡ » et B : « C_2 était un ♡. » On fera attention que l'on est avec des dénombrements et pas avec des probabilités, et donc que la répartition des 50 cartes non tirées intervient dans le dénombrement des possibilités !

1. Donner la relation ensembliste liant A_1, A_2 et B, et en déduire la relation liant $|A_1|$, $|A_2|$ et $|B|$ (i.e. le nombre de possibilités dans chacun des 3 ensembles).
2. Les cardinaux de A_1 et A_2 se calculent facilement : faire ces calculs et en déduire le cardinal de B.
3. a) Quel est le nombre de possibilités dans le cadre général G : « C_1, C_2 quelconques » ?

   b) Calculer le rapport $|B|/|G|$ et interpréter.
4. Que vaut le rapport $|A_1|/|B|$? Interpréter en bon français.

Exercice 11 [Corrigé et Simulation en ligne]

On dispose de n boules et de n trous, chaque trou étant suffisamment gros pour contenir toutes les boules. On jette au hasard les boules dans les trous (aucune boule ne tombe dehors), chaque trou recevant donc entre 0 et n boules.

0. Quelle est la bonne chose à faire, pour avoir les idées claires, avec les n boules et les n trous ?
1. Combien a-t-on de situations possibles, à savoir combien de possibilités de « remplissage de quelques trous par l'ensemble des boules » ?
2. Combien a-t-on de situations avec exactement une boule dans chaque trou ?
3. Combien a-t-on de situations avec « exactement un trou avec deux boules et un trou sans boule » ?
4. Un fâcheux fait la remarque suivante : « dans la question 2, comme chaque trou comporte exactement une boule, il n'y a qu'une possibilité physique de remplissage, votre question est nulle ! ».

   Que répondez-vous à cette andouille ?

Exercice 12

Combien a-t-on d'entiers entre 1 et 300 inclus, qui ne sont ni divisibles par 4, ni divisibles par 7 ?

✠ On commencera par définir un ensemble E et deux sous-ensembles A et B, et on exprimera ce que l'on cherche en fonction de A et de B et des opérations ensemblistes $\cup, \cap, \cdots$.

Corrigés

Exercice 1

1. a) On doit bien comprendre que l'on doit distinguer les boules les unes des autres : on les numérote fictivement de 1 à 40 pour les rouges et de 41 à 100 pour les blanches (par exemple). Il s'agit du nombre de parties à 15 éléments du sac, soit $M = \binom{100}{15}$, qui vaut $M = 253\ 338\ 471\ 349\ 988\ 640$.

   b) On choisit 4 boules parmi les 40 rouges, ce qui donne $\binom{40}{4}$ possibilités et $15 - 4 = 11$ parmi les 60 blanches, ce qui donne $\binom{60}{11}$ possibilités. Attention, à chaque paquet de rouges on peut associer chaque paquet de blanches, et on multiplie : on a $\binom{40}{4} \times \binom{60}{11} = 31\ 319\ 364\ 451\ 167\ 000$ paquets possibles.

2. a) On remplace 4 par k et $15 - 4$ par $15 - k$: $A_k = \binom{40}{k} \times \binom{60}{15-k}$.

   b) $\sum_{k=0}^{15} A_k$ donne le nombre total de paquets de 15 boules dans le sac : la somme est égale à M. On retrouve le classique $\sum_{k=0}^{15} \binom{40}{k} \times \binom{60}{15-k} = \binom{100}{15}$.

Exercice 2

1. Il y a 13 possibilités pour C_1, puis on tire n'importe quoi, à savoir 51 possibilités pour C_2 et 50 pour C_3. Cela donne $13 \times 51 \times 50 = 33150$ possibilités.

2. Il y a deux possibilités disjointes « la carte 1 est un ♣ et la carte 2 aussi » ou bien « la carte 1 n'est pas un ♣ et la carte 2 est un ♣ ». Cela donne $13 \times 12 \times 50 + 39 \times 13 \times 50 = 13 \times 50 \times (39 + 12)$, ce qui donne le même résultat.

3. Il y a 4 possibilités résumées en (oui,oui,oui) ou (oui,non,oui) ou (non,oui,oui) ou (non,non,oui), à savoir dans l'ordre $13 \times 12 \times 11$, $13 \times 39 \times 12$, $39 \times 13 \times 12$ et $39 \times 38 \times 13$. La somme donne encore la même valeur.

4. On a raisonné avec ordre dans les tirages de cartes, évidemment.

5. Tirer 3 cartes (ou boules) sans remise les unes après les autres revient à les tirer simultanément avec une louche. Ensuite, on dit arbitrairement qui est la 1re, qui est la 2ème et qui est la 3e. Les trois possibilités demandées sont égales !

6. Il y a 13 cas favorables sur 52 cas possibles et donc une probabilité de $1/4$. C'est vrai pour la 1re carte tirée, comme pour la 2ème carte tirée, comme pour la 3e, même si ça peut vous surprendre !

Exercice 4

3. a) Les 5 lettres de AVION sont différentes, et il y a donc $5! = 120$ façons de les permuter.
   b) Si l'on distinguait les 2 « O » de FOISON , il y aurait 6! anagrammes. Mais il y a 2! façon de permuter ces « O » entre eux : on a $6!/2! = 360$ anagrammes.
   c) Comme il y a 8 lettres, mais deux fois le « O » et trois fois le « S », cela donne $8!/(2! \times 3!) = 3360$ anagrammes de BOISSONS.
   d) Comme le « A » intervient trois fois et le « S » cinq fois, on a $11!/(3! \times 5!) = 55440$ anagrammes.

Exercice 5

1. Un échantillon est une combinaison des 56 conseillers 15 à 15 : il y en a $\binom{56}{15}$.
2. Les 15 sont à prendre parmi les 20 fans de A. Il y a $\binom{20}{15}$ tels échantillons.
3. Il faut choisir k conseillers parmi les 20 partisans de A, ce qui fait $\binom{20}{k}$ possibilités, et $15-k$ parmi les 36 partisans de B, ce qui fait $\binom{36}{15-k}$ possibilités : cela donne $\binom{20}{k} \times \binom{36}{15-k}$ possibilités.

Exercice 6

1. Un tirage est un paquet sans ordre de 4 boules parmi 20 : il y en a $\binom{20}{4}$.
2. Il y a 10 choix possibles pour la rouge, et ainsi de suite pour les autres couleurs. Cela donne $10 \times 5 \times 3 \times 2$ tirages possibles.
3. Il y a 10 boules rouges et 10 non rouges. Il faut tirer 2 boules parmi les rouges, soit $\binom{10}{2}$ possibilités, et 2 parmi les 10 non rouges, soit aussi $\binom{10}{2}$ possibilités. Le nombre total de choix est le produit des deux, soit $\binom{10}{2}^2$.

4. Les boules sont à tirer parmi les 10 non rouges, soit $\binom{10}{4}$ possibilités.

5. Le contraire de « au moins une rouge » est « aucune rouge ». Notre ensemble est le complémentaire (dans l'ensemble de tous les tirages possibles) de l'ensemble défini en question 4. Son cardinal est donc $\binom{20}{4} - \binom{10}{4}$.

Exercice 7

1. Un tiercé est un arrangement des 20 chevaux 3 à 3, puisqu'il y a un ordre à l'arrivée. On en a donc $A_{20}^3 = 20 \times 19 \times 18$.

2. Avec le 8 en tête du tiercé, il reste 19 choix possibles pour le second et 18 pour le troisième. Cela donne 19×18 possibilités. Idem pour les deux autres cas.

3. C'est la réunion des trois ensembles disjoints « le 8 est 1er », « le 8 est 2ème », « le 8 est 3e ». La somme des trois cardinaux donne $3 \times 19 \times 18$.

4. Comme il y a $20 \times 19 \times 18$ tiercés possibles et $3 \times 19 \times 18$ tiercés contenant le 8, il reste $20 \times 19 \times 18 - 3 \times 19 \times 18 = 17 \times 19 \times 18$ tiercés où le 8 ne figure pas. On peut aussi dire la chose suivante : les tiercés sans le 8 sont les arrangements des 19 chevaux autres que le 8, pris 3 à 3. Cela fait $A_{19}^3 = 19 \times 18 \times 17$.

Exercice 8

On se place dans $E = [1..300]$ de cardinal $|E| = 300$. Les éléments de E qui ne sont pas dans notre sous-ensemble sont ceux qui sont divisibles par 4 ou par 7.

- Soit A (respectivement B) le sous-ensemble de E formé des entiers divisibles par 4 (respectivement par 7). On cherche $E \setminus (A \cup B)$. Calculons $|A \cup B|$.
- A est l'ensemble des entiers de 1 à 300 divisibles par 4. Ils sont de la forme $4k$ avec donc $1 \leq k \leq 75$, et $|A| = 75$.
- B est l'ensemble des entiers de 1 à 300 divisibles par 7. Ils sont de la forme $7k$ avec donc $1 \leq k \leq 42$, et $|B| = 42$.
- $A \cap B$ est l'ensemble de ceux divisibles par 4 et 7, i.e. par 28. Il sont de la forme $28k$, avec donc $1 \leq k \leq 10$, et $|A \cap B| = 10$. On a donc $|A \cup B| = |A| + |B| - |A \cap B| = 75 + 42 - 10 = 107$. Dans E, il reste $300 - 107 = 193$ entiers.

Chapitre 38

Univers, probabilités, probabilités conditionnelles

Cette fiche contient tout ce qu'il faut savoir pour calculer n'importe quelle probabilité, tant qu'on a pas besoin des propriétés plus rapides venant des variables aléatoires classiques.

Domaines concernés

- Univers fini ou dénombrable, germes de probabilité.
- Événement dans l'univers, sa probabilité.
- Les formules classiques sur les événements.
- Probabilités conditionnelles (quasiment le plus important pour calculer des probabilités un peu sophistiquées).

Résultats fondamentaux utilisables

1 - Univers fini

- Dans l'univers $\Omega = \{\omega_1, \cdots, \omega_n\}$, chaque « événement élémentaire » ω_k est affecté d'un « poids » $p_k \in]0,1[$ (son germe de probabilité) et on a $\sum_{k=1}^{n} p_k = 1$.

- La probabilité $P(A)$ d'un événement A, à savoir d'une partie de Ω, est la somme des germes de probabilité qu'il contient. On a donc $0 \leq P(A) \leq 1$. L'événement contraire de A, noté souvent $\overline{A}$ est celui qui est réalisé quand A ne l'est pas et vice versa.
- Si $p_k = 1/n$, on parle de probabilité uniforme sur l'univers, ou de situation d'équiprobabilité.
- Dans l'univers $\Omega = [0..n]$, avec un réel donné $0 < p < 1$, la probabilité P définie pour $0 \leq k \leq n$ par les germes $p_k = \binom{n}{k} p^k(1-p)^{n-k}$ s'appelle loi binomiale de paramètres n et p. Ce germe p_k est la probabilité d'obtenir k faces, quand on lance de façons indépendantes n fois de suite, une pièce ayant la probabilité p de tomber sur « face ». Ce schéma de répétitions successives et indépendantes de la même expérience succès/échec s'appelle schéma de Bernoulli.
- En cas d'équiprobabilité, on a $P(A) = |A|/|\Omega|$, rapport entre le nombre d'éléments de A et le nombre d'éléments de l'univers.

2 - Univers dénombrable

- L'univers $\Omega = \{\omega_k\}_{k\in\mathbb{N}}$ est infini dénombrable. Les germes de probabilité forment une suite $\{p_k\}$ positive avec $\sum_{k=1}^{+\infty} p_k = 1$.
- Le premier grand exemple est $\Omega = \mathbb{N}^*$ avec $p_k = (1-p)^{k-1}p$ pour $k \geq 1$, où $0 < p < 1$ est un réel donné (exemple : probabilité de lancer k fois de suite un dé dont p est la probabilité de sortie du « 6 », et d'obtenir le « 6 » pour la première fois au $k$ème lancer), on parle de loi géométrique de paramètre p. L'autre est la loi de Poisson de paramètre $\lambda > 0$, définie sur $\Omega = \mathbb{N}$ par $p_n = e^{-\lambda}\lambda^n/n!$

3 - Résultats communs à tous les univers

- $P(\overline{A}) = 1 - P(A)$.
- $P(A \cup B) = P(A) + P(B) - P(A \cap B)$. Si A et B sont incompatibles (ne peuvent pas avoir lieu en même temps), on a $P(A \sqcup B) = P(A) + P(B)$.
- $A_1, A_2, \cdots, A_p$ forment un système complet d'évènements lorsqu'ils sont 2 à 2 incompatibles et que leur réunion est l'univers tout entier :
  Ils vérifient $P(A_1) + P(A_2) + \cdots + P(A_p) = 1$. Pour tout événement B, on a
  $$P(B) = P(B \cap A_1) + P(B \cap A_2) + \cdots + P(B \cap A_p).$$

4 - Événements indépendants

— A et B sont indépendant (la réalisation ou non de l'un n'a aucune influence sur la réalisation ou non de l'autre) ssi on a $P(A \cap B) = P(A)P(B)$. En général, montrer que A et B sont indépendants relève de la simple logique élémentaire, et on peut alors utiliser la formule donnée.

— Pour $n \geq 3$: $A_1, A_2, \cdots, A_n$ sont indépendants lorsque, quelque soit $2 \leq k \leq n$, et quels que soient les k évènements distincts $A_{i_1}, A_{i_2}, \cdots, A_{i_k}$, alors on a

$$P(A_{i_1} \cap A_{i_2} \cap \cdots \cap A_{i_k}) = P(A_{i_1})P(A_{i_2}) \cdots P(A_{i_k}).$$

On ne vous demandera jamais de faire une telle vérification mathématique, on utilisera uniquement la réciproque :

— En pratique si $A_1, A_2, \cdots, A_n$ sont indépendants, alors

$$P(A_1 \cap A_2 \cap \cdots \cap A_n) = P(A_1)P(A_2) \cdots P(A_n).$$

— Si on a des événements indépendants, cela reste vrai en remplaçant certains d'entre eux par leurs événements contraires.

— Résultat à ne pas confondre avec : quels que soient les évènements $A_1, A_2, \cdots, A_n$, indépendants ou non, du moment que les répétitions de l'expérience sont indépendantes, on a : $P(A_1$ puis A_2 ... puis $A_n)= P(A_1)P(A_2) \cdots P(A_n)$.

5 - Univers et probabilité produit

— Soit $\Omega = \{\omega_1, \cdots, \omega_m\}$ un univers de probabilité. Le produit Ω^2 est l'ensemble de tous les (ω_i, ω_j) pour i, j de 1 à m : son cardinal est m^2.

— On pose $p((\omega_i, \omega_j)) = p(\omega_i)p(\omega_j)$, ce qui munit Ω^2 de germes de probabilités, et Ω^2 est un univers muni d'une probabilité, souvent notée P comme celle sur Ω.

6 - Probabilité conditionnelle

— La probabilité que B soit réalisé sachant que A est réalisé se note $P_A(B)$ et on a $P_A(B) = \dfrac{P(A \cap B)}{P(A)}$. Cette formule est encore plus utile sous la forme

$$P(A \cap B) = P_A(B)P(A) = P_B(A)P(B).$$

— On a $P_A(B) + P_A(\overline{B}) = 1$.

— La formule $P_A(B) = \dfrac{P_B(A)P(B)}{P(A)}$ s'appelle formule de Bayes : elle permet de renverser les rôles de A et B.

— Si $\Omega = A_1 \sqcup A_2$ (partition de l'univers suivant deux événements incompatibles), on a $P(E) = P_{A_1}(E)P(A_1) + P_{A_2}(E)P(A_2)$ pour tout événement E. Plus généralement, la formule des probabilités totale donne

$$P(E) = P_{A_1}(E)P(A_1) + P_{A_2}(E)P(A_2) + \cdots + P_{A_n}(E)P(A_n)$$

lorsque l'on partionne l'univers Ω avec $A_1, \cdots, A_n$.

— La formule $P(A \cap B) = P(A)P_A(B)$ se généralise à $n \geq 3$ évènements. On a $P(A \cap B \cap C) = P(A)P_A(B)P_{A\cap B}(C)$ et, plus généralement

$$P(A_1 \cap A_2 \cap \cdots \cap A_n) = P(A_1)P_{A_1}(A_2) \times P_{A_1 \cap A_2}(A_3) \times \cdots \times P_{A_1 \cap A_2 \cdots \cap A_{n-1}}(A_n)$$

Ce que l'on vous demandera de montrer

— Construire un univers pour modéliser l'expérience aléatoire. Il y a souvent plusieurs univers possibles, dont l'un est plus astucieux et plus simple que les autres.

— Savoir se rendre compte s'il faut utiliser un univers ou si les probabilités conditionnelles ne seraient pas plus rapides et simples.

— Trouver un système complet d'événements pour pouvoir décomposer aisément un événement et additionner des probabilités plus simples.

— Utiliser la formule de Bayes ou les probabilités totales sous toutes ses formes.

— Calculer les probabilités de tirages, avec ou sans remise.

— Calculer des probabilités conditionnelles en fonction d'autres. Exemple typique : un modèle de voiture est construit dans 6 usines différentes, chacune ayant son taux de souci sur le véhicule. Sachant qu'une voiture prise au hasard a une probabilité de souci de 2%, quelle la probabilité qu'elle vienne de l'usine numéro 4 ?

Les questions à se poser

— L'événement contraire $\overline{A}$ n'est-il pas plus simple que A ?

— En situation d'équiprobabilité, ai-je intérêt à raisonner par dénombrements (combinaisons essentiellement) ou par probabilités conditionnelles ?

— Mes événements sont-ils *de façon logique et évidente* indépendants ou non ?

— Dans les situations « style tirages de boules », y a-t-il un ordre de sortie ou non ?

— Suis-je dans un tirage avec ou sans remise ? Les tirages sont-ils indépendants ou non ?

— Ai-je bien saisi l'intérêt de la remarque suivante : « tirer 3 boules sans remise les unes après les autres », est la même chose que « tirer 3 boules d'un seul coup » ?

— Du coup, dans un tirage de boules, même sans remise, ai-je bien compris que la probabilité que la 3e boule soit rouge est la même que celle pour que la première boule soit rouge ?

— Ai-je bien compris que la représentation par arbres est la même chose qu'une ou plusieurs utilisation des probabilités conditionnelles ?

— L'indépendance d'événements n'est-elle pas une évidence logique ?

— Et malheureusement : suis-je conscient que quelquefois l'intuition que l'on croit issue du bon sens ne correspond pas à la réalité des probabilités ?

Exercices

Exercice 1

On se donne une pièce truquée dont la probabilité de sortir « face » est de 0.60.

1. On lance la pièce une seule fois.
   a) Décrire un univers Ω_1 associé.
   b) Quels sont les événements possibles sur cet univers ?
2. On lance la pièce deux fois.
3. a) Décrire un univers Ω_2 associé. (*Il y a deux choix possibles, quelle est la différence physique entre les deux ?*)
   b) Combien a-t-on d'événements possibles sur cet univers ?

Exercice 2 [Simulation en ligne]

On dispose d'un sac contenant n boules dont a sont rouges et les autres noires. On extrait les boules les unes après les autres, sans remise, en notant bien les couleurs dans l'ordre de sortie, et on vide *tout* le sac. Pour $a \leq k \leq n$, on appelle A_k l'évènement « la dernière boule rouge sort au $k$ème tirage ».

1. Définir un univers Ω.
2. Trouver la probabilité de chaque A_k, pour $a \leq k \leq n$.
3. En déduire la valeur de $\displaystyle\sum_{k=a}^{n} \binom{k-1}{a-1}$.

Exercice 3

On dispose de trois cartes dont les deux faces sont colorées : l'une est rouge-rouge, l'autre rouge-blanc et la dernière blanc-blanc. Un joueur tire au hasard, et sans regarder, l'une des trois cartes et, toujours sans regarder, la pose sur la table.

1. Trouver la probabilité de la couleur de la face cachée. On essayera de donner deux solutions différentes, une avec un univers à 6 éléments équiprobables et l'autre à 4 éléments, non équiprobables.
2. On change la stratégie : la carte est tirée au hasard et le tireur regarde ses deux faces. S'il y au moins une face rouge, il montre au public cette face rouge, et il demande à un spectateur (qui ne voit que cette face rouge) la couleur de la face cachée. (*S'il a tiré la blanche-blanche, on a le même principe et le même résultat.)*

Exercice 4 [Corrigé et Simulation informatique en ligne]

Les deux questions sont indépendantes.

1. On lance une fois un dé à six faces bien équilibré.
   a) Donner un univers décrivant cette expérience.
   b) Quelles sont les probabilités des événements A : « on sort un numéro pair » et B : « on sort un numéro divisible par 3 » ?
2. Un sac contient dix boules indiscernables, numérotées de 1 à 10. On tire une première boule dont on note le numéro a, on la remet, et on tire une seconde dont on note le numéro b.
   a) Définir un univers Ω.
   b) Calculer la probabilité de A : « $a+b=9$ ».
   c) Calculer la probabilité de B : « $a+b\leq 9$ ».

Exercice 5

Objectif : on a un jeu de 52 cartes normal, mais on a perdu une carte, et il en reste seulement 51. On tire une carte parmi ces 51, on constate qu'il s'agit d'un $\heartsuit$, et on veut calculer la probabilité que la carte manquante soit aussi un $\heartsuit$.

Notation : dans un jeu complet de 52 cartes, où l'on tire successivement 2 cartes sans remise, on note C_1 : « la 1re carte tirée est un $\heartsuit$ », et C_2 : « la seconde carte tirée est un $\heartsuit$ ».

1. Calculer $P(C_1)$ et $P(C_2)$.
2. Comment exprimer notre objectif en fonction des événements C_1 et C_2 ?
3. Effectuer le calcul et donner la valeur de la probabilité cherchée.
4. Avec quoi ne faut-il surtout pas confondre la probabilité cherchée ?

Exercice 6 [Corrigé en ligne]

On se place dans un bureau de vote « test », où l'on est autorisé à stocker les bulletins de vote oui/non au referendum suivant l'ordre d'arrivée des votants (chose formellement interdite en règle générale). On note n le nombre de personnes ayant voté, et soit r le nombre de oui et $n-r$ le nombre de non. On dépouille, mais dans l'optique d'étudier la façon dont les « oui » et les « non » sortent les uns après les autres de l'urne, sachant que les partisans du « non » ont été incités à venir voter dès l'ouverture des bureaux. Pour $k \in \{0,1,\cdots,n-r\}$, soit A_k : « les k premiers bulletins dépouillés sont des **non** ».

1. Décrire un univers Ω pour cette expérience aléatoire. On l'utilisera ou non dans la suite.

2. a) Calculer de 2 façons possibles la probabilité $P(A_k)$: on simplifiera au maximum cette expression, en l'exprimant comme un produit de petits quotients.
   b) Calculer, pour chaque entier k fixé, la limite de $P(A_k)$ lorsque n et r tendent vers l'infini de façon que le rapport $\frac{r}{n}$ tende vers une limite $p \in]0,1[$.
3. Soit B_k : « le premier bulletin **oui** est le $k$ème bulletin dépouillé. » Calculer $P(B_k)$ et sa limite dans les conditions précédentes. Quelle loi reconnaît-on ?

Exercice 7 [Simulation en ligne]

Au village, chaque jour il y a 6 chances sur 10 qu'il pleuve et 4 chances sur 10 qu'il fasse soleil, les jours de pluie/soleil étant indépendants les uns des autres. Aucune route n'est goudronnée, il n'y a que des chemins de terre, et on a 1 chance sur 2 de s'embourber. Quand il a plu pendant 3 jours consécutifs J_1, J_2, J_3, on a 80 % de chances de s'embourber soit le 4ème soit le 5ème soit le 6ème jour (les J_4, J_5, J_6.)

1. On s'embourbe le jeudi, quelle est la probabilité qu'il ait plu lundi et mardi et mercredi ?
2. On s'embourbe le vendredi, quelle est la probabilité qu'il ait plu exactement 3 jours consécutifs entre lundi (inclus) et jeudi (inclus), et fait beau le jour restant ?
3. On s'embourbe le samedi, quelle est la probabilité qu'il ait plu exactement 3 jours consécutifs entre lundi (inclus) et vendredi (inclus), et fait beau les 2 autres ?
4. Justifier sans aucun calcul que les trois probabilités aillent en décroissant.

Exercice 8 [Corrigé et Simulation en ligne]

On tire simultanément (ou alors l'une après l'autre sans remise) deux cartes d'un jeu de 52 cartes. La donnée sous-entend qu'il n'y a pas de « première carte » ni de « seconde carte » tirée.

0. Décrire un univers pour cette expérience aléatoire.
   Trouver les probabilités des événements suivants :
1. $A =$ « deux $\heartsuit$ ». (2) $B =$ « un $\heartsuit$ et un $\spadesuit$ ». (3) $C =$ « au moins un $\spadesuit$ ».
2. $D =$ « tirer deux cartes de la même couleur ».
3. $E =$ « tirer deux cartes de couleurs différentes ».
4. $F =$ « tirer au moins un $\spadesuit$ ou au moins un $\clubsuit$ ».
5. $G =$ « ne tirer que du $\spadesuit$ ou du $\clubsuit$ ».

Exercice 9 [Simulation informatique en ligne]

On a un groupe de 30 personnes, et on s'intéresse à leurs anniversaires, i.e. à quel jour (compris entre 1 et 365) de l'année ils sont nés.

1. Donner un univers Ω modélisant la situation.
2. Donner la probabilité de « ils tombent tous des jours différents ».
3. Calculer cette probabilité avec un groupe de 70 personnes. Qu'en penser ?

Exercice 10 [Corrigé en ligne]

On lance n fois de suite un dé équilibré, en notant à chaque fois le numéro sorti.

1. Décrire l'univers Ω de probabilité.
2. Quelle est la probabilité P_k pour que la première apparition du « 6 » se fasse au $k$ème lancer ($1 \leq k \leq n$). Quel est le sous-ensemble A_k de Ω que l'on étudie ?
3. a) Quelle est la probabilité que le « 6 » ne sorte jamais ? Quel est le sous-ensemble B de Ω que l'on étudie ?

   b) Quelle relation a-t-on entre les questions 2 et 3.a ?
4. Quelle est la probabilité pour que le premier « 6 » sorte au 1er ou au 2e lancer ?
5. Quelle est la probabilité pour que l'on ait un « 6 » au 1er ou au 2e lancer ?

Exercice 11

Un constructeur automobile est confronté à des problèmes de corrosion sur ses voitures. Trois voitures sur cinq présentent des traces de rouille. Il y a deux sortes de peintures : les métallisées et les non métallisées, avec deux fois plus de voitures métallisées que de non métallisées. Il y a deux fois moins de voitures avec de la rouille chez les métallisée que chez les non métallisées.

1. a) Traduire (sans univers) l'énoncé de façon probabiliste.

   b) Montrer que l'on a autant de chances d'avoir une voiture « rouillée et métallisée » que d'avoir une voiture « rouillée et non métallisée ».
2. Calculer la probabilité qu'une voiture soit métallisée. Calculer la probabilité qu'une voiture ait de la rouille sachant qu'elle est métallisée.
3. On regarde une voiture au hasard, et elle est sans rouille. Quelle est la probabilité que ce soit une voiture métallisée ?

Exercice 12 [Corrigé en ligne]

Expliquer l'apparente contradiction entre les deux affirmations, parfaitement exactes : « L'avion est un moyen de transport très sûr » et « Dans un accident d'avion, on a quasiment aucune chance de s'en sortir ».

Exercice 13 [Corrigé et Simulation en ligne]

On se promène entre les 3 sommets d'un triangle équilatéral S_1, S_2, S_3 avec une règle simple : quand on est sur un sommet, on va sur l'un des deux autres avec probabilité $1/2$. Soit $n \geq 1$ et C_n l'événement : « on part de S_1 et après avoir fait n trajets (après avoir donc parcouru n côtés du triangle, ou encore après avoir visité n sommets, celui de départ exclu), on arrive en S_3 ». On peut passer plusieurs fois au même sommet, en particulier en S_3. On peut définir A_n et B_n de façon analogue, avec arrivée en S_1 et en S_2.

1. Combien a-t-on de trajets de longueur n partant de S_1 et allant n'importe-où ? Est-on en équiprobalilité ?

   On note u_n le nombre de trajets de longueur n partant de S_1 et arrivant en S_1 et v_n le nombre de trajets partant de S_1 et arrivant en S_3 (qui est donc égal au nombre de trajets partant de S_1 et arrivant en S_2, par équiprobabilité des sauts entre sommets).
2. a) Que vaut de façon évidente, d'après la question 1, la somme $u_n + 2v_n$?

   b) Montrer que $u_n = 2v_{n-1}$ pour $n \geq 2$.

   2.c. En déduire que $u_n + u_{n-1} = 2^{n-1}$.
3. Pour calculer les u_n, il est plus aisé de poser $x_n = (-1)^n u_n$, ce qui nous ramène à $x_n - x_{n-1} = (-1)^n 2^{n-1}$ avec $x_2 = 2$.
4. a) Commencer par calculer x_5 et donc u_5.

   b) Généraliser pour montrer que $u_n = \dfrac{2^n}{3} + \dfrac{2}{3}(-1)^n$.

   c) En déduire la valeur de v_n.
5. En partant de S_1 et en faisant un trajet de longueur n, quelle est la probabilité p_n d'arriver en S_1 et celle q_n d'arriver en S_3 ou S_2 ? Que se passe-t-il quand n tend vers $+\infty$? Justifier.

Exercice 14 [Corrigé et Simulation en ligne]

On a un sac avec n boules dont r rouges, et on tire 3 boules sans remise, les unes après les autres et en notant l'ordre d'apparition des couleurs. Montrer de façon rigoureuse la propriété « la probabilité que la 1re boule tirée soit rouge est égale à celle que la 2ème tirée soit rouge et est égale à celle que la 3e tirée soit rouge. »

Corrigés

Exercice 1

1. a) Il s'agit de $\Omega_1 = \{\text{face}, \text{pile}\}$ à deux éléments, et dont les germes sont $f = 0.6$ et $p = 0.4$. On n'est pas en équiprobabilité.

   b) On a d'abord $A = \{\text{face}\}$ de probabilité f et $B = \{\text{pile}\}$ de probabilité p. Ensuite on a $A \cup B$, qui signifie que l'on tire soit pile, soit face : c'est $A \cup B = \Omega$ tout entier, et on a bien $P(A \cup B) = P(A) + P(B) - P(A \cap B) = 1$ puisque $A \cap B$ est impossible. Au total, il y a $2^2 = 4$ événements sur Ω_1 (puisque $|\Omega_1| = 2$), i.e. $A, B, A \cup B = \Omega, A \cap B = \emptyset$.

2. a) Le plus simple est $\Omega_2 = \{(\text{face}, \text{face}), (\text{face}, \text{pile}), (\text{pile}, \text{face}), (\text{pile}, \text{pile})\}$, choix qui sous-entend qu'on lance les pièces l'une après l'autre, de façon à avoir un ordre sur les faces qui sortent. Les germes sont $f^2 = 0.36, fp = pf = 0.24, p^2 = 0.16$.

   Par contre, si on lance simultanément deux pièces, cet univers semble moins adapté, car la sortie (face, pile) est la même que (pile, face) :

   On peut alors penser à $\Omega_2' = \{(\text{face}, \text{face}), (\text{face}, \text{pile}), (\text{pile}, \text{pile})\}$. Mais cet univers est plus difficile à manipuler, car les germes sont $f^2 = 0.36,\ 2fp = 0.48,\ p^2 = 0.16$, moins « naturels », plus stressants.

   b) Il y a 2^4 événements possibles dans la version Ω_2, et 2^3 dans la seconde version.

Exercice 2

1. Vider le sac revient à construire une suite ordonnée $(x_1, x_2, \cdots, x_n)$ où les x_i valent « r » pour a d'entre eux et les $n - a$ autres valent « n », pour représenter les couleurs des boules suivant l'ordre du tirage. Toutes ces petites suites sont équiprobables (boules indiscernables au toucher). Ω est l'ensemble de toutes ces suites : il y en a $\binom{n}{a}$, et on est en équiprobabilité.

2. L'évènement A_k a lieu lorsque l'on commence par tirer $a - 1$ boules rouges dans les $k - 1$ premiers tirages, et que l'on prend la dernière rouge au tirage suivant. Il y a $\binom{k-1}{a-1}$ façons de répartir $a - 1$ objets parmi $k - 1$; pour le dernier, il reste une seule possibilité. On a donc $P(A_k) = \binom{k-1}{a-1} \Big/ \binom{n}{a}$.

3. Ω est la réunion disjointe des A_k pour $a \leq k \leq n$ (système complet d'événements). On a donc $\sum_{k=a}^{n} P(A_k) = 1$, soit $\sum_{k=a}^{n} \binom{k-1}{a-1} = \binom{n}{a}$.

Exercice 3

1. a) Première solution. Numérotons les faces de nos cartes : 1 et 2 pour la rouge-rouge, 3 pour la face rouge et 4 pour la face blanche de la bicolore et 5 et 6 pour la toute blanche. Vu la nature du tirage, la probabilité d'apparition sur la table de chacun de ses numéros est la même, à savoir $1/6$. Vu la symétrie des couleurs, il suffit de regarder le cas où la face montrée est rouge.

   - Cela signifie que l'on a tiré les trois premiers numéros.
   - Dire que la face cachée est blanche signifie que, parmi ces trois numéros, on a tiré le 3. Il y a une chance sur trois : $P(B) = 1/3$. La probabilité que la face cachée est rouge est donc de $1 - 1/3 = 2/3$.

   Formalisons en terme de probabilités conditionnelles, en appelant X le numéro de la fache cachée. Dire que la face cachée est blanche signifie que $X = 3$ sachant que $X \in \{1, 2, 3\}$.

   b) Deuxième solution. On se place dans un univers Ω à quatre éléments : un élément est un couple (M, C) formé de la couleur de la face Montrée et de celle de la face Cachée. On a les quatre couples $(R, R), (R, B), (B, R), (B, B)$. Il faut faire très attention que ces quatres couples ne sont pas affectés de la même probabilité : (R, B) et (B, R) ont la probabilité $1/6$, venant de une carte sur trois multiplié par une couleur sur deux ; (R, R) et (B, B) ont la probabilité $1/3$, venant de une carte sur trois multiplié par une couleur sur une. Calculons, avec les probabilités conditionnelles, la probabilité que la face cachée soir rouge (ça change !) :
   C'est $P_{(M=R)}(C = R) = \dfrac{P(C = R \cap M = R)}{P(M = R)} = \dfrac{P(R, R)}{P(M = R)}$. On doit calculer la probabilité que la face montrée soit rouge : comme il y a autant de faces rouges et blanches, et vu la stratégie du tirage, elle vaut évidemment $1/2$. Le numérateur est égal à $1/3$, et le quotient vaut donc $2/3$ comme attendu.

2. On se place plutôt avec le second univers. On utilise la formule des probabilités totales, puis les probabilités conditionnelles :

$$P(M = R) = P(M = R \cap (R, R)) + P(M = R \cap (R, B)) =$$

$$P_{(R,R)}(M = R)P(R, R) + P_{(R,B)}(M = R)P(R, B) = 1 \times \frac{1}{3} + 1 \times \frac{1}{3} = \frac{2}{3}$$

On a donc $P_{(M=R)}(C = R) = \dfrac{P(R, R)}{P(M = R)} = \dfrac{1/3}{2/3} = \dfrac{1}{2}$. La face cachée a une chance sur deux d'être de chaque couleur.

Exercice 5

1. On a clairement $P(C_1) = 13/52$ puisque chaque couleur compte 13 cartes. Un rappel intuitif de la feuille de route ci-dessus nous dit que $P(C_2) = P(C_1)$, mais redémontrons-le clairement avec les probabilités totales :

$$\begin{aligned} P(C_2) &= P(C_2 \cap C_1) + P(C_2 \cap \overline{C_1}) = P_{C_1}(C_2)P(C_1) + P_{\overline{C_1}}(C_2)P(\overline{C_1}) \\ &= \frac{12}{51} \times \frac{13}{52} + \frac{13}{51} \times \frac{39}{52} = \frac{13}{52} = P(C_1). \end{aligned}$$

2. Nous cherchons $P_{C_2}(C_1)$ et la formule de Bayes fait ce genre de travail.
3. Bayes nous donne $P_{C_2}(C_1) = \dfrac{P(C_1)P_{C_1}(C_2)}{P(C_2)} = P_{C_1}(C_2)$ puisque $P(C_1) = P(C_2)$. La probabilité conditionnelle $P_{C_1}(C_2)$ a déjà été utilisée et vaut $12/51$ (il reste 12 $\heartsuit$ parmi 51 cartes). Notre probabilité cherchée vaut $12/51$.
4. Rien à voir avec la probabilité de tirer 2 $\heartsuit$ sans remise, ne pas confondre probabilité et probabilité conditionnelle !

Exercice 7

1. Appelons T l'événement « il a plu Lu, Ma, Me » et B l'événement « embourbé le Je ». On a $P(T) = 0.6^3$, puisque les trois jours de pluie sont indépendants, chacun de probabilité 0.6. On a $P(B) = 0.5$ et $P_T(B) = 0.8$, attention à ne pas confondre ces deux probabilités. La formule de Bayes donne $P(T)P_T(B) = P(B)P_B(T)$, soit $P_B(T) = \dfrac{P(T)P_T(B)}{P(B)} = \dfrac{0.6^3 \times 0.8}{0.5} = 34.56\%$.
2. C'est le même principe que dans la question 1, mais en remplaçant T par « $\Big[$Pluie (Lu,Ma,Me) et (Beau Je)$\Big] \bigsqcup \Big[$(Beau Lu) et Pluie (Ma, Me, Je)$\Big]$ ».
Ce sont deux événements incompatibles dont on va faire la somme des probabilités. Compte-tenu de l'indépendance des jours de pluie/soleil les uns par rapport aux autres, chacun de ces deux événements a pour probabilité $0.6^3 \times 0.4$, et on a maintenant $P(T) = 2 \times 0.6^3 \times 0.4 = 0.1728$. Il vient donc $P_B(T) = 27.65\%$.
3. Même principe mais avec 3 jours consécutifs de pluie et 2 jours de soleil, du style « pluie(Lu,Ma,Me) et soleil(Je,Ve) ». Cette possibilité a une probabilité de $0.6^3 \times 0.4^2 = 0.10368$, et il y a trois cas possibles, incompatibles (suivant la répartition des jours de pluie) : il vient $P(T) = 3 \times 0.6^3 \times 0.4^2$ et finalement $P_B(T) = 16.59\%$.
4. La probabilité diminue à chaque fois, c'est normal, car il y a de plus en plus de jours de soleil pour sécher les chemins.

Exercice 9

1. On numérote les personnes de 1 à 30 par ordre alphabétique (...) Les anniversaires se représentent par une suite $(a_1, \cdots, a_{30})$ où a_k représente le jour de l'année où la personne k est née : c'est un entier de 1 à 365. Il y a 365^{30} telles suites : $|\Omega| = 365^{30}$, et on est en équiprobabilité.
2. a_1 a 365 valeurs possibles, a_2 en a 364 et ainsi de suite. L'individu numéro 30 a seulement $365 - 29 = 336$ dates de naissance possibles, puisque les 29 précédents occupent 29 jours de l'année. Il y a $365 \times 364 \times \cdots \times 336$ cas favorables, et la probabilité cherchée est $(365 \times 364 \times \cdots \times 336)/365^{30}$, environ 29.36%.
3. Avec $n = 70$, le calcul donne $\displaystyle\prod_{k=0}^{n-1}\left(1 - \frac{k}{365}\right)$, soit environ 0.08% : il est quasiment certain (99.92%) que deux personnes au moins auront le même jour anniversaire.

Exercice 11

1. a) Soient $R =$« rouillée », $M =$ « métallisée », $T =$ « non métallisée ».
   Les données s'écrivent $P(M)+P(T) = 1$, $P(R) = 3/5$, $P(M) = 2P(T)$, $P_M(R) = P_T(R)/2$.

   b) On demande de comparer $P(R \cap M)$ et $P(R \cap T)$. On a :
   $$P(R \cap T) = P_T(R)P(T) = 2P_M(R) \times \tfrac{1}{2}P(M) = P_M(R)P(M) = P(R \cap M)$$
2. Les relations $P(M) + P(T) = 1$ et $P(M) = 2P(T)$ donnent $P(M) = 2/3$ et $P(T) = 1/3$. Les probabilités totales s'écrivent :
   $$P(R) = P((R \cap M) \cup (R \cap T)) = P(R \cap M) + P(R \cap T) = 2P(R \cap M)$$
   Avec $P(R \cap M) = P_M(R)P(M) = 2/3P_M(R)$, il vient
   $$\frac{3}{5} = P(R) = 2P_M(R)P(M) = \frac{4}{3}P_M(R) \text{ et } P_M(R) = 9/20$$
3. On cherche $P_{(\overline{R})}(M) = \dfrac{P(M \cap \overline{R})}{P(\overline{R})} = \dfrac{P(M \cap \overline{R})}{1 - P(R)}$. Il faut calculer $P(M \cap \overline{R})$.

   On a $M = (M \cap R) \cup (M \cap \overline{R})$, réunion de deux évènements disjoints. On a donc $P(M) = P(M \cap R) + P(M \cap \overline{R}) = P(M)P_M(R) + P(M \cap \overline{R})$ soit $P(M \cap \overline{R}) = P(M) - P(M)P_M(R) = \dfrac{2}{3} - \dfrac{2}{3}\dfrac{9}{20} = \dfrac{11}{30}$, d'où $P_{(\overline{R})}(M) = \dfrac{11/30}{2/5} = \dfrac{11}{12}$.

Chapitre 39

Variables aléatoires finies ou discrètes

On est sur un univers Ω fini ou dénombrable avec une application $X : \Omega \to \mathbb{R}$, dont les valeurs prises sont $x_1, x_2, \ldots, x_n \cdots$, en nombre fini ou dénombrable.

Mais on ne connaît pas l'image d'un élément $\omega \in \Omega$, on connaît seulement la probabilité que $X = x_i$ ou plus généralement $P(X \in I)$ où I est une partie finie ou dénombrable de $\mathbb{R}$. En clair, on ne connaît pas l'ensemble $X^{-1}(I)$ (qui est une partie de Ω) mais on connaît sa probabilité dans Ω.

L'exemple le plus grandiose est celui d'une variable aléatoire suivant la loi binomiale : on répète n fois et de façons indépendantes une expérience conduisant au succès avec probabilité p et à l'échec avec probabilité $1 - p$. Le nombre X de succès parmi les n expériences est une v.a. vérifiant $P(X = k) = \binom{n}{k} p^k (1-p)^{n-k}$. *Parmi les n expériences, on connait la probabilité que k d'entre elles soient des succès, mais rien de plus, on ne sait pas lequelles sont des succès.*

Cette fiche donne peu de résultats concrets percutants (il y a peu de gros théorèmes à appliquer), mais essentiellement les rappels de toutes les définitions et propriétés des grandes lois classiques que peuvent suivre les v.a. courantes : pour chaque situation donnée, on doit savoir reconnaître une modélisation classique.

Domaines concernés

— L'archétype mathématique est le nombre de succès dans le cadre du schéma de Bernoulli (loi binomiale) ou le temps d'attente du premier succès quand on fait des expériences succès/échec identiques et indépendantes (loi géométrique) ou le nombre d'enfants d'une famille ou le nombre de flashs par un radar (loi de Poisson ou loi des événements rares) ou la façon d'interpréter un sondage oui/non parmi une population (loi hypergéométrique au départ puis loi binomiale).

- Gain ou perte d'argent au casino. Nombre de faces dans un lancer de pile/face, que la pièce soit équilibrée ou non. Indemnisation de sinistres : somme à débourser par les assurances. Nombre d'individus souffrant d'une maladie.
- D'une façon générale : modélisation mathématique de ce genre de problèmes.
- Loi d'une variable aléatoire. Cas des v.a. indépendantes.
- Espérance (valeur moyenne espérée) et variance (précision) d'une v.a.
- Et à voir plus loin : tests d'hypothèse pour voir si une supposition est cohérente ou non, à un certain risque prédéfini près.

Résultats fondamentaux utilisables

- X est une application de Ω dans $\mathbb{R}$ prenant les valeurs $x_1, x_2, \cdots$, mais on connait uniquement les probabilités $P(X = x_i)$. La donnée de ces valeurs s'appelle loi de la variable aléatoire X. On connaît les valeurs susceptibles d'être prises par X mais, quand on effectue l'expérience, on ne sait pas quelle valeur va prendre X dans la liste des valeurs possibles. D'où l'appellation variable aléatoire.
- La loi de X est la probabilité définie sur l'ensemble $\{x_1, x_2, \cdots\}$, le germe de x_i étant $P(X = x_i)$. Mais on ne sert quasiment jamais de cet aspect des choses.
- La connaissance de l'univers Ω n'est pas une nécessité, la loi de X peut suffire.
- On définit très souvent une variable aléatoire par « Soit X la variable aléatoire égale au nombre de … », passant par dessus l'univers sous-jacent.
- Pour $X_1, X_2 \cdots, X_n$ variables aléatoires sur un même Ω, la somme $X_1+X_2+\cdots+X_n$ est la v.a. sur Ω définie comme toute somme de fonctions sur un ensemble, à valeurs réelles. Idem pour le produit αX par une constante réelle, idem pour le produit de variables aléatoires.
- Attention : trouver la loi de la somme $X+Y$ est en général très compliqué, sauf dans le cas d'indépendance des variables aléatoires (et encore !)

1 - Les grandes variables aléatoires finies

- Variable suivant la loi binomiale $\mathcal{B}(n,p)$: on répète n fois de suite et de façons indépendantes une expérience succès (probabilité p) / échec (probabilité $1-p$). Le nombre de succès suit la binomiale $\mathcal{B}(n,p)$, i.e. $P(X=k) = \binom{n}{k} p^k(1-p)^{n-k}$.
- Variable de Bernoulli : une v.a. qui vaut 1 avec la probabilité p et vaut 0 avec la probabilité $1-p$. De façon courante, elle dit si la $i$ème répétition de E est un succès ou un échec.
- Si X est la v.a. comptant le nombre de succès dans la répétition n fois de E, on a $X = Y_1 + Y_2 + \cdots + Y_n$, où Y_i est la v.a. de Bernoulli du $i$ème essai. Une v.a. suivant $\mathcal{B}(n,p)$ est donc la somme de n v.a. indépendantes de Bernoulli.

— Variable aléatoire suivant une loi uniforme : une v.a. X prenant m valeurs possibles, chacune avec la même probabilité, qui est donc égale à $1/m$: $P(X = x_1) = P(X = x_2) = \cdots = P(X = x_m) = 1/m$. L'archétype est le numéro de la face qui sort quand on lance une seule fois un dé équilibré.

— Variable aléatoire suivant une loi hypergéométrique : c'est l'archétype du « sondage ». On a N pièces dont M sont défectueuses. On tire n pièces au hasard, sans remise. La v.a. comptant le nombre de pièces défectueuses parmi les n tirées suit la loi hypergéométrique $\mathcal{H}(N, M, n)$. Elle prend ses valeurs entre 0 inclus et n inclus, avec $P(X = k) = \binom{M}{k}\binom{N-M}{n-k}/\binom{N}{n}$.

Dans un sondage, on interroge n personnes dans une population de N individus, dont une proportion p vérifie un certain critère (être du groupe sanguin O+ ...) On a (quitte à arrondir) $M = Np$. Parmi les n personnes interrogées, le nombre de personnes possédant le critère étudié suit la loi hypergéométrique $\mathcal{H}(N, Np, n)$.

2 - Fonction de répartition d'une v.a.

— La fonction de répartition de la variable aléatoire X est la fonction définie sur $\mathbb{R}$ par $F_X(t) = P(X \leq t)$. C'est une fonction en escalier, croissante, vérifiant $\lim_{t\to-\infty} F_X(t) = 0$ et $\lim_{t\to+\infty} F_X(t) = 1$.

— Connaître F équivaut à connaître la loi de X.

3 - Les grandes variables aléatoires discrètes

— Variable aléatoire X suivant une loi géométrique : c'est une v.a. prenant les valeurs $1, 2, \cdots$, à savoir $\mathbb{N}^*$, avec $P(X = n) = (1-p)^{n-1}p$ où $0 < p < 1$.

On est en pratique dans le contexte de la répétition de façons indépendantes d'une expérience succès (probabilité p) / échec (probabilité $1 - p$), et X est le numéro du premier succès de l'expérience.

— Variable aléatoire X suivant une loi de Poisson : c'est une v.a. prenant les valeurs $0, 1, 2, \cdots$, i.e. tous les entiers naturels, avec $P(X = n) = e^{-\lambda}\,\dfrac{\lambda^n}{n!}$ où λ est positif.

Une loi de Poisson a un sens uniquement lorsque le paramètre λ n'est pas trop grand : en pratique $0 < \lambda < 18$. L'archétype est le nombre d'enfants d'une femme (mais de façon empirique, approchée, avec $\lambda = 1.7$ en 2024). Voici une façon simple de la reconnaître dans le langage courant :

— La formulation « Il y a en moyenne λ choses qui se produisent... » signifie que le nombre de « choses qui se produisent... » suit la loi de Poisson de paramètre λ.

— Autant la loi géométrique est rigoureuse (temps d'attente du premier succès), autant la loi de Poisson est une loi qui approche certains phénomènes. On la rencontre peu sous sa forme rigoureuse dans la nature.

4 - Variables aléatoires indépendantes

- Deux variables aléatoires X et Y sont indépendantes lorsque, pour tous x_i et tous y_j, on a $P(X = x_i \cap Y = y_j) = P(X = x_i) \times P(Y = y_j)$.
- Mais très souvent, l'indépendance se vérifie par la simple logique en bon français.
- La définition mathématique de l'indépendance de n v.a. $X_1, X_2, \cdots, X_n$ est très lourde. On utilise uniquement l'implication : si $X_1, X_2, \cdots, X_n$ sont indépendantes alors pour tous $x_1, x_2, \cdots, x_n$:

$$P(X_1 = x_1 \cap X_2 = x_2 \cap \cdots \cap X_n = x_n) = P(X_1 = x_1) \times P(X_2 = x_2) \cdots \times P(X_n = x_n)$$

- Fondamental : La somme de deux variables aléatoires indépendantes suivant des lois de Poisson de paramètre λ et μ, est une variable aléatoire suivant la loi de Poisson de paramètre $\lambda + \mu$.

5 - Espérance d'une variable aléatoire

- Si X prend un nombre fini de valeurs $x_1, \cdots, x_m$, $E(X) = \sum_{k=1}^{m} x_k P(X = x_k)$.
C'est l'équivalent probabiliste de la notion de barycentre ou de centre de gravité.
- Si X prend une infinité de valeurs $x_1, x_2, \cdots$, on définit l'espérance uniquement lorsque la série $\sum |x_k| P(X = x_k)$ est convergente. On pose $E(X) = \sum_{k=1}^{+\infty} x_k P(x_k)$.
- $E(X)$ est la valeur que l'on peut espérer que X prenne en moyenne dans l'expérience aléatoire.
- $E(\alpha X + \beta Y) = \alpha E(X) + \beta E(Y)$.
- Si X et Y sont indépendantes, alors $E(XY) = E(X)E(Y)$, mais la réciproque est en général fausse.

6 - Variance d'une variable aléatoire

- La variance de X est la quantité
$$V(X) = E\Big(X - E(X)\Big)^2 = \sum_{i=1}^{+\infty} \Big(x_i - E(X)\Big)^2 P(X = x_i).$$
Elle existe toujours, quitte à valoir $+\infty$ dans le cas d'une variable aléatoire discrète mal fichue (série positive qui diverge.) Si la v.a. prend un nombre fini m de valeurs, on somme de 1 à m.
- Formule plus pratique : on a aussi $V(X) = E(X^2) - (E(X))^2$.

— La racine carrée de la variance s'appelle écart-type de la variable. On le note souvent σ : la variance sera donc très souvent notée σ^2. L'écart-type mesure la précision de la mesure X : plus σ est petit, plus les valeurs de X sont concentrées autour de $E(X)$, et plus X mesure de façon précise notre phénomène.

— On a $V(\alpha X) = \alpha^2 V(X)$ pour α constante.

— On a $V(X+Y) = V(X) + V(Y) + 2(E(XY) - E(X)E(Y))$.

— $X_1, X_2, \cdots, X_n$ indépendantes $\Longrightarrow$
$V(X_1 + X_2 + \cdots + X_n) = V(X_1) + V(X_2) + \cdots + V(X_n)$.

— En particulier : soient $X_1, X_2, \cdots X_n$ des v.a. indépendantes suivant la même loi d'espérance μ et de variance σ^2, et $Y = \dfrac{X_1 + X_2 + \cdots + X_n}{n}$ leur moyenne (dite empirique). Alors $E(Y) = \mu$ et $V(Y) = \sigma^2/n$. Ce résultat est vital, car il montre que faire la moyenne de n observations indépendantes est bien plus précis que de faire une seule observation, puisque la variance diminue.

7 - Espérance et variance quand X suit les grandes lois

X suit la loi	Espérance $E(X)$	Variance $V(X)$
uniforme	$\dfrac{x_1 + x_2 + \cdots + x_n}{n}$	$\dfrac{x_1^2 + x_2^2 + \cdots + x_n^2}{n} - \Big(E(X)\Big)^2$
Bernoulli (p)	p	$p(1-p)$
binomiale $\mathcal{B}(n,p)$	np	$np(1-p)$
hypergéométrique $\mathcal{H}(N, M, n)$	(avec $p = M/N$) np	(avec $p = M/N$) $np(1-p) \times \dfrac{N-n}{N-1}$
géométrique (p)	$1/p$	$(1-p)/p^2$
Poisson (λ)	λ	λ

8 - Couple (X, Y) de 2 V.A. sur Ω

— Ce paragraphe a pour but d'attirer votre attention sur un point délicat, mais ne vous servira pas énormément en L2.

— Soient X et Y deux v.a. sur Ω, prenant les valeurs $x_1, \cdots, x_p$ et $y_1, \cdots, y_q$. On peut définir sur l'univers Ω^2 la v.a. (X, Y) par $(\omega_i, \omega_j) \mapsto (X(\omega_i), Y(\omega_j))$, mais attention elle est à valeurs dans $\mathbb{R}^2$. Il y a deux cas de figure :

- On connaît la loi du couple (X, Y), à savoir les $P((X, Y) = (x_h, y_k))$. On peut en déduire les lois de X et Y (rare, peu intéressant).
- On connaît les lois de X et Y et on se demande si on peut en déduire la loi du couple (X, Y) : on connaît donc les $P(X = x_h)$ et les $P(Y = y_k)$ et on veut trouver les $P(X = x_h$ et $Y = y_k)$. Impossible, si on ignore les

relations de dépendance entre X et Y (c'est comme pour un couple de la vie courante). On sait le faire à peu près uniquement quand X et Y sont indépendantes. *Faites le rapport avec les couples de la vie de tous les jours : on sait comment chacun vit seul de son côté, mais pas comment ça va se passer quand ils se mettent en ménage !*

9 - Inégalité de Bienaymé-Tchebychev

— Les valeurs « sympathiques » et « espérées » d'une v.a. sont celles « proches » de son espérance. Les valeurs loin de $E(X)$ sont aberrantes. On peut majorer le risque qu'une variable aléatoire prenne des valeurs trop excentriques :

— Soit X une v.a. d'espérance $E(X)$ et de variance $V(X)$. Alors, pour tout $\alpha > 0$, on a $P\Big(|X - E(X)| \geq \alpha\Big) \leq \dfrac{V(X)}{\alpha^2}$.

— Inégalité très grossière, mais qui permet certains résultats quand même. On fera mieux plus loin.

10 - Calculs numériques avec Excel

— Pour une v.a. X suivant la binomiale $\mathcal{B}(n, p)$, Excel calcule la valeur $P(X = k)$ par loi.binomiale.n(k ;n ;p ;0) et $P(X \leq k)$ par loi.binomiale.n(k ;n ;p ;1).

— Soit $0 < x < 1$. On calcule l'unique entier k tel que $P(X \leq k - 1) < x$ et $P(X \leq k) \geq x$ avec k=loi.binomiale.inverse(n ;p ;x).

— Pour une v.a. suivant la loi de Poisson de paramètre λ, on calcule $P(X = k)$ par loi.poisson.n(k ; λ ; 0) et $P(X \leq k)$ par loi.poisson.n(k ; λ ; 1).

— Loi hypergéométrique $\mathcal{H}(N, M, n)$. [Sac de N boules dont M rouges, on tire sans remise n boules, et X désigne le nombre de boules rouges tirées]. On calcule $P(X = k)$ par loi.hypergeometrique.n (k ; n ; M ; N ; 0) et $P(X \leq k)$ par loi.hypergeometrique.n (k ; n ; M ; N ; 1).

11 - Très empirique, mais majoritairement vrai quand même

Soit X une v.a. d'espérance m et d'écart-type σ. Alors la probabilité que X prenne ses valeurs dans l'intervalle $[m - 2\sigma ; m + 2\sigma]$ est de l'ordre de 95%. Attention, c'est une idée qui donne des indications, ce n'est pas une preuve ! Il faut quand même que X mesure un résultat sur une grande population. Ce résultat montre quand même que l'écart-type est un bon indice de la précision d'une v.a.

Ce que l'on vous demandera de montrer

- Majoritairement : identifier dans les situations concrètes proposées, la loi binomiale, la loi hypergéométrique, la loi de Bernoulli, la loi géométrique, la loi de Poisson.
- Utiliser les expressions donnant l'espérance et la variance de ces lois.
- Savoir utiliser de façon claire et simple la notion d'indépendance, la logique en bon français étant vitale. Donc : ne jamais perdre de vue la réalité des observations indépendantes ou non.
- Calculer $P(X \in I)$ où I est une partie simple de $\mathbb{R}$ ou $\mathbb{N}$.
- Majorer la probabilité d'un écart entre X et son espérance via Bienaymé-Tchebychev, assez peu performant, il faut le savoir.
- Faire des calculs numériques, et donc savoir utiliser (par exemple) Excel pour la binomiale, l'hypergéométrique, Poisson.
- Savoir identifier, via « la vie courante » une v.a. suivant une loi de Poisson. Savoir aussi reconnaître dans la vie pratique la loi géométrique, i.e. le temps d'attente de la première apparition d'un phénomène.
- Comprendre que les temps d'attente séparant les apparitions n et $n+1$ d'un phénomène (pannes entre-autre) sont indépendants et de même loi (en général) géométrique.

Les questions à se poser

- Ai-je bien noté les deux façons de définir une v.a. suivant une loi binomiale, soit par nombre de tirages indépendants, soit comme somme de Bernoulli ?
- Ai-je bien compris que reconnaître, dans la vie pratique, une v.a. suivant une loi binomiale est enfantin (pouvant toujours se ramener à un tirage pile/face, que la pièce soit équilibrée ou truandée) ?
- Ai-je bien compris la différence (surtout dans les réalisations pratiques) entre loi binomiale et loi géométrique.
- Ai-je bien compris, (par exemple dans le langage journalistique) comment reconnaître une v.a. suivant une loi de Poisson dans les informations courantes (même si les journalistes ne savent pas que c'est une loi de Poisson) ?
- Si je suis confronté à une v.a. qui n'est pas dans la liste des grands classiques, est-ce que je sais bien calculer son espérance, sa variance, sa fonction de répartition ?
- Est-ce que j'ai bien compris l'idée de la remarque empirique du paragraphe 11 ci-dessus, qui ne démontre rien mais donne un super intervalle de sécurité (le genre d'idée à ne pas écrire sur une copie, mais à avoir en tête) ?

Exercices

Exercice 1

La liste électorale et le cadastre indiquent que, parmi les électeurs du bureau de vote étudié, 25% habitent le quartier A, les autres habitant le quartier B. Lors du vote, on étudie, suivant le quartier où ils habitent, comment les électeurs se présentent au bureau de vote. Le nombre d'inscrits au bureau est « grand ».

1. Le président du bureau regarde les 100 premiers votants. Quelle est la loi de la v.a. comptant le nombre d'habitants du quartier A parmi ces 100 votants ? Donner une façon « courante » et une façon « théorique » d'arriver à ce résultat.
2. Soit T la v.a. égale au numéro du premier habitant de A se présentant au bureau : donner sa loi et son espérance.

Exercice 2

On tire avec remise des boules dans un sac contenant une proportion p de boules rouges. Calculer les probabilités suivantes, en introduisant des variables aléatoires :

1. La première boule rouge apparaît au tirage numéro n.
2. Parmi les n premiers tirages, il y a exactement une boule rouge.
3. Parmi les n premiers tirages, il y a au moins une boule rouge.

Exercice 3 [Simulation en ligne]

Au village, en hiver, les chemins sont verglacés et dangereux. Quand on marche (il n'y a ni chasse-neige, ni voiture ni 2 roues, ni traîneau), on a la probabilité a de tomber ; quand on tombe en portant n pots de confiture, le nombre de pots cassés suit la loi binomiale $\mathcal{B}(n,p)$. Mais on tombe au maximum une fois pendant le trajet, et un pot est susceptible de se casser uniquement si le porteur tombe. Le Petit Chaperon Rouge (dite la PCR, c'est une fille), qui s'est tordu la cheville la veille, veut envoyer 3 pots de confiture à sa grand-mère, et elle se demande comment procéder : les confier à un seul gamin ou bien en confier un par personne à trois gamin(e)s différent(e)s.

1. La PCR décide de confier les pots à trois gamin(e)s.

   a) Calculer la probabilité q qu'un pot porté par un enfant arrive intact.

   b) Donner la loi X du nombre de pots arrivant intacts. Calculer son espérance.

2. Elle confie les 3 pots au même enfant. Donner la loi du nombre Y de pots arrivant intacts : on fera très attention à ce que l'on écrit, il y a un chausse-trape. Calculer son espérance.

3. Quelle est la solution la plus sûre pour que le maximum de pots arrivent intacts (deux idées possibles) ?
4. On prend $a = p = 1/2$ (gros risques de chute et de casse). La PCR, qui a oublié d'être une blonde, teste un autre moyen de transport : elle attache sur le dos de Grand Loup (qui veille au bien-être du village) un sac à dos contenant les 3 pots, et l'envoie chez la grand-mère. Le loup (qui a 4 pattes) ne tombe jamais, et les pots arrivent intacts. Le problème est que le loup veut se faire payer 1 pot de confiture par passage. La PCR lui dit que c'est trop cher, et lui fixe un tarif plus faible, pour que les 3 moyens de port soient équivalents. Quel « indicateur de mesure » utilise la PCR, et quel est ce tarif plus faible qu'elle propose au Loup ?

Exercice 4 [Corrigé en ligne]

Soient X, Y deux variables aléatoires indépendantes suivant l'une la loi binomiale $\mathcal{B}(n, p)$ et l'autre la binomiale $\mathcal{B}(m, p)$ avec le même p.

1. En utilisant la modélisation la plus basique de la loi binomiale, et sans calcul, trouver la loi de $X + Y$.
2. Quelle est la loi de la variable aléatoire $X + X = 2X$?

Exercice 5 [Corrigé en ligne]

Un réacteur d'avion a la probabilité p de tomber en panne en plein vol. La sécurité exige que les pannes soient indépendantes d'un réacteur à l'autre. Un avion peut continuer à voler ssi au moins la moitié de ses réacteurs fonctionnent.

1. Trouver les lois X_2 et X_4 du nombre de réacteurs fonctionnant sur un biréacteur et sur un quadriréacteur.
2. Vaut-il mieux voler sur un biréacteur ou sur un quadriréacteur ? Commentez.
3. Pensez-vous (sans aucun calcul) que ce résultat a quelque chose à voir avec le fait qu'Airbus et Boeing construisent plus de biréacteurs que de quadriréacteurs ?

Exercice 6 [Corrigé en ligne]

On a un sac contenant des boules blanches et noires, avec une proportion p de boules blanches. On effectue des tirages avec remise.

1. On appelle T_1 la variable aléatoire représentant le numéro du tirage donnant la première boule blanche. Trouver la loi de T_1.
2. On appelle T_2 la variable aléatoire donnant le numéro du tirage où sort la deuxième boule blanche. Donner la loi de T_2.
3. Soit $k \geq 2$. On note T_k la variable aléatoire donnant le numéro du tirage où sort la $k$ème boule blanche. Donner la loi de T_k.

4. a) Quelle est la loi suivie par chaque $T_{j+1} - T_j$ pour $j \geq 1$?
   b) Que peut-on dire des différentes variables $T_{j+1} - T_j$, entre elles ? On ne demande pas une preuve mathématique mais une évidence logique intuitive.
   c) Exprimer T_k comme somme de variables indépendantes et de même loi. En déduire son espérance et sa variance.

Exercice 7

Le nombre X de touristes se présentant en une heure au contrôle des passeports à l'aéroport suit une loi de Poisson de paramètre λ. Il y a g guichets ouverts, et les voyageurs se présentent aléatoirement à chaque guichet. On s'intéresse au guichet 1, et on va chercher la loi du nombre Y de passagers se présentant en une heure à ce guichet précis. On notera $p = 1/g$ par commodité.

Soit $k \geq 1$ donné, et $0 \leq n \leq k$: on note $A_{k,n}$ l'événement « k passagers se sont présentés au contrôle dans l'heure et n d'entre eux sont allés au guichet 1 ».

1. Calculer $P(A_{k,n})$.
2. Exprimer $P(Y = n)$ à l'aide des $P(A_{k,n})$, et identifier la loi de Y.
3. La loi précédente est la même pour chacun des g guichets, évidemment. Vérifier la cohérence de cette loi trouvée avec la loi de X.
4. Pouvait-on faire plus rapidement mais moins rigoureusement, sans calcul ?

Exercice 8 [simulation informatique en ligne]

Trois personnes A, B, C sont dans le dernier bus de minuit, qui dessert n arrêts. On appelle X la variable aléatoire égale au nombre d'arrêts du bus pour laisser descendre (plus personne ne peut monter dans le bus). Les comportements des voyageurs sont indépendants les uns des autres.

1. Décrire un univers modélisant la situation.
2. Trouver la loi de X.
3. Calculer son espérance $E(X)$. Quelle vaut $\lim_{n \to +\infty} E(X)$? Interpréter.

Exercice 9

Un livre de 250 pages contient 1500 caractères majuscules. En introduisant 1500 variables aléatoires indépendantes, donner la loi de la variable aléatoire représentant le nombre de majuscules se trouvant page 138.

Exercice 10 [Corrigé en ligne]

On a une balance de cuisine destinée à peser des quantités de l'ordre du kilo. Il est indiqué que la précision, quand on pèse une masse de 1kg, est de 10g, ce qu'il faut interpréter de la façon suivante : quand la balance indique 1kg, il y a 95% de chances que le poids réel soit compris entre 990g et 1010g.

1. Traduire cette idée de précision en utilisant une variable aléatoire X (de loi inconnue), mais on donnera son espérance.
2. Donner une condition suffisante sur la variance de X pour que cette précision soit atteinte. On part du principe que cette condition est vérifiée dans la suite.
3. On pose une fois la quantité de farine sur la balance, on la retire, on la repèse et on fait (à vue de nez de la cuisinière) la moyenne de ces deux pesées. Expliquer ce qui se passe en utilisant 2 v.a. et montrer que la précision augmente.
4. Généraliser à une suite de 10 pesées.

Exercice 11 [Corrigé en ligne]

Il s'agit de 2 exercices distincts, questions 1 et 2 d'une part puis question 3.

1 et 2. On lance une pièce finlandaise (en EUR) équilibrée, et soit X le nombre d'oies sauvages (la face nationale) apparaissant.

1. a) On lance 100 fois : trouver le plus petit intervalle $[a, b]$ centré en 50 tel que $P(a \leq X \leq b) \geq 0.95$.
   b) On répète « 100 lancers » plusieurs fois, et à chaque fois on trouve entre 30 et 35 oies. Que peut-on légitimement (sans aucun calcul) conclure ?
2. On recommence en lançant 1000 fois la pièce et son oie.
3. a) En raisonnant de façon immédiate et comme une bécasse (ça va bien avec les oies), quel devrait être le nouvel intervalle $[a, b]$?
   b) Demander la réponse à Excel, et interpréter.
4. On a un sac contenant 1000 boules dont 200 rouges. On tire 55 boules sans remise, et on cherche la probabilité P d'obtenir 13 rouges dans les 55 tirées.
5. a) Calculer avec Excel la valeur de P.
   b) On se dit qu'enlever 55 boules parmi 1000 ne va pas changer énormément la répartition des couleurs des boules du sac, et que l'on pourrait peut-être faire le calcul comme si l'expérience se faisait avec remise. Avec quelle loi va-t-on faire le nouveau calcul ? Le faire et comparer les deux résultats.

Exercice 12

La route compte deux points accidentogènes A et B assez éloignés l'un de l'autre, un dans chaque sens de circulation. En A, on compte en moyenne 5 accidents par mois et 7 en B. A chaque fois, le SAMU se déplace, et jamais pour rien.

1. Traduire de façon plus mathématique les fréquences d'accidents.
2. Donner (sans aucun calcul) la loi du nombre de déplacements du SAMU sur cette route en un mois.

Exercice 13 [Corrigé et Simulation en ligne]

Une dame chic mais avisée possède 4 billets de 50 EUR et 6 billets de 10 EUR dans son sac, pour payer une somme de 20 EUR. Elle ne veut pas exhiber l'argent qu'elle a, et elle pioche dans son sac discrètement. Quand elle sort un billet de 10, elle le met sur le comptoir ; quand elle s'aperçoit d'un coup d'oeil en biais qu'elle va sortir un billet de 50, elle le remet dans son sac et recommence la manoeuvre. On appelle X la variable aléatoire représentant le nombre de tirages qu'elle doit faire dans son sac pour arriver à avoir la somme exacte de 20 EUR : l'évènement $(X = n)$ est donc « elle a obtenu son deuxième billet de 10 au n ème tirage ». Cet évènement n'a de sens que pour $n \geq 2$, évidemment. On utilisera (pour $-1 < x < 1$) :

$$\sum_{n=0}^{\infty} x^n = \frac{1}{1-x} \text{ et } \sum_{n=1}^{\infty} nx^{n-1} = \frac{1}{(1-x)^2} \text{ et } \sum_{n=0}^{+\infty}(n+2)x^n = \frac{2-x}{(1-x)^2}.$$

1. Calculer $p(X = 2)$, $p(X = 3)$ et $p(X = 4)$. On ne développera pas les calculs, mais on regardera ce qui se met en facteurs à chaque fois, et on vérifiera que les valeurs trouvées correspondent au résultat de la question 2.a qui suit.

2. a) Montrer que $p(X = k + 2) = \dfrac{6}{10} \times \dfrac{5}{9} \times \displaystyle\sum_{a=0}^{k} \left(\frac{4}{10}\right)^a \left(\frac{4}{9}\right)^{k-a}$.

   b) Vérifier que $P(X = k + 2) = \dfrac{10}{3}\left(\dfrac{4}{9}\right)^k - 3\left(\dfrac{4}{10}\right)^k$.

3. Vérifier que $\displaystyle\sum_{n=2}^{+\infty} P(X = n) = 1$. Calculer l'espérance $E(X) = \displaystyle\sum_{n=2}^{+\infty} nP(X = n)$.

Exercice 14 [Corrigé et Simulation en ligne]

On porte une veste dont la poche droite est divisée en deux compartiments indiscernables. L'un des compartiments contient cinq pièces de 1 Euro, et l'autre en contient deux. On joue aux machines à sous, et on plonge la main dans cette poche, en prenant une pièce au hasard. On s'intéresse à la variable aléatoire définie de la façon suivante : $(X = n)$ signifie que, lors du $n$ème tirage dans la poche, on prend la dernière pièce de l'un des compartiments.

Question : Donner la loi de X et son espérance.

Corrigés

Exercice 1

1. Chaque électeur qui vient au bureau a une probabilité $p = 1/4$ d'être de A et $1-p = 3/4$ d'être de B. Les différentes venues sont indépendantes les unes des autres. Le nombre d'électeurs habitant A suit la loi binomiale $\mathcal{B}(100, 1/4)$, d'espérance $100 \times 1/4 = 25$. Si l'on veut être plus théorique, on dit les choses suivantes :

   Soit Y_i la v.a. valant 1 si le $i$ème votant est A, et valant 0 sinon. $Y_1, \cdots, Y_{100}$ suivent toutes la loi de Bernoulli de paramètre $p = 1/4$ et sont indépendantes. La somme $Y_1 + \cdots + Y_{100}$ représente le nombre de votants habitant A, et c'est donc X. On sait que la somme de 100 variables indépendantes suivant la même loi de Bernoulli de paramètre $1/4$ suit la loi binomiale $\mathcal{B}(100, 1/4)$.
2. $(T = n)$ est l'évènement : les $n-1$ premiers votants sont de B (probabilité $3/4$), et le suivant est de A. On reconnaît la loi géométrique de paramètre $p = 1/4$: $P(T = n) = (3/4)^{n-1} \times (1/4)$. Son espérance est $1/p = 4$.

Exercice 2

1. On reconnaît la loi de l'apparition du premier succès (tirer une boule rouge), les $n-1$ précédentes n'étant pas rouge. Il s'agit d'une variable aléatoire X suivant la loi géométrique de paramètre p : la probabilité cherchée est $P(X = n) = (1-p)^{n-1}p$.
2. Comme le nombre de tirages n est fixé, on est dans le cadre de la loi binomiale $\mathcal{B}(n, p)$: on a $P(Y = 1) = \binom{n}{1} p(1-p)^{n-1} = np(1-p)^{n-1}$.
3. On est encore avec la loi binomiale $\mathcal{B}(n, p)$ et on cherche $P(Y \geq 1)$. Il vaut mieux passer par l'événement contraire, qui consiste à ne tirer aucune boule rouge, et est de probabilité $P(Y = 0) = (1-p)^n$. Notre probabilité vaut donc $1 - (1-p)^n$.

Exercice 3

1. a) Arriver intact est la réunion de deux événements disjoints (i) ne pas tomber (ii) tomber mais le pot ne se casse pas : $q = (1-a) \times 1 + a \times (1-p) = 1 - ap$.

   b) On est avec la loi binomiale $\mathcal{B}(3, q)$, puisqu'on compte le nombre de succès dans la répétition de 3 expériences indépendantes de probabilité q de succès. On a $P(X = k) = \binom{3}{k} q^k (1-q)^{3-k}$ et $E(X) = 3q = 3(1 - ap)$.
2. Le cas $Y = 3$ (aucune casse) a lieu lorsque (i) le gamin ne tombe pas (ii) il tombe mais rien ne se casse : $P(Y = 3) = (1-a) \times 1 + a(1-p)^3$. Pour $0 \leq k \leq 2$, on a $Y = k$ si et seulement si le gamin tombe (probabilité a) et k pots survivent, ce qui

relève de la loi binomiale $\mathcal{B}(3, 1-p)$. On a $P(Y=k) = a\binom{3}{k}(1-p)^k p^{3-k}$. On vérifie bien que $\sum_{k=0}^{3} P(Y=k) = 1$. Pour l'espérance, il vient

$E(Y) = 3(1-a) + 3a(1-p)^3 + \sum\limits_{k=0}^{2} ka\binom{3}{k}(1-p)^k p^{3-k} =$

$= 3(1-a) + a\sum\limits_{k=0}^{3} k\binom{3}{k}(1-p)^k p^{3-k} = 3(1-a) + 3a(1-p) = 3(1-ap)$, puisque l'on reconnaît dans le $\sum$ l'espérance de la binomiale $\mathcal{B}(3, 1-p)$. C'est la même espérance que pour X.

3. Il y a deux idées possibles pour cette réflexion : comparer les espérances de X et Y (manque de chance, elles sont égales) ou comparer $P(X=3)$ et $P(Y=3)$. Le calcul de la différence donne $P(Y=3) - P(X=3) = (1-a)[1-(1-ap)^3]$, quantité toujours positive. On a toujours plus de chance d'arriver les 3 pots intacts avec un seul porteur qu'avec 3 porteurs.
4. Elle utilise l'espérance du nombre de pots arrivant intacts, puisqu'elle sait déjà (elle a son certificat d'études primaires) que $E(X) = E(Y) = 2.25$. L'espérance du nombre de pots arrivant intacts avec le Loup est de 3, mais compte-tenu des frais de port, elle ne vaut plus que 2. Elle propose donc au Loup un frais de port de $0.75 = 3/4$ de pot de confiture par mission, à savoir une mission gratuite sur 4, les 3 autres lui rapportant un pot entier. Le Loup accepte, puisque de tout façon, il revend la confiture avec 40% de bénéfice à un autre village du Haut Pays.

Exercice 7

1. $A_{k,n}$ est l'intersection des deux évènements « il y a eu k arrivants » et « il y en a eu n au guichet 1 ». On utilise les probabilités conditionnelles :

   $P(A_{k,n}) = P(k \text{ arrivés})P_{(k \text{ arrivés})}(n \text{ guichet } 1) = e^{-\lambda}\dfrac{\lambda^k}{k!} \times \binom{k}{n} p^n(1-p)^{k-n}$

   puisque le nombre de voyageurs parmi les k arrivés allant au guichet 1 suit la loi binomiale $\mathcal{B}(k, p)$ (La probabilité d'aller au guichet 1 est de $p = 1/g$, et les k choix des arrivants sont indépendants).
2. $(Y = n)$ est la réunion disjointe des $A_{k,n}$ lorsque $k \geq n$:

   $P(Y=n) = \sum\limits_{k=n}^{\infty} e^{-\lambda}\dfrac{\lambda^k}{k!} \times \binom{k}{n} p^n(1-p)^{k-n} = e^{-\lambda}\dfrac{p^n}{n!}\sum\limits_{k=n}^{\infty}\dfrac{\lambda^k(1-p)^{k-n}}{(k-n)!}$

   Faisons le changement d'indice $u = k-n$, qui varie de 0 à $+\infty$:

   $P(Y=n) = e^{-\lambda}\dfrac{p^n}{n!} \times \lambda^n \sum\limits_{u=0}^{\infty}\dfrac{\lambda^u(1-p)^u}{u!}$. Dans la série, on reconnaît $e^{\lambda(1-p)}$:

   $P(Y=n) = e^{-\lambda}\dfrac{p^n}{n!} \times \lambda^n \times e^{\lambda(1-p)} = e^{-\lambda p}\dfrac{(\lambda p)^n}{n!}$. Il s'agit de la loi de Poisson de paramètre λp.

3. On a $X = Y_1 + Y_2 + \cdots + Y_g$ avec des notations évidentes. Les variables Y_i sont indépendantes et suivent toutes la même loi de Poisson de paramètre λ/g. On sait que leur somme suit alors une loi de Poisson dont le paramètre est la somme des paramètres, à savoir $\lambda/g + \cdots + \lambda/g = \lambda$.

4. Dire que X suit la loi $\mathcal{P}(\lambda)$ signifie que le nombre *moyen* d'arrivants en une heure est égal λ. Comme il y a g guichets, et que les choix de guichet sont aléatoires et indépendants, le nombre de voyageurs à chaque guichet est, en moyenne, de λ/g, soit λp. C'est la caractérisation courante d'une v.a. suivant une loi de Poisson de paramètre λp.

   Remarque : le paramètre λ d'une loi de Poisson ne peut pas être très grand. L'unité de comptage des voyageurs sera donc la centaine (par exemple), mais certainement pas l'unité : $\lambda = 5$ signifiera que 500 voyageurs sont arrivés dans l'heure.

Exercice 8

1. Associons à chacun le numéro de son arrêt (on les numérote de 1 à n). L'univers est formé des suites (a, b, c) où a, b et c sont des entiers de 1 à n. L'univers est de cardinal n^3, et chaque élément a le même germe de probabilité.

2. La variable X prend les valeurs 1, 2 ou 3 seulement.

   — $(X = 1)$ est l'évènement où tout le monde descend au même arrêt. Il est formé des suites de la forme (k, k, k) où $1 \leq k \leq n$. Il y en a n. On a donc $P(X = 1) = n/n^3 = 1/n^2$.

   — $(X = 2)$ est l'évènement où une personne descend à un certain arrêt et les deux autres à un autre même arrêt, différent du précédent. On doit fixer ces deux personnes parmi les trois, ce qui fait $\binom{3}{2} = 3$ possibilités, puis fixer l'arrêt du solitaire (n possibilités), puis fixer l'arrêt commun aux deux autres (parmi $n-1$ arrêts différents). On obtient finalement $P(X = 2) = 3 \times n(n-1)/n^3 = 3(n-1)/n^2$.

   — $(X = 3)$ est l'évènement où ils descendent tous à des arrêts distincts. Ce sont les suites (a, b, c) où les éléments sont distincts. Il y a n choix pour A, $n-1$ pour B et $n-2$ pour C. On a $P(X = 3) = n(n-1)(n-2)/n^3 = (n-1)(n-2)/n^2$. On a bien $P(X = 1) + P(X = 2) + P(X = 3) = 1$. L'espérance de X est donnée par

   $$E(X) = 1 \times P(X = 1) + 2 \times P(X = 2) + 3 \times P(X = 3)$$
   $$= \frac{1}{n^2}\Big(1 + 6(n-1) + 3(n-1)(n-2)\Big) = \frac{3n^2 - 3n + 1}{3n^2}$$

   Elle tend vers 3 quand n devient grand : les trois personnes ont toutes les chances d'habiter loin l'une de l'autre et de descendre à des arrêts différents.

Exercice 9

Numérotons les majuscules de 1 à 1500, par exemple dans l'ordre de leur apparition dans le livre. Une majuscule donnée a la probabilité $p = 1/250$ de se trouver sur la page 138. Pour $1 \leq i \leq 1500$, soit X_i la variable aléatoire (Bernoulli) valant 1 avec probabilité p si la majuscule numéro i se trouve en page 138 et valant 0 (avec probabilité $1 - p$) sinon.

La somme $X = X_1 + X_2 + \cdots + X_{1500}$ suit la loi binomiale (seconde définition) $\mathcal{B}(1500; 1/250)$. Elle compte le nombre de majuscules se trouvant en page 138. Son espérance est égale à $1500/250 = 6$: il y a en moyenne 6 majuscules sur la page 138 (et sur une page quelconque, en fait).

Exercice 12

1. La variable X comptant le nombre d'accidents par mois en A suit la loi de Poisson $\mathcal{P}(5)$ et la variable Y en B suit $\mathcal{P}(7)$. Ces deux v.a. sont indépendantes puisque A et B sont assez éloignés l'un de l'autre et sur des sens différents de circulation.
2. Le nombre de déplacements du SAMU est la variable aléatoire $X + Y$ qui suit la loi de Poisson de paramètre $5 + 7 = 12$, puisque l'on peut considérer les accidents comme indépendants.

Chapitre 40

Variables aléatoires continues à densité

Il est souvent plus facile de considérer une « mesure », par exemple la taille des humains ou le poids des pots de confiture, comme étant à valeurs dans $\mathbb{R}$ plutôt qu'à valeurs discrètes. On s'intéresse ici aux variables aléatoires à densité, dont celles suivant la fameuse loi normale. Nombre de définitions et propriétés des variables discrètes sont toujours d'actualité.

Domaines concernés

— Densité, loi normale, loi exponentielle ou sans vieillissement, loi de Student, du χ^2, en prévision de certains tests d'hypothèse.

— Approximation des lois discrètes, pour simplifier les calculs.

Résultats fondamentaux utilisables

1 - Généralités

— On a $P(X \in I) = \int_I f(t)dt$ où f est positive ou nulle et $\int_{-\infty}^{+\infty} f(t)dt = 1$. On a aussi $P(X = x) = 0$, ce qui donne $P(a \leq X \leq b) = P(a < X < b)$, moins de questions à se poser qu'avec les variables discrètes.

— La fonction de répartition est donnée par $F(x) = \int_{-\infty}^{x} f(t)dt$. Elle est dérivable là où f est continue, avec $F'(x) = f(x)$.

— Si l'intégrale $\int_{-\infty}^{+\infty} |t|f(t)dt$ converge, toute variable aléatoire de densité f admet une espérance $E(X) = \int_{-\infty}^{+\infty} tf(t)dt$ et aussi une variance donnée par :
$V(X) = E\big((X - E(X))^2\big) = \int_{-\infty}^{+\infty} (t - E(X))^2 f(t)dt$ (éventuellement infinie).

— On a aussi $V(X) = E(X^2) - (E(X))^2$, en général plus facile à calculer.

— On a $E(\alpha X + \beta Y) = \alpha E(X) + \beta E(Y)$ et $V(\alpha X) = \alpha^2 V(X)$.

2 - Indépendance

— La notion d'indépendance est la même qu'avec les v.a. finies ou discrètes : $P(X \in I \text{ et } Y \in J) = P(X \in I)P(Y \in J)$ pour deux variables. Pour $n \geq 3$, on utilise surtout la logique élémentaire pour montrer l'indépendance de $X_1, X_2, \cdots, X_n$.

— Si $X_1, X_2, \cdots, X_n$ sont indépendantes, alors pour tous intervalles $I_1, I_2, \cdots I_n$, on a $P\Big((X_1 \in I_1) \cap \cdots \cap (X_n \in I_n)\Big) = \prod_{i=1}^{n} P(X_i \in I_i)$.

— Si $X_1, X_2, \cdots, X_n$ sont indépendantes, alors pour tous $\alpha_1, \alpha_2, \cdots, \alpha_n$, on a $V(\alpha_1 X_1 + \cdots + \alpha_n X_n) = \alpha_1^2 V(X_1) + \cdots + \alpha_n^2 V(X_n)$.

— Si $X_1, X_2, \cdots, X_n$ sont indépendantes et de même loi de variance σ^2, la moyenne empirique $\dfrac{X_1 + X_2 + \cdots + X_n}{n}$ a une variance égale à $\dfrac{\sigma^2}{n}$.

— Si X et Y sont indépendantes de densités f et g, la densité h de $X+Y$ est donnée par $h(x) = \int_{-\infty}^{+\infty} f(x-t)g(t)dt = \int_{-\infty}^{+\infty} f(t)g(x-t)dt$.

3 - V.A. suivant la loi uniforme sur $[a, b]$

— Sa densité f est nulle en dehors d'un certain intervalle $[a, b]$, et constante égale à $1/(b-a)$ sur cet intervalle.

— Pour tout intervalle $\mathcal{I}$ inclus dans $[a, b]$, on a $P(X \in \mathcal{I}) = |\mathcal{I}|/(b-a)$, où $|\mathcal{I}|$ est la longueur de $\mathcal{I}$. Cette probabilité dépend uniquement de la longueur de $\mathcal{I}$, et pas de la position de $\mathcal{I}$ entre a et b.

— On a $E(X) = \dfrac{a+b}{2}$ et $V(X) = \dfrac{(b-a)^2}{12}$.

4 - V.A. suivant la loi exponentielle

- La densité de X est $f(x) = \lambda e^{-\lambda x}$ pour $x > 0$ et $f(x) = 0$ sur $]-\infty; 0]$. Le paramètre λ est strictement positif.
- On a $P(X > x) = e^{-\lambda x}$, pratique et concis.
- On a $E(X) = 1/\lambda$ et $V(X) = 1/\lambda^2$.
- Souvent X mesure la durée de vie d'un appareil. Une longue durée de vite correspond à λ petit.
- on a $P(X > a+b) = P(X > a)P(X > b)$, soit $P_{(X>a)}(X > a+b) = P(X > b)$. Si l'appareil est encore vivant au temps a, la probabilité qu'il vive encore un temps b est la même que pour un appareil neuf auquel on demande de vivre un temps b.
- On perd la notion de vieillissement de l'appareil : c'est la seule loi qui vérifie cette propriété.

5 - V.A. suivant la loi normale centrée réduite $\mathcal{N}(0, 1)$

- Sa densité est $f(t) = \frac{1}{\sqrt{2\pi}} e^{-t^2/2}$. On a $P(a < X < b) = \int_a^b \frac{1}{\sqrt{2\pi}} e^{-t^2/2} dt$.
- On a $P(X < 1.96) = 0.975$ et $P(X < 1.65) = 0.95$, soit

$$P(-1.96 < X < 1.96) = 0.95 \quad \text{et} \quad P(-1.65 < X < 1.65) = 0.90$$

- On a $E(X) = 0$ et $V(X) = 1$.
- La loi (et la courbe en cloche) est symétrique : $P(X < -x) = P(X > x)$ pour $x > 0$.
- Une bonne vieille table numérique de la loi normale centrée réduite est donnée un peu plus bas.

6 - V.A. suivant la loi normale $\mathcal{N}(m, \sigma^2)$

- Sa densité est $\frac{1}{\sqrt{2\pi}\sigma} e^{-(t-m)^2/(2\sigma^2)}$, ce qui équivaut à dire que la variable $Z = \frac{X-m}{\sigma}$ suit la loi normale centrée réduite.
- On a $E(X) = m$ et $V(X) = \sigma^2$.
- Soient $X_1, X_2, \cdots, X_n$ indépendantes suivant $\mathcal{N}(m_1, \sigma_1^2), \ldots, \mathcal{N}(m_n, \sigma_n^2)$: la combinaison linéaire $\alpha_1 X_1 + \alpha_2 X_2 + \cdots + \alpha_n X_n$ suit la loi normale d'espérance $\alpha_1 m_1 + \alpha_2 m_2 + \cdots + \alpha_n m_n$ et de variance $\alpha_1^2 \sigma_1^2 + \alpha_2^2 \sigma_2^2 + \cdots + \alpha_n^2 \sigma_n^2$.

— La moyenne $\overline{X_n} = \dfrac{X_1 + X_2 + \cdots + X_n}{n}$ de n v.a. indépendantes suivant toutes la même loi normale $\mathcal{N}(m, \sigma^2)$, suit la loi normale d'espérance m et de variance σ^2/n.

— Calculs Excel avec la loi normale d'espérance m et d'écart-type s :

Calcul de $P(X \leq x)$ à x donné	loi.normale.n(x ;m ;s ;1)
Calcul de x tel que $P(X \leq x) = p$ donné	loi.normale.inverse.n(p ;m ;s)

7 - Approximation par la loi normale

— Dans la nature, la loi normale n'existe pas en tant que telle, elle apparaît comme approximation d'autres lois.

— Soit X une v.a. suivant la loi binomiale $\mathcal{B}(n, p)$ où $n > 30$, $np > 5$, $n(1-p) > 5$. Alors, on peut approcher la loi de X par la loi normale de même espérance et de même variance, à savoir par $\mathcal{N}(np; np(1-p))$.

— En bon français : quand « n est grand » et « p ni trop petit ni trop grand », on approche $\mathcal{B}(n, p)$ par la loi normale de même espérance et même variance.

— Soit X suivant une loi binomiale et Z la v.a. réalisant son approximation par la loi normale. Alors il vaut mieux approcher $P(a \leq X \leq b)$ par $P(a - 0.5 < Z < b + 0.5)$.

— De façon plus générale et moins précise : soient $X_1, X_2, \cdots, X_n$ indépendantes suivant la même loi d'espérance m et de variance σ^2. Alors, quand n est grand, la moyenne empirique $\overline{X_n} = (X_1 + X_2 + \cdots + X_n)/n$ suit approximativement la loi normale d'espérance m et de variance σ^2/n.

8 - Loi du χ^2 à n degrés de liberté

— C'est la loi suivie par une variable aléatoire $X = Y_1^2 + Y_2^2 + \cdots + Y_n^2$ où Y_1, $Y_2, \cdots$, Y_n sont n v.a. indépendantes suivant toutes la loi normale centrée réduite. Son espérance est égale à n et sa variance est égale à $2n$

— Le principal intérêt réside, à notre niveau, dans l'étude des variances.

— Calculs Excel avec une v.a. C_n suivant le χ_n^2 à n ddl :

Calculer $p = P(C_n < x)$	loi.khideux.n(x ;n ; 1)
Trouver x tel que $p = P(C_n < x)$	loi.khideux.inverse(p ;n)

9 - Loi de Student à n degrés de liberté

- Soit Z une v.a. suivant la loi normale centrée réduite et U une v.a. suivant la loi du χ_n^2 à n ddl. La loi suivie par la variable aléatoire $\dfrac{Z}{\sqrt{U/n}}$ s'appelle loi de Student à n degrés de libertés.
- Pour n grand, disons $n > 300$, on approche la loi de Student à n ddl par la loi normale centrée réduite, c'est tout simple.
- Calculs Excel avec une v.a. T_n suivant Student à n ddl :

Calculer $p = P(T_n < x)$	loi.student.n(x ; n ; 1)
x tel que $P(T_n < x) = p$	loi.student.inverse.n(p ;n)
x tel que $P(\|T_n\| > x) = p$	loi.student.inverse.bilaterale(p ; n)

10 - Très empirique, mais majoritairement vrai quand même

Soit X une v.a. d'espérance m et d'écart-type σ. Alors la probabilité que X prenne ses valeurs dans l'intervalle $[m - 2\sigma; m + 2\sigma]$ est de l'ordre de 95%. Attention, c'est une idée qui donne des indications, ce n'est pas une preuve ! Il faut quand même que X mesure un résultat sur une grande population. Ce résultat montre quand même que l'écart-type est un bon indice de la précision d'une v.a.

11 - Table de la loi normale centrée réduite

- La table ci-dessous donne la valeur de la fonction de répartition $F(x) = P(X < x)$ pour les nombres allant de 0 à 3.69 par pas de 0.01. Par exemple, pour $x = 1.96$, on prend la ligne marquée 1.9 dans la colonne de gauche, et ensuite on va dans la colonne marquée 0.06 en haut du tableau. Au croisement de cette ligne et de cette colonne, on lit $F(1.96)$, à savoir 0.9750.

x	0.00	0.01	0.02	0.03	0.04	0.05	0.06	0.07	0.08	0.09
0	0.5000	0.5040	0.5080	0.5120	0.5160	0.5199	0.5239	0.5279	0.5319	0.5359
0.1	0.5398	0.5438	0.5478	0.5517	0.5557	0.5596	0.5636	0.5675	0.5714	0.5753
0.2	0.5793	0.5832	0.5871	0.5910	0.5948	0.5987	0.6026	0.6064	0.6103	0.6141
0.3	0.6179	0.6217	0.6255	0.6293	0.6331	0.6368	0.6406	0.6443	0.6480	0.6517
0.4	0.6554	0.6591	0.6628	0.6664	0.6700	0.6736	0.6772	0.6808	0.6844	0.6879
0.5	0.6915	0.6950	0.6985	0.7019	0.7054	0.7088	0.7123	0.7157	0.7190	0.7224
0.6	0.7257	0.7291	0.7324	0.7357	0.7389	0.7422	0.7454	0.7486	0.7517	0.7549
0.7	0.7580	0.7611	0.7642	0.7673	0.7704	0.7734	0.7764	0.7794	0.7823	0.7852
0.8	0.7881	0.7910	0.7939	0.7967	0.7995	0.8023	0.8051	0.8078	0.8106	0.8133
0.9	0.8159	0.8186	0.8212	0.8238	0.8264	0.8289	0.8315	0.8340	0.8365	0.8389

x	0.00	0.01	0.02	0.03	0.04	0.05	0.06	0.07	0.08	0.09
1.0	0.8413	0.8438	0.8461	0.8485	0.8508	0.8531	0.8554	0.8577	0.8599	0.8621
1.1	0.8643	0.8665	0.8686	0.8708	0.8729	0.8749	0.8770	0.8790	0.8810	0.8830
1.2	0.8849	0.8869	0.8888	0.8907	0.8925	0.8944	0.8962	0.8980	0.8997	0.9015
1.3	0.9032	0.9049	0.9066	0.9082	0.9099	0.9115	0.9131	0.9147	0.9162	0.9177
1.4	0.9192	0.9207	0.9222	0.9236	0.9251	0.9265	0.9279	0.9292	0.9306	0.9319
1.5	0.9332	0.9345	0.9357	0.9370	0.9382	0.9394	0.9406	0.9418	0.9429	0.9441
1.6	0.9452	0.9463	0.9474	0.9484	0.9495	0.9505	0.9515	0.9525	0.9535	0.9545
1.7	0.9554	0.9564	0.9573	0.9582	0.9591	0.9599	0.9608	0.9616	0.9625	0.9633
1.8	0.9641	0.9649	0.9656	0.9664	0.9671	0.9678	0.9686	0.9693	0.9699	0.9706
1.9	0.9713	0.9719	0.9726	0.9732	0.9738	0.9744	**0.9750**	0.9756	0.9761	0.9767

x	0.00	0.01	0.02	0.03	0.04	0.05	0.06	0.07	0.08	0.09
2.0	0.9772	0.9778	0.9783	0.9788	0.9793	0.9798	0.9803	0.9808	0.9812	0.9817
2.1	0.9821	0.9826	0.9830	0.9834	0.9838	0.9842	0.9846	0.9850	0.9854	0.9857
2.2	0.9861	0.9864	0.9868	0.9871	0.9875	0.9878	0.9881	0.9884	0.9887	0.9890
2.3	0.9893	0.9896	0.9898	0.9901	0.9904	0.9906	0.9909	0.9911	0.9913	0.9916
2.4	0.9918	0.9920	0.9922	0.9925	0.9927	0.9929	0.9931	0.9932	0.9934	0.9936
2.5	0.9938	0.9940	0.9941	0.9943	0.9945	0.9946	0.9948	0.9949	0.9951	0.9952
2.6	0.9953	0.9955	0.9956	0.9957	0.9959	0.9960	0.9961	0.9962	0.9963	0.9964
2.7	0.9965	0.9966	0.9967	0.9968	0.9969	0.9970	0.9971	0.9972	0.9973	0.9974
2.8	0.9974	0.9975	0.9976	0.9977	0.9977	0.9978	0.9979	0.9979	0.9980	0.9981
2.9	0.9981	0.9982	0.9982	0.9983	0.9984	0.9984	0.9985	0.9985	0.9986	0.9986

x	0.00	0.01	0.02	0.03	0.04	0.05	0.06	0.07	0.08	0.09
3.0	0.9987	0.9987	0.9987	0.9988	0.9988	0.9989	0.9989	0.9989	0.9990	0.9990
3.1	0.9990	0.9991	0.9991	0.9991	0.9992	0.9992	0.9992	0.9992	0.9993	0.9993
3.2	0.9993	0.9993	0.9994	0.9994	0.9994	0.9994	0.9994	0.9995	0.9995	0.9995
3.3	0.9995	0.9995	0.9995	0.9996	0.9996	0.9996	0.9996	0.9996	0.9996	0.9997
3.4	0.9997	0.9997	0.9997	0.9997	0.9997	0.9997	0.9997	0.9997	0.9997	0.9998
3.5	0.9998	0.9998	0.9998	0.9998	0.9998	0.9998	0.9998	0.9998	0.9998	0.9998
3.6	0.9998	0.9998	0.9999	0.9999	0.9999	0.9999	0.9999	0.9999	0.9999	0.9999

Ce que l'on vous demandera de montrer

- A partir d'une certaine « mesure » X (par exemple à partir des conditions de fonctionnement d'un système un peu compliqué), dont on a calculé la fonction de répartition $F(x) = P(X < x)$, trouver la densité de la v.a. X, l'identifier ou alors avoir une nouvelle loi. Calculer son espérance, sa variance, travailler avec elle.
- Plus fréquemment, identifier la loi de X à partir des grandes lois classiques.
- Identifier un phénomène sans vieillissement (loi exponentielle).
- Travailler à partir des lois classiques, entre-autre avec des v.a. indépendantes.
- Faire des calculs numériques pratiques, à partir des logiciels ou de la table de la loi normale.
- Approcher une loi (par exemple binomiale) par une loi normale.
- Comparer deux variables aléatoires indépendantes X et Y (souvent suivant une loi normale) en étudiant la différence $Z = X - Y$.
- Faire intervenir des temps entre deux pannes ou analogues, et voir se pointer une loi binomiale ou géométrique au milieu des variables continues.

Les questions à se poser

- Etre conscient que la majorité des problèmes posés vont se traiter avec la loi normale et/ou la loi exponentielle.
- Qui est indépendant de qui ?
- Est-ce que je travaille bien avec une somme de v.a. normales indépendantes ? En particulier, que dire de la variance d'une différence ?
- Ai-je bien compris qu'utiliser la moyenne dite empirique de n v.a. indépendantes de même loi divise la variance par n, et augmente donc la précision de la mesure effectuée.
- En cas d'approximation par la loi normale, ai-je compris que c'est bien meilleur que l'inégalité de Bienaimé-Tchebychev pour majorer des écarts avec la moyenne ?
- Suis-je bien dans le bon cas d'approximation de la binomiale par la loi normale ?
- Est-ce que je manipule bien Excel pour les calculs numériques ?
- Est-ce que j'ai bien compris l'idée de la remarque empirique du paragraphe 10 ci-dessus, qui ne démontre rien mais donne de très bons encadrements ? Et que cette approximation découle de la loi normale, ou 1.96 est « la vraie valeur de 2 ».

Exercices

Exercice 1.A

Dans la région A le poids moyen X d'un homme suit la loi normale $\mathcal{N}(69, 9)$.

1. a) Calculer avec Excel $P(X < 65)$ et $P(X > 72)$.

   b) Calculer avec Excel $P(m - 2\sigma < X < m + 2\sigma)$, en appelant m l'espérance de X et σ sa variance.

2. Reprendre le calcul du 1.b en utilisant la bonne vieille table de valeurs numériques de la loi normale centrée réduite donnée ci-dessus.

Exercice 1.B [indépendant des calculs de l'exercice 1.A]

Dans la région A le poids moyen X d'un homme suit la loi normale $\mathcal{N}(69, 9)$ et dans la région B, le poids moyen Y suit la loi normale $\mathcal{N}(71, 16)$, le tout sur la même tranche d'âge, bien sûr. Les régions sont assez éloignées pour assurer l'indépendance des données. On veut faire quelques comparaisons entre X et Y.

1. a) Quelle variable aléatoire suivant encore une loi normale va-t-on utiliser ? Quelle est son espérance, quelle est sa variance ?

   b) Calculer $P(Y > X)$.

2. Calculer $P(Y > X - 1)$ puis $P(X > Y - 1)$.

Exercice 1.C [Corrigé en ligne]

[Indépendant du 1.B mais avec les mêmes hypothèses sur les poids.]

On prend maintenant au hasard (et donc sans lien familial ni génétique) $n = 9$ personnes en A et $n = 9$ personnes en B, en notant $X_1, \cdots, X_n$, et $Y_1, \cdots, Y_n$ les v.a. représentant leurs poids. On veut faire une comparaison plus précise des situations pondérales en A et B, à partir de ces 18 personnes.

1. a) Quelles variables aléatoires $\overline{X_n}$ (pour A) et $\overline{Y_n}$ (pour B) va-t-on maintenant utiliser ? Quelles sont leur espérance et leur variance ?

   b) Quelle variable aléatoire D va-t-on utiliser pour faire la comparaison ?

2. a) Calculer la probabilité que, parmi cet échantillon, le poids moyen en B soit supérieur au poids moyen en A.

   b) Comparer avec le résultat 0.6554 de la question 1.b. de l'exercice précédent.

Exercice 4

La durée X (exprimée en jours) d'efficacité d'une molécule vaccinale après décongélation de la seringue-dose est une variable aléatoire suivant une loi dont la densité est donnée, pour $t \geq 0$, par $f(t) = \lambda t^2 e^{-at}$ où a et λ sont des constantes. Après un certain temps, il est conseillé de jeter la seringue-dose.

1. Sachant que la durée d'efficacité moyenne est de 45 jours, calculer a et λ.
2. Soit Y la durée moyenne d'efficacité dans un stock de 2000 doses. Déterminer une valeur de η pour laquelle $P(|Y - 45| < \eta) > 0.99$. *On appliquera une inégalité bien connue, même si peu performante.*

Exercice 5.A

Une compagnie aérienne essaye de gérer une ligne desservie par un avion de 250 places, sachant que 10% des voyageurs ayant acheté et payé un billet ne se présentent pas à l'embarquement pour une raison ou une autre. Elle se dit qu'il faut faire du surbooking (vendre $N \geq 251$ billets, plus que de sièges). Les comportements des différents acheteurs de billets sont indépendants.

1. Quelle est la loi du nombre X de passagers se présentant effectivement à l'embarquement ? Par quelle loi peut-on l'approcher, compte-tenu des données ?
2. On vend $N = 270$ billets. Quelle est la probabilité que l'on refuse des passagers à l'embarquement ? On fera un calcul exact avec Excel et la loi binomiale, puis un calcul approché avec la loi normale, et on commentera les écarts possibles.

Exercice 5.B [Simulation informatique en ligne]

On reprend les conditions de vol et de vente de billets du 5.A, mais cet exercice est indépendant du précédent : on a simplement besoin de savoir qu'en vendant 270 billets, la probabilité de devoir refuser des passagers à l'embarquement est de l'ordre de 5%. On appellera toujours X la v.a. égale au nombre de passagers, parmi les N ayant acheté un billet, qui se présentant effectivement à l'embarquement.

On cherche ici le nombre N maximum de billets que l'on peut vendre pour que la probabilité de devoir refuser des passagers à l'embarquement soit $\leq 1\%$. Le rappel précédent indique simplement que $251 \leq M \leq 269$.

1. En utilisant l'approximation de X par une loi normale $\mathcal{N}(m, \sigma^2)$ dépendant de N, et en se ramenant à la loi normale centrée réduite, calculer cette limite N.
2. Retrouver N en testant, via la vraie loi de X, les entiers N de 251 à 269.

Exercice 6 [Corrigé en ligne]

1. Soient $X_1, \cdots, X_n$ des v.a. indépendantes et suivant les lois exponentielles de paramètres respectifs $\lambda_1, \cdots, \lambda_n$. On pose $Y = \min(X_1, X_2, \cdots, X_n)$

   a) Pour $a > 0$, calculer $P(Y > a)$. Que vaut $P(Y > a)$ pour $a < 0$?

   b) Quelle loi reconnaît-on dans Y ?

2. Soient X et Y deux v.a. indépendantes suivant la même loi exponentielle de paramètre λ.

3. a) Trouver la densité de la v.a. $Z = X + Y$.

   b) Calculer $P(Z > a)$ pour $a > 0$.

Exercice 7.A

C est un composant dont la durée de vie suit la loi exponentielle de paramètre λ. PL_2 est formé de deux composants indépendants de type C reliés en parallèle : PL_2 marche lorsqu'au moins l'un des deux composants de type C marche. Soit X et X_2 les v.a. représentant les durées de vie de C et PL_2 respectivement. SR_2 est formé de deux composants de type C mis en série : il fonctionne si et seulement si les deux composants marchent. On note Y_2 sa durée de vie.

1. Rappeler la valeur de $P(X > x)$, et calculer $P(X_2 > x)$ pour tout $x > 0$.
2. Calculer $P(Y_2 > x)$ pour $x > 0$. Quelle est la loi de Y_2 ?
3. C a une espérance de vie de 1000h. Calculer la valeur de λ et en déduire les probabilités que PL_2 et SR_2 marchent encore au bout de 600h. Que constate-t-on ?
4. On reprend λ quelconque. Généraliser au cas de SR_n avec n composants en série : quelle est la loi suivie par Y_n ? Quelle est son espérance ?

Exercice 7.B [Indépendant du 7.A] [Corrigé en ligne]

C est un composant dont la durée de vie suit la loi exponentielle de paramètre λ. PL_n est formé de $n \geq 2$ composants indépendants de type C reliés en parallèle : il marche lorsqu'au moins l'un des n composants de type C marche. Soit X et X_n les v.a. représentant les durées de vie de C et PL_n respectivement.

1. a) Rappeler la valeur de $P(X > x)$, et calculer la valeur de $P(X_n > x)$, pour $x > 0$.

   b) En déduire la fonction de répartition de X_n et sa densité.

   On rappelle que l'espérance d'une v.a. Y à densité f et à valeurs positives est donnée par l'une des expressions $E(Y) = \displaystyle\int_0^{+\infty} xf(x)dx = \int_0^{+\infty} P(Y > x)dx$.

2. a) Pour chaque $x > 0$ fixé, calculer $\lim\limits_{n \to +\infty} P(X_n > x)$.

b) Pour $x > 0$ fixé, montrer que la suite de terme général $P(X_n > x)$ est croissante. Que peut-on en déduire pour la suite $\{E(X_n)\}$ des espérances des X_n ?

3. a) Calculer $\lim_{n\to+\infty} \int_a^b P(X_n > x)dx$, en utilisant le théorème de convergence dominée.

   b) En déduire que $\lim_{n\to+\infty} E(X_n) = +\infty$.

4. En utilisant l'autre expression de l'espérance, calculer $\lim_{n\to+\infty} (E(X_n)/n)$.

Exercice 8

$N = 1600$ personnes se répartissent aléatoirement dans deux trains différents, partant à la même heure de la même gare de départ, mais utilisant deux voies parallèles (quand même), et desservant les mêmes arrêts. Soit X le nombre de personnes montant dans le train A : le nombre de ceux montant dans le train B est $Y = N - X$, qui suit la même loi que X. Les deux trains ont le même nombre M de places assises.

1. a) Donner la loi de X, son espérance m, sa variance σ^2.

   b) En utilisant la remarque empirique de la feuille de route de cette fiche, *donner une idée* de l'intervalle $[m - h, m + h]$ vérifiant : « $P(m - h \leq X \leq m + h)$ est de l'ordre de 95%. »

2. a) Donner la CNS liant M et X pour que « la probabilité d'avoir des gens debout dans l'un ou l'autre train est inférieure à 5% ».

   b) Trouver la plus petite valeur de M faisant l'affaire : on utilisera Excel, et on balaiera un certain nombre de valeurs bien réfléchies.

3. Trouver M en utilisant l'approximation classique de la loi de X.

Exercice 9 [Corrigé et Simulation en ligne]

40% des clients du magasin payent en chèque, et parmi eux il y a 20% de chèques supérieurs à 100 Euros. Parmi les autres moyens de paiement, un tiers concerne des sommes supérieurs à 100 Euros.

1. Calculer la probabilité qu'un client pris au hasard dépense au moins 100 Euros.

2. Parmi $n = 2000$ clients, soit X le nombre de ceux achetant pour plus de 100 Euros. Trouver la loi de X, et indiquer comment l'approcher.

3. a) Calculer (binomiale puis normale) la probabilité pour que strictement moins de 540 clients dépensent plus de 100 Euros. *On pensera que* $(X < 540)$ *[en entiers] se traduit en réels par* $(X < 539.5)$, *avec la correction de continuité.*

   b) Refaire ce calcul à la main avec la table de la loi normale centrée réduite.

4. Refaire ce calcul en utilisant la « vraie loi » de X.

Exercice 10 [Corrigé en ligne]

Le temps total d'une consultation chez le médecin suit la loi normale de moyenne 20 et d'écart-type 5 (minutes). Il commence à 9h.

1. Combien de rendez-vous peut-il donner pour que la probabilité de terminer au plus tard à 13h soit de 97.5% ? On part du principe qu'il ne s'arrête pas entre 2 patients et que ceux-ci sont tous à l'heure du rendez-vous officiel, et indépendants les uns des autres.
2. Au temps purement médical, il faut ajouter, pour le médecin, un temps T de dérangements divers suivant $\mathcal{N}(15;4)$. Reprendre les calculs précédents (attention à la résolution de l'équation du second degré !)

Exercice 11 [Simulation informatique en ligne]

Les temps de trajet suivent des lois normales. Un employé A prend d'abord le train (qu'il ne rate jamais), puis le bus. Le train part à 8h20 précise et le bus à 8h45 (il n'attend pas le train si celui-ci est en retard). La durée moyenne du trajet en train est de 23mn. La probabilité que ce trajet dure entre 18mn et 28mn est de 0.6828. La durée moyenne du trajet en bus est de 13mn, avec un écart-type de 2mn. Il faut une minute pour descendre du train et monter dans le bus et une autre pour descendre du bus et arriver au travail.

1. Calculer le paramètre manquant du trajet en train.
2. a) Quelle est la probabilité que A puisse prendre le bus de 8h45 ?
   b) Sachant qu'il a attrapé ce bus, quelle est la probabilité qu'il arrive à 9h au travail ?
3. Montrer que la probabilité qu'il soit à 9h au travail est $p_a = 40\%$.

Exercice 12 [Corrigé et Simulation en ligne]

Cet exercice est la suite du précédent. On peut le résoudre en admettant son résultat final $p_a = 0.40$. Les trajets domicile/bureau suivent toujours des lois normales, et les deux employés A et B sont indépendants.

1. Un autre employé B quitte son domicile à 8h30. La durée moyenne de son trajet en voiture pour aller au travail est de 25mn, avec un écart-type de 5mn, auquel il faut ajouter une minute de marche entre le parking et la porte de l'agence. Quelle est la probabilité p_b qu'il arrive à l'heure au bureau ?
2. Les deux employés doivent être présents pour ouvrir : quelle est la probabilité pour que l'agence ouvre à l'heure ?
3. Il suffit que l'un des deux soit là pour ouvrir : quelle est la probabilité pour que l'agence ouvre à l'heure ?

Exercice 13 [Corrigé et Simulation en ligne]

On est dans un pub londonien, en pence=Pound Sterling/100, *Ante Brexit*.

Le pub dispose d'une cible circulaire pour tirer aux fléchettes. C'est un disque de centre O et de rayon $a = 12$ pouces. On part du principe que l'on ne rate jamais la cible. Elle comporte au centre un disque rouge de rayon $a_1 = 4$, puis une couronne blanche limitée au cercle de rayon $a_2 = 8$, puis une couronne bleue. Quand la fléchette arrive dans le disque rouge, on gagne 10 pence, dans la couronne blanche on en gagne 3 et dans la bleue, on en gagne 1.

On admet le principe suivant : la probabilité qu'une fléchette arrive dans une zone de la cible est proportionnelle à la surface de cette zone. On appelle Z la variable aléatoire égale à la distance entre le centre O et le point où arrive la fléchette.

1. Montrer que la fonction de répartition de Z est $F(R) = R^2/a^2$ pour $0 \leq R \leq a$, et $F(R) = 0$ si $R < 0$ et $F(R) = 1$ si $R > a$ (ces deux cas $R < 0$ et $R > a$ étant techniquement impossibles par hypothèse, mais peu importe). Donner la densité et l'espérance de Z.
2. a) Donner la probabilité de tomber dans chaque zone colorée.

   b) Calculer l'espérance du gain G d'un lancer.

   On lance n fois de suite la fléchette. On appelle X_1 la v.a.comptant le nombre de fois où l'on tombe dans le disque rouge, X_2 celle pour la couronne blanche, et X_3 celle pour la couronne bleue.
3. Donner les lois suivies par X_1, X_2, X_3. Ces trois v.a. sont-elles indépendantes ?

Exercice 14 [Corrigé et Simulation informatique en ligne]

Les horaires et la réalité des trajets sont purement théoriques.

Pour aller de Paris St-Lazare à Saint-Cloud, on a le choix entre les trains allant à Versailles RD, quittant Paris aux minutes 10, 25, 40 et 55 de chaque heure, et ceux allant à Saint Nom partant aux minutes 00, 15, 30 et 45. Un voyageur prend le premier train en partance et les trains partent à l'heure. La variable aléatoire T égale à l'instant appartenant à $[0, 60[$ où un voyageur se présente sur le quai suit la loi uniforme sur l'intervalle réel $[0; 60]$.

1. Calculer la probabilité qu'il prenne un train en direction de Versailles.
2. Le voyageur prend le train 21 fois par mois. Quel est le nombre moyen de trains à destination de Versailles qu'il prend en un mois ?

Corrigés

Exercice 1.A

1. a) Excel donne successivement :
   $P(X < 65)$ =loi.normale.n(65 ; 69 ; 3 ; 1)=0.0912.
   $P(> 72) = 1 - P(X < 72)$ =1-loi.normale.n(72 ; 69 ; 3 ; 1)=0.1586.
   b) On a $m = 69$ et $\sigma = 3$ puisque la variance de X est $9 = \sigma^2$. On demande donc $P(63 < X < 75)$, qui est égale à $P(X < 75) - P(X < 63)$. Il s'agit de
   loi.normale.n(75 ; 69 ; 3 ; 1)-loi.normale.n(63 ; 69 ; 3 ; 1)=0.9544.
2. La variable $Z = (X - m)/\sigma = (X - 69)/3$ suit la loi normale centrée réduite. L'événement $(63 < X < 75)$ est l'événement $(-2 < Z < 2)$.
   - On a $P(-2 < Z < 2) = P(Z < 2) - P(Z < -2)$. Mais la table numérique donne $P(Z < a)$ uniquement pour $a > 0$.
   - On écrit alors $P(Z < -2) = P(Z > 2)$ par symétrie de la loi normale, et donc $P(Z < -2) = 1 - P(Z < 2)$. Il vient $P(-2 < Z < 2) = 2P(Z < 2) - 1$.
   - On prend « 2 » dans la colonne de gauche de la table, ce qui nous fixe une ligne, puis on regarde horizontalement avec « 0 comme 1er chiffre après la virgule » : la table donne $P(Z < 2) = 0.9772$, et il vient finalement $P(-2 < Z < 2) = 2 \times 09772 - 1 = 0.9544$, comme trouvé précédemment en 1.b.

Exercice 1.B

1. a) On va utiliser la variable aléatoire $D = Y - X$, qui transforme des inégalités en le signe d'une différence. Comme X et Y sont indépendantes, D suit encore une loi normale : son espérance est $m = 71 - 69 = 2$, et sa variance est $9 + 16 = 5^2$ (là, l'indépendance est vitale, pour dire que la variance d'une somme/différence est la somme de variances).
   b) Il s'agit de l'événement $(D > 0)$, dont la probabilité est donnée avec Excel par
   $P(D > 0) = 1 - P(D < 0)$ = 1-loi.normale.n(0 ; 2 ; 5 ;1)=65.54%. Il est logique que cette probabilité soit $> 1/2$, puisque la moyenne de Y est supérieure à celle de X. Mais cette probabilité n'est pas aussi grande qu'on aurait pu le penser, les variances (précisions) sont assez élevées (mauvaises). En bon français, la valeur de X peut augmenter et celle de Y diminuer, et tout ceci peut créer des surprises.
   Faisons aussi le calcul avec la table de valeurs numériques ci-dessus, en utilisant $Z = (D - 2)/5$ qui suit la loi normale centrée réduite. L'événement $(D > 0)$ est l'événement $(Z > -0.4)$, dont la probabilité (par symétrie) est égale à $P(Z < 0.4)$. Cette valeur 0.4 se trouve dans le premier tableau, et elle vaut bien 0.6554.

2. a) C'est l'événement $(D > -1)$, dont la probabilité est $1 - P(D < -1)$, et 1-loi. normale.n(-1 ; 2; 5 ;1) donne 0.7257. On a la même chose (heureusement) avec Z et l'événement $(Z > -0.6)$ dont la probabilité est aussi (par symétrie) $P(Z < 0.6) = 0.7257$ d'après la table numérique.

   b) C'est l'événement $(D < 1)$ ou alors $(Z < -0.2)$, dont la probabilité est égale par symétrie à $P(Z > 0.2) = 1 - P(Z < 0.2)$. Les deux méthodes donnent 42.07%.

Exercice 4

1. Il faut traduire que f est une densité de probabilité, i.e. $\int_0^{+\infty} f(t)dt = 1$.

   Le calcul donne $\int_0^{+\infty} \lambda t^2 e^{-at}dt = -\lambda \left[\left(\frac{t^2}{a} + \frac{2t}{a} + \frac{2}{a^3} \right) \right]_0^{\infty} = \frac{2\lambda}{a^3} = 1.$

   Un calcul encore pire donne $E(X) = \int_0^{\infty} tf(t)dt = \int_0^{\infty} \lambda t^3 e^{-at}dt = \frac{6\lambda}{a^4} = 45.$

   On tire des 2 relations que $a = 1/15$ et $\lambda = 1/6750$.

2. L'idée est d'appliquer l'inégalité de Bienaymé-Tchebychev, et il faut donc connaître la variance de X. Un nouveau calcul horrible donne

$$V(X) = E(X^2) = \int_0^{\infty} t^2 f(t)dt - E(X)^2 = \frac{24\lambda}{a^5} - \frac{36\lambda^2}{a^8} = \frac{3}{a^2} = 675.$$

   La variable Y, moyenne de 2000 variables indépendantes d'espérance 45 et de variance $V(X)$ a la même espérance $E(Y)=45$ et une variance $V(Y)=V(X)/2000= 27/80$.

   L'inégalité bien connue nous dit que $P(|Y-45| > \eta) < \frac{V(Y)}{\eta^2} = \frac{27}{80\eta^2}$. Nous prenons donc le plus petit réel η tel que $27/80\eta^2 < 0.01$. Cela nous donne $\eta = 10\sqrt{27/80} \sim 5.8$ jours. Il y a 99 chances sur cent pour que la durée d'efficacité moyenne des vaccins dans le stock ne dépasse pas $45+6 = 51$ jours. Au bout de 52 jours de décongélation, on jette le produit.

Exercice 5.A

1. On est dans le cadre des répétitions indépendantes de $N = 270$ expériences succès (se présenter à l'embarquement avec $p = 0.90$) et échec sinon. La variable X suit la loi binomiale $\mathcal{B}(N, p)$, avec donc $P(X = k) = \binom{N}{k} p^k (1-p)^{N-k}$. Compte-tenu des valeurs de N et p, on peut approcher cette loi binomiale par la loi normale de même espérance $Np = 243$ et de même variance $Np(1-p)$ (soit environ $\sigma = 4.4995$ pour l'écart-type).

2. Pour $N = 270$, on cherche donc $P(X \geq 251)$, à savoir $Q = 1 - P(X \leq 250)$.

- Calcul direct avec la loi binomiale : Q=1-loi.binomiale.n(250 ; 270 ; 0,9 ; 1) donne 0.058913.

- Calcul avec la loi normale : le souci de la loi continue est que « ≤ 250 » est la même chose que « < 250 » et surtout que « < 250.1 » ou « 250.9 », ce qui donne une grosse incertitude possible. Ici, ce qui donne la valeur la plus proche de la vraie valeur est 1-loi.normale.n(250,7 ; 243 ; 4,9295 ; 1)=0.05914. L'approximation est à 10% près, en pratique... quand on varie de 250.1 à 250.9.

- On notera que le calcul encore plus direct $Q = \sum_{k=251}^{270} \binom{270}{k} 0.9^k \times 0.1^{270-k}$ donne 0.58913, égal à la valeur Excel.

Exercice 5.B

1. a) La variable X comptant le nombre de voyageurs se présentant suit la loi binomiale $\mathcal{B}(n, 0.9)$, d'espérance $0.9n$ et de variance $0.09n$. On approche cette loi binomiale par la loi normale de même espérance et de même variance.

   b) Refuser au moins un voyageur est l'évènement $X \geq 251$. En appelant maintenant X une variable aléatoire suivant $\mathcal{N}(0.9n; 0.09n)$, nous cherchons à réaliser $P(X \geq 250.5) < 0.01$, avec la correction de continuité.

   c) On se ramène à la loi normale centrée réduite,

   en posant $Z = (X - 0.9n)/\sqrt{0.09n}$.

   Nous cherchons à réaliser $P\Big(Z \geq \dfrac{250.5 - 0.9n}{\sqrt{0.09n}}\Big) < 0.01$.

   La table/logiciel nous donne $P(Z < 2.33) = 0.99$ pour la loi normale centrée réduite. Le réel $\dfrac{250.5 - 0.9n}{\sqrt{0.09n}}$ doit donc être supérieur ou égal à ce 2.33. Cela équivaut à l'inéquation $250.5 - 0.9n - 0.3 \times 2.33\sqrt{n} \geq 0$. C'est, en posant $x = \sqrt{n}$, une inéquation du second degré en x, ayant une racine négative et une racine positive. Le trinôme est positif entre les racines, et on est bien dans le cas où x, à savoir n, doit être inférieur ou égal à un certain nombre. Le calcul numérique donne 265.67 comme racine exacte, ce qui signifie pour nous, en nombre entier, $n \leq 265$. Si on ne fait pas la correction de continuité, on trouve 265.13, soit encore 265 billets.

2. On demande donc « 1-loi.binomiale.n(250 ; N ; 0,9 ; 1) » pour N variant de 251 à 269, et on regarde le plus grand N pour lequel le résultat est ≤ 0.01. On trouve en fait $N = 266$, plus précis qu'avec l'approximation normale.

Exercice 7.A

1. On a $P(X > x) = e^{-\lambda x}$. Le système PL_2 est en panne au temps x si et seulement si ses deux composants de type C sont en panne au temps x. Comme ces composants sont indépendants et de même loi X,
   on a $P(X_2 < x) = P(X < x) \times P(X < x) = (1 - P(X > x))^2 = (1 - e^{-\lambda x})^2$.
   On en tire $P(X_2 > x) = 1 - (1 - e^{-\lambda x})^2$.
2. On a directement $P(Y_2 > x) = P(X > x)^2 = e^{-2\lambda x}$, puisque SR_2 est en vie au temps t si et seulement ses deux composants indépendant le sont. On reconnaît l'expression de la loi exponentielle de paramètre 2λ. En fait, on a $Y_2 = \min(X_1, X_2)$, le minimum des durées de vie de ses composants.
3. La durée de vie (espérance de la loi exponentielle) valant 1000, on a $\lambda = 0.001$. On a $P(X > 600) = e^{-0.6} = 0.549$. On en tire $P(X_2) > 600) = 1 - (1 - 0.549)^2) = 79.6\%$. Pour SR_2, on a seulement $P(Y_2 > 600) = 0.549^2 = 30\%$. On sait que le système en parallèle est plus fiable que celui en série (mais a aussi d'autres inconvénients).
4. On a $P(Y_n > x) = P(X > x)^n = e^{-n\lambda x}$: Y_n suit la loi exponentielle de paramètre $n\lambda$, ce qui implique que son espérence de vie est $1/(n\lambda)$. Elle devient vite très faible quand n augmente.

Exercice 8

1. a) On peut admettre que les choix de rame sont indépendants (on néglige les familles) : on choisit la rame A avec probabilité $p = 1/2$ et l'indépendance : X suit la loi binomiale $\mathcal{B}(1600; 1/2)$ dont l'espérance est $m = 800$ et la variance $\sigma^2 = 400 = 20^2$.

   b) Cette remarque grave utile et majoritairement vraie dit qu'il y a 95 chances sur 100 que X prenne ses valeurs dans $[m - 2\sigma, m + 2\sigma] = [760; 840]$.
2. a) Il y a des voyageurs debout dans la rame A lorsque $X > M$ et des voyageurs debout dans la rame B lorsque $Y > M$, à savoir $X < 1600 - M$. La probabilité que tout le monde soit assis est donc $q = P(1600 - M \leq X \leq M)$.

   b) En utilisant 1.b et 2.a, on peut imaginer que M est aux alentours de 840. On a $q = P(X \leq M) - P(X \leq 1599 - M)$, facile à calculer avec Excel, en faisant varier M de 830 à 850, au vu de la valeur trouvée au pif. On demande loi.binomiale.n(M ; 1600 ; 1/2 ; 1)-loi.binomiale(1599-M ; 1600 ; 1/2 ; 1) en faisant varier (on tire la formule vers le bas) M de 830 à 850. On obtient 0.9458 pour $M = 838$ et 0.9517 pour $M = 839$. On prend donc des rames de 839 places, grave voisin du 840 trouvé empiriquement !
3. C'est bien plus casse-pieds que prévu, si l'on veut faire un unique calcul avec la loi normale $\mathcal{N}(800, 20^2)$ qui est l'approximation normale de X, puisque M est inconnu. Par symétrie des deux trains, on calcule le plus petit M tel que $P(X \leq M) \leq 0.975$, et ça marchera pour l'autre rame, les 5% de risque étant répartis à gauche et à

droite. Loi.normale.inverse.n(0,975 ; 800 ; 20) donne $M = 839.19$. Mais tout dépend ensuite de si l'on fait la correction de continuité ou non, à savoir si on a trouvé M ou $M + 0.5$, et ensuite il faut passer en entiers, la galère pour pas grand chose. En conclusion, la loi normale nous dit de prendre 839 ou 840, et le mieux est de prendre 840 places par sécurité, même si la binomiale dit que 839 suffisent. On n'en est pas à un strapontin près !

Exercice 9

1. Il faut trouver la variance du train. La v.a. $U = (\text{Train} - 23)/\sigma$ suit $\mathcal{N}(0,1)$, avec $P(-5/\sigma < U < 5/\sigma) = 0.6828$. On a donc $P(U > 5/\sigma) = (1 - 0.6828)/2 = 0.1586$, soit $P(U < 5/\sigma) = 0.8414$ ce qui correspond à $5/\sigma = 1$ avec l'instruction loi.normale. inverse.n(0,8414 ; 0 ; 1) ou dans la table numérique. On a donc $\sigma = 5$mn.
2. a) Il a son bus si le trajet en train dure 24mn au maximum. La probabilité est $P(\text{Train} \leq 24)$=loi.normale.n(24 ;23 ;5 ;1)=0.5792. Avec la table numérique, c'est $P(U \leq (24 - 23)/5) = P(U \leq 0.2)$.

   b) C'est $P(\text{Bus} \leq 14)$=loi.normale.n(14 ;13 ;2 ;1)=0.6914. Avec la table manuelle, c'est $P(\mathcal{N}(0,1) \leq (14 - 13)/2) = 0.6915$, aux arrondis près.
3. Il est à l'heure lorsque le train lui permet d'attraper le bus et que le bus met 14mn au maximum : c'est le produit des deux probabilités précédentes (formule des probabilités conditionnelles), soit seulement $p_a = 40\%$. Pas terrible ! S'il rate le bus, le retard est de l'ordre du temps d'attente du bus suivant ou du suivant encore …

Chapitre 42

Intervalle de fluctuation, de confiance

On a deux paradigmes différents : soit trouver les valeurs « aberrantes » prises par une variable aléatoire dont tous les paramètres sont connues (fluctuation), soit estimer un paramètre inconnue de la loi d'une variable aléatoire, à partir d'une valeur observée de ce paramètre (confiance, sondage).

Presque tout découle du résultat suivant : si X suit la loi normale d'espérance m et d'écart-type σ, alors $P(m - 1.96\sigma < X < m + 1.96\sigma) = 0.95$.

Domaines concernés

1. — On a une v.a. X de loi connue, et on cherche ses valeurs aberrantes, celles qu'elle va prendre avec une faible probabilité. On cherche un intervalle I, positionné suivant certains critères à définir pour chaque cas, tel que $P(X \in I) \geq 95\%$ (la valeur la plus courante, mais ce peut être 97.5% ou même 99%).
   — Souvent, cette variable X est une moyenne : on a une suite X_1, $X_2, \cdots$, $X_n, \cdots$ de v.a. indépendantes suivant toutes la même même loi entièrement connue, et on effectue la recherche en utilisant la v.a. $\overline{X_n} = \dfrac{X_1 + X_2 + \cdots + X_n}{n}$ (dite moyenne empirique), ce qui affinera l'intervalle.
   — Il s'agit là de la notion d'intervalle de fluctuation, « un bassin de sécurité » dans lequel la v.a. étudiée a au moins 95% de chances de prendre ses valeurs.
2. — On a une suite $X_1, X_2, \cdots, X_n, \cdots$ de variables aléatoires indépendantes suivant toutes la même loi, mais dont un paramètre p est inconnu. A l'aide de la moyenne empirique $\overline{X_n} = \dfrac{X_1 + X_2 + \cdots + X_n}{n}$, on trouve une valeur observée p_0 de p, et on cherche à en déduire un encadrement de p, i.e. un intervalle I *a priori* centré en p_0 tel qu'il y ait 95% de chances qu'il contienne la vraie

valeur de p. C'est l'intervalle de confiance, calculé à partir d'un « sondage ». Plus n est grand, plus l'encadrement de p sera fiable (dans les sondages politiques, on prend environ 1100 personnes.)

— Le fait que X prenne des valeurs en dehors de son intervalle de fluctuation est peu probable (moins de 5% par exemple), mais pas impossible. Dans les sondages, la probabilité p que le candidat soit élu est donnée avec une « fourchette d'erreur », et le fait que d'après le sondage le candidat devrait être élu ($p > 50\%$) n'est pas garanti du tout, ce n'est pas une certitude.

Résultats fondamentaux utilisables

— Savoir par ♡ que l'intervalle de fluctuation de la loi normale centrée réduite à 95% est $[-1.96; 1.96]$ et que celui à 90% est $[-1.65; 1.65]$.

— En dehors de tout calcul exact et de la bonne rédaction demandée à l'épreuve, savoir dans sa tête (mais ne pas l'écrire directement sur la copie) que l'intervalle de fluctuation à 95% d'une v.a. (mesurant un grand nombre d'expériences indépendantes) d'espérance m et d'écart-type σ est « grosso modo » $[m-2\sigma; m+2\sigma]$.

1 - Intervalle de fluctuation

— X est une v.a. dont la loi est connue, entre autre son espérance E et sa variance. On cherche un intervalle $[a_1, a_2]$ dont (en principe) E est le milieu et dans lequel X doit « raisonnablement » prendre ses valeurs : on veut qu'il y ait « 95% de chances que X prenne ses valeurs entre a_1 et a_2 » : $P(X \in [a_1, a_2]) = 0.95$.

— On centre souvent cet intervalle sur l'espérance de X, car il n'y a pas de raison de privilégier les trop petites ou les trop grandes valeurs de X en tant que « valeurs aberrantes ».

— Les nombre a_1 et a_2 sont définis par
$P(X < a_1) < 0.025$ et $P(X \leq a_1) \geq 0.025$ (a_1 est le plus grand possible)
$P(X > a_2) < 0.025$ et $P(X \geq a_2) \geq 0.025$ (a_2 est le plus petit possible)

— Strictement à gauche de a_1, il y a moins de 2.5% de chances que X prenne ses valeurs. Strictement à droite de a_2, il y a moins de 2.5% de chances que X prenne ses valeurs. L'intervalle $[a_1, a_2]$ est le plus petit vérifiant $P(X \in [a_1, a_2]) \geq 95\%$.

— Cette distinction entre « inférieur strict » et « inférieur ou égal » a un sens lorsque X prend des valeurs entières (binomiale, Poisson) mais n'a plus de sens avec une variable aléatoire continue (loi normale). Mais elle pose un (vrai/faux) problème casse-pied quand on utilise l'approximation de la loi binomiale par la loi normale (le fameux souci de correction de continuité).

— En cas de doute, avec une v.a. à valeurs entières, on élargit l'intervalle de fluctuation à l'entier inférieur plus petit que a_1 et à l'entier supérieur plus grand que a_2.

2 - Intervalle de fluctuation avec la loi binomiale

— Si X suit $\mathcal{B}(n,p)$, on trouve son intervalle $[a_1, a_2]$ de fluctuation à 95% avec $a_1 =$ loi.binomiale.inverse(n ; p ; 0,025) et $a_2 =$ loi.binomiale.inverse(n ; p ; 0,975), puisque les valeurs aberrantes sont également réparties à gauche et à droite.

— On ne trouvera jamais pile 0.95 comme probabilité de $[a_1, a_2]$, ce sera un peu plus. Comme écrit ci-dessus, le cas échéant, changer les bornes d'une unité.

3 - Intervalle de fluctuation à 95% d'une proportion

— On a un caractère présent dans une « population » avec la proportion **connue** p, style $p = 1/2$ quand on lance une pièce équilibrée ou $p = 0.36$ pour la proportion du groupe sanguin O+ dans la population.

— On prend un échantillon de n individus (n lancers de pièces ou n tests sanguins) indépendants. La v.a. X comptant le nombre d'individus possédant le caractère (nombre de sorties de « face » ou nombre de O+) suit la loi binomiale $\mathcal{B}(n,p)$ que l'on approche par la loi normale $\mathcal{N}(np, np(1-p))$, et la proportion $F = X/n$ d'individus possédant le caractère suit la loi normale $\mathcal{N}(p, p(1-p)/n)$.

— La variable $Z = (F-p)\Big/\sqrt{\dfrac{p(1-p)}{n}}$ suit alors la loi normale $\mathcal{N}(0,1)$, dont l'intervalle de fluctuation à 95% est $[-1.96; 1.96]$ (à savoir par ♡).

— L'intervalle de fluctuation à 95% de la proportion F d'individus ayant le caractère est ainsi $\left[p - 1.96\sqrt{\dfrac{p(1-p)}{n}}\ ;\ p + 1.96\sqrt{\dfrac{p(1-p)}{n}}\right]$.

— Retenir ce résultat par ♡ est dangereux : il vaut mieux reprendre la démarche dès le début, en comptant le nombre X d'individus ayant le caractère (loi $\mathcal{B}(n,p)$), puis en prenant son approximation normale, puis en prenant la loi de la proportion $F = X/n$, puis en revenant à la loi normale centrée réduite et son 1.96 pour 95%. Pour 90% seulement, on remplace 1.96 par 1.65.

4 - Intervalle de confiance à 95% d'une proportion

— Principe de base : le fait que dans un sondage la valeur observée p_0 soit supérieure à 0.50 n'implique absolument pas que le candidat sera élu. Le fait que tout l'intervalle de confiance de p soit à droite de 0.50 est déjà une meilleure garantie, mais ce n'est pas non plus une certitude absolue. Ce principe se généralise évidemment à tous les calculs d'intervalle de confiance !

— A partir de la valeur observée p_0 du caractère, on cherche $[p_1, p_2]$ centré en p_0 tel que « il y a 95% de chances de ne pas se tromper en disant que p est dans $[p_1, p_2]$ ».

- Attention à ne pas dire la grosse bêtise suivante « la probabilité que p soit dans $[p_1, p_2]$ est de 95% ». Le nombre p a une valeur, c'est une constante, ce n'est pas une variable aléatoire : soit il est dans l'intervalle, soit il n'y est pas !
- On demande à n personnes s'ils possèdent ou non le caractère, les seules réponses possibles étant « oui » ou « non ». On en déduit la fréquence observée
$$f_n = \frac{\text{Nombre de personnes ayant le caractère}}{n}.$$
- Le nombre d'individus X sondés et possédant le caractère suit la loi binomiale $\mathcal{B}(n,p)$, d'espérance np et de variance $np(1-p)$. La moyenne $F_n = X/n$ suit une loi d'espérance p et de variance $p(1-p)/n$, et représente la proportion d'individus présentant le caractère étudié. Le nombre f_n est la valeur observée de la variable F_n.
- On utilise l'approximation de X et donc de F_n par la loi normale, car n est toujours assez grand dans un sondage, ce qui conduit à :
$$P\left(F_n - 1.96\sqrt{\frac{p(1-p)}{n}} < p < F_n + 1.96\sqrt{\frac{p(1-p)}{n}}\right) = 0.95$$
Cette écriture avec une probabilité a un sens, puisque F_n est une variable aléatoire, bien que p soit une constante.

  Il y a deux solutions pratiques :
- On peut majorer $p(1-p)$ par $1/4$ puisque $p(1-p) \leq 1/4$ lorsque p décrit $]0,1[$. On obtient un intervalle de confiance un peu plus grand que prévu, puisque l'on rallonge les bornes : $\left[f_n - \frac{1.96}{2\sqrt{n}} ; f_n + \frac{1.96}{2\sqrt{n}}\right]$.
- On peut remplacer $p(1-p)$ par $f_n(1-f_n)$, il existe un théorème de convergence qui justifie ceci. On obtient l'intervalle :
$$\left[f_n - 1.96\sqrt{\frac{f_n(1-f_n)}{n}} \; ; \; f_n + 1.96\sqrt{\frac{f_n(1-f_n)}{n}}\right]$$

5 - Intervalle de confiance d'une espérance

Ce paragraphe est reporté en ligne, car il peut faire appel à la notion de variance empirique + la loi de Student, à la limite des programmes.

Ce que l'on vous demandera de montrer

- Chercher un intervalle de fluctuation ou de confiance, dans le but de tester des valeurs observées. Avoir bien en tête de chercher $P(X < a) = P(X > b) = 0.025$.
- Savoir utiliser Excel ou la table de la loi normale, qui donnent $P(X < x)$ et donc que $P(X > x) = 1 - P(X < x)$.

— Savoir refaire à chaque fois la démarche pour trouver a et b, que ce soit directement sur la loi initiale proposée ou par approximation normale. Dans ce cas, on part d'une variable aléatoire suivant une loi binomiale et on l'approche par la loi normale.
— Il est important de savoir réécrire la démarche à partir de la variable comptant le nombre de succès, on ne vous demandera pas de balancer directement les formules donnant les intervalles.
— Savoir passer de la loi qui compte le « nombre de succès » à la loi de leur fréquence.
— Avoir un bon sens commun permettant d'interpréter les résultats entre valeurs observées et intervalle de fluctuation/confiance.
— Bien comprendre la différence fluctuation/confiance.
— Savoir se dépatouiller (avec une loi discrète) du $\leq$, $\geq$ des bornes a et b.
— Savoir que si la loi de X n'est pas symétrique (loi du χ^2 par exemple), l'intervalle n'est pas centré en l'espérance.
— Etre conscient que l'on est quasiment dans les tests d'hypothèse qui vont suivre, les calculs seront les mêmes.

Les questions à se poser

— Ai-je bien compris que, même pour un intervalle de fluctuation, je dois travailler dans une population de n individus, où n est connu. Cette remarque est évidente quand on fait un sondage (intervalle de confiance), mais elle est vraie aussi pour la fluctuation.
— Ai-je bien compris la différence de nature entre fluctuation et confiance ?
— Ai-je bien compris que la formule donnant l'intervalle fluctuation/confiance d'une proportion est formellement la même :

$$\left[p - 1.96\sqrt{\frac{p(1-p)}{n}}\ ;\ p + 1.96\sqrt{\frac{p(1-p)}{n}}\right] \text{ (fluctuation, } p \text{ connue)}$$

$$\left[f_n - 1.96\sqrt{\frac{f_n(1-f_n)}{n}}\ ;\ f_n + 1.96\sqrt{\frac{f_n(1-f_n)}{n}}\right] \text{ (confiance, } f_n \text{ valeur observée)}$$

— Ai-je bien en tête que le démarrage pour arriver (et justifier ces formules) est la v.a. X comptant, parmi n individus, le nombre de ceux qui possèdent le caractère ; que X suit la loi binomiale $\mathcal{B}(n,p)$, que p soit connu dans la fluctuation ou inconnu dans le sondage. Et qu'ensuite on fait l'approximation par la loi normale, puis qu'on passe à $F_n = X/n$ qui mesure la proportion du caractère étudié dans la population.
— Ai-je bien compris que dans la fluctuation d'une v.a. quelconque, on cherche $[a,b]$ avec $P(X < a) = P(X > b) = 0.025$?
— Pour vérifier très rapidement, ai-bien compris que le rayon de $[a,b]$ (i.e. $(b-a)/2$) est environ 2σ où σ est l'écart-type de X ?

Exercices

Les calculs d'intervalles de fluctuation ou de confiance se font (sauf avis contraire) avec un seuil de 95%. Les énoncés sont souvent longs, car ils décrivent des situations concrètes de la vie courante, qui doivent être bien détaillées.

Exercice 1

Dans la population, la proportion de O+ (groupe O, facteur rhésus positif) est une constante universelle égale à 0.36, qui ne peut pas être remise en cause. Pour un dépistage, on teste $n = 1087$ personnes (indépendantes les unes des autres, les familles sont exclues), et on observe une proportion de 39.5% de O+.

En utilisant un intervalle de fluctuation, dire si le panel de patients testés semble normal ou non, en ce qui concerne leur groupe sanguin.

Exercice 2

Un sondage sur 1789 personnes prises au hasard et habitant une certaine région indique que 23% d'entre elles possèdent un vélo. Donner un intervalle de confiance de la proportion p de personnes ayant un vélo dans toute la région.

Exercice 3

On lance N fois de suite une pièce équilibrée, avec successivement $N = 100$, $N = 500$, $N = 1000$, $N = 10000$.

1. a) Pour chaque valeur de N, trouver l'intervalle de fluctuation du nombre de « face nationale » sorties en utilisant Excel et la loi binomiale.

   b) Recommencer avec l'approximation par la loi normale et vérifier.
2. Calculer les rapports « nombre de valeurs dans l'intervalle/N » et commenter.

Exercice 4

On s'intéresse aux cumuls de pluie en avril+mai dans deux localités A et B assez voisines, celui de A suivant $\mathcal{N}(100, 3^2)$ et celui de B suivant $\mathcal{N}(112, 4^2)$.

1. a) Calculer les intervalles de fluctuation des deux quantités de pluie. Peut-on en déduire qu'il pleut plus en B qu'en A, au seuil de 95% ?

   b) Reprendre le calcul et la conclusion au seuil de sécurité de seulement 90%.
2. a) Quelle variable peut-on aussi utiliser pour faire cette comparaison : quelle est son espérance et sa variance ? Calculer son intervalle de fluctuation et conclure.

   b) Calculer directement $P(X_B > X_A)$ et comparer.

Exercice 5 [Corrigé en ligne]

Le Président a été élu en janvier avec un score de 58%. En mai, un sondage lui donne seulement 55% d'opinions favorables. On va regarder ce que ces chiffres peuvent suggérer : la popularité a-t-elle baissé ?

1. Quel mot de la phrase interdit de répondre instantanément sans calculs ? Que manque-t-il comme donnée numérique ? Par quelle situation électorale devrait-on remplacer le mot qui pose problème pour que la réponse soit du niveau cours élémentaire 1re année ?

   Dans les questions 2 et 3, le sondage de mai a été fait sur 1200 personnes.
2. Répondre à la question initiale avec un intervalle de fluctuation.
3. Répondre à la question initiale avec un intervalle de confiance.
4. Reprendre ces deux questions avec 900 personnes. Que constate-t-on ?

Exercice 6 [Corrigé en ligne]

Cet exercice introduit une v.a. Z suivant une loi autre que binomiale ou normale. On se reportera à la fiche « variables aléatoires continues » où l'on trouvera cette loi et les instructions Excel pour calculer les probabilités la concernant.

On se place dans $\mathbb{R}^n$ avec un vecteur $X = (X_1, X_2, \cdots, X_n)$ dont les composantes sont des v.a. indépendantes suivant toutes la loi normale centrée réduite. Le carré de sa longueur est $Z = X_1^2 + X_2^2 + \cdots + X_n^2$ (Pythagore).

1. Comment s'appelle la loi que suit la v.a. Z ? Quelle est son espérance ?

   On cherche un intervalle de fluctuation de Z, i.e. $[a, b]$ tel que $P(a \leq Z \leq b) = 0.95$, le « risque de 5% restant » étant également réparti à droite et à gauche.
2. a) Que valent donc $P(Z < a)$ et $P(Z < b)$?

   b) Comment (avec Excel) calculer a et b ?

   c) Effectuer les calculs pour $n = 2$, $n = 3$ et $n = 100$.
3. En déduire, pour chaque n, l'intervalle de fluctuation de la longueur du vecteur.
4. Lorsque n est très grand, on peut approcher la loi en question par la loi normale d'espérance n et de variance $2n$. Effectuer cette approximation pour $n = 100$, et comparer les deux intervalles de fluctuation.

Exercice 7

Un fabricant de pots de confitures supposés peser 250g affirme que seulement 4% de ses pots pèsent moins de 250g. Pour essayer de vérifier cette affirmation, un organisme de contrôle teste les poids de 400 pots.

1. À partir de ce 4%, trouver l'intervalle de fluctuation, parmi 400 pots, de la proportion de pots de moins de 250g (ou alors du nombre de pots < 250g).

2. Le contrôle trouve 25 pots de moins de 250g : que conclure ?
3. Le confiturier fait des réglages en espérant diminuer la proportion de pots de moins de 250g. Un échantillon de 5000 pots lui donne 123 pots trop légers. Donner un intervalle de confiance de la proportion p de pots trop légers. La situation s'est-elle améliorée par rapport aux 4% précédents ?

Exercice 8 [Corrigé en ligne]

La veille du scrutin, un média étranger effectue un sondage parmi 900 électeurs français et affirme que le candidat A va être élu avec 53% des suffrages. La première question ne demande aucun calcul, mais demande des réponses « en bon français » valable pour le journaliste moyen (mais sans doute fausses pour vous, un bon mathématicien, défoulez-vous).

1. a) Interpréter ce qu'a voulu dire le média (qui ne connaît rien aux mathématiques), en croyant que ce qu'il raconte traduit la réalité de la notion de sondage.
   b) Un candidat ayant 53% d'intentions de vote parmi 900 électeurs va-t-il [quasi automatiquement] être élu ?
   c) La probabilité qu'il soit élu est-elle de 53%, comme le dit le média ?
2. On appelle p la proportion réelle d'électeurs qui vont voter A parmi les $n = 900$ sondés, proportion qui est est inconnue avant le dépouillement, mais existe.
3. a) Donner l'intervalle de confiance de p (toujours à 95%).
   b) Les valeurs $p = 0.499$, $p = 0.501$, $p = 0.53$ et $p = 0.55$ sont dans cet intervalle de confiance. Calculer avec Excel, pour chacune, la probabilité que A soit élu parmi cet échantillon de 900 votants. Commenter.
4. On se place dans l'hypothèse finale où 40 millions de bulletins de vote seront déclarés valides au soir du scrutin, soit pour A soit pour son adversaire B. D'après le principe médiatique et politique du sondage, l'intervalle de confiance précédent est considéré comme encore valable sur toute la France.

   Les 20 valeurs de p variant de 49.999% à 50.018% par pas de 0.001 sont dans l'intervalle de confiance. Calculer avec Excel la probabilité que A soit élu pour chacune de ces valeur de p. Commenter.

Corrigés

Exercice 1

L'idée est de trouver l'intervalle de fluctuation de la proportion de O+ dans une population de $n = 1087$ personnes, de façon purement statistique. On appelle donc X le nombre de O+ parmi ces n personnes : elle suit la loi binomiale $\mathcal{B}(n, p)$ avec $n = 1087$ et $p = 0.36$. On l'approche par la loi normale de même espérance np et de même variance $np(1-p)$. En divisant par n, on obtient la proportion F_n de O+, qui suit la loi normale d'espérance p et de variance $p(1-p)/n$.

La variable $Z = (F_n - p)\Big/\sqrt{p(1-p)/n}$ suit la la loi normale centrée réduite, dont l'intervalle de fluctuation à 95% est $[-1.96; 1.96]$. L'intervalle de fluctuation de F_n est l'éternel $\left[p - 1.96\sqrt{p(1-p)/n}\ ;\ p + 1.96\sqrt{p(1-p)/n}\right]$, soit $[0.3314, 0.3885]$.

Cet intervalle de fluctuation ne contient pas la valeur observée 0.395, et cette proportion observée doit donc être considérée comme une valeur aberrante : l'échantillon de patients n'est pas conforme à la norme universelle, il contient trop de O+.

Exercice 2

Appelons p cette proportion (dont la valeur existe mais est inconnue!) de propriétaires de vélos : on vient simplement d'observer la valeur $p_0 = 0.23$, et on veut trouver un intervalle de confiance de p à partir des 2 données $n = 1789$ et $p_0 = 0.23$. On appelle X la v.a. comptant le nombre de possesseurs de vélo(s) parmi les $n = 1789$ personnes sondées : elle suit la binomiale $\mathcal{B}(n; p)$, que l'on approche par la loi normale de même espérance np et de même variance $np(1-p)$. La proportion $F_n = X/n$ suit alors (de façon approchée) la loi normale d'espérance p et de variance $p(1-p)/n$, et la v.a. $Z = (F_n - p)\Big/\sqrt{p(1-p/n}$ suit la loi normale centrée réduite. On sait que pour cette loi $\mathcal{N}(0,1)$ on a $P(-1.96 < Z < 1.96) = 0.95$. La technique classique du calcul de l'intervalle de confiance conduit à $\left[p_0 - 1.96\sqrt{p_0(1-p_0)/n}\ ;\ p_0 + 1.96\sqrt{p_0(1-p_0)/n}\right]$ comme intervalle de confiance de p, soit $[0.2105; 0.2495]$. En arrondissant, entre 21% et 25% de la population possède un vélo.

Exercice 3

1. a) Le nombre X de faces suit la loi binomiale $\mathcal{B}(N, 0.5)$. Les bornes sont loi.binomiale.inverse(N ; 0,5 ; 0,025) et loi.binomiale.inverse(N ; 0,5 ; 0,975). On obtient : $[40; 60]$ $[228; 272]$ $[469; 531]$ $[4902; 5098]$.

   b) On approche la loi binomiale $\mathcal{B}(N, 1/2)$ par la loi normale d'espérance $N/2$ et de variance $N/4$. Les bornes sont loi.normale.inverse.n(0,025 ; N/2 ; s) avec $s = \sqrt{N/4}$, et l'analogue avec 0,975. On obtient $[40.2; 59.8]$ puis $[228.08; 271.9]$

puis $[469.01; 530.98]$ et $[4902.42; 5097.99]$, très voisins de ce que donnait la loi binomiale.

2. Pour $N = 100$, on a donc $60-40+1$ valeurs dans l'intervalle de fluctuation, soit 21% des 101 valeurs possibles de X. Ensuite, ça tombe à $(272-228+1)/501 = 45/501 = 8.9\%$, puis à $(531-469+1)/1000 = 6.3\%$ et à $(5098-4902+1)/10000 = 1.97\%$ du nombre total de lancers.

   C'est tout à fait **normal** : plus le nombre de lancers augmente, plus le nombre de « face » tirées s'approche de l'espérance $N/2$. Cela veut dire que X prend très majoritairement des valeurs proches de $N/2$ et prend donc un nombre **très faible** (par rapport au nombre de lancers) de **valeurs distinctes**, mais chacune de ces valeurs proches de l'espérance est prise un **très grand nombre** de fois.

   Attention à ne pas faire de confusion entre la taille de l'intervalle de fluctuation, qui est de plus en plus étroit, et le fait que 95% des valeurs de X sont dans cet intervalle !

Exercice 4

1. a) Rappelons le principe, avec la loi normale : $a < X < b$ équivaut à $(a-m)/\sigma < (X-m)/\sigma < (b-m)/\sigma$, où $Z = (X-m)/\sigma$ vérifie la loi normale centrée réduite. Avec elle, on a $P(-1.96 < Z < 1.96) = 0.95$. $P(a < X < b) = 0.95$ équivaut donc à $(a-m)/\sigma = -1.96$ et $(b-m)/\sigma = 1.96$, à savoir $a = m - 1.96\sigma$ et $b = m + 1.96\sigma$.

   L'intervalle de fluctuation de X_A est $[100-3\times1.96; 100+3\times1.96] = [94.12; 105.88]$. Celui de X_B est de même $[104.16, 119.84]$. Ces deux intervalles ne sont pas disjoints, et il est donc possible (au seuil de 95%) qu'il pleuve moins en B qu'en A. La comparaison des intervalles de fluctuation n'est donc pas concluante.

   b) Avec un indice de confiance de 90%, les intervalles sont $[95.05, 104.95]$ pour A et $[105.40, 118.60]$ pour B, qui sont disjoints. On peut alors conclure, avec un indice de confiance de 90% qu'il pleut effectivement plus en B qu'en A.

2. a) Il est plus efficace d'utiliser la différence $D = X_B - X_A$, mesurant la différence de pluviométrie : elle suit la loi normale d'espérance $m = 112 - 100 = 12$ et de variance $\sigma^2 = 3^2 + 4^2 = 5^2$. Son intervalle de fluctuation à l'indice de confiance de 95% est $[12 - 5\times1.96; 12 + 5\times1.96] = [2.20, 21.80]$.

   Comme il ne contient que des valeurs positives, il y a au moins 95 chances sur 100 qu'il pleuve plus en B qu'en A.

   b) On peut aussi calculer $P(D > 0) = P(Z > (0 - 12/5)$ où $Z = (D-12)/5$ suit la loi normale centrée réduite. Par symétrie, c'est aussi $P(Z < 2.4)$, qui vaut 99% d'après loi.normale.n(2,4 ; 0 ; 1 ; 1) ou via la table numérique. L'utilisation de D est sans appel : il pleut plus en B qu'en A, malgré la proximité des clochers.

Exercice 7

1. a) Le nombre X de pots de moins de 250g suit la loi binomiale $\mathcal{B}(400, 0.04)$. L'intervalle de confiance de X est donné par loi.binomiale.inverse(400 ; 0,04 ; 0,025)=9 et loi.binomiale.inverse(400 ;0,04 ;0,0975)=24.

   b) On peut aussi travailler avec l'approximation de X par la loi normale de même espérance $m = 16$ et de même variance $16 \times 0.96 = 3.9191^2$. La proportion F_n de pots de moins de 250g suit alors la loi normale $\mathcal{N}(p, p(1-p)/n)$ et $(F_n - np)/\sqrt{p(1-p)/n}$ suit $\mathcal{N}(0,1)$. L'intervalle de fluctuation de F_n est donc donné par $[p - 1.96\sqrt{p(1-p)/n}\ ;\ p + 1.96\sqrt{p(1-p)/n}] = [0.0208, 0.059]$.

2. Trouver $25 \notin [9..24]$ pots trop légers est anormal, au seuil de 95% : la proportion de pots trop légers est sans doute supérieure à 0.04. Idem avec la proportion observée : La valeur observée $25/400 = 0.0625$ est à droite de cet intervalle, et donc trop grande.

3. La technique de l'intervalle de confiance d'une proportion p dont on a une valeur observée p_0 et avec n observations donne $\left[p_0 \pm 1.96\sqrt{p_0(1-p_0)/n}\right]$. Avec $p_0 = 123/5000 = 0.0246$ et $n = 5000$ on trouve $p \in [0.0203, 0.0289]$. Les choses se sont améliorées et p est maintenant (au seuil de 95%) inférieur à 3%.

Chapitre 43

Tests d'hypothèse simples

On se contente ici des tests utilisant la loi binomiale ou la loi normale. Les tests plus sophistiqués (utilisant les lois du χ^2 ou de Student) sont en ligne.

On a une hypothèse $\mathcal{H}_0$ dite hypothèse nulle (celle de base, rassurante, bien connue) que l'on veut tester par rapport à une hypothèse alternative $\mathcal{H}_1$ (une concurrente souvent moins bien connue, plus floue).

Les mesures/variables aléatoires utilisées sont toujours indépendantes les unes des autres, cela ne sera jamais rappelé.

Domaines concernés

— On est donc avec deux hypothèses entre lesquelles il faut trancher : une hypothèse de base dite « hypothèse nulle $\mathcal{H}_0$ » dans laquelle tous les paramètres sont connus, et avec laquelle il est facile de faire des calculs, et une « hypothèse alternative $\mathcal{H}_1$ », souvent moins précise (et même tombée du ciel), et avec laquelle il est généralement difficile voire carrément impossible de faire des calculs. Attention, $\mathcal{H}_1$ est contradictoire avec $\mathcal{H}_0$, mais elle n'a aucune raison d'être le *contraire logique* de $\mathcal{H}_0$.

— $\mathcal{H}_0$ et $\mathcal{H}_1$ ne jouent pas le même rôle. On teste si $\mathcal{H}_0$ peut être acceptée ou bien si elle doit être rejetée. Si elle doit être rejetée, alors on est obligé d'accepter $\mathcal{H}_1$, même si celle-ci est peut précise, faite par défaut ou tombée des nues.

— On se fixe un seuil de signification (95% de sécurité soit 5% de risque) répondant à la réalité suivante : « il y a au moins 95% de chances de ne pas se tromper en disant que « $\mathcal{H}_0$ est acceptable », ce qui revient à dire qu'il y a au maximum 5% de chances de se tromper en disant « on refuse $\mathcal{H}_0$ et on doit accepter $\mathcal{H}_1$ ».

— On va être confronté à deux « dangers » :

- Rejeter $\mathcal{H}_0$ alors qu'elle est vraie : risque de première espèce (ce risque souvent noté α est inférieur ou égal aux 5% imposé d'emblée).
- Rejeter $\mathcal{H}_1$ alors qu'elle est vraie : risque de deuxième espèce, noté β, pas toujours calculable si $\mathcal{H}_1$ est peu précise.

- Limitations de cette fiche : on a une situation aléatoire dépendant d'un paramètre inconnu p, qui est ici une proportion ou une espérance. On fait une hypothèse, dite hypothèse nulle $\mathcal{H}_0$, sur la valeur de p : il s'agit en général de $p = p_0$ où p_0 est un nombre connu. On se donne une hypothèse alternative $\mathcal{H}_1$ sur p, en général $p \neq p_0$, $p > p_0$, $p < p_0$, quelquefois $p = p_1$ (où p_1 est connu). On va tester $\mathcal{H}_0$ contre $\mathcal{H}_1$: peut-on admettre l'hypothèse nulle ou doit-on la rejeter et alors accepter $\mathcal{H}_1$.

Résultats fondamentaux utilisables

1 - Principes généraux

- Dans tous les cas, on doit définir une variable X de test : nombre de lancers sortant « face nationale » ou nombre « de porteurs sanguins A+ » ou le poids du pot de confiture...
- L'hypothèse nulle $\mathcal{H}_0$ nous donne la valeur de p_0 et la loi de la variable de test X est entièrement connue quand on admet $\mathcal{H}_0$.
- On cherche alors, on dit « sous $\mathcal{H}_0$ » un intervalle de fluctuation de X, mais attention, cet intervalle n'est pas nécessairement centré sur l'espérance attendue de X, il est déterminé en fonction de l'hypothèse alternative $\mathcal{H}_1$ étudiée.
- Cela revient à déterminer la plus grande zone dans laquelle il y a au maximum 5% de chances (sous $\mathcal{H}_0$) que la variable de test prenne des valeurs « favorables à $\mathcal{H}_1$ », i.e. « trop petites ou trop grandes sous $\mathcal{H}_0$ ». Cette zone sera un intervalle ou la réunion de deux intervalles. Elle est appelée zone de rejet de l'hypothèse nulle $\mathcal{H}_0$, et sa probabilité (calculée sous $\mathcal{H}_0$) doit être $\leq 5\%$.

2 - Test $p = p_0$ contre $p \neq p_0$: zone de rejet bilatère

- Les valeurs de X tendant à rejeter $\mathcal{H}_0$ et accepter $\mathcal{H}_1$ sont les valeurs trop petites et les valeurs trop grandes.
- L'intervalle d'acceptation de $\mathcal{H}_0$ (calculée sous l'hypothèse $\mathcal{H}_0$ avec $p = p_0$) est l'intervalle de fluctuation $[a, b]$ de X déjà étudié, où a est le plus grand nombre vérifiant $P(X < a) < 0.025$ et b le plus petit tel que $P(X > b) < 0.025$.
  Pour X suivant la loi binomiale $\mathcal{B}(n, p_0)$ sous $\mathcal{H}_0$, $[a, b]$ est donné par
  [loi.binomiale.inverse(n ;p_0 ;0,025) ; loi.binomiale.inverse(n ;p_0 ;0,975)]
  Pour X suivant la loi normale $\mathcal{N}(m_0, s_0^2)$ sous $\mathcal{H}_0$, il est donné par
  [loi.normale.inverse(0,025 ;m_0; s_0) ; loi.normale.inverse(0,975 ;m_0; s_0)]
- Si la valeur observée de X sort de cet intervalle, on rejette $\mathcal{H}_0$ et on est obligé d'accepter $\mathcal{H}_1$, on n'a pas le choix.

3 - Zone de rejet unilatère à gauche

— C'est le cas où les faibles valeurs de X sont inacceptables sous l'hypothèse $\mathcal{H}_0$ et donc favorables à l'hypothèse alternative $\mathcal{H}_1$. La zone de rejet de $\mathcal{H}_0$ est à gauche, elle concentre les 5% du rejet et se rencontre dans les deux cas de figure :

- $\mathcal{H}_0$: « $p = p_0$ » contre $\mathcal{H}_1$: « $p = p_1$ » où $p_1 < p_0$ est connu.
- $\mathcal{H}_0$: « $p = p_0$ » contre $\mathcal{H}_1$: « $p < p_0$ ».

— On calcule le plus grand intervalle $]-\infty, a[$ tel que $P(X \leq a) < 0.05$. La zone de rejet de $\mathcal{H}_0$ est $]-\infty, a[$. La zone d'acceptation de $\mathcal{H}_0$ est la demi-droite $[a, +\infty[$.

— Avec Excel, pour X suivant $\mathcal{B}(n, p_0)$ sous $\mathcal{H}_0$, l'intervalle d'acceptation de $\mathcal{H}_0$ est donné par [loi.binomiale.inverse(n ;p_0 ;0,05) ; n]. Pour X suivant $\mathcal{N}(m_0, s_0^2)$ sous $\mathcal{H}_0$, il est donné par [loi.normale.inverse(0,05 ;m_0; s_0) ; $+\infty$[.

4 - Zone de rejet unilatère à droite

— C'est le cas où les grandes valeurs de X sont inacceptables sous l'hypothèse $\mathcal{H}_0$ et donc favorables à l'hypothèse alternative $\mathcal{H}_1$. La zone de rejet de $\mathcal{H}_0$ est à droite, elle concentre les 5% du rejet et se rencontre dans les deux cas de figure :

- $\mathcal{H}_0$: « $p = p_0$ » contre $\mathcal{H}_1$: « $p = p_1$ » où $p_1 > p_0$ est connu.
- $\mathcal{H}_0$: « $p = p_0$ » contre $\mathcal{H}_1$: « $p > p_0$ ».

— On calcule le plus grand intervalle $]b, +\infty[$ tel que $P(X \geq b) < 0.05$. La zone de rejet de $\mathcal{H}_0$ est $]b, +\infty[$. La zone d'acceptation de $\mathcal{H}_0$ est la demi-droite $]-\infty, b]$.

— Avec Excel, pour X suivant $\mathcal{B}(n, p_0)$ sous $\mathcal{H}_0$, l'intervalle d'acceptation de $\mathcal{H}_0$ est donné par [0, loi.binomiale.inverse(n ;p_0 ;0,95)]. Pour X suivant $\mathcal{N}(m_0, s_0^2)$ sous $\mathcal{H}_0$, il est donné par]$-\infty$; loi.normale.inverse(0,95 ;m_0; s_0)].

5 - Tirer les conclusions du test

Une fois déterminée la zone de rejet/acceptation de $\mathcal{H}_0$, la conclusion est rapide. Si la valeur observée de la variable de test est dans la zone d'acceptation de $\mathcal{H}_0$, on conserve l'hypothèse nulle. Si elle est dans la zone de rejet, on accepte l'hypothèse alternative $\mathcal{H}_1$.

6 - Erreurs et puissance d'un test

— L'erreur de première espèce α est la probabilité de rejeter $\mathcal{H}_0$ alors qu'elle est vraie : c'est donc la probabilité (sous $\mathcal{H}_0$) de la zone de rejet que l'on a trouvée, i.e. la vraie valeur de la probabilité que X ne soit pas dans son intervalle d'acceptation sous $\mathcal{H}_0$. Elle est $\leq$ au 5% imposés au départ, et est calculable puisque la loi de X sous $\mathcal{H}_0$ est parfaitement connue.

— L'erreur de seconde espèce est la probabilité β de rejeter $\mathcal{H}_1$ quand elle est vraie. C'est donc la probabilité (sous $\mathcal{H}_1$) de la zone d'acceptation de $\mathcal{H}_0$ (qui a été calculée sous $\mathcal{H}_0$ pendant le test). On ne peut calculer β que si $\mathcal{H}_1$ contient une information précise sur le paramètre testé, par exemple avec $\mathcal{H}_1$: « $m = m_1$ » où m_1 est connu. Le test est bon lorsque β est petit, ce qui veut dire que la puissance $\pi = 1 - \beta$ est proche de 1.

7 - Tester une proportion

— Pour tester la proportion p d'un caractère dans une population de n personnes, on travaille avec la v.a. S_n comptant le nombre de personnes ayant ce caractère. L'hypothèse $\mathcal{H}_0$ est « $p = p_0$ », que l'on teste contre « $p = p_1$ » ou « $p \neq p_0$ » ou « $p < p_0$ » ou « $p > p_0$ ».

— Sous $\mathcal{H}_0$, S_n suit la loi binomiale $\mathcal{B}(n, p_0)$. On peut travailler avec cette loi binomiale ou avec son approximation par la loi normale.

— On peut aussi travailler avec la variable $F_n = S_n/n$, qui représente la proportion d'individus présentant le caractère. On l'approche, sous $\mathcal{H}_0$, par la loi normale d'espérance p_0 et de variance $p_0(1-p_0)/n$.

8 - Tester une moyenne à σ connue

— On a une v.a. X suivant la loi normale $\mathcal{N}(m, \sigma^2)$ où m est inconnue mais où σ est connue. On a une valeur numérique m_0 « assez logique/traditionnelle » pour la valeur inconnue m, et on veut la tester. L'hypothèse nulle $\mathcal{H}_0$ est « $m = m_0$ » et l'hypothèse alternative $\mathcal{H}_1$ est « $m \neq m_0$ » ou « $m < m_0$ » ou « $m > m_0$ » ou même « $m = m_1$ » avec m_1 connue.

— On se donne un échantillon de X, à savoir $X_1, X_2, \cdots, X_n$ où les X_i sont de même loi que X et indépendantes. On utilise $\overline{X_n} = \dfrac{X_1 + X_2 + \cdots + X_n}{n}$ (leur moyenne empirique) comme variable de test : son espérance est m et sa variance σ^2/n. On calcule $\overline{x_n}$, la valeur observée de $\overline{X_n}$.

— Sous $\mathcal{H}_0$, $\overline{X_n}$ suit la loi normale d'espérance m_0 et de variance σ^2/n.

— Voici le tableau des zones de rejet de $\mathcal{H}_0$. On regarde si la moyenne observée $\overline{x_n}$ se trouve ou non dans l'intervalle correspondant au test :

Test $\mathcal{H}_1$	Zone de rejet de $m = m_0$: valeurs favorables à $\mathcal{H}_1$
$m \neq m_0$	$]-\infty\ ;\ m_0 - 1.96\sigma/\sqrt{n}\ [\ \bigcup\ ]\ m_0 + 1.96\sigma/\sqrt{n}\ ;\ +\infty\ [$
$m > m_0$	$]\ m_0 + 1.65\sigma/\sqrt{n}\ ;\ +\infty\ [$
$m < m_0$	$]-\infty\ ;\ m_0 - 1.65\sigma/\sqrt{n}\ [$

— Les cas $m = m_0$ contre $m = m_1$ se trouvent dans $m > m_0$ ou $m < m_0$ suivant que $m_1 > m_0$ ou $m_1 < m_0$.

— Pour tester $m_x = m_y$ avec les lois normales $\mathcal{N}(m_x, \sigma_x^2)$ et $\mathcal{N}(m_y, \sigma_y^2)$, on utilise la différence $D = (X_1 + \cdots + X_n)/n - (Y_1 + \cdots + Y_m)/m$ des moyennes de deux échantillons des lois. Sous $\mathcal{H}_0 : m_x = m_y$, elle suit la loi normale d'espérance nulle et de variance $\sigma_x^2/n + \sigma_y^2/m$.

Ce que l'on vous demandera de montrer

— Tester une hypothèse $\mathcal{H}_0$ (claire, éventuellement à trouver) contre une hypothèse alternative $\mathcal{H}_1$, en général à trouver *de façon logique* en fonction des données.

— En principe, la démarche du test ne sera pas détaillée, c'est toujours la même technique, consistant à construire un intervalle de fluctuation.

— La variable de test ne sera pas précisée explicitement, à vous de la construire.

— Calculer les erreurs de première et si possible de deuxième espèce, conclure à la fiabilité du test.

— Interpréter le résultat, suggérer des améliorations à la situation étudiée, par exemple sur la meilleure efficacité du traitement représenté par $\mathcal{H}_1$.

Les questions à se poser

— Ai-je bien choisi la bonne hypothèse nulle $\mathcal{H}_0$ et bien formulé l'hypothèse alternative $\mathcal{H}_1$.

— Ai-je bien choisi une variable de test, à savoir ou bien (i) le nombre de succès parmi n expériences indépendantes ou bien (ii) $\overline{X_n} = (X_1 + X_2 + \cdots + X_n)/n$ (moyenne empirique d'un échantillon), où la taille n de l'échantillon est en principe fournie par l'énoncé, et où les X_i sont indépendantes de même loi.

— Ai-je choisi la bonne zone de rejet de $\mathcal{H}_0$ (centrée, gauche, droite) ?

— Ai-je bien compris que plus la taille n est grande, plus le test sera fiable.

— Ma variable de test suit-elle bien la loi binomiale ou la loi normale (99% des cas) ? Ou éventuellement une autre loi, mais dans tous les cas, je dois savoir calculer les probabilités sous l'hypothèse nulle $\mathcal{H}_0$.

— Je ne dois pas me laisser impressionner par les calculs d'intervalles de fluctuation plus généraux que dans la fiche précédente, avec un risque à gauche ou à droite, intervalle ne répondant plus nécessairement au critère sécurisant d'intervalle centré autour de l'espérance de la variable aléatoire de test.

— Ai-je bien choisi la zone d'acceptation A_0 de $\mathcal{H}_0$, et donc la zone de rejet R_0 de $\mathcal{H}_0$.

— Ai-je bien compris l'erreur de première espèce : $\alpha = P_{\mathcal{H}_0}(R_0)$, qui est inférieure au 5% maximal imposé.

— Ai-je bien compris l'erreur de deuxième espèce : $\beta = P_{\mathcal{H}_1}(A_0)$, mais qu'on ne sait pas toujours la calculer. Et que la puissance $\pi = 1 - \beta = P_{\mathcal{H}_1}(R_0)$ doit être proche de 1 si on veut que le test soit significatif.

Exercices

Très souvent, et plutôt que d'aller bidouiller avec Excel, il sera plus rapide de se rappeler que pour une variable aléatoire Z suivant la loi normale centrée réduite, on a $P(Z < 1.96) = 97.5\%$ et $P(Z < 1.65) = 95\%$.

Exercice 1

Une statistique globale dit que la grippe a frappé 21% de l'ensemble de la population. On constate cependant que dans la région A, le taux de malades a été plus fort : une enquête parmi 731 dossiers médicaux y a trouvé 168 cas de grippe. Construire un test permettant de dire si la région A est effectivement plus atteinte que la moyenne nationale. On définira $\mathcal{H}_0, \mathcal{H}_1$ et une variable de test. On fera les calculs avec la loi binomiale puis avec son approximation normale.

Exercice 2

On lance $n = 400$ fois une pièce, et on constate que seulement 160 « face nationale » sortent.

1. a) Sans aucun calcul, que peut-on penser de la pièce ?
   b) Quel est le paramètre que l'on va tester ?
   c) Quelle est l'hypothèse nulle $\mathcal{H}_0$?
   d) Quelle est l'hypothèse alternative la plus adaptée au problème ?
2. Effectuer le test et conclure. On calculera l'erreur de première espèce α.
3. Les données suggèrent une certaine valeur p_1 du paramètre.
   a) Quelle nouvelle hypothèse $\mathcal{H}_1$ peut-on imaginer ?
   b) Quelle est la zone d'acceptation de $\mathcal{H}_0$ contre $\mathcal{H}_1$?
   c) Calculer la puissance du test.

Exercice 3

Une machine est supposée fabriquer des tiges métalliques dont la longueur (en cm) suit la loi normale $\mathcal{N}(140, 0.25^2)$. Un contrôle sur $n = 453$ pièces donne une longueur moyenne de 140.2 cm.

Construire un test pour voir si l'hypothèse « m=140 » est acceptable ou non (la précision, i.e. l'écart-type σ, n'est pas remise en cause, on se pose des questions uniquement sur m.) Conclusion ?

Exercice 4

Sur la parcelle A de blé tendre (pour le pain), le rendement moyen suit une loi normale d'espérance m_a quintaux/hectare et d'écart-type 1.5q/hectare. Sur la parcelle B, pas très éloignée en fait, le rendement moyen suit la loi normale d'espérance m_b mais d'écart-type 2 (mêmes unités) : les valeurs de m_a, m_b sont inconnues. Des statistiques sur plusieurs années donnent des valeurs moyennes observées de 70 pour m_a et de 75 pour m_b

1. Tester $\mathcal{H}_0 : m_a = m_b$ contre $\mathcal{H}_1 : m_a < m_b$. On définira avec soin une variable de test en fonction des rendements des deux parcelles.
2. Obtiendrait-on le même résultat avec les deux intervalles de fluctuation classiques de X_a et X_b ?

Exercice 5 [Corrigé en ligne]

La concentration de magnésium par litre d'une eau minérale suit une loi normale d'espérance m et de variance $\sigma^2 = 4.53^2$. Le producteur affirme que la concentration m en magnésium est de $m_0 = 161$mg/l. Des mesures effectuées sur dix bouteilles différentes donnent les concentrations 150, 155, 153.4, 163, 164, 162.3, 157, 160, 155.5, 158.4.

Tester l'hypothèse $m = m_0$ contre une hypothèse alternative que l'on fixera au vu des données observées. La valeur de la variance n'est pas à remettre en cause.

Exercice 6

Une ampoule a une durée de vie suivant une loi exponentielle, et le fabricant affirme que son espérance de vie est de 500 heures.

1. Donner (sous cette hypothèse) le paramètre de cette loi exponentielle, et calculer la probabilité p que la durée de vie soit inférieure à 450 heures.
2. On teste 800 ampoules, et on constate que 512 ont claqué pendant les 450 premières heures du test. Tester $\mathcal{H}_0$: « la durée de vie est égale à 500h » contre $\mathcal{H}_1$: « elle est différente de 500h ».
3. Au vu des conclusions précédentes, le test demandé « durée de vie = 500h » contre « elle est $\neq$ 500h » est-il bien adapté ? Que suggérez-vous ?

Exercice 7 [Corrigé en ligne]

Les études effectuées sur 9 mois ont montré que la hauteur mensuelle moyenne de crue d'une rivière, sous un pont donné, suit une loi normale $\mathcal{N}(m, 100^2)$, en mm. On effectue (au niveau de 5%) des tests sur la valeur de m.

1. Quelle est la loi de la variable $\overline{X}$ représentant la valeur moyenne de crue pendant ces 9 mois ?

   On a observé, pendant ces 9 mois, les valeurs : 1510, 1614 , 1780 , 1512, 1501, 1534, 1603, 1788, 1650 de hauteur de crue.

2. Tester $\mathcal{H}_0$: « $m = 1540$ » contre $\mathcal{H}_1$: « $m = 1585$ ». Quelle est la puissance de ce test ?
3. Tester $\mathcal{H}_0$: « $m = 1540$ » contre $\mathcal{H}_1$: « $m > 1540$ ». Peut-on calculer d'emblée la puissance de ce test ?
4. Tester $\mathcal{H}_0$: « $m = 1570$ » contre $\mathcal{H}_1$: « $m \neq 1570$ ».
5. a) Tester $\mathcal{H}_0$: « $m = 1570$ » contre « $m > 1570$ ».

   b) En déduire un test de $\mathcal{H}_0$: « $m \leq 1570$ » contre $\mathcal{H}_1$: « $m > 1570$ ».

Exercice 8 [Corrigé en ligne]

On teste si la concentration d'un certain produit est plus élevée dans une solution A ou dans une solution B. Des dosages ont donné (en mg/l) :

- solution A : $12.8, 13.1, 13.3, 13.6, 13.8, 14.1$
- solution B : $11.8, 12.2, 13.2, 13.4$.

Le résultat d'un dosage de la solution A est une v.a. suivant une loi normale $N(m_A, \sigma)$, et celui d'un dosage de la solution B suit une loi normale $N(m_B, \sigma)$, avec $\sigma = 0.6$. On veut tester $\mathcal{H}_0 : m_A = m_B$ contre $\mathcal{H}_1 : m_A > m_B$.

1. Quelle variable $\overline{X}$ va-t-on introduire pour les dosages de A ? Quelle est sa loi ? Faire de même pour B, avec une variable Y.
2. Quelle variable va-t-on utiliser pour tester $m_A - m_B = 0$? Quelle est sa loi ?
3. Quel genre de test utilise-t-on ? Quelle est la zone de rejet ? Conclure.

Exercice 9 [Corrigé en ligne]

On veut tester la loi suivie par la taille d'une certaine variété de plantes. On dispose de deux modèles possibles, soit la loi normale $\mathcal{N}(50, 2^2)$ (hypothèse $\mathcal{H}_0$), soit la loi normale $\mathcal{N}(56, 3^2)$ (hypothèse $\mathcal{H}_1$).

1. Construire un test basé sur l'observation de la taille d'une seule plante. Calculer l'erreur de seconde espèce et la puissance de ce test.
2. Construire un test basé sur l'observation de $n = 16$ plantes.

Corrigés

Exercice 1

1. a) Soit p la proportion de grippés dans la population. On prend « $\mathcal{H}_0 : p = 0.21$ », puisque cette valeur est connue, stable et permet de faire les calculs. L'hypothèse alternative est « $\mathcal{H}_1 : p > 0.21$ », au vu des données (il serait idiot de prendre $p \neq 0.21$). La variable de test est le nombre X de personnes atteintes parmi les $n = 731$ dossiers étudiés. On peut aussi prendre la proportion $F_n = X/n$, de toute façon le calcul initial est le même. X suit la loi binomiale $\mathcal{B}(n, 0.21)$, que l'on peut approcher par la loi normale $\mathcal{N}(np, np(1-p))$ et F_n suit alors la loi normale d'espérance p et de variance $np(1-p)/n$. Les grandes valeurs du nombre de grippés sont favorables à $\mathcal{H}_1$: la zone de rejet de $\mathcal{H}_0$ est donc à droite, i.e. de la forme $]b, n]$ avec $P(X \leq b) = 0.95$.

   b) Binomiale.inverse.n(731 ;0,21 ; 0,95) donne $b = 172$: la zone d'acceptation de $\mathcal{H}_0$ est $[0..172]$ (la zone de rejet de $\mathcal{H}_0$ étant alors $[173..731]$. La valeur observée 168 est dans la zone d'acceptation de $\mathcal{H}_0$, et il n'y a pas lieu de considérer qu'il y a eu plus de grippés dans la région A.

   c) Passons par la proportion F_n de grippés qui suit la loi normale d'espérance 0.21 et d'écart-type $\sqrt{p(1-p)/731} = 0.015$ sous l'hypothèse $\mathcal{H}_0$. Le plus simple est de passer par $Z = (F_n - 0.21)/0.015$ qui suit la loi normale réduite centrée, et dont la zone d'acceptation est $]-\infty, 1.65]$. La zone d'acceptation de F_n est alors $]-\infty, 0.21 + 1.65 \times 0.015]$, soit $p \leq 0.2348$. La valeur observée est $p = 168/731 = 0.2298$, qui appartient bien à cet intervalle d'acceptation de $\mathcal{H}_0$.

Exercice 2

1. a) Elle est vraisemblablement truquée.

   b) On va tester la probabilité p que « face » apparaisse lors d'un lancer.

   c) On prend la plus simple possible, à savoir « $\mathcal{H}_0 : p = 1/2$ », pièce normale.

   d) Comme il semble y avoir moins de faces que la normale, on va prendre « $\mathcal{H}_1$: on a $p < 1/2$. » La zone de rejet de $\mathcal{H}_0$ est donc à gauche, puisque les faibles valeurs du nombre de faces sont favorables à $\mathcal{H}_1$.

2. a) On prend comme variable de test le nombre X de « face » sorties parmi $n = 400$ lancers. Elle suit, sous $\mathcal{H}_0$, la loi binomiale $\mathcal{B}(400, 1/2)$. La zone de rejet de $\mathcal{H}_0$ est $[0, a[$ où a est défini par $P(X \leq a) = 0.05$ (ou une valeur approchée). On demande donc a= loi.binomiale.inverse(400 ;0,5 ;0,05), soit $a = 184$. De façon précise, on a $P(X \leq 183) = 0.0494$ et $P(X \leq 184) = 0.0605$. La zone de rejet de $\mathcal{H}_0$ est $R_0 = [0..183]$, et la zone d'acceptation de $\mathcal{H}_0$ est $[184; 400]$. Avec 180 faces, on doit rejeter $\mathcal{H}_0$, et accepter $\mathcal{H}_1$.

   b) L'erreur de première espèce est $\alpha = P(X \leq 193) = 4.94\%$.

3. a) La pièce nous a pondu 180 faces, soit une proportion $p_1 = 0.45$. On peut donc imaginer « $\mathcal{H}_1 : p = 0.45.$ ».

   b) La zone de rejet de $\mathcal{H}_0$, même avec cette nouvelle $\mathcal{H}_1$ est la même qu'avec « $p < 1/2$ ».

   c) On a $\pi = P_{\mathcal{H}_1}(R_0)$. C'est donc $P(X_1 \leq 183)$ lorsque X_1 suit la binomiale $\mathcal{B}(400; 045)$. Loi.binomiale.n(183 ;400 ;0,45 ;1) donne $\pi = 63.8\%$, correct mais sans plus. Prendre (par exemple) $p_1 = 170/400$ donne $\pi = 91\%$, bien mieux.

Exercice 3

1. a) On va tester « $\mathcal{H}_0 : m = 140$ » contre (a priori) $\mathcal{H}_1 : m \neq 140$, l'énoncé ne donnant pas d'indication demandant un test unilatère plus précis. On se donne $n = 453$ v.a. indépendantes X_i suivant toutes la loi $\mathcal{N}(m, \sigma^2)$ indiquée, et on prend comme variable de test la moyenne empirique $X = (X_1 + X_2 + \cdots + X_n)/n$, qui suit la loi normale d'espérance m et de variance σ^2/n.

   b) La zone d'acceptation de $\mathcal{H}_0$ est l'intervalle $[a, b]$ de fluctuation de X défini par $P(a < X < b) = 0.95$, symétrique. La variable aléatoire $Z = (X - 140)/(\sigma/\sqrt{n})$ suit la loi normale centrée réduite, pour laquelle on sait que $P(-1.96 < Z < 1.96) = 0.95$.

   c) La zone d'acceptation de $\mathcal{H}_0$ est donc $[140 - 1.96\sigma/\sqrt{n} \; ; \; 140 + 1.96\sigma/\sqrt{n}]$ (avec $\sigma = 0.25$), à savoir $[139.98; 140.02]$. La valeur observée est de 140.2 cm, extérieure à cette zone d'acceptation de $\mathcal{H}_0$. On doit donc rejeter $\mathcal{H}_0$ et dire que $\mathcal{H}_1$ est vraie, à savoir que $m \neq 140$. En fait, il s'agit certainement de $m > 140$.

Exercice 4

1. On va utiliser la différence $D = X_b - X_a$ où X_a et X_b sont les rendements moyens de chaque parcelle. La variable D est la différence de deux v.a. suivant des lois normales et suit donc une loi normale. Sous $\mathcal{H}_0$, son espérance est nulle, et sa variance vaut $\sigma^2 = 1.5^2 + 2^2 = 2.5^2$. Les valeurs de D favorables à $\mathcal{H}_1$ sont les valeurs positives, et la zone de rejet de D (sous $\mathcal{H}_0$) est à droite.

   La v.a. $Z = (D - 0)/2.5$ suit, sous $\mathcal{H}_0$ la loi normale centrée réduite : on a $P(Z < 1.65) = 0.95$, à savoir $P(D < 2.5 \times 1.65) = 0.95$. La zone d'acceptation de D est $]-\infty, 4.15[$ et sa zone de rejet est $]4.125, +\infty[$.

   On observe $D = 75 - 70 = 5$, qui est dans la zone de rejet de D : on doit accepter $\mathcal{H}_1$, à savoir $m_b > m_a$, à savoir que B a un meilleur rendement que A. Mais le résultat n'est pas flagrant : cela vient du fait que le rendement en B est plus volatil qu'en A, compte-tenu d'une plus grande variance.

2. Il s'agit de $[70 - 1.96 \times 1.5, 70 + 1.96 \times 1.5]$ et $[75 - 1.96 \times 2, 75 + 1.96 \times 2]$ qui ne sont pas disjoints. On ne pourrait pas conclure comme avec D.

Exercice 5

1. La durée de vie X de la lampe est une variable aléatoire dont la densité est $f(t) = \lambda e^{-\lambda t}$, avec $\lambda = 1/500$. Rappelons que $(X < T)$ signifie que la lampe a claqué avant le temps T, et que l'on a $P(X < T) = 1 - e^{-\lambda T}$. Pour $T = 450$, on a $P(X < 450) = 1 - e^{-450/500} = 0.593$.

2. Prenons $\mathcal{H}_0 : p_0 = 0.593$ contre $\mathcal{H}_1 : p \neq 0.593$, l'énoncé n'étant pas très précis sur l'hypothèse alternative. La variable de test est le nombre X d'ampoules ayant claqué avant 450 heures. L'éternel passage par la loi binomiale $\mathcal{B}(n, p_0)$, puis son approximation par la loi normale conduisent à l'éternel intervalle d'acceptation de $\mathcal{H}_0$ sous la forme : $\left[np - 1.96\sqrt{np(1-p)}, np + 1.96\sqrt{np(1-p)}\right]$ avec $p = 0.593$ et $n = 800$. Le calcul donne $[447.16; 501.63]$.

   Sous $\mathcal{H}_0$ (à savoir $p = 0.593$), le nombre de lampes présentant notre caractère « moins de 450 heures de durée de vie » doit être compris entre 448 et 501 (en arrondisant). Le nombre observé 512 est trop élevé, on doit donc rejeter $\mathcal{H}_0$ et accepter $\mathcal{H}_1$. La valeur de p déduite des données du fabricant est inexacte.

3. La conclusion du test bilatère précédent est « durée de vie inexacte », et c'est un euphémisme ! La bonne conclusion est « la durée de vie est bien inférieure à 500h ». Il fallait demander un test unilatère « $\mathcal{H}_1$: durée de vie inférieur à 500 » avec zone de rejet de $\mathcal{H}_0$ à droite, les grands nombres d'ampoules tombant en panne étant favorables à $\mathcal{H}_1$. La conclusion est évidemment la même, on doit rejeter l'affirmation du constructeur de rêves lumineux, ses ampoules ne durent pas 500h.

PEFC/10-31-1895

Achevé d'imprimer en août 2025 par l'imprimerie Chirat en France
Dépôt légal : août 2025 - N° 2001222

N° éditeur : DBSSI20240192